国家林业和草原局普通高等教育"十三五"规划教材

动物临床诊断学

（第2版）

刘建柱　主编

中国林业出版社

内 容 简 介

本书共分4部分20章。第一部分重点讲解了动物临床检查，包括一般临床检查和各系统的检查；第二部分为实验室检查，囊括了血液一般检查、临床常用生化检查、动物排泄物、分泌物及其他体液检查；第三部分为特殊检查，以X线、超声和内窥镜为主，对其他现代影像诊疗技术也做了相应的介绍；第四部分为建立诊断的方法论。本书深入浅出，密切联系动物临床实践，容纳了当前动物诊疗的新技术、新方法，并兼顾了畜、禽和小动物。本书可作为农业院校及综合性大学动物医学专业本科生的教学用书，也可作为动物临床诊疗工作者的参考书。

图书在版编目（CIP）数据

动物临床诊断学/刘建柱主编. —2版. —北京：
中国林业出版社，2021.1
国家林业和草原局普通高等教育"十三五"规划教材
ISBN 978-7-5219-0893-0

Ⅰ.①动… Ⅱ.①刘… Ⅲ.①动物疾病-诊断学-高等学校-教材 Ⅳ.①S854.4

中国版本图书馆CIP数据核字（2020）第213592号

中国林业出版社·教育分社

策划编辑：高红岩	责任编辑：高红岩 李树梅	责任校对：苏 梅	
电话：(010) 83143554	传真：(010) 83143516		

出版发行　中国林业出版社（100009　北京市西城区德内大街刘海胡同7号）
　　　　　E-mail：jiaocaipublic@163.com　电话：(010)83143500
　　　　　http://www.forestry.gov.cn/lycb.html
经　　销　新华书店
印　　刷　北京中科印刷有限公司
版　　次　2013年7月第1版（共印3次）
　　　　　2021年1月第2版
印　　次　2021年1月第1次印刷
开　　本　787mm×1092mm　1/16
印　　张　20.5
字　　数　468千字　　音频　25.98Mb　　视频　130Mb　　其他数字资源　10千字
定　　价　49.00元

未经许可，不得以任何方式复制或抄袭本书之部分或全部内容。

版权所有　侵权必究

《动物临床诊断学》（第2版）编写人员

主　编　刘建柱

副主编（按姓氏笔画排序）

　　　　卞建春　朱连勤　何高明　李勤凡　武　瑞

编　者（按姓氏笔画排序）

　　　　马小军（甘肃农业大学）

　　　　王宏伟（河南科技大学）

　　　　王　凯（佛山科学技术学院）

　　　　王建发（黑龙江八一农垦大学）

　　　　卞建春（扬州大学）

　　　　尹金花（塔里木大学）

　　　　石玉祥（河北工程大学）

　　　　付志新（河北科技师范学院）

　　　　仝宗喜（河南农业大学）

　　　　曲伟杰（云南农业大学）

　　　　朱连勤（青岛农业大学）

　　　　刘永夏（山东农业大学）

　　　　刘贤侠（石河子大学）

　　　　刘明超（河北农业大学）

　　　　刘建柱（山东农业大学）

　　　　李勤凡（西北农林科技大学）

何高明（石河子大学）

汪恩强（河北农业大学）

张立梅（云南农业大学）

张　红（海南大学）

张　燚（沈阳农业大学）

陈　甫（青岛农业大学）

武　瑞（黑龙江八一农垦大学）

周　彬（浙江农林大学）

胡延春（四川农业大学）

胡俊杰（甘肃农业大学）

侯　宇（新疆农业大学）

姚　华（北京农学院）

贺建忠（塔里木大学）

秦顺义（天津农学院）

莫重辉（青海大学）

高志刚（内蒙古民族大学）

曹嫦妤（佛山科学技术学院）

韩梅红（长江大学）

韩照清（临沂大学）

魏学良（西南大学）

主　审　韩　博（中国农业大学）

第 2 版前言

随着临床学科的发展，动物诊疗技术也在不断进步。《动物临床诊断学》出版 6 年来，我们积极收集学科发展的新方法和新技术，并于 2019 年 9 月启动该书的改版工作。经过编者的共同努力，国家林业和草原局普通高等教育"十三五"规划教材《动物临床诊断学》（第 2 版）正式出版。

与第 1 版相比，这次改版保留了第 1 版的优点和特点，针对现在动物临床诊断学课程的内容多、学时少的教学情况，尽量压缩文字，不求全面，但求实用！除此之外，我们这次增加了大量的数字资源，如各种呼吸音、心音及临床中各位编者收集到的影像、图片资料，以二维码的形式在书中展现，学生可以在课后扫描书中相应位置的二维码，对各种声音反复听、对各种资料反复看，提高对临床症状的认知感，增强本书的实用性。

本次修订，我们增加了 9 所高校作为我们的新生力量参与本书修订工作，另外我们也注重年轻作者的培养，除原有编者进行了部分调整外，吸引了 18 位博士、副教授和教授参与我们的编写工作。

由于水平有限，本版教材的内容、体例、文字语言和图表在使用上可能存在一定的不足之处，我们真诚的希望各兄弟院校及广大兽医工作者给予指正，以便再版时进行修正。

全体编者向所有关心支持本书出版的老师和所在单位表示衷心的感谢，感谢所有使用过第 1 版教材的各大专院校的师生们，感谢所有在教材使用过程中给我们提出宝贵意见的广大同行，感谢所有关心我们成长的每一个人。

编 者

2020 年 8 月

第1版前言

随着我国社会经济的快速发展，我国高等兽医教育改革和兽医体制改革的不断深入，兽医和职业兽医体制的实施，我国兽医诊疗技术得到了突飞猛进的发展。这种发展趋势对动物临床专业基础课和临床专业课提出了更高、更新的要求。动物临床诊断学作为动物医学的专业基础课，在动物医学教学体系中起到了承上启下的作用，所以动物临床诊断学教学体系的好坏，直接影响到整个动物医学专业课的教学效果。为了适应兽医体制的快速发展，并结合目前动物医学专业教学计划、教学特点和教材需求，编写了本书。

本书具有以下特点：①由于动物临床诊断学涉及内容多但教学时数偏少，而现行的几个版本过于"肥厚"，所以本书尽可能压缩文字，不求全面，但求实用；配图完整、文字简练。②根据临床教学的需要，把"常见临床症状"的内容融入到各章节。③容纳动物医学中的新技术和新方法。④兼顾了畜、禽和小动物的最新诊断技术。

在全书的编排上，共分为4部分。第一部分重点讲解了动物临床诊断，包括一般临床检查和各系统的检查；第二部分为实验室检查，囊括了血液一般检查、血液生物化学、动物排泄物、分泌物及其他体液检查；第三部分为特殊检查，以X射线、超声和内窥镜为主，对其他现代影像诊疗技术也做了相应的介绍；第四部分为建立诊断的方法论。

本书由19所院校的21位具有博士学位或者高级职称，且长期从事动物临床诊断学教学和动物临床工作的中青年学科带头人和学术骨干教师执笔，在全体编写人员的努力下，历时1年时间完成。在编写过程中得到了山东农业大学教务处、动物科技学院的大力支持；临床系的研究生在书稿的校对方面做了大量的工作，在此一并致谢。

尽管在本书的编写过程中参阅了大量的文献资料，付出了艰辛的努力，但限于我们的业务水平、教学经验和掌握的资料，书中内容定有许多疏漏和不足之处，诚恳希望广大师生和读者在使用中提出批评和指正，以便今后进一步修订和完善。

编　者

2012年12月

目 录

第 2 版前言
第 1 版前言
绪　论 ·· 1

第一部分　动物临床诊断

第一章　动物临床检查的基本方法和程序 ·· 9
　　第一节　问　诊 ·· 9
　　第二节　视　诊 ·· 14
　　第三节　触　诊 ·· 16
　　第四节　叩　诊 ·· 18
　　第五节　听　诊 ·· 21
　　第六节　嗅　诊 ·· 23
　　第七节　临床检查程序 ·· 23

第二章　整体及一般状态的检查 ·· 27
　　第一节　全身状况的检查 ··· 27
　　第二节　体温、脉搏、呼吸及血压检查 ··· 30
　　第三节　被毛、皮肤检查 ··· 38
　　第四节　可视黏膜检查 ·· 45
　　第五节　浅表淋巴结及淋巴管的检查 ·· 47

第三章　心血管系统检查 ··· 50
　　第一节　心脏的检查 ··· 50
　　第二节　血管的检查 ··· 59
　　第三节　心血管系统的主要综合症候群及诊断要点 ·· 62

第四章　呼吸系统检查 ·· 64
　　第一节　胸廓、胸壁的检查 ·· 64
　　第二节　呼吸运动的检查 ··· 65

第三节　上呼吸道的检查 68
　　第四节　肺、胸腔的检查 74
　　第五节　呼吸系统的主要综合症候群及诊断要点 83

第五章　消化系统检查 86
　　第一节　腹壁的检查 86
　　第二节　采食及饮水状态的检查 87
　　第三节　口腔、咽、食道的检查 90
　　第四节　反刍动物前胃的检查 93
　　第五节　胃的检查 95
　　第六节　肠管的检查 96
　　第七节　排粪动作及粪便检查 98
　　第八节　肝、脾的检查 99
　　第九节　家禽消化系统检查 100
　　第十节　消化系统的主要综合症候群及诊断要点 101

第六章　泌尿系统检查 103
　　第一节　排尿动作及尿液感观的检查 103
　　第二节　泌尿器官的检查 106
　　第三节　泌尿系统的主要综合症候群及诊断要点 109

第七章　生殖系统检查 111
　　第一节　雌性生殖系统的检查 111
　　第二节　雄性生殖系统的检查 116
　　第三节　生殖系统的主要综合症候群及诊断要点 118

第八章　神经及运动机能检查 120
　　第一节　头颅和脊柱的检查 120
　　第二节　脑神经和特殊感觉检查 122
　　第三节　运动机能检查 126
　　第四节　感觉机能检查 134
　　第五节　反射机能检查 135
　　第六节　自主神经功能检查 138
　　第七节　神经及运动机能的主要综合症候群及诊断要点 138

第二部分 实验室检查

第九章 血液的一般检查 ······ 143
- 第一节 血液样本的采集及处理 ······ 143
- 第二节 红细胞检查 ······ 144
- 第三节 白细胞和C-反应蛋白检测 ······ 148
- 第四节 血小板检查 ······ 152
- 第五节 止血与凝血功能检测 ······ 152
- 第六节 交叉配血试验 ······ 153
- 第七节 血细胞直方图 ······ 154
- 第八节 禽类血液学检查 ······ 157

第十章 临床常用生化检查 ······ 159
- 第一节 糖代谢检查 ······ 159
- 第二节 血浆脂质和脂蛋白检查 ······ 163
- 第三节 血清电解质检查 ······ 164
- 第四节 肾功能检查 ······ 167
- 第五节 肝功能检查 ······ 170
- 第六节 心肌损伤检测 ······ 175
- 第七节 胰脏损伤检测 ······ 177

第十一章 动物排泄物、分泌物及其他体液检查 ······ 179
- 第一节 尿液检查 ······ 179
- 第二节 动物粪便和呕吐物检查 ······ 188
- 第三节 动物脑脊髓液检查 ······ 191
- 第四节 动物浆膜腔积液检查 ······ 194

第十二章 内分泌功能检查 ······ 198
- 第一节 垂体功能的检查 ······ 198
- 第二节 肾上腺皮质功能的检查 ······ 199
- 第三节 甲状腺功能的检查 ······ 201
- 第四节 甲状旁腺功能的检查 ······ 202
- 第五节 胰腺内分泌功能的检查 ······ 202

第十三章　临床免疫学及分子生物学检测　204
　　第一节　体液免疫检测　204
　　第二节　细胞免疫检测　205
　　第三节　感染免疫检测　208
　　第四节　核酸分子杂交技术　210
　　第五节　PCR 检测技术　211

第三部分　特殊检查

第十四章　X 线检查　217
　　第一节　X 线成像　217
　　第二节　呼吸系统 X 线检查　220
　　第三节　循环系统 X 线检查　225
　　第四节　骨和关节 X 线检查　229
　　第五节　消化系统 X 线检查　235
　　第六节　泌尿生殖系统 X 线检查　240

第十五章　超声检查　245
　　第一节　超声诊断的基本知识　245
　　第二节　动物超声诊断仪　250
　　第三节　超声诊断的临床应用　255

第十六章　心电图检查　261
　　第一节　心电图基础　261
　　第二节　正常心电图　265
　　第三节　心电图的应用　271

第十七章　兽医内窥镜诊断　279
　　第一节　内窥镜的基本知识　279
　　第二节　内窥镜的临床应用　280

第十八章　其他现代影像学诊断技术　284
　　第一节　CT 诊断技术　284
　　第二节　磁共振成像检测　286
　　第三节　放射性核素检查　288

第四节 数字减影血管造影……290
第五节 介入放射学……291

第四部分　建立诊断的方法论

第十九章　诊断思维方法论……299
第一节　诊断疾病的步骤……299
第二节　临床思维方法……301

第二十章　主要兽医医疗文书……306
第一节　兽医医疗文书书写的基本规则和要求……306
第二节　兽医医疗文书种类和格式……307
第三节　医疗机构病历的管理规定……314

参考文献……315

教材数字资源使用说明

PC 端使用方法：

步骤一：刮开封底涂层，获取数字资源授权码；

步骤二：注册/登录小途教育平台：https://edu.cfph.net；

步骤三：在"课程"中搜索教材名称，打开对应教材，点击"激活"，输入激活码即可阅读。

手机端使用方法：

步骤一：刮开封底涂层，获取数字资源授权码；

步骤二：扫描书中的数字资源二维码，进入小途"注册/登录"界面；

步骤三：在"未获取授权"界面点击"获取授权"，输入步骤一中获取的授权码以激活课程；

步骤四：激活成功后跳转至数字资源界面即可进行阅读。

绪 论

一、动物临床诊断学概念

诊断学(diagnostics)是系统地研究诊断疾病的方法和理论的科学。动物临床诊断学(animal clinical diagnostics)是以家畜(禽)和伴侣动物为对象,系统地研究诊断疾病的方法和理论的学科,主要是运用动物医学的基本理论、基本知识和基本技能对疾病进行诊断的一门学科。

二、动物临床诊断学的主要内容

动物临床诊断学的主要内容包括方法学、症状学和建立诊断的方法论3部分。

(一)方法学

为了获得有助于诊断的症状和其他临床资料,兽医在临床实践中必须采取适当的检查设备和方法。研究这些诊断方法的理论、操作、适应症和注意事项的学科就称为诊断的方法学(diagnostic methodology)或诊断技术。动物临床检查方法的采用依据是方法的准确、方便、快速、安全、廉价,主要包括:

病史采集(history taking) 就是兽医向畜主或饲养管理人员调查了解疾病的发生、发展全过程。许多疾病经过详细的病史资料采集,配合系统的临床检查,即可做出初步诊断(primary diagnosis)。

临床检查(clinical examination) 通过视诊、触诊、叩诊、听诊、嗅诊并借助辅助器具(探查仪、体温计等)对患病动物进行系统的观察和检查,发现异常现象。

实验室检查(laboratory examination) 是通过物理、化学和生物学等试验方法对病畜的血液、体液、分泌物、排泄物和组织等进行分析检查,从而获得病原学、病理形态学或组织学以及器官功能状态等资料,结合临床检查和特殊检查的结果,对动物整体机能状态进行全面分析。因此,实验室检查对疾病的诊断、治疗、预后判断和健康评价等均有十分重要的意义。

特殊检查(specific examination) 就是用X线、超声波、心电图、各种内窥镜等特殊设备对病畜组织器官结构或功能进行检查,可以获得比较客观和正确的结果。

(二)症状学

症状(symptom) 动物受到致病因素的刺激,导致组织、器官形态发生改变和机体机能异常而呈现非生理性的临床表现。症状的出现表明疾病的存在,它是在病理生理及病理形态改变的基础上产生的,是认识疾病的指南,也是诊断疾病的依据。因此,必须熟悉各种疾病的症状，同时还要了解症状的起因和临床意义，这样才能提出科学的诊断。

临床上发现富有诊断价值的症状十分必要，全面把握症状可正确估计、合理解释、客观反映个别器官或整个机体的真实状态。这需要一定的分析检查能力和临床经验，同时熟悉各种疾病的症状和病理变化。

1. 全身症状与局部症状

全身症状（constutional symptom）一般指动物机体在致病因素的刺激下所呈现的全身性反应，如热性病时表现的体温升高、脉搏和呼吸加快、精神沉郁、食欲减退等。全身症状也称作一般症状（general symptom）。

动物患病后，常在其主要的受害组织或器官，表现出明显的局部反应，称作局部症状（local symptom）。如呼吸器官疾病所表现的鼻液、咳嗽、胸部听诊的变化等。

2. 主要症状与次要症状

主要症状（cardinal symptom）是指对疾病诊断有决定意义的症状，如在心内膜炎时，常常表现出心搏动增强、脉搏加快、呼吸困难、大循环淤血的症状及心内杂音等，其中只有心内杂音才是最有分量的确诊依据，即为主要症状，其他那些症状，相对来说属于次要症状（incidental symptom）。

3. 典型症状与示病症状

典型症状（classical symptom）是指能反映疾病特征的症状，也就是特殊症状，如马大叶性肺炎时肺部叩诊呈现的大片浊音区。

示病症状（pathognomonic symptom）是据此就能毫不怀疑地建立诊断的症状，如三尖瓣闭锁不全时的阳性颈静脉波动。

4. 固定症状与偶然症状

在整个疾病过程中必然出现的症状，称为固定症状（constant symptom），如腹泻是肠炎的固有症状。

在特殊条件下才能出现的症状，称为偶然症状（accidental symptom）。它是在疾病过程中某一阶段出现的症状。这种症状不是某一疾病发生发展过程中必须出现的症状，它的出现受动物个体差异、种属差异、继发或者并发病、疾病的程度、环境和治疗措施等情况的影响；如患消化不良的犬，必然会出现食欲减退、有舌苔、粪便性状发生改变，这些属于固定症状；只有当十二指肠发生炎症，使胆管开口处黏膜肿胀，阻碍胆汁排出时才可能发生轻度黄疸，所以消化不良过程的黄疸表现，就属于偶然症状。

5. 前驱症状与后遗症状

某些疾病的初期阶段，在主要症状尚未出现以前，最早出现的症状，称为前驱症状（precursory symptom），或称早期症状，如异嗜是幼畜矿物质代谢紊乱的先兆。

当原发病已基本恢复，而遗留下的某些不正常现象，称为后遗症状（sequent symptom）或后遗症，如关节炎治愈后遗留下的关节畸形。是否有后遗症，对于评定动物的生产能力和经济价值，具有参考作用。

6. 综合征

在许多疾病过程中，有一些症状不是单独孤立地出现，而是有规律的同时或按一定次序出现，把这些症状概括成为综合征(syndrome)或综合症候群。综合征大多数包括了某些疾病的主要的、固定的和典型的症状，根据综合征对疾病诊断和预后的判断具有重要意义。

(三) 建立诊断的方法论

诊断的过程即是认识疾病客观规律的过程。临床诊断是确定进一步治疗疾病的基础和前提，在临床实践中要强调通过细致的询问和检查，敏锐的观察和联系，将所获得的各种资料进行综合归纳、分析比较、去粗取精、去伪存真、由此及彼、由表及里，总结病畜的主要问题，比较其与哪些疾病的症状相近或相同，结合兽医学知识和经验全面思考，去揭示疾病所固有的客观规律，建立正确的临床诊断。

在临床诊断的过程中必须遵循实事求是的原则，对所获得的第一手资料深入分析、全面综合客观地对待临床检查结果，不能根据自己的知识范围和局部的经验任意取舍，主观臆断地纳入自己理解的框架之中。因此，只要抓住疾病的关键和特征，把多种多样的诊断倾向，归纳到一个最小范围中去选择最大可能的诊断，就可避免主观性和片面性，使临床诊断更符合实际。

准确的临床诊断是制定治疗方案的重要依据，诊断是临床工作者通过观察，对动物的健康状态和疾病所提出的概括性论断，一般要指出病名。

1. 根据性质和内容分类

(1) 症状学诊断

症状学诊断(symptomatic diagnosis)是以主要症状而命名，如贫血、腹泻和便秘等。症状学诊断十分肤浅，应力求进一步深入。

(2) 病原学诊断

病原学诊断(etiological diagnosis)可以阐明致病原因，如猪瘟、维生素 A 缺乏症等。现在的大多数传染病和寄生虫病，均符合病原学诊断的条件。

(3) 病理学诊断

病理学诊断(pathological diagnosis)是以病理变化的特征(肉眼及组织学检查)而命名，如小叶性肺炎、纤维素性坏死性肠炎等。一般可以明确病变的主要部位和疾病的基本性质，是现在常用的病名。

(4) 机能诊断

机能诊断(functional diagnosis)是以症状学诊断为基础，采取特殊方法以证明某一器官的机能状态的诊断。如根据血中酶的活性了解肝功能状态，根据心电图了解心脏机能状态。

(5) 发病学诊断

发病学诊断(pathogenic diagnosis)是阐明发病机理的诊断，如自体免疫性溶血性贫血、过敏性休克等。

(6) 治疗性诊断

按设想的疾病进行试验性治疗，如病情好转或得到治愈，而最终确诊，称为治疗性诊断(therapeutic diagnosis)。

另外，还有早期诊断与晚期诊断，假定诊断、初步诊断与最后诊断。

2. 临床上根据诊断疾病的难易程度和直观与否分类

（1）直接诊断

直接诊断（direct diagnosis）是指病情简单、直观，根据病史和示病症状，无需实验室和特殊检查即可做出诊断，如荨麻疹、反刍动物瘤胃臌气等。

（2）鉴别诊断

鉴别诊断（differential diagnosis）是指对病情复杂的疾病进行诊断时，分清主要与次要症状，把最有可能的诊断从相似的病群中辨别出来，留下可能性最大的疾病。

由于疾病表现多种多样，即使有的症状不全符合，只要抓住了重点，根据主要资料提出诊断，仍可认为是最可能的诊断，必要时可用试验性治疗予以证实。

完整的诊断应揭示动物疾病的本质。在对动物进行诊断时，还需了解预后。

预后（prognosis）是对疾病的持续时间、可能的转归及病愈后动物的生产能力、经济价值（如是否废役或淘汰）做出的概括性论断。

预后是对动物的将来状况做出的结论。判定预后，必须严肃认真，要充分考虑动物的经济价值、病畜的个体特性（年龄、体质等）、周围环境及疾病的演变趋势，做出周密预测。一般分为以下几种：

预后良好 疾病轻危，治疗准确，动物能完全恢复并保留其生产性能。

预后不良 受治疗条件的限制，动物可能死亡，或不能完全恢复，生产能力降低或丧失。

预后可疑 由于病情正处在转化阶段，或材料不充分，一时尚不能得出肯定性结论。

预后慎重 是指预后的好坏依病情的轻重、诊疗是否得当及个体条件和环境因素的变化而有明显的不同。如急性瘤胃臌气、日射病或热射病、有机磷中毒、腹痛病等，可能于短时间内很快治愈，也可能因治疗不当而死亡。

三、动物临床诊断学的发展

（一）动物临床诊断学的发展与医学诊断学的发展有着相依的过程

人类在纪元之前就知道认识疾病和治疗疾病。最初的医学诊断学，主要靠对表面现象的观察和简单经验的积累。我国古代医学在长期的历史过程中，逐渐形成了以望、闻、问、切4种诊法为基础的临床体系。特别是对于脉学，尤有独特的研究。在我国早期的兽医学专著中，对口色论、脉色论、点痛论、起卧症及起卧入手论等方面，均有较详细地论述，为动物临床学科积累了丰富的经验。

我国现在的兽医教育开始于1904年，其兽医临床诊断学的奠基人是崔步瀛先生（1888—1964）。他从1921年开始在陆军兽医学校系统从事《家畜内科诊断学》和《家畜内科学》的教学工作，并且创办了临床化验室，首先开始了血、尿、粪的化验技术。除此之外，贾清汉（1898—1971）1922年兽医学校毕业后，自1936年开始在陆军兽医学校从事《家畜内科诊断学》的教学工作，成为本学科的奠基人之一。新中国成立以后，我国兽医教育有了很大的发展，兽医诊断水平不断的提高，史言教授主持编写了《兽医临床诊断学》的全国兽医专业统编教材，并在江苏农学院举办了全国师资培训班。

(二)近代医学的诊断学

近代医学的诊断学，主要是在18世纪初期，物理学、化学等基础学科进展的基础上开始形成的。叩诊与听诊法的运用，得到了科学地论证。19世纪中叶，微生物学的成就，发现了某些传染病的病原体，制造了显微镜并开始应用于细菌、血清学诊断法，提高了病原诊断的科学性和准确性。

许多生化检验精密仪器的应用，使微量元素、激素、酶活性的检测应用于临床实验，大大提高了临床诊断的准确性。

近代理论科学技术的新成就，促进了本学科的发展，提高了临床水平和工作效率。

电生理与电子技术的进步，使心电、脑电、肌电描记及其临床应用成为现实。

光导纤维研制改进了许多内窥镜，使消化道、泌尿道及呼吸道的内腔镜检查技术更适合于临床应用。

计算机技术的发展及在医学诊断上的应用，是近期医学诊断学的新突破。如X线摄影与电子计算机等其他设备的联合使用，形成了CR、DR、CT和MRI等一系列先进的设备和技术。

显微镜技术的不断进步发展，电子显微镜的研制成功，不仅为微生物研究提供了精密的设备，而且使病理组织及病体组织的病理学诊断达到了亚细胞水平。

声学理论在医学诊断方面的应用，逐渐开拓了超声波的新领域。

同位素扫描技术的应用，是核医学在诊断方面的应用。

至于近年在细菌学、病毒学、血清学和免疫学迅速发展的基础上，针对特定的生物学病原而研究、设计的特异性检查、诊断方法和技术，成功地应用于许多传染病的病原学诊断领域，在更大的程度上，显著地提高了动物临床诊断的准确性、科学性和实践价值。

当前，诊断学的理论和技术，正向病原学及特异性诊断、亚临床指标及早期诊断、群体诊断及预防性监测或监护方向发展。毫无疑问，在有关基础学科迅速发展的推动下，科学技术的进步和所提供的大量精密仪器的应用，必将加速医学诊断与动物临床诊断学科的发展。

（刘建柱）

第一部分
动物临床诊断

第一章　动物临床检查的基本方法和程序
第二章　整体及一般状态检查
第三章　心血管系统的检查
第四章　呼吸系统检查
第五章　消化系统检查
第六章　泌尿系统检查
第七章　生殖系统检查
第八章　神经及运动机能检查

第一章
动物临床检查的基本方法和程序

临床检查的基本方法主要包括病史调查法(即问诊)和物理学检查法(包括视诊、触诊、叩诊、听诊和嗅诊等)。这些方法具有简单、方便、易行,对任何畜禽、在任何场所均可使用,并能直接地、较为准确地判断病理变化等特点。这些方法运用得当可以帮助兽医获得对患病动物群体和个体的初步认识,掌握所发生疾病的基本特征,判断疾病的基本类型,确定进一步检查方案,最后经过综合分析以建立正确的诊断,大大提高了兽医的诊疗效率。另外,临床检查不是杂乱无章的,应用各种检查方法开展临床检查时还必须遵循一定的程序。

第一节 问 诊

问诊(inquiry)是以询问的方式向畜主或饲养管理人员调查、了解患病动物及所在群体表现的与发病有关的所有材料的一种检查方法。简单地说,问诊就是采集病史(history taking)的过程。常在病畜登记后首先开展。

一、问诊的内容

在对患病动物个体特征等基本资料进行登记,并听取畜主对患病动物发病过程的叙述(主诉)后,即进入采集病史过程。问诊的主要内容包括现病史、既往病史、日常管理等。

1. 现病史

现病史的采集主要是了解与现在正在发生着的动物疾病直接相关的材料,主要包括现发疾病的可能病因,疾病发生、发展、诊断和治疗的过程等。

(1)发病时间

询问发病时间,以了解疾病的发展阶段与快慢,判断疾病处在早期、中期或晚期;是急性、亚急性还是慢性。如发现动物出现异常后立即前来就诊,病情发展迅速者为急性病例,且多处于早期;发病后拖延时间较长,则疾病可能进入中期或晚期;病情发展缓慢,长期无进展者则多为慢性病例。另外,在什么时间发病,还可以帮助判断疾病的可能原因。例如,是饲前还是喂后发病,是使役中还是休息时发病,是清晨还是夜间发病,是产前还是产后发病等。

(2)发病地点及相关背景

询问发病地点及相关背景,以了解疾病可能或确切的发病原因。例如,是在室内还是放牧中发病，病前有无做过去势、断尾、剪毛、注射疫苗、驱虫及其他用药；有无过量采食或偷吃黄豆、豆饼、酱渣等；有无摔伤、淋雨等。

(3) 发病数量

询问发病数量，是单发、散发还是群发，周围同种动物与异种动物的发病情况，这对估计疾病的种类有参考意义。一般来说，传染病、寄生虫病时可以群发，并具有传播性（特别是传染病），而普通内科病、外科病和产科病多为单发且无传播性，但也不能绝对而论，如内科病中的中毒病及营养代谢病可以群发。有的传染病不仅可以在同种动物间传播，还可以在不同种动物甚至和人之间发生传播，即人畜共患病。寄生虫病也具有一定的传播性，如弓形体病、焦虫病、附红细胞体病等，有的寄生虫还需要2种或2种以上动物（宿主）才能完成生活史，如猪带绦虫。

(4) 临床表现

询问临床表现，对初步推断疾病轻重，病变的部位、范围、性质和预后都有很大帮助。主要询问动物患病后的精神状态、营养状态、被毛状况、步态和姿势、体温、呼吸、食欲、饮欲、排便、排尿、反刍、嗳气、泌乳、产蛋等情况，了解有无咳嗽、喘息、腹痛不安、呕吐、腹泻、尿血、体表肿胀、生产性能下降等表现。

(5) 死亡率（发病死亡率、群体死亡率）

发病动物所在群体具有相同症状的疾病发病数和死亡数可以帮助诊断者推测疾病的性质（传染病、寄生虫病、营养代谢病和中毒病等）和严重性。另外，不同疾病的发病率、死亡率都有一定的差别，这对诊断有一定的指导意义。例如，猪流感和猪肺疫2种疾病，同样有咳嗽等呼吸系统症状表现，猪流感发病率高但死亡率低（1%~4%，高的不超过10%）、而猪肺疫发病率相对较低但死亡率高（急性的几乎100%）。

(6) 疾病经过

询问疾病经过，以了解疾病的发展情况，是好转了还是加重了，有无新增加病例。例如，患牛开始有拱背努责、起卧不安、常呈现排尿姿势，后安静下来，但并没有尿液外排，则该患牛并非病情好转，多可能因尿道阻塞等引起了膀胱破裂。注意如果是群体发病，应选择症状严重、典型的病例了解。

(7) 诊断与治疗情况及治疗产生的效果

应询问动物本次发病后来本院就诊前曾接受过什么诊断方法、诊断结果是什么，接受过什么样的治疗、治疗产生的效果如何。这些资料既可帮助进行诊断，也为本次治疗提供参考，防止走歪路。特别是本次就诊前已接受过解热、镇痛、镇咳类药物或安全范围较小药物治疗的，应防止用药对症状的掩盖和药物中毒。

2. 既往病史

既往病史的采集主要是了解患病动物本次疾病发生前，其本身和所在群体的一些与疾病相关的材料，主要包括曾发病、检疫结果、疫情情况、防疫情况、治疗史、过敏史、家族史等。

(1) 患病动物本次疾病发生前曾经患过的疾病

询问既往病史，可以帮助排除某些疾病。有一些疾病，一旦发生即获得较长时间的抗感染能力，一段时间内很难再次发病，如耐过新城疫的鸡，耐过猪瘟的猪。

(2) 过去是否发生过同样或类似的疾病

询问过去是否发生过同样与类似疾病，其经过与结局如何，以明确是否旧病复发，并为本次诊疗提供参考。有些疾病难以根治，常可以复发，如结核病、风湿症等。

(3) 过去的检疫结果或疫区划定

主要是针对一些国家法定疫病，如猪瘟、传染性水泡病，牛羊的结核病、布氏杆菌病等，过去的检疫结果或疫区划定可以为诊断提供重要参考。

(4) 了解本地区及周边地区疫情

主要了解地方常见疾病、季节好发病，以掌握本地疫病的一般流行规律。

(5) 了解动物的创伤史、过敏史及遗传病史

主要了解动物的外伤和手术史，以确定是否存在后遗症；动物对药物、食物和其他接触物的过敏史以及动物父母代和子代的健康与疾病情况，有无与遗传有关的疾病。并确定这些疾病与动物现患病的关系。

(6) 个体及群体防疫情况

询问动物个体及群体防疫情况，主要是疫苗接种和药物预防的情况。应详细了解使用疫苗的种类、时机、次数，疫苗的来源与质量（产商、批号、运输与保管情况），疫苗使用方法（途径）；使用药物的种类、剂量、方法等。以排除有没有存在免疫失败或药物耐受等可能性。

3. 日常管理

日常管理的采集主要是了解患病动物与畜群平时的生活史，主要包括饲养、管理、使役、生产性能、环境和繁育等情况。对这些情况的了解，不仅可从中查找饲养、管理的失宜与发病的关系，而且在制订合理的防治措施上也是十分必要的。

(1) 动物来源

了解动物的来源，可帮助兽医从环境适应性、动物疾病易感性及疫源情况来发现线索、考察病因。动物现饲养地和原生活地不同的水土、气候环境及饲养方式的不同均可能造成或诱发疾病发生，例如，动物从原来土壤硒含量正常的环境迁移到低硒土壤地区放牧，长期生活在北方的动物被调运到南方等。兽医还可以通过动物的来源了解动物原生活地疾病的流行情况，以帮助判断现发疾病是不是外来疾病。

(2) 饲料情况

饲料情况包括饲料的种类、数量与质量，饲料配方成分、搭配情况，饲料加工配制情况，饲料保管情况，有无霉变，有无被农药污染，饲喂制度与方法等。对这些情况的了解，常常可以为某些疾病特别是营养代谢性疾病或中毒性疾病的诊断提供重要线索。例如，家禽痛风常与饲料中蛋白含量过高有关；猪亚硝酸盐中毒可能与青饲料的加工不当有关。

(3) 管理情况

饲喂有无做到"三定"，即"定人、定时、定量"；有无突然改变饲料；有无将不同年龄、不同品种、甚至不同种类的动物养在一起。

(4) 生产、使役情况

是否有使役过重、使役不当，如采食后立即使重役。高产奶牛泌乳高峰期、高产蛋

鸡产蛋高峰期饲养管理失宜常容易导致营养代谢性疾病的发生。

(5) 环境情况与卫生条件

运动场、牧场的地理情况如位置、地形、土壤特性、供水系统、气候条件等是否合理；畜舍的环境条件如光照、通风、温度控制等是否适宜；卫生条件如消毒隔离、废物处理等措施是否健全；附近厂矿的"三废"(废水、废气及污物)的处理等，都应给予特别重视。

(6) 繁育情况

配种制度是自然交配还是人工授精，有无近亲繁殖现象，家族发病情况(系谱调查)，以确定有无遗传性疾病及一些垂直传播的疾病发生的可能。

二、问诊的方法和技巧

要采集一份理想的完整病史，掌握一定的方法与技巧是十分必要的。问诊的方法和技巧涉及交流技能、医患关系、动物医学知识、仪表礼节，以及提供咨询和教育畜主等多个方面。在不同的临床情况下，也要根据具体情况采用相应的方法和技巧。

1. 问诊的基本方法与技巧

①由于对动物医院环境的生疏、医疗人员的不熟悉和对患病动物健康的焦虑等，畜主在问诊开始常有紧张情绪。兽医应主动创造一种宽松和谐的氛围以解除畜主的不安情绪，使用恰当的言语或体语表示愿意为解除患病动物的痛苦和满足畜主的要求尽自己所能，这样的举措有助于建立良好的医患关系，改善互不了解的生疏局面，使病史采集能顺利地进行下去。

②尽可能让畜主充分地陈述和强调他认为重要的情况和感受，切不可冒然打断畜主的叙述。只有在畜主的陈述离病情太远时，才需要根据陈述的主要线索灵活地把话题转回。

③追溯早期症状开始的确切时间，直至目前的演变过程。如有几个症状同时出现，必须确定其先后顺序。虽然收集资料时，不必严格地按症状出现先后提问，但所获得的资料应按时间顺序口述或写出主诉和现病史。

④在问诊的 2 个项目之间使用过渡语言，即向畜主说明将要讨论的新话题及其理由，使畜主不会困惑你为什么要改变话题以及为什么要询问这些情况。

⑤根据具体情况采用不同类型的提问。一般性提问：常用于现病史、既往病史、生活史等每一部分开始时，例如，先问"动物有什么异常的表现？""动物以前健康情况如何？"。直接提问：用于收集一些特定的细节，例如，"什么时间发现动物开始不吃食的？""动物粪便的颜色如何？"。

⑥问诊时要注意系统性、必要性和目的性。杂乱无章的重复提问会降低畜主对兽医的信心和期望。另外，有时用反问及解释等技巧，可以避免不必要的重复提问。

2. 特殊情况的问诊方法与技巧

①畜主缄口不说话、伤心或哭泣，表现为情绪低落时，兽医应予以安抚、理解并适当等待，减慢问诊速度，等畜主情绪稳定后，再继续询问动物病史。

②畜主因动物患病而担心，表现为焦虑与抑郁时，应鼓励他们讲出实话。但在给予

宽慰和保证时应注意分寸，应首先了解患病动物的主要问题，再确定表述的方式。切不可因为要解除畜主的焦虑而对畜主予以医疗上的保证，以免出现医疗纠纷。

③畜主多话与唠叨，兽医不易插话及提问时，提问应限定在主要问题上，并根据初步判断，在畜主提供不相关的内容时，巧妙地打断。也可分次进行问诊，告诉畜主问诊的内容及时间限制等，但均应有礼貌、诚恳表述，切勿表现得不耐烦而失去畜主的信任。

④畜主表现出愤怒和不满时，兽医应采取坦然、理解、不卑不亢的态度，尽量寻找畜主发怒的原因，注意切勿使其迁怒其他医生或医院其他部门。提问应该缓慢而清晰，内容主要限于现病史为好，对既往病史及生活史或其他可能比较敏感的问题，询问要十分谨慎，或分次进行。

⑤患病动物多种症状并存，似乎兽医问及的所有症状都有，尤其是慢性过程又无重点时，兽医应特别冷静，应注意在其描述的大量症状中抓住关键、把握实质。

⑥畜主文化程度不高时，兽医问诊语言应通俗易懂，言简意赅，减慢提问的速度，注意必要的重复及核实，避免使用兽医专业术语进行问诊。

⑦遇到语言不通时，最好是找到翻译，并请如实翻译，勿带倾向性。有时体语、手势加上不熟练的语言交流也可抓住主要问题，但应反复地核实。

⑧畜主是残疾患者时，除了需要更多的同情、关心和耐心之外，还需要花更多时间收集病史。问诊时切忌不要触及畜主的忌讳之处。

⑨畜主是老年人时，应先用简单清楚、通俗易懂的一般性问题提问，减慢问诊进度，使之有足够时间思索、回忆，必要时做适当的重复。

⑩畜主是未成年人时，最好请家长带动物来就诊。如果家长不能到场，应注意其记忆及表达的准确性，最好与家长电话沟通。

三、问诊的注意事项

为获得全面、真实的关于患病动物的症状资料，提高诊疗的效率，问诊还必须注意以下方面。

①语言应通俗易懂，应熟悉方言，避免使用医学术语。在与畜主交谈过程中，兽医必须用通俗易懂的词语代替晦涩难懂的专业术语。如以"阉割"代替"去势"，"抽筋"代替"角弓反张"等。另外，问诊语言还应该和就诊者当地的语言习惯结合起来。

②问诊的内容应根据患病动物的具体情况适当增减、有所侧重。问诊的内容十分广泛，不可能对畜主询问上面所述的全部内容，应根据患病动物的具体情况进行必要的选择和增减，做到抓住重点，切合实际，有所针对地展开询问。

③态度应温和、负责，应避免诱导式提问、暗示式提问和责备性提问等，要有耐心。如应避免使用"是不是""有没有"的提问方式，以免误导畜主，引起故意掩盖（特别有个人责任存在时，如配料失误、饲料搅拌不匀、动物偷吃黄豆等）或夸大病情。也应避免如"你为什么不早一点带动物就诊呢？""你为什么自己买药瞎治疗呢？"等责备性的提问，造成畜主无所适从或产生抵触心理。

④问诊的顺序，应依实际情况而灵活掌握，可先问诊后检查，也可边检查边询问。

对病情危急的动物，一般只做简单主要症状的询问，先检查和抢救，等病情稳定后再调查。如对呼吸困难或心力衰竭动物、大出血动物，应先抢救。

⑤避免重复提问，提问时要注意系统性、目的性和必要性。兽医应全神贯注地倾听畜主的回答，不应对同一个问题反复提问。杂乱无章的提问是漫不经心的表现，这样会降低畜主对兽医的信心和期望。但是，为了核实资料，有时同样的问题多问几次是必要的。

⑥对待其他动物医院转来的病情介绍、化验结果和病历摘要，应当给予足够的重视，但只能作为参考材料。原则上本医院兽医必须亲自询问病史、检查体格，并以此作为诊断的依据。

⑦对问诊所得的材料，应抱客观的态度，实事求是，既不能绝对地肯定，又不能简单地否定，而应将问诊的材料和临床检查的结果加以联系，进行全面地综合分析，从而提出诊断线索。

第二节　视　诊

视诊（inspection）是指依靠人的视觉器官即肉眼对患病动物个体及所在群体进行观察，以收集有关疾病资料的诊断方法，也叫望诊。在这里也包括借助一些器械（反光镜、内窥镜等）对天然孔、道（耳道、食道、直肠等）进行的检查。

视诊具有简单易行、直观可靠的优点。可以快速地对动物所患疾病进行初步的诊断，特别是对一些具有特征性临床表现的疾病，如破伤风，通过视诊即可获得角弓反张、木马样姿势等典型症状给出初步诊断。视诊也是在畜群中早期发现病畜的重要方法。视诊的结果，可以为进一步的检查提供重要线索。通过视诊可以获得对疾病的大概认识，并以之确定下面要重点检查的内容。

一、视诊的基本原则与方法

1. 基本原则

视诊一般应遵循先群体、后个体；先远观、后近观；先全身、后局部；先静态、后动态的原则进行。

2. 视诊的方法

（1）直接视诊法

兽医直接利用肉眼对动物正常或者异常状况进行观察的方法。其具体方法为：

①检查者站立的位置：距离患病动物1.5~2 m处。

②检查的顺序：由动物左前方开始，从前向后，边走边看，有顺序地观察头部、颈部、胸部、腹部和四肢，走到正后方时，稍停留一下，观察尾部、会阴部，同时对照观察两侧胸腹部及臀部的状态和对称性，再由右侧走到正前方，再按相反的方向再转一圈，边走边做细致的检查。先观察其静止姿态的变化，再行牵遛，以发现其运动过程及步态的改变。

③异常发现的处理：如果发现异常，可接近患病动物，对呈现异常变化的部位做进

一步细致的观察。

(2) 间接视诊法

借助某些仪器设备如耳镜、内窥镜等对动物的某些部位进行检查的方法。如对口鼻腔、耳腔、阴道、胃肠的检查。

(3) 群体视诊法

群体视诊法是集约化养殖常用的一种方法。目的是在群体中早期发现患病动物，以便采取必要的防治措施，以防止疾病的蔓延。

二、视诊的主要内容

①观察群体的全貌，圈舍的卫生，检查饲料及饲养管理情况等，以获得对畜群健康状况和日常管理情况的大概认识。

②观察动物的整体状态：主要是年龄，性别，体格大小，发育程度和营养状况的好坏，体质的强弱，躯体的结构及身体各部分均称性等，以获得对患病动物的整体印象。例如，一般慢性消耗性疾病常营养状况差，体质虚弱。

脑部损伤

③观察动物精神状态：主要从患病动物的眼睛、耳朵、尾巴的活动状态，对周围刺激的反应性来考察。

④观察动物体表状态（也称表被状态）和天然孔道（如口、鼻、咽喉、肛门、阴道等）：观察颜色变化，有无创伤、糜烂、溃疡、疹疱、肿块、赘生物等，有无分泌物、渗出物及其性状等。

犬瘟神经型

⑤观察动物的姿势、体态、运动、行为是否异常。引起神经系统损伤的疾病，一般都有这些方面的异常变化。如动物铅中毒、李氏杆菌病等。

⑥观察动物生理活动状态，了解有无病理性活动。如：饮食、咀嚼、吞咽、呼吸、排粪、排尿等方面有无诸如厌食、咳嗽、喘息、呕吐、腹泻、便秘、少尿或无尿等异常情况。

三、视诊的注意事项

①对刚到门诊的患病动物，一般应先使其稍加休息，待呼吸平稳、心跳减慢后再开始检查。这样也可以使动物对新环境有一个适应的过程，以防运动影响、应激干扰而造成收集的材料失真。

②应尽量让患病动物保持自然状态，对动物能不保定的尽量不保定，以便患病动物症状充分表现出来。

③视诊最好在自然光下进行，以免视觉误差。在灯光下，尤其在白炽灯下，人眼对黄色不敏感，可造成黄疸症状的漏诊。

④接近动物时，动作应缓慢、温和，以免造成动物惊恐，影响检查和掩盖症状。也可以避免发生意外，尤其是对有呼吸困难、心力衰竭的动物。

⑤应熟悉各种动物的正常姿态及身体各部位的正常和疾病下的结构状态，以便加以区别。由于动物种类的不同，常常是在这种动物表现为正常的姿态，而对另一种动物则

为病态，例如，猪睡觉四肢平直姿势为正常，在牛则为病态。同样的疾病发生在不同品种的动物中，症状也有差别，例如，创伤性心包炎时水牛胸前常有明显水肿，而黄牛则不明显。

⑥视诊时应当全面系统，认真有序，做到细致、准确，并做两侧的对比，有重点的进行。

第三节 触 诊

触诊(palpation)是利用人的触觉及实体觉对被检动物进行临床检查，以收集症状、材料的一种检查方法。主要使用手(包括手指、手掌、手背和拳)对被检部位进行触摸、按压、揉捏或冲击来感知被检部位或深部器官的状态，包括温度、湿度、形状、大小、质地、张力、活动性等。也可以借助探针等诊疗器械来感知。

一、触诊的基本方法和类型

根据不同的分类标准，触诊有不同的方法与类型。

1. 根据是否使用器械分类

(1) 直接触诊

用手直接对被检查动物进行触摸，如手背感觉体表温度、切脉等。

(2) 间接触诊

借助探针等诊疗器械对瘘管、窦道、伤口、天然孔进行探查。

2. 根据触诊部位的深浅分类

(1) 内部触诊

内部触诊即直肠检查，指检查者以手伸入动物直肠并隔着肠壁而间接地对盆腔器官及后部腹腔器官进行检查的方法。为兽医独有的检查方法，称"谷道入手论""起卧入手论"。

(2) 外部触诊

外部触诊即在体表进行的触诊，了解体表和内部器官的状态。

3. 根据手法的不同分类

(1) 浅部触诊

以一手轻放于被检查的部位，手指伸直，平贴于体表，利用掌指关节和腕关节的协调动作，适当加压或不加按压而轻柔地进行滑动触摸，依次进行触感。主要用于检查动物的体表状态，包括温度、湿度、皮肤弹性、肌肉张力、压痛感，也用于感知某些生理或病理性活动，如胃、肠蠕动，脉搏，肌肉震颤等。

(2) 深部触诊

常用于检查腹腔及内脏器官的性状及大小、位置、形态。根据畜别、被检查部位和检查内脏器官的不同，可采用不同的触诊手法。

①深部滑行触诊法：检查者将并拢的食指、中指、无名指指端，逐渐触向腹腔的脏器或包块，做上、下、左、右滑动触摸，检查中、小动物时，可用另一手放在对侧而做

衬托。该法常用于腹腔深部的包块和胃肠病变的检查。例如，犬肠内异物或因粪结导致的肠梗阻，一般深部触诊可检查到硬块。

②双手触诊法：检查者左手置于被检查脏器或包块侧方，并将被检查部位或脏器向右手方向推动，有助于右手触诊。该法适用于小动物脾、肾及腹腔肿物的检查。

③深压触诊法：检查者以拇指或并拢的 2~3 个手指逐渐深压以探测腹腔深部病变的部位，或确定压痛点，观察是否出现疼痛反应。

④冲击触诊法：又称浮沉触诊法。以拳、并拢的手指或手掌在被检查的相应部位连续进行数次急速而较有力的冲击动作，以感知腹腔深部器官的性状与腹膜腔的状态。例如，于腹侧壁冲击触诊感到有回击波或振荡音，提示腹腔积液或胃囊、肠管中存有大量液状内容物；而对反刍动物右侧肋弓区进行冲击（或浮沉）触诊，可感知瓣胃或真胃的内容物性状。

⑤切入式触诊法：以一个或几个并拢的手指，沿一定部位进行深入的切入或压入，以感知内部器官的性状。该法适用于检查肝、脾的边缘等。

二、触诊的主要内容

①检查动物体表的一些状态：例如，皮肤表面的温度、湿度，皮肤与皮下组织的质地、弹性及硬度，浅表淋巴结，局部肿胀等病变的位置、大小、形态及其温度、内容物性状、硬度、移动性等。

②了解某些器官、组织的生理或病理活动：例如，在心区检查心搏动，判定其强度、频率及节律；对胃肠道检查，判定其蠕动次数及力量强度；检查浅在动脉的脉搏，判定其频率、性质及节律等变化。

③检查某些内脏器官的位置、大小、形状、质地及内容物性状等：例如，通过软腹壁进行深部触诊或内部触诊，从而感知动物的腹腔状态，胃、肠的内容物与性状，肝、脾的边缘及硬度，肾脏与膀胱状态，以及母畜的子宫与妊娠情况等，尤其是反刍动物，可判断其瘤胃、瓣胃与真胃的状态。

④检查动物机体某一部位对机械刺激的感受性或敏感性，以及整个机体的反应性。例如，检查关节、网胃区、肾区等有没有疼痛。

三、触诊常见症状描述

①疼痛（pain）：也称触诊敏感，在触诊的同时动物表现回视、呻吟、躲闪或反抗。

②捏粉状（生面团样，doughy）：指压留下压痕（凹陷），消退速度慢，就像压在生面团上一样，无痛无热，是组织浮肿的表现。

③波动感（fluctuation）：触诊被检部位感觉柔软，有波动的感觉。说明被检部位下有液体蓄积（可能是水肿液、血液、淋巴液或脓液）。

④坚实感（elastic firm）：触诊被检部位感觉坚实，就像触在肝、肾等正常实质器官上一样，略有弹性。说明被检部位可能有炎症性肿胀、体表的肿瘤、淋巴结肿胀等。

⑤硬固感（hardness）：触诊被检部位感觉坚硬，像摸在骨头或石头上的感觉，无弹性。如皮肤放线菌肿、体表肿瘤。

⑥捻发样(crepitus)：触诊被检部位感觉柔软，有弹性，挤压如有在耳边捻动头发的感觉。表明被检部位有皮下气肿(压迫使皮下结缔组织撕裂)。

四、触诊的注意事项

①触诊应在动物全身放松状态下进行，对动物只做必要的保定。大动物能站立的尽量在站立姿势下进行，中小动物可横卧。

②为防动物紧张，触诊时可将动物眼睛盖住。特别是检查某一部位的敏感性时，盖住眼睛可以避免视觉引起的反应干扰。

③为便于全面地了解症状，触诊一般应遵循由前向后，由上到下，先边缘后中间，先健部后患部，先轻后重的原则进行。

④触诊不是单纯地用手触摸或按压，触诊过程中应密切注意动物的反应，注意力高度集中，必须手脑并用，边触压边思考与分析，才能得出准确的判定。

第四节 叩 诊

叩诊(percussion)是用手或借助器械对动物体表的某一部位进行叩击，借以引起其振动并发生音响，根据产生的音响的性质和特性来判断被检查的器官、组织的物理状态、病理变化的性质和内容物性状，以收集症状资料的一种临床检查方法。也包括某些反射机能的检查。

一、叩诊的基本方法

根据手法与目的不同可将叩诊分为直接叩诊法和间接叩诊法2种。

(1) 直接叩诊法

检查者以叩诊锤或自己的一个手指(中指或食指)或用并拢的食指、中指和无名指的掌面或指端直接轻轻叩打(或拍打)体表被检查部位，借助叩击后的反响音及手指的振动感来判断该部位组织或器官的病变状态的方法。

由于动物体表的软组织振动不良，手指叩击的力量又较小，因此，这种方法引起的振动小、传导不远、故其应用受到很大的限制，仅用于了解鼻窦、副鼻窦和马属动物的喉囊是否蓄脓及某些反射机能的检查等。还用于中小动物胸、腹部面积较广泛的病变或胸壁较厚的患病动物，如胸膜增厚、黏连、大量胸腔积液、腹水等检查；以及大动物肠臌气、瘤胃臌气时判定其含气量及紧张度检查等。

(2) 间接叩诊法

间接叩诊法指在被叩诊部位上加一附着物，叩打在附着物上，再根据所产生的音响来进行判断。这种方法引起的振动大，音响容易辨别，传导深，应用也广泛。

间接叩诊法根据附着物的不同，分为指指叩诊法和锤板叩诊法。

①指指叩诊法：通常以左手的中指(或食指)紧密地(但不要过于用力压迫)放在动物体表的检查部位上(注意：此时除作叩诊板用的手指以外的其余手指，均要离开体壁)，再以右手的中指(或食指)，在第二指关节处呈90°的弯曲，用该指端向作叩诊板

用的手指的第二指节上,垂直的轻轻叩击,如图 1-1 和图 1-2 所示。指指叩诊法简单、方便,但因其振动与传导的范围有限,主要用于中小动物的叩诊,尤其是犬和猫、羔羊、仔猪的检查。

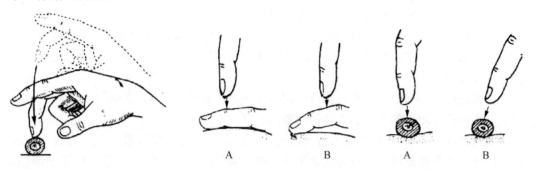

图 1-1　指指叩诊法的手势　　　　图 1-2　指指叩诊法的正确(A)与错误(B)姿势

②锤板叩诊法:用叩诊锤叩打叩诊板,以引起振动并发生音响的方法。叩诊锤一般是金属制作的(质量一般为 100~200 g),在锤的顶端嵌有软硬适度的橡胶头;叩诊板可由金属、骨质、角质或塑料制作而成,形状不一,或有把柄或两端上曲。通常的操作方法是以左手持叩诊板,将其紧密地放于欲检查的部位上;以右手持叩诊锤,用腕关节作轴而上下摆动,使之垂直地向叩诊板上连续叩击 2~3 次,以分辨其产生的音响。锤板叩诊法的叩击力量强,振动扩散的范围大,主要用于牛、马、骆驼等大动物的检查,也可用于绵羊和山羊等的检查。

间接叩诊法叩击力量的轻重,视不同的检查部位、病变性质、范围和位置深浅而定。一般分为轻叩诊法、中度叩诊法和重叩诊法等。轻叩诊法用于确定心、肝及肺心相对浊音界;中度叩诊法适用于病变范围小而轻、表浅的病灶,且病变位于含气空腔组织或病变表面有含气组织遮盖时;重叩诊法适用于深部或较大面积的病变以及肥胖、肌肉发达者。

二、叩诊的应用范围

①可用于检查某些体腔,如副鼻窦、胸腔与腹腔等,以及体表的肿胀物,以判定其内容物性状(气体、液体或固体)与含气量的多少。例如,判定有无胸腔积液、气胸等。

②可用于检查含气器官如肺脏、胃肠等的含气量及病变的物理状态。例如,确定肺脏有无气肿、炎症病灶、脓肿、肿瘤等。

③可用于推断某一器官(含气的或实质的)的位置、大小、形状及其与周围器官、组织的相互关系。例如,确定心浊音区界限,以判定有无心脏肥大、心包积液等。

④某些反射机能的检查,如跟腱反射、膝反射、蹄冠反射等。

三、叩诊音的种类和特点

区分一个声音是根据该声音的基本特性定的,主要是根据声音的强度(音强,由声音波的振幅决定)、声调的高低(音调,由声音的频率决定)、音色以及音响持续时间的长短等区分的。由于各器官和组织的致密度、弹性、含气量和大小的不同，叩击所发出的声音即叩诊音也就不同，这样临床上就可以根据叩诊音的不同来区分不同的器官和组织。

临床上叩诊音响主要有以下3种基本音响。

①浊音(dullness)：其特征为持续时间短，音响弱而实，也叫实音。代表性组织、器官为肌肉层厚、丰满的部位(如臀部)及不含气的实质器官(如心脏、肝脏、脾脏)与体壁直接接触的部位。

②清音(resonance)：其特征为持续时间长(是浊音的2倍)，音响强、清脆，也叫满音。代表性组织、器官为健康动物的肺区。

③鼓音(tympany)：其特征为持续时间更长，音强更强，像打鼓一样，为含气空腔的叩诊音。代表性组织、器官为健康牛瘤胃左上1/3部(左肷部)，健康马盲肠基部(右肷部)。

在以上3种基本的叩诊音之间还有程度不同的过渡音。如：

半浊音(semi-dullness) 是介于清音与浊音之间的过渡音响，表明被叩击部位的组织或器官柔软、致密、有一定的弹性，含有少量气体。半浊音是健康动物肺区边缘、心脏相对浊音区的正常叩诊音。

过清音(hyperresonance) 是介于清音与鼓音之间的过渡音响，音调较清音低，音响较清音强，极易听及。表明被叩击部位的组织或器官内含有多量气体，但弹性较弱。过清音是额窦、上颌窦的正常叩诊音。

除以上叩诊音外，还有一些特殊病理性音响，如肺出现敲击钢管时的钢管音、敲击空匣出现的空匣音等。

正常的组织、器官其叩诊音基本是固定的，当在病理状态下，其含气量、致密度等发生改变时，叩诊音就发生异常，可以据此来诊断病变。例如，肺组织渗出过多时或结核病变时叩诊变为浊音、气肿时叩诊变为鼓音。

四、叩诊的注意事项

①叩诊检查最好在安静并有适当空间的室内进行。在室外叩诊时，容易受其他声音的干扰，不易辨别音响。被检查动物体位要处于放松状态，大动物处于站立姿势，小动物则放置于桌上或呈横卧姿势。

②叩诊板(或作叩诊板用的手指)应紧贴动物体表，无空隙。但也不要过于用力压迫。对被毛过长的动物，应将被毛分开，以使叩诊板与体表皮肤很好地接触；胸部叩诊，应将叩诊板沿着肋间放置，防止出现空隙(尤其消瘦动物)和肋骨的干扰。

③叩诊的手应以腕关节作轴，轻松的振动与叩击，避免肘关节的运动，也不要强加臂力。应使叩诊锤或用作锤的手指，垂直地向叩诊板上叩击。

④叩诊时除叩诊板或作叩诊板用的手指外，其余不应接触动物的体壁，以免妨碍振动。

⑤叩打应该短促、断续、快速而富有弹性。叩诊锤或用作锤的手指在叩打后应很快地弹开，以免影响振动传导。

⑥为了正确地判定声音及有利于听觉印象的积累，每一叩诊部位连续进行2~3次，力度和时间间隔应相同。

⑦叩诊力量应根据检查的目的和被检查器官的解剖特点不同而异。一般部位深，力量大；反之则轻。但不可过重，以免引起局部疼痛和不适。

⑧叩诊时如发现异常音响，应注意与健康部位的叩诊音响做对比叩诊，并与另一侧相应部位加以比较，避免发生误诊。对比叩诊应注意条件要尽可能地相等，如叩打的力量、叩诊板的压力、动物的体位与呼吸周期等均应相同。

⑨当确定含气器官与无气器官的界限时，先由含气器官的部位开始逐渐转向无气器官部位，再从无气器官部位开始而过渡到含气器官。如此反复之，最后依叩诊音转变的部位而确定其界限。

⑩叩诊时除注意叩诊音的变化外，还应结合听诊及手指所感受的局部组织振动的差异进行综合考虑判断。例如，在心界叩诊中，可以戴上听诊器，由于每一次叩击都能被听诊器放大后传入耳内，因此可以比较清楚地辨别出清音、浊音、实音。

第五节　听　诊

听诊（auscultation）是以检查者的听觉器官（耳朵）直接或间接听取动物内部器官活动所产生的声音，根据声音的性质、特征和变化情况去判断内部器官机能状态和病理变化的一种临床检查方法，是临床上诊断疾病的一项基本技能和重要手段。

一、听诊的分类与方法

听诊的方法可分为直接听诊法与间接听诊法。

（1）直接听诊法

检查者将耳朵直接贴在动物体表，也可用一听诊布作垫，然后用耳贴于动物体表的相应部位进行听诊的方法。其特点为方法简单、声音不失真，但听取的范围小，既不安全也不卫生，易使检查者污染、感染或被动物伤害。现已不常应用。

（2）间接听诊法

要借助器械，也叫器械听诊法。为临床常用方法。临床上常用听诊器有以下3种：

①硬质单耳听诊器（图1-3）：多用于胎音的听诊。其特点是不改变音响性质，但使用不方便。

②软质双耳听诊器（图1-4）：它是动物临床上常用的听诊器。软质听诊器由耳件、体件（又称集音头、胸具）和软管3部分组成，限定了声音的传导方向（软管）。体件有钟型与鼓型2种。鼓型体件加以共鸣装置（如橡皮膜、动物膜或其他的薄膜片）而使声音增强，也叫微音

图1-3　硬质单耳听诊器

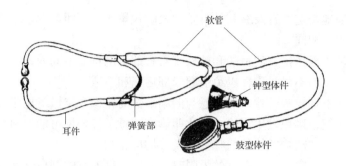

图 1-4 软质双耳听诊器

听诊器,其特点是可使声音大大增强,并可改变声音的传导的方向,但容易失真,产生杂音。

③电子听诊器(图 1-5):将现代电子技术应用于听诊,可以把听取的声音进行录制和放大,更有利于用声音判定病性。

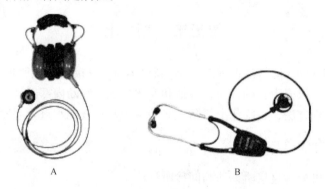

图 1-5 电子听诊器

A. 718-7800 急救型电子听诊器(EMS)　B. 718-7700 E-Scope Ⅱ 临床型电子听诊器

二、听诊应用的范围

广义地讲,听诊的应用范围很广,包括直接听取动物的嘶鸣、狂吠、呻吟、喘息、咳嗽、喷嚏、嗳气、咀嚼、运步等声音及高朗的肠鸣音等。而现代听诊法的主要应用范围包括以下几个方面。

①对心血管系统检查:听取心脏及大血管的声音,特别是心音。判定心音频率、强度、性质、节律以及有无附加心杂音;还有心包的摩擦音及拍水音也是应注意检查的内容。

②对呼吸系统检查:听取呼吸音,如喉、气管以及肺胞呼吸音;附加的杂音(如啰音)与胸膜的病理性声音(如摩擦音、振荡音)。

③对消化系统检查:听取胃肠的蠕动音,判定其频率、强度及性质以及当腹水、瘤胃或真胃积液时产生的腹腔振荡音。

④听取胎心音和胎动音:在妊娠的中后期可以通过听诊了解胎儿活动和胎心搏动的声音。

⑤其他：还可听取皮下气肿音、肌束颤动音、关节活动音、骨折断面摩擦音等。

三、听诊的注意事项

①听诊环境要安静和温暖，最好在室内或避风处进行，尤其是小动物应避免惊恐或因外界寒冷引起肌肉震颤产生噪声而影响听诊效果。

②经常检查听诊器，注意接头有无松动，胶管有无老化、破损或堵塞。

③听诊器的接耳端，要适宜地插入检查者的外耳道（不松也不过紧）；接体端（听头）要紧密地放在动物体表的检查部位，但也不应过于用力压迫以免影响振动。

④应注意防止一切可能发生的杂音干扰。如听诊器胶管与手臂、衣服等的摩擦杂音，体件与被毛摩擦音等。

⑤检查者要将注意力集中在听取的声音上，并且同时要注意观察动物的动作，注意排除其他声响的干扰，区分是因被毛摩擦、肌肉震颤、咀嚼、吞咽、嗳气、咳嗽等产生的声响，还是被听诊的器官活动所产生的声响。

第六节 嗅 诊

嗅诊（smelling）是通过检查者的嗅觉对患病动物的呼出气体、口腔的气味以及患病动物所分泌和排泄的带有特殊气味的分泌物、排泄物（粪、尿）以及其他病理产物进行分辨的一种临床检查方法。

嗅诊时检查者可用手将气味扇向自己的鼻部，然后仔细判断气味的特点与性质。

临床上经常用嗅诊检查的有汗液、呼出气体、痰液、呕吐物、粪便、尿液和脓液的气味等。例如，呼出气体及鼻液的特殊腐败臭味，是提示呼吸道及肺脏的坏疽性病变的重要线索；呼出气体和胃内容物散发出刺激性蒜味常见于有机磷农药中毒；尿液及呼出气息有烂苹果味，可提示牛、羊酮血症的怀疑；腹腔穿刺液有氨味，提示膀胱破裂；皮肤及汗液有尿臭味时，常有尿毒症的可能；粪便带腐败臭味或酸臭味常见于肠卡他和消化不良，腥臭味常提示细菌性痢疾；阴道分泌物的化脓、腐败臭味，可见于子宫蓄脓症或胎衣滞留等。

第七节 临床检查程序

在具体进行临床检查时，为便于获得全面和真实的症状材料，临床检查通常要系统地按一定的程序和计划来进行，不能杂乱无章，这在综合判断上是十分重要的。

一、个体临床检查的程序

动物个体临床检查的基本程序一般分以下几个步骤，即：病畜登记→问诊→一般检查→系统检查→实验室检查→特殊仪器检查。

1. 病畜登记

通过简单的询问和观察，记录患病动物的个体特征和背景资料，如种类、品种、年龄、性别、体重、用途、毛色、特征、畜主所在地等。这些登记事项往往会给诊断工作提供重要帮助，不能忽视。

病畜登记的意义有如下方面：

（1）可以给诊断和治疗提供某些参考性条件

①动物种类：各种不同的动物有其固有的传染病、寄生虫病等，疾病的易感性是不一样的。如鸡新城疫主要发生于鸡、火鸡和鸽子；破伤风多见于马，家禽则不会发生；猪瘟只发生于猪。

②品种：不同品种的动物其免疫力和抵抗力有差异。如同样是鸡，草鸡抵抗力要强一些；乳牛易患营养代谢病。

③年龄：许多疾病尤其是传染性疾病的发病与年龄关系密切。如猪丹毒主要发生于架子猪；猪副伤寒以2~4月龄仔猪多见；小鹅瘟在成年鹅不发病；法氏囊病多在2~15周龄的鸡发生。

④性别：某些疾病的发生与性别关系密切。如尿道结石为公畜常见；子宫内膜炎是母畜的疾病。

⑤体重：可以帮助判断动物的发育和营养状况，同时也是用药量的参考依据。

⑥用途：可提供发病原因的参考依据并为预后提供帮助（治疗价值）。如奶牛严重的乳房炎多是预后不良的，因为治疗后产奶量可能上不去；种用母畜发生严重的子宫内膜炎，由于治疗后可能无法再怀孕，也是预后不良的。

⑦畜主所在地：可帮助确定是否是地方性流行病，并且有利于疾病跟踪调查。

（2）便于识别患病动物，尤其在群体中

①毛色：既是个体特征的标志之一，也关系到疾病的趋向。如白色皮毛的猪，可患感光过敏性皮肤病。

②牲畜号码：是个体身份的重要标识。

（3）便于积累丰富的临床诊疗资料和经验

可以为疾病发生规律的分析提供依据。

2. 问诊

通过问诊进行，在病畜登记和主诉后开展。了解现病史、既往病史和日常管理情况，这对探索致病原因、了解发病情况及其经过方面具有十分重要的意义。记录主诉应尽可能用畜主描述的现象，而不是兽医对患病动物的诊断用语，要实事求是。

3. 一般检查

①整体状态的观察：体格、发育，营养状况，精神状态，体态、姿势与运动、行为等。

②被毛、皮肤（包括羽毛、肉髯、鼻盘、鼻镜）及皮下组织的检查。

③可视黏膜主要是眼结膜的检查。

④浅表淋巴结及淋巴管的检查。

⑤体温、脉搏及呼吸数的测定。

4. 系统检查

系统检查主要为五大系统的检查，即心血管系统检查、呼吸系统检查、消化系统检查、泌尿生殖系统检查、神经系统检查。

5. 实验室检查

实验室检查包括血、尿、粪三大常规检查，血液生化检查，特殊实验室检查（细菌学、血清学）等。

6. 特殊仪器检查

特殊仪器检查包括 X 线检查、超声检查、心电图检查、计算机辅助断层扫描检查（CT、核磁共振）等。

当然，个体临床检查的程序并不是固定不变的，可根据患病动物的具体情况而灵活运用，可适当调整并有所取舍。一般前四步必须进行，后三步可根据需要和条件而定。所有内容都应详细记载于病历中。病历记载还包括诊断、治疗过程。

二、群体临床检查的程序

1. 群体临床检查的方法和程序

畜群的临床检查，应采取调查了解，查阅病历资料，现场（牧场，畜舍与环境）巡检，畜群与个体的观察和检查，实验室化验及特殊检查法的应用（如病料的检验，饲料、水、空气的分析，X 线、心电、超声的应用等），病理剖检及组织学检查等，有条件时还应结合现代化的设备和手段，如 CT、内窥镜等。

通常是按畜群普查与抽样检查，定期检测与随时检查相结合的方式进行。

在检查的程序方面，应掌握以下原则，即先调查了解，后进行检查；先巡视环境，后检查畜群；先群体检查，后个体检查；先一般检查，后特殊检查；先检查健康畜群，后检查病畜群。

2. 群体临床检查的内容

(1) 畜群的病史调查

畜群的规模、组成、来源及繁育情况，场地周围的其他畜群中有无疫情发生及不安全因素，畜禽的既往病史，是否存在隐性传染，防疫制度及措施的贯彻执行情况等。

(2) 畜群的环境调查

调查牧场的地理位置，气候条件，植被、土质、水源和水质是否受到"三废"污染，交通，道路设施，畜舍建筑，通风及光照，保温和降温，畜栏与畜圈，运动场条件，粪便处理等。

(3) 饲养管理概况

调查饲料的组成及营养价值评定，饲料的贮存及加工方法，饲喂方法及饲喂制度等。

(4) 生产性能调查

调查产品（乳、肉、蛋、毛、皮等）的数量与质量，役用畜的使役能力，种公畜的配种能力、母畜的受胎率及繁殖能力等。

(5) 畜群的一般检查

在普遍视查的基础上，重点抽样检查。由于饲养形式，牲畜种类及生产性能不同，所以检查的具体方法、程序、内容重点也有所差异。

①牧区的放牧畜群：应跟随出牧、放牧和收牧，在这些环节注意畜群的采食活动、精神状态、体态和营养、粪便性状。

②舍饲畜群：应在饲喂中或饲喂后进行，重点是观察饲料的品质及数量，动物的采食，咀嚼，吞咽，反刍及嗳气，呼吸运动，排粪状态。

③役用家畜：在使役前或使役后全面检查并了解使役能力。

④奶用牛、羊：最好是在挤奶过程中视诊，这样既能观察到牛羊的体况，又注意到挤奶的过程以及乳房、乳汁的变化。

⑤反刍动物：应于饲后安静状态注意其反刍活动（如出现时间、持续时间、再咀嚼情况等）及嗳气情况，被毛及舐迹等。

⑥猪群：应注意其整体活动状况中出现的个别猪只的异常现象，观察其食欲及采食活动、运动及睡眠情况等。

⑦兔群：除了白天的调查了解外，还要重视在夜间观察家兔的采食活动、精神状态、配种活动等。

⑧禽类：特别应注重其群体活动状况，饮食欲情况，观察其羽毛的光泽及平滑状态，冠及肉髯颜色，有无运动不协调和行为异常现象，如啄羽、啄肛等。

(6) 确定进行专项的特殊检查

病料的病原学检验，饲料营养因子分析，饲料、饮水、胃肠内容物和组织样本毒物检验，X线检查，超声检查，心电图变化等。

（卞建春　刘明超）

第二章 整体及一般状态的检查

在对就诊动物进行登记及问诊之后，通常要进行整体及一般状态的检查，即对动物全身状态的观察。这样可对动物所患疾病的严重程度、可能患病的器官或系统做出初步的估计，为进一步的系统（或部位）检查提供线索。整体及一般状态的检查内容，主要包括全身状况的检查，体温、脉搏、呼吸及血压的检查，被毛、皮肤的检查，可视黏膜的检查，浅表淋巴结及淋巴管的检查5项。检查方法以视诊为主，配合触诊、听诊等进行检查。

第一节 全身状况的检查

全身状况的检查又称容态（habitus）检查，是指对动物外貌形态和行为表现的检查，临床上着重观察动物精神状态、体格与发育、营养状况、姿势与体态、运动与行为的变化和异常表现。

一、精神状态

精神状态（mental state）是动物的中枢神经系统机能活动的反映，根据动物对外界刺激的反应能力及行为表现而判定。临床上主要观察患病动物的神态，注意其耳、眼活动，面部的表情及各种反应活动。

兴奋或抑制是动物中枢神经系统机能活动的2个基本过程，二者相互依存、相互制约，保持着动态平衡，当动态平衡遭到破坏，临床上就表现为兴奋或抑制。

兴奋 是中枢神经机能亢进的结果，表现为骚动不安、乱冲乱撞；可由脑及脑膜充血、颅内高压及某些中毒病所引起。常见于脑炎、破伤风、狂犬病。

抑制 是中枢神经机能低下的结果，表现为沉郁、嗜睡、昏迷。

沉郁 病畜表现为离群呆立、头低耳耷、对外界刺激反应迟钝。

嗜睡 闭眼似睡，站立不动或卧地不起，强烈的刺激才引起轻微的反应。见于重度的脑病或中毒。

昏迷 意识不清、卧地不起、呼唤不应，对外界的刺激几乎没有反应或仅有部分反射，有时伴有肌肉痉挛与麻痹或四肢呈游泳样动作。见于脑及脑膜疾病、中毒或某些代谢病后期。重度昏迷是预后不良的征兆。

兴奋：患狂犬病的犬

沉郁

二、体格与发育

体格(constitution)标准一般根据骨骼、肌肉和皮下组织的发育程度及各部分的比例关系来判定。通常用视诊进行检查,可以分为体格强壮(发育良好)、体格纤弱(发育不良)及体格中等(发育中等)3 种类型。

①发育良好:其体躯高大,结构匀称,四肢粗壮,肌肉丰满,胸部深广,给人以强壮有力的感觉。这些动物通常生产性能良好,抗病力也强。

②发育不良:其体躯矮小,结构不匀称,肢体纤细,瘦弱无力,发育迟缓或停滞,一般是由于营养不良或慢性消耗性疾病所致。如仔猪患慢性传染病时,则发育不良,长期生长缓慢或成为僵猪,尤其在同窝的仔猪中,其生长发育的差异非常显著。

③发育中等:其体格特征介于上述两者之间。

三、营养状况

营养状况(state of nutrition)表示动物机体物质代谢的总水平。判定动物营养状况的依据,通常是肌肉的丰满度和皮下脂肪的蓄积量以及被毛的状态,可将营养状况概括为良好、中等和不良 3 种。

①营养良好:肌肉及皮下脂肪丰满,全身轮廓饱满,骨骼棱角不显露,被毛平顺并富有光泽,皮肤有弹力。

但是,营养过分良好,也会造成肥胖并影响生产性能,对于猪和肉牛属生理现象,对于役用马和军犬,则为病态。

②营养不良:骨骼显露,肋骨可数,全身轮廓棱角突出,被毛粗乱而无光泽,皮肤干燥而缺乏弹力。

营养不良的动物表现精神不振,躯体乏力。营养过度不良时,则称为消瘦(emaciation)。严重腹泻,高热性传染病(如急性马传染性贫血)可导致急剧消瘦,饲料供应不足,慢性消耗性疾病(如慢性传染病,寄生虫病,长期消化不良)可导致进行性消瘦。

高度营养不良,并伴有严重贫血,称为恶病质(cachexia),常是预后不良的指征。

③营养中等:其体况特征介于上述两者之间。

四、姿势

姿势(posture)指动物在相对静止状态的举止表现。各种动物都有其特定的姿势,称为生理姿势。健康状态时,动物的姿势自然、动作灵活而协调,如马、骡终日站立,两后肢交换休息,偶尔卧地,有生人接近则自动起立。牛、羊喜在采食后卧地进行间歇性反刍,有时用舌舔其被毛,卧地时常将前胸着地,四肢屈于腹下,有生人接近时常先抬举后躯而缓慢地起立。猪最贪食,时常拱地,如给食物则应声而来,饱食后即卧地休息。正常的姿势主要依赖骨骼结构和各部分肌肉的紧张度来保持,而动物的肌肉、骨骼和关节都是在中枢神经系统的控制下运动自如,协调一致的。因此,要认识动物患病后的异常姿势，首先应仔细观察和了解各种动物的正常姿势。病理状态下表现的异常姿势常由中枢神经系统疾病及其调节功能失常，骨骼、肌肉或内脏器官的疼痛及外周神经的麻痹等原因所引起。

病理状态下，患病动物常出现的异常姿势有下列几种：

①强迫姿势：表现为头颈平伸，背腰僵硬，四肢僵直，尾根举起，呈典型的木马样姿势，常见于破伤风（图2-1）。

②异常站立：如单肢疼痛则患肢提起，不愿负重；两前肢疼痛则两后肢极力前伸；两后肢疼痛则两前肢极力后移，以减轻病肢负重，多见于蹄叶炎；风湿症时，四肢常频频交替负重，站立困难。

③站立不稳：躯体歪斜，依柱靠壁站立，常见于脑病或中毒病。

④起卧不安：常为腹痛病的特有症状。

⑤异常躺卧：常见于奶牛生产瘫痪、佝偻病、仔猪低血糖病等；后躯瘫痪见于脊髓损伤、肌麻痹等，如鸡的神经型马立克氏病，坐骨神经损伤引起临床症状中最具特征的姿势，即一条腿前伸而另一条腿后伸的劈叉姿势（图2-2）。

图2-1 破伤风时木马样姿势

图2-2 鸡两条腿呈"劈叉状"

五、运动与行为

运动与行为（movement and behavior）是由机体各系统器官对可感知的现实环境刺激的反应所引起的。健康动物表现为感觉敏锐，反应灵活，运动协调，步态自然。在病理情况下，由于神经调节或肢体的运动功能发生障碍，往往出现行为和步态异常。运步异常常见于四肢病、脑病或中毒病，也可见于垂危病畜。临床诊断常见的运动和行为异常表现有运动失调（共济失调）、强迫运动、跛行、腹痛、异嗜、角弓反张、攻击人畜等。

1. 共济失调

共济失调（ataxia）又称为运动失调，是动物在运动时出现的失调，其步幅、运动强度和方向均发生异常的改变，动作缺乏节奏性、准确性和协调性。临床表现为：患病动物运动时踉跄，体躯摇晃，步样不稳，动作笨拙，四肢高抬，着地用力如涉水样步态，有的不能准确地接近饲槽或饮水桶。常见于家禽的维生素B_1、维生素B_2缺乏症，维生素E缺乏症，马慢性脑室积水等。

狗非感染性脑膜炎共济失调

2. 盲目运动

盲目运动(blind movement)是指患病动物做无目的地徘徊走动，不注意周围事物，对外界刺激缺乏反应。表现严重精神抑制，失明，舌脱出，尽管动物不能采食和饮水，但不断咀嚼，见于中毒病(包括蜡菊属和艾菊中毒)、代谢性脑病及变性脑病，如马黑质苍白球脑软化、绵羊蜡样脂褐质沉积和新生畜脑积水。

3. 圆圈运动

患病动物按一定的方向做无休止的圆圈运动(circling movement)，是大脑、丘脑、中脑和前庭核一侧性损伤的表现。一侧性损伤时，身体左右两侧伸肌的紧张性不同，头歪斜于伸肌紧张性低的一侧，结果身体重心偏向一侧，迫使动物因企图维持身体平衡而朝一个方向移动，故表现出圆圈运动。由于损伤的部位不同，故圆圈运动的方向也有所不同。常见于脑炎、脑包虫病等。

圆圈运动

4. 跛行

跛行(lameness)是因动物肢体的骨骼、关节、肌腱、蹄部或外周神经发生疾患而引起的一肢或多肢的运动、步态异常。对于有跛行症状的动物，应细致认真地观察跛行的特点，并详细检查肢蹄，必要时进行 X 线检查，以确定患肢、患部及疾病性质。常见于奶牛蹄病、骨折及关节炎等。

第二节 体温、脉搏、呼吸及血压检查

一、体温

除外界气候及运动、使役等环境条件的暂时性影响外，动物的体温通常都维持在一个较恒定的范围。这是因为动物在进化过程中，逐步形成了一系列复杂而精确的体温调节机构，可以随着体内外环境的变化，不断地改变机体的产热和散热过程，使体温在狭小的波动范围内保持着动态平衡，一般一昼夜的温差不超过 1 ℃。在病理情况下，由于体内外环境的剧烈变化，超过了体温调节的波动范围，就会出现体温升高或体温降低的变化，因此，测定体温对于发现病畜、了解病情、判定病性、推断预后、指导治疗和验证疗效，都具有重要意义。

1. 体温检查的方法及正常体温

①测定部位：动物在直肠内测量，禽类在翅膀下测量。测定方法是将兽用体温表用力甩几次，将高水银柱甩到 35 ℃以下，然后将体温表插入肛门或放在翅膀下，3～5 min 后取出体温表，读取读数。

②正常体温：因受年龄、性别、品种、营养及生产性能等因素的影响，故体温值会在一定范围内波动。各种动物正常体温见表 2-1 所列。

2. 发热的分类和热型

体温超出正常标准，多见于传染病、败血症、炎症等。

表 2-1　各种动物正常体温　　　　　　　　　　　　　　　　℃

动物种类	体温	动物种类	体温	动物种类	体温
黄牛、乳牛	37.5～39.5	山羊	38.5～40.5	犬	37.5～39.0
水牛	36.5～38.5	猪	38.0～39.5	猫	38.0～39.5
马	37.6～38.5	骆驼	36.0～38.5	兔	38.0～39.5
绵羊	38.5～40.0	鹿	38.0～39.0	鸡	40.5～42.0

(1) 根据升高的程度划分

① 微热：升高 0.5～1℃。见于感冒等局限性炎症。

② 中热：升高 1～2℃。见于呼吸道、消化道一般性炎症及某些亚急性、慢性传染病，如小叶性肺炎、支气管炎、胃肠炎及牛结核、布氏杆菌病等。

③ 高热：升高 2～3℃。见于急性感染性疾病与广泛性的炎症，如猪瘟、巴氏杆菌病、链球菌病、流行性感冒等。

④ 极高热：升高 3℃以上。提示某些严重急性传染病，如猪丹毒、炭疽、脓毒败血症等。

(2) 根据热型划分

将每天上午和下午测温结果绘制成热曲线，根据热曲线特点，一般可分为稽留热、弛张热、间歇热和不定型热。

① 稽留热：体温升高到一定高度，可持续数天，而且每天的温差变动范围较小，一般不超过 1℃。见于猪瘟、炭疽、大叶性肺炎等（图 2-3）。

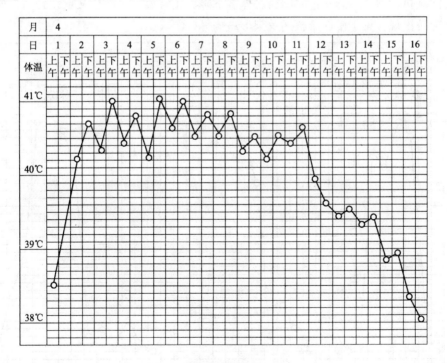

图 2-3　稽留热

②弛张热：体温升高后，每天的温差变动范围较大，常超过1℃以上，但体温并不降至正常。见于败血症、化脓性疾病、支气管肺炎等（图2-4）。

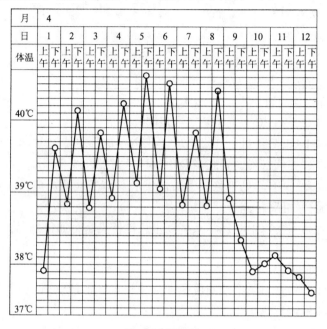

图2-4　弛张热

③间歇热：高热持续一定时间后，体温下降到正常温度，而后又重新升高，如此有规律地交替出现。见于慢性结核病及梨形虫病等（图2-5）。

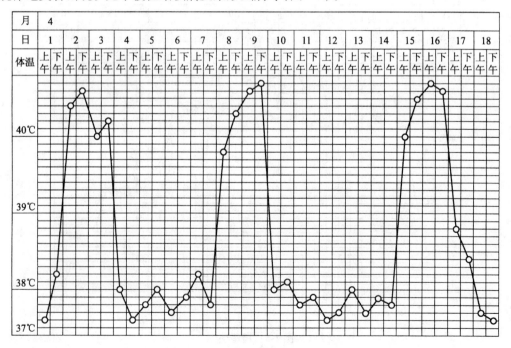

图2-5　间歇热

④不定型热：体温曲线变化无规律，如发热的持续时间长短不定，每天的温差变化不等，有时极其有限，有时则波动很大。多见于一些非典型经过的疾病，如非典型腺疫和渗出性胸膜炎等。

(3) 按发热持续的时间划分

①急性发热：一般发热期延续 1 周至半个月，如长达 1 个月有余则为亚急性发热，可见于多种急性传染病。

②慢性发热：表现为发热的缠绵，可持续数月甚至 1 年有余，多提示为慢性传染病，如慢性马传染性贫血及鼻疽、结核、猪肺疫等。

③一过性热或暂时性热：仅见体温的暂时性（1 日内）升高，常见于注射血清、疫苗后的一过性反应，或由于暂时性的消化紊乱。由于体温迅即恢复正常，对动物无不良影响。某些疾病的初期虽可能有一过性发热，如猪传染性胃肠炎、伪狂犬病、水肿病等，但因发热的出现，多在疾病的前驱期，因临床上无其他明显症状而不易被发现，故实际的诊断意义不大。

发热持续一定阶段之后则进入降热期。

依热下降的特点，可分为热的渐退与骤退。

热的渐退表现为在数天内逐渐的、缓慢的下降以至常温，并且病畜的全身状态也随之逐渐的改善直至康复；热的骤退以短期内迅即降至常温甚或常温以下为其特点，如热骤退的同时，脉搏反而增数且病畜全身状态不见改进甚或恶化，多提示预后不良。

3. 体温降低

体温低于正常指标，主要见于中毒、重度营养不良、严重衰竭症、仔猪低血糖病、顽固性下痢、大失血、濒死期等。

二、脉搏

脉搏数（脉搏频率）是机体重要的生理指标之一。脉搏数的变化，对于了解病情、判定病性、推断预后和监护心脏都是重要的指标。因此，在循环系统检查之前，在一般检查过程中先进行脉搏数的检查。

1. 脉搏检查的方法及正常频率

①测定方法：应用触诊检查动脉脉搏，测定每分钟脉搏的次数，用"次/min"表示。牛常检查尾动脉；猪和羊可在后肢股内侧检查股动脉，马检查颌下动脉。

②正常脉搏数：各种动物正常脉搏数见表 2-2 所列。

表 2-2　几种动物正常脉搏数　　　　　　　　　　　　　　　次/min

动物种类	脉搏数	动物种类	脉搏数
牛	40~80	骆驼	30~60
马	26~42	猫	110~130
羊	60~80	犬	70~120
猪	60~80	兔	120~140
鹿	36~78	禽（心跳）	120~200

2. 脉搏检查的临床意义

①脉搏增数：见于热性病、心脏病、呼吸器官疾病（如大叶性肺炎、小叶性肺炎及胸膜炎）、各型贫血及失血性疾病、剧烈疼痛性疾病以及某些毒物中毒等。

②脉搏减数：主要见于某些脑病（如脑脊髓炎、慢性脑室积水）、中毒（如洋地黄中毒）、胆血症（如胆道阻塞性疾病）以及危重病畜等。

三、呼吸数检查

呼吸数（呼吸频率）也是机体重要的生理指标之一。通过检查呼吸数，可以了解呼吸系统的大体情况，为以后的系统检查和特殊检查提供线索和依据。

1. 呼吸数检查的方法及正常频率

①测定方法：检查呼吸数时，必须在动物处于安静状态下进行。呼吸数检查的方法很多，最佳的方法是检查者站于病畜一侧，观察胸腹部起伏动作，一起一伏即计算为1次呼吸；其次，可将手背放在动物鼻孔前方的适当位置，感知呼出的气流，呼出1次气流，即为1次呼吸（在冬季寒冷时可直接观察呼出气流）；还可对肺脏进行听诊测数。鸡可观察肛门周围羽毛起伏动作计数。呼吸次数以"次/min"表示。

②正常呼吸数：各种动物的正常呼吸数见表2-3所列。

表2-3　各种动物正常呼吸数　　　　　　　　次/min

动物种类	呼吸数	动物种类	呼吸数
黄牛、乳牛	10~30	骆驼	6~15
马	8~16	猫	10~30
羊	12~30	犬	10~30
猪	18~30	兔	50~60
鹿	15~25	禽	15~30

2. 呼吸数检查的临床意义

呼吸数的病理性改变，可表现为呼吸次数增多或减少，但以呼吸次数增多为常见。

（1）呼吸次数增多

引起呼吸次数增多的常见病因是：

①呼吸器官本身的疾病：当上呼吸道的轻度狭窄及呼吸面积减少时可反射性引起呼吸加快。如上呼吸道的炎症、各型肺炎及胸膜炎以及主要侵害呼吸器官的各种传染病（马的鼻疽、胸疫；牛的结核、牛肺疫；山羊的传染性胸膜肺炎；猪的流行性感冒、猪肺疫、气喘病等）及寄生虫病（如猪肺虫病）等。

②多数发热性疾病（包括发热性传染病及非传染病）：由于致热源及细菌、病毒感染的结果。

③心力衰竭及贫血、失血性疾病。

④导致呼吸活动受阻的各种病理过程：如膈的运动受阻（膈的麻痹或破裂），腹内压升高（胃肠臌胀时），胸壁疼痛性疾病（如肋骨骨折等）。

⑤剧烈疼痛性疾病：如四肢的带痛性疾病及马、骡腹痛症。
⑥中枢神经的兴奋性增高：如脑充血，脑及脑膜炎的初期等。
⑦某些中毒：如亚硝酸盐中毒引起的血红蛋白变性。

(2)呼吸次数减少

临床上比较少见，通常的原因是：引起颅内压显著升高的疾病（如慢性脑室积水，猪伪狂犬病及马流行性脑脊髓炎的后期），某些中毒病及重度代谢紊乱等。

当上呼吸道高度狭窄而引起严重的吸入性呼吸困难时，由于每次吸气的持续时间显著延长，可相对的使呼吸次数减少。此外，常伴有吸气期的明显的狭窄音，且病畜表现痛苦甚至呈窒息状。

呼吸数显著减少并伴有呼吸方式与节律的改变，常提示预后不良。

四、血压

动脉压是指动脉管内的压力，简称血压或体循环血压。心室收缩时，血液急速流入动脉，动脉管达到最高紧张度时的血压，称收缩压（高压）。心室舒张时，动脉血压逐渐降低，血液流入末梢血管，动脉管的紧张度最低时的血压，称舒张压（低压）。收缩压与舒张压之差称脉压，它是了解血流速度的指标。

1. 血压的测定方法

测定动脉压的方法，有视诊法和听诊法。常用的血压计有汞柱式、弹簧式2种。部位随动物种类不同而异，大家畜（如马、牛）在尾中动脉，小动物（如犬等）在股动脉。测血压时，使动物取站立姿势，将胶皮气囊（或称袖袋）绑在尾根部或股部。胶皮气囊的一端连在血压计上，另一端连在打气用的胶皮球上。在用视诊法测定时，是用胶皮球向气囊内打气，使汞柱或指针超过正常高度的刻度，随后通过胶皮球旁边的活塞缓缓放气，每秒钟放气量以下降2刻度为宜，一边放气，一边观察汞柱表面波动或指针的摆动情况。当开始发现汞柱表面发生波动或指针出现摆动时，这时的刻度数即为心收缩压。然后再继续缓缓放气，直至汞柱的波动或指针的摆动由大变小、由明显变为不明显时，这时的刻度数即为心舒张压。在利用听诊法测定时，是先将听诊器的胸端放在绑气囊部的上方或下方，然后向气囊内打气至约刻度200以上，随后缓缓放气，当听诊器内听到第一个声音时，汞柱表面或指针所在的刻度，即为心收缩压。随着缓缓的放气，声音逐渐增强，以后又逐渐减弱，并且很快消失，在声音消失前血压计上的刻度，即代表心舒张压。有人认为，在利用听诊法测马的尾中动脉血压时，以将马尾根部稍上举为宜。在临床上测定血压时，多将2种方法结合起来应用。

另外，临床上还可以采用心电监护仪测定血压（图2-6）。

血压的记录与报告方式为：收缩压/舒张压，单位为 mmHg，如测得的收缩压为110 mmHg，

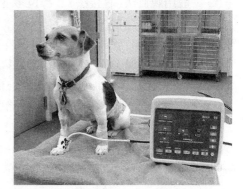

图2-6　心电监护仪测血压

舒张压为 45 mmHg，则记录为 110/45 mmHg；也可直接记录为 110/45。

2. 血压检查的临床意义

收缩压的高低主要取决于心肌收缩力的大小和心搏出量的多少，舒张压主要取决于外周血管阻力及动脉壁的弹性。例如，在心机能不全、心搏出量减少时，或外周血管扩张（如休克）、外周血管阻力降低（如热性病）时，可致血压下降。反之，在动物兴奋、紧张或使役之后，由于心搏出量增多，或由于肾素释放增多，血液中血管紧张素浓度升高时（如急、慢性肾炎），可致血压升高。血压加大，见于主动脉瓣闭锁不全；血压变小，见于二尖瓣口狭窄。

五、静脉压

静脉在功能上不仅仅是作为血液回流入心脏的通道。由于整个静脉系统对血流的阻力很小，而容量很大，静脉血管的截面形状（圆形或椭圆形）或管径（血管收缩或舒张）的改变，都可明显地改变静脉内的血容量，因此，静脉系统在体内起着血液贮存库的作用。静脉系统内血容量的改变，可有效地调节回心血量和心输出量，使血液循环能够适应机体在各种生理状态时的需要。

当体循环血液经过动脉和毛细血管到达微静脉时，血压降至 15~20 mmHg。右心房作为体循环的终点，血压最低，接近于 0 mmHg，即接近于大气压。因此，测定心血管各部分的压力时应以右心房压作为参照水平，即应使被测部位与右心房处于同一水平。通常将右心房和胸腔内大静脉的血压称为中心静脉压（central venous pressure，CVP），而各器官静脉的血压称为外周静脉压（peripheral venous pressure，PVP）。中心静脉压的高低取决于心脏射血能力和静脉回心血量之间的相互关系。如果心脏射血能力较强，能及时地将回流入心脏的血液射入动脉，中心静脉压就较低。反之，心脏射血能力减弱时，中心静脉压就升高。另一方面，如果静脉回流速度加快，中心静脉压也会升高。因此，在血量增加、全身静脉收缩或微动脉舒张使外周静脉压升高等情况下，中心静脉压都可能升高。可见，中心静脉压也是反映心血管功能的一个指标。

1. 静脉压和中心静脉压的检查

（1）静脉压的检查

一般用观血法（直接法）。部位多在颈静脉处。

静脉压测定用器械，由带有毫米水柱标记的玻管及其支架，与玻管连接的橡皮管及贮液瓶，以及用胶管与之相接的静脉穿刺针等组成。

测定静脉压时，先于贮液瓶内装入灭菌的血液抗凝溶液（1%的柠檬酸钠或草酸钠液），并充满于胶管及玻管中，调节液面至刻度"0"，再调节其支架的高度，使玻管刻度"0"与颈静脉穿刺部位、心房上端部位接近于同一水平高度。

在动物颈部上 1/3 与中 1/3 交接处颈静脉沟部剪毛、消毒，并做静脉穿刺，针头接测压管上的玻璃接头，管保持直立，下端为 0 刻度点，待玻璃管内的水柱或血柱不再上升时，记录其高度。即为静脉压的数值。

（2）中心静脉压的检查

在兽医临床实践中，特别是在抢救危重的休克病畜过程中，对于判断血容量和心脏功能状态，常常缺乏动态指标。因此，中心静脉压的测定及其在兽医临床其他方面的应用，值得进一步探讨。

测定中心静脉压的装置是一套特制的测压计。测压计由盐水静压柱与标尺、导管（聚乙烯医用输液导管，内径约 1 mm）、金属三通和输液胶锻管等组成（图 2-7）。

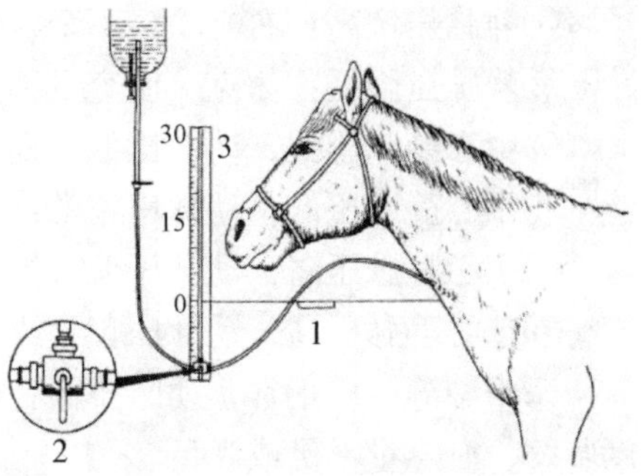

①在普通输液管下端接一个三通管，分别接静脉导管，输液管及测压管。测压管旁装有量尺，固定于输液架上。

图 2-7　中心静脉压测定示意
1. 调整压力计 0 点与肋骨柄上端呈水平
2. 金属三通　3. 压力计

②参照静脉切开或静脉穿刺术，将导管插至右心房与前（后）腔静脉交界处。

③固定测压管"0"点与右心房同一高度。

④测压时输液管与测压管相通，液体充满测压管后关闭，再使静脉导管与测压管相通，此时测压管内液面迅速下降，至不再下降时，液面在量尺上的刻度即为中心静脉压。

⑤测压完毕，使静脉导管与测压管间关闭，输液管与静脉管相通，继续输液。

近年对中心静脉压的测定进行改良，增加仪器测量，即用换能器和压力传感器，连接多功能监护仪。这种方法可持续监测动物的中心静脉压。具体做法为：将中心静脉导管由颈内静脉插入前腔静脉。置管成功后，通过压力连接管和三通，使导管尾端与输液器装置、换能器、多功能监护仪相连。置管之后，为了防止血液凝固，要用肝素盐水持续冲洗。一般是用 500 mL 的生理盐水，加 1 250 U 单位的肝素钠，配好之后，插上输液器，然后用加压袋套上，挤捏加压袋的胶皮球，打气到 300 mmHg（指针在绿区），用这种加压袋，即使你把调节器调到最大，它的速度也是每小时只进 2 mL 的肝素液。

2. 静脉压和中心静脉压检查的临床意义

测定静脉血压可以判定静脉血管的张力及血液由毛细血管向静脉流动的力量，对于临床上表现静脉淤血、皮下水肿、大失血、休克等病畜有一定诊断意义。临床上对休克等危重病畜广泛进行输液，但输入体内能否向心房内回流，则与中心静脉压有很大关系。

静脉压数值以 kPa 表示（1 kPa = 101.97 mmH$_2$O）。正常马、牛的静脉压变动在 0.78~1.77 kPa，骆驼在 2.16~2.80 kPa。静脉压升高可见于各种心力衰竭，某些心脏瓣膜病等。牛的创伤性心包炎可达 1.96 kPa，甚至 5.39 kPa 以上。静脉压降低见于大失血或休克状态。

中心静脉压的高低是受有效循环血液量的多少、心脏功能的好坏和血管张力的大小相互影响的，而不要单纯地理解为反映血容量的唯一指标，同时它也反映当时心脏是否有能力将回心血液排出和当时血管床能否容纳已经输入的液体。所以，分析中心静脉压的数值时，应当与临床的心脏检查相联系，条件许可的情况下，还要参考心电图的变化。

①静脉压增高：右心功能不全，缩窄性或渗出性心包炎，前、后腔静脉受压等。
②静脉压降低：休克，血容量不足等。
③中心静脉压低，动脉压低：提示血容量不足。
④中心静脉压低，动脉压正常：提示心肌收缩力良好，血容量轻度不足。
⑤中心静脉压高，动脉压低：提示心输出量降低而血容量相对过多。
⑥中心静脉压高，动脉压正常或增高：提示容量血管过度收缩，大循环阻力增高。
⑦中心静脉压正常，动脉压低：提示左心功能不全致心输出量减少，或容量血管过度收缩，血容量不足或尚足。

第三节　被毛、皮肤检查

被毛（hair）、皮肤（skin）及相关组织的检查，在动物疾病诊断中具有重要作用，许多疾病的临床病理变化，常可在被毛或皮肤状态上表现出来，尤其对猪、犬的传染病和皮肤病的诊断非常重要。如猪瘟时的皮肤出血点、血斑病时的对称性浮肿、猪丹毒时的红斑、口蹄疫和羊痘的疱疹、犬疥螨虫病的皮肤瘙痒和损伤、犬瘟热时的皮疹及皮肤角质化等。因此，被毛和皮肤的异常变化，常为某些疾病提供重要诊断依据。

一、被毛检查

检查方法为视诊和触诊。观察毛、羽的清洁、光泽及脱落情况。健康动物的被毛平顺而富有光泽，每年于春、秋两季脱换新毛。

被毛松乱、无光泽、易脱落，见于营养不良、某些寄生虫病、慢性传染病等。局部脱落，可见于湿疹、疥癣、脱毛癣等皮肤病。鸡啄羽脱毛，多为代谢紊乱和某些营养成分缺乏所致。

1. 被毛的外观检查

主要通过视诊，观察被毛的光泽度、完整性、牢固性，检查被毛的长度、稀疏、污染情况，是否容易脱落，干燥还是油腻等。

健康动物的被毛平顺、清洁卫生、富有光泽、生长牢固、不脱不断，每年春末脱换新毛。健康家禽的羽毛整齐、光泽而美丽，秋末换羽。

病理情况下，被毛蓬松粗乱，失去光泽，易脱落或换毛季节延迟，见于长期营养不良或慢性消耗性疾病。当被毛受污染（特别是后肢飞节、会阴和尾部被粪便污染）时，提示动物患有下痢和胃肠炎等。皮脂缺乏时被毛暗淡，而皮脂过多时被毛附有类似麸皮样脂肪片。

2. 被毛的色泽检查

检查被毛的颜色：局部被毛变白，多为局部皮肤机械性损伤、外科敷料及绷带压迫等，使色素沉着障碍所致。深的鞍伤痊愈之后，受害局部生长出白毛，称为鞍刺。青毛马被毛变灰、变白，是老龄生理性现象。

3. 脱毛现象

动物换毛都有一定的季节性，家畜多于每年春末换毛，而家禽多于每年秋末换羽。

在非换毛季节大量脱毛是病理现象。当家畜或家禽营养不良或有慢性消耗性疾病时，可见被毛或羽毛粗乱、蓬松、缺乏光泽，且容易脱落或换毛延迟。检查时应注意脱毛是广泛性的还是局部性的，是两侧对称性的还是一侧性的。在非换毛期，被毛成片脱落（alopecia），是营养极度不良、体内寄生虫病及湿疹的特征，常伴有皮肤的病理变化；若有多处局部性脱毛、落屑，并伴有剧痒，多是螨虫病的表现；碘、汞中毒也常引起大块脱毛。具有一定范围的圆形脱毛，见于真菌感染（秃毛癣）。马尾根被毛脱落并常伴病马向周围物体磨蹭，见于蛲虫病等。脱毛还见于犬和猫先天性脱毛症（全身性或局部性）、猫对称性脱毛、耳郭脱毛（两侧对称性）、牛条纹样脱毛（两侧对称性非炎性）、猫耳前（耳与眼之间）脱毛等。

另外，动物舔舐、啃咬自身或其他动物的被毛，表现的脱毛现象多为营养物质缺乏时的异食癖所致，如羊、鹿的食毛症，鸡的啄肛症、食羽症等。

犬、猫脱毛早期表现为色素沉着、皮屑增多、被毛稀疏等，随后出现脱毛症，对称地分布在犬体的腹肋、胸腹部，多见于甲状腺、肾上腺和性腺功能紊乱所致。局部性被毛脱落并表现有鳞屑或痂皮覆盖的皮肤，多见于湿疹、脓皮病、蠕形螨病和真菌感染。

二、皮肤检查

皮肤检查内容包括皮肤的外观、颜色、气味、温度、湿度、弹性、厚度，有无瘙痒、肿胀、损伤及皮脂腺病变等。

1. 皮肤的外观与色泽

（1）皮肤的外观检查

主要用视诊和触诊的方法，检查皮肤的完整性、对称性、光泽度、有无痒感及皮肤震颤等。健康动物皮肤完整无损伤，清洁卫生，富有光泽，无痒感。牛、猪、犬鼻镜或鼻端均湿润，并附有少量水珠，是健康的标志。如变干则为病态，常为发热之征。

病理情况下，动物被毛蓬松粗乱，皮肤无光泽，有斑疹、丘疹、脓疱、结节、肿块、水疱、痂皮、糜烂、溃疡、表皮脱落等病理变化。鼻镜或鼻端干燥与增温，甚至龟裂，常提示脱水或发热性疾病。局部皮肤战栗或震颤，尤以肘后、肩部肌肉明显，常见于四肢疼痛性疾病、牛创伤性心包炎等。全身皮肤紧张痉挛，见于脑病和中毒病。胸壁震颤，见于胸膜炎等。

（2）皮肤颜色的检查

皮肤颜色的检查，一般能反映出动物血液循环系统的机能状态及血液成分的变化。

皮肤没有色素的动物，如白猪、绵羊、白兔及禽类，容易检查出皮肤颜色发生的细微变化。

皮肤具有色素的动物，如马、牛及山羊等，辨认皮肤颜色的变化较为困难，一般通过检查可视黏膜的颜色来说明问题。

只有在被毛稀疏和皮肤无色素沉着部位或浅色部位才易于检查皮肤的颜色，特别应注意检查耳郭、腹部、乳房、乳头、阴囊、股内侧皮肤及鼻盘，鸡则注意检查鸡冠和肉髯。

常见的病理性皮肤颜色的临床意义与可视黏膜相同。此外，皮炎时可见炎性部位发红，以及由皮内出血引起的瘀点或瘀斑。后者有时还表现皮肤腺漏血，即血汗症，这是血液凝固障碍或毛细血管通透性异常的结果，见于甜三叶、香豆素、蕨、呋喃唑酮、三氯乙烯提取的豆饼等引起的中毒等。

2. 皮肤的气味与弹性

(1) 皮肤的气味

皮肤的气味来源于皮脂、汗液及脱落上皮细胞的分解和挥发性物质。健康动物的皮肤，如果经常刷拭，保持体表清洁，则没有特殊不良的气味。但是，当厩舍污秽，畜体又不常刷拭时，常带有粪尿的臭味。在病理情况下，皮肤可发出特殊的气味，如膀胱破裂、尿毒症时，患畜皮肤散发尿臭味；皮肤发生坏疽时，有尸体臭味；牛患酮病时，皮肤散发刺鼻的酮味或烂苹果味；犬患细小病毒病时有腐尸腥臭味等。皮脂过多时有腐臭味。

(2) 皮肤的弹性

皮肤的弹性与动物的营养状态、年龄、有无脱水等因素有关。幼龄和营养佳良的动物，其皮肤具有一定的弹性。检查皮肤弹性的部位，马是在颈部或肩后，牛在肋骨后缘或颈部，羊在背部，犬、猫等小动物在背部或腹部。检查皮肤弹性的方法，是用手将皮肤捏成皱褶并轻轻拉起，然后松手，观察其恢复原状的快慢。皮肤弹性良好的动物，松手后立即恢复原状。皮肤弹性减退时，则皱褶消失很慢，不易恢复原状。

在营养障碍、大失血、脱水(严重腹泻、呕吐)、皮肤慢性炎症时，皮肤弹性减退。临床上，常常把皮肤弹性减退作为判定脱水的指标之一，在高度脱水而致皮肤弹性明显减退时，不易把皮肤捏成皱褶，而且恢复原状的时间显著延长。老龄家畜皮肤弹性降低是正常生理现象。

3. 皮肤的温度与湿度

(1) 皮肤的温度

通常是用手背或手掌的感觉来检查皮肤的温度(皮温)。根据动物的种类、部位、季节和气候不同，动物的皮温也有所差别。如健康马的皮温，以股内侧为最高，头、颈、躯干部次之，尾及四肢部最低；长毛覆盖处的皮温较暴露处为高，但唇、耳、鼻部则常温热。在判定皮温分布的均匀性时，可触诊耳根、鼻端、颈侧、腹侧、四肢的系部，牛、羊的鼻镜、角根、胸侧、四肢的下部，猪的鼻盘、耳、四肢；禽的冠、肉髯及脚爪等。

皮温的病理性改变，常见的有皮温增高、皮温降低和分布不均(皮温不整)。

①皮温增高：全身性皮温增高是体温升高的结果，是由于皮肤血管扩张、血流加快所致，可见于一些发热性疾病及中暑等。局部性皮温增高，是局部发炎的表现，如皮炎、蜂窝织炎、咽喉炎、腮腺炎等。

②皮温降低：全身性皮温降低是体温低下的标志，是由于血液循环障碍，皮肤血液灌注不足所致，见于循环衰竭、营养不良、大失血、生产瘫痪、酮病及严重的脑病或中毒病等。局部性皮温降低，如四肢末梢厥冷，见于高度血液循环障碍、心力衰竭、休克等。

③皮温不整：又叫皮温分布不均，即身体对称部位的皮肤温度不一样，是由于皮肤

血液循环不良，或神经支配异常引起局部皮肤血管痉挛所致，如一耳热、一耳冷，或一耳时热时冷，见于发热的初期和胃肠性腹痛病的末期和休克等。

(2) 皮肤的湿度

检查皮肤湿度常用视诊和触诊的方法，对马可触摸耳根、颈部及四肢；对牛、羊可检查鼻镜、角根、胸侧及四肢；对猪可检查耳及鼻端；对犬、猫可检查鼻端、耳根、腹部；对鸡检查鸡冠或肉髯。

皮肤的湿度可因出汗多少而不同。健康动物在安静状态下，汗随出随蒸发，皮肤不干不湿而有黏腻感。生理性出汗主要见于外界温度过高，或运动使役之后，或紧张惊恐之时。

病理性出汗，常见的有下列几种。

①全身出汗：出汗增多，动物被毛潮湿、发暗，甚至可见汗珠等，主要见于高热性疾病（如中暑、高热性传染病）、马属动物胃肠性腹痛、肢蹄疼痛以及骨折等。许多疾病的濒死期也常全身出汗（这时常伴发体温下降）。另外，在气温过高、湿度过大、剧烈劳役之后以及追赶、惊恐、紧张时，也可见多汗。

②局部出汗：是指被毛某部位湿润或有汗珠，出汗区的界限往往很明显，经过一定时间后消失，多为局部病变或神经功能失调的结果，主要见于外周神经损伤及局部炎症。牛出汗主要在耳根、颈部、肌窝、腹股沟部，可见于犊牛地方性肌肉萎缩和双硝氯酚中毒。

③冷汗：正常出汗时，皮肤充血发热，皮肤与汗液都温热，称为热汗；如果汗出如油，有黏腻冷感，皮温降低，四肢发凉，则称为冷汗或冷黏汗，主要见于内脏破裂、虚脱、休克及严重的心力衰竭，常为预后不良之征。

④血汗：由汗腺自然排出血液而皮肤无损伤的出汗。主要见于凝血功能障碍或毛细血管通透性异常的疾病，如血斑病、炭疽等。

⑤少汗：出汗减少或无汗时，表现为皮肤干燥，被毛粗乱无光泽，缺乏黏腻感和失去汗臭味，多因体液丧失过多引起，如大量失血、剧烈腹泻和呕吐、长期营养不良及热性病等。老龄瘦弱动物，出汗也少。健康牛的鼻镜、猪的鼻盘、犬的鼻端常凉而潮湿，如热而干，常为发热之征。牛鼻镜部汗珠的大小、疏密以及拭去后再出现汗珠速度的快慢，对于判断牛的健康有一定意义。如果鼻镜发干则是病态，见于发热性疾病等。如果鼻镜发生龟裂或形成痂皮，则表示病程较长。

4. 皮肤的厚度与痒感

(1) 皮肤厚度

皮肤增厚可见于表皮角化、真皮黄疸、表皮和（或）结缔组织肿瘤等疾病。许多皮下组织的病理过程可呈现皮肤一层或多层增厚。如黑色素皮肤增厚症。

黑色素皮肤增厚症是以表皮增厚、角化和色素沉着为特征的疾病。腊肠犬多发。病变呈两侧对称性，初期多出现于腋下和鼠蹊部，表皮明显增厚、脱毛及发生严重的黑色素沉着。随着病情的发展，病变蔓延至耳郭、肋部、四肢中部和末端，皮肤形成深的皱褶，皮肤表面常见多量油脂或呈蜡样，并有脱屑和痂皮。原发病灶无痒感，但因脂溢和继发感染而发生瘙痒。本病呈慢性经过，激素疗法可控制，但难以完全治愈。

(2) 皮肤痒感

检查动物有无皮肤瘙痒(pruritus)，常用视诊方法。动物皮肤瘙痒，按其发病的范围分为全身性皮肤瘙痒和局限性皮肤瘙痒，按其发病年龄分为老年性皮肤瘙痒和青壮年皮肤瘙痒，按其发病季节又可分为冬季瘙痒和夏季瘙痒。继发于内分泌失调、糖尿病、肝胆疾病、尿毒症及妊娠等过程的瘙痒，称为症状性皮肤瘙痒。

患病动物出现持续性或阵发性瘙痒时，其瘙痒程度轻重不同。轻者，磨蹭圈墙或围栏，用后肢抓挠痒处或用舌舔患处；严重者，烦躁不安，不停地啃、咬、舔、擦发痒部位。局部皮肤被毛脱落，皮肤受损，或表现有擦痕、潮红、渗出或痂皮。最初痒觉发生于局部，以后逐渐波及全身，多为潜在性疾病所致。

局部瘙痒常见的部位是肛门周围、外耳道等处，因瘙痒而啃咬、损伤皮肤，继发皮炎，有的呈苔藓、色素沉着及湿疹样变化。有的剧痒可咬断尾巴，甚至咬烂四肢肌肉。局部性瘙痒常见于外寄生虫病，特别是疥螨病，也见于其他类型的皮炎。持续性、全身性剧痒见于伪狂犬病。一时性瘙痒可见于过敏反应，如错型输血等。此外，神经功能障碍，如脑炎及某些中毒病；营养代谢病，如维生素缺乏症、糖尿病、奶牛酮病等；毒素中毒性疾病，如霉败饲料中毒，肉毒梭菌毒素中毒及寄生虫产生的毒素刺激等；消化系统疾病，如慢性肝炎、黄疸、慢性消化不良等疾病及尿毒症也可引起皮肤瘙痒。肛门瘙痒多因蛔虫、蛲虫或肛囊腺炎所致；羊的鼻部瘙痒多由羊鼻蝇蛆刺激所致。

5. 皮肤的肿胀

脓肿、水肿、淋巴外渗及血液外渗多呈圆形突起，触诊多有波动感，见于局部创伤或感染，穿刺抽取内容物即可予以鉴别。体表局限性肿物，如触诊坚实感，则可能为骨质增生、肿瘤、肿大的淋巴结；牛的下颌附近的坚实性肿物，则提示为放线菌病。

(1) 炎性肿胀

炎性肿胀可以局部或大面积出现，伴有病变部位的热、痛及机能障碍，严重者还有明显的全身反应，如原发性蜂窝织炎。

(2) 皮下水肿

皮下水肿是由于机体水代谢障碍，在皮下组织的细胞及组织间隙内液体潴留过多所致。水肿部位的特征是皮肤表面光滑，紧张而有冷感，弹性减退，指压留痕，呈捏粉样，无痛感，肿胀界限多不明显。从临床角度，要多考虑营养性水肿、心脏性水肿、肾性水肿等。

(3) 皮下气肿

皮下气肿是由于空气或其他气体，积聚于皮下组织内所致，其特点是肿胀界限不明显，触压时柔软而容易变形，并可感觉到由于气泡破裂和移动所产生的捻发音。

①窜入性皮下气肿：体表皮肤移动性较大的部位(如腋窝、肘后及肩胛附近等)发生创伤时，由于动物运动，创口一张一合，空气被吸入皮下，然后扩散到周围组织形成。

②腐败性皮下气肿：由于厌气性细菌感染，局部组织腐败分解而产生的气体积聚于皮下组织所致。

三、皮下组织的检查

皮下组织肿胀，应用视诊观察肿胀部位的形态、大小，并用触诊判定其内容物性状、硬度、温度及可动性和敏感性等。

1. 皮肤的损伤

皮肤的损伤可分为原发性损伤和继发性损伤 2 类。

(1) 原发性损伤

原发性损伤是各种致病因素造成皮肤的原发性缺损。它又分为 8 种。

①斑点和斑：是指皮肤局部色泽的变化，皮肤表面没有隆起，也没有质地的变化。斑点的形态是：皮肤表面平整，有颜色变化，这些颜色变化可能主要是由于黑色素的增加，也可能是黑色素的消退，如白斑，或急性皮炎过程中因血管充血而出现的红斑。斑点的直径超过 1 cm 称为斑。

皮肤损伤类型

②丘疹：是指突出于皮肤表面的局限性隆起，其大小在 7 mm 以下，针尖大至扁豆大。形状分为圆形、椭圆形和多角形，质地较硬。丘疹的顶部含浆液的称为浆液性丘疹，不含浆液的称为实质性丘疹。皮肤表面小的隆起是由于炎性细胞浸润或水肿形成的，呈红色或粉红色，丘疹常与过敏和瘙痒有关。在马传染性口炎时，丘疹常出现于唇、颊部及鼻孔周围。

③结或结节：是突出于皮肤表面的隆起，或是深入皮内或皮下、有弹性、坚硬的病变，7~30 mm 大小。

④皮肤肿瘤：更大的结，是由含有正常皮肤结构的肿瘤组织构成。其种类很多。

⑤脓疱：是皮肤上小的隆起，它充满脓汁并构成小的脓肿，常见于葡萄球菌感染、毛囊炎、犬痤疮（粉刺）等感染所致的损害，从犬的皮肤脓疱中分离出的主要致病细菌是中间型葡萄球菌。

⑥风疹：界限很明显，隆起的损害常为顶部平整，这是因水肿造成的。隆起部位的被毛高于周围正常皮肤，这在短毛犬更容易看到。风疹与荨麻疹反应有关，皮肤过敏试验呈阳性反应。

⑦水泡：水泡突出于皮肤，内含清亮液体，直径小于 1 cm。泡囊容易破损，留下湿红色缺损，且呈片状。如反刍动物的口蹄疫或传染性水泡病，在口、鼻及其周围、蹄趾部的皮肤上，呈现典型的小水泡，并具有流行性特点。在鼻镜、唇、舌、口腔、脚底、趾间隙和蹄冠等处中的一处或几处发生水泡，是猪水泡性疹的特点。

⑧大泡：大泡的直径大于 1 cm，由于易破损而难以被观察到。在犬大泡病损处常因多形核白细胞浸润而出现脓疱。

(2) 继发性损伤

继发性损伤是犬皮肤受到原发性致病因素作用引起皮肤损伤之后，继发其他病原微生物的损伤。它又分为 14 种。

①鳞屑：是表层脱落的角质片。成片的皮屑蓄积是由于表皮角化异常。鳞屑发生于许多慢性皮肤炎症过程中，特别是皮脂溢、慢性过敏和泛发性蠕形螨感染的皮肤病等。

②痂：是由干燥的渗出物形成的，包括血液、脓汁、浆液等。它们黏附于皮肤表面，病患部常出现外伤。

③瘢痕：皮肤的损害超越表皮，造成真皮和皮下组织的缺损，由新生的上皮和结缔

组织修补或替代，因为纤维组织成分多，有收缩性但缺乏弹性而变硬，称为瘢痕。瘢痕表面平滑，无正常表皮组织，缺乏毛囊、皮脂腺等附属器官组织，肥厚性瘢痕不萎缩，高于正常皮肤。

④糜烂：当水泡和脓疱破裂，由于摩擦和啃咬，丘疹或结节的表皮破溃而形成的创面，其表面因浆液漏出而湿润，当破损未超过表皮则愈合后无瘢痕。

⑤溃疡：是指表皮变性、坏死脱落而产生的缺损，病损已达真皮，它代表着严重的病理过程和愈合过程，总伴随着瘢痕的形成。

⑥表皮脱落：是表皮层剥落而形成的。因为瘙痒，犬会自己抓、磨、咬。常见于虱子感染，特异性、反应性皮炎等。表皮脱落为细菌性感染打开了通路。经常见到的是犬泛发性耳螨性皮肤病造成的表皮脱落。

⑦苔藓化：因为瘙痒，动物抓、磨、啃咬皮肤，使皮肤增厚变硬，表现为正常皮肤斑纹变大。病患部位常呈高色素化，呈蓝灰色。一般常见于跳蚤过敏的病患处。苔藓化一般意味着慢性瘙痒性皮肤病的存在。

⑧色素过度沉着：黑色素在表皮深层和真皮表层过量沉积造成色素沉着，它可随着慢性炎症过程或肿瘤的形成而出现，而且常常伴随着与犬的一些激素性皮肤病有关的脱毛。在甲状腺功能减退过程中脱毛与犬色素沉着有关，未脱掉的被毛干燥、无光泽和坏死。

⑨色素改变：色素的变化中以黑色素的变化为主，其色素变化和脱毛可能与雌犬卵巢或子宫的变化有关。

⑩低色素化：色素消失多因色素细胞被破坏，色素的产生停止而形成。低色素常发生在慢性炎症过程中，尤其是红斑狼疮。

⑪角化不全：棘细胞经过正常角化而转变为角质细胞，它含有细胞核并有棘突，堆积较厚者称为角化不全。

⑫角化过度：表皮角化层增厚常常是由于皮肤压力造成的，如多骨隆起处胼胝组织的形成，更常见于犬瘟热中的脚垫增厚、粗糙，鼻端表面因角化过度而干裂，以及慢性炎症反应。

⑬黑头粉刺：是由于过多的角蛋白、皮脂和细胞碎屑堵塞毛囊而形成的。黑头粉刺常见于某些激素性皮肤病，如犬库兴氏综合征中可见到黑头粉刺。

⑭表皮红疹：由剥落的角质化皮片形成，可见到破损的囊泡、大泡或脓疱顶部消失后的局部组织，常见于犬葡萄球菌性毛囊炎和犬细菌性过敏性反应的过程中。

2. 皮脂腺与汗腺

皮脂由属于全浆分泌腺体的皮质细胞所分泌，是保护动物毛皮柔软的因素。皮脂腺位于毛囊和立毛肌之间，由分泌部和导管部组成。导管部短小，由复层扁平上皮构成，开口于毛囊上部。分泌部是腺泡。皮脂腺囊肿是指皮脂腺导管阻塞后，腺体内因皮脂聚积而形成囊肿。由于其深浅不一，内容物多少不同，其体积大小不等且差距很大，小的如米粒大小，大的如鸡蛋大小。形状为圆形，硬度中等或有弹性，高出皮面，表面光滑，无波动感。有时在皮肤表面有开口，可挤出白色豆腐渣样内容物。皮脂腺囊肿往往并发感染，造成囊肿破裂而暂时消退，但会形成瘢痕，并且易于复发。

各种动物的汗腺并不一样，马属动物汗腺最发达，其次为牛、羊和猪，水牛、犬、家禽无汗腺。马全身各部均可出汗，牛、羊、猪出汗在鼻端。

3. 肿瘤与疝

（1）皮肤肿瘤

皮肤肿瘤是皮肤及其附属器官、皮下结缔组织的上皮性和非上皮性的恶性肿瘤。如扁平上皮肿瘤、基底细胞肿瘤、腺（皮脂腺、汗腺、耳道腺）肿瘤、肥大细胞肉瘤、纤维肉瘤等。

皮肤肿瘤细胞呈慢性或急性进行性增生，形成结节状或块状的大小不等的肿瘤。弥漫性肿瘤向周围浸润，活动性逐渐变小，并向附属淋巴结转移。肿瘤局部自溃出血，有渗出液流出，形成痂皮，组织破损形成溃疡。局部继发细菌感染时，可转为慢性炎症，并有脓汁和散发臭味。这种溃疡持续发展则难以治愈。

病初机体状态无明显变化，随着病情的发展，其精神和食欲减退，体重减轻。肿瘤向周围浸润和转移到内脏时，病情急剧严重，出现贫血、发热、呕吐、浮肿、咳嗽、血便、胸水和腹水等，并向恶病质发展。

实验室检查：红细胞数减少，白细胞明显增加，核左移。胶体反应和转氨酶升高，肝功能障碍。因肿瘤转移而使胸腹水增多，呈血样混浊液，其沉渣含白细胞、巨噬细胞、红细胞、肿瘤细胞等。穿刺、切剖面或溃疡的新鲜面抹片，可检出恶性肿瘤细胞。

治疗以早期发现、早期治疗为原则。治疗方法有手术、冷冻、化学疗法、放射线疗法、免疫学疗法等。预后不良犬，只能对症治疗延长生命或安乐死。

（2）疝

用力触压可复性疝病变部位时，疝内容物即可还纳入腹腔，并可摸到疝孔，如腹壁疝、脐疝、阴囊疝。

第四节　可视黏膜检查

可视黏膜指肉眼能看到或借助简单器械可观察到的黏膜，如眼结膜、鼻腔、口腔、直肠、阴道等部位的黏膜。临床上一般以检查眼结膜为主，牛则主要检查巩膜。掌握眼结膜检查的内容与方法，能正确分析眼结膜病理意义与疾病本质之间的关系并进行初步诊断。

一、眼结膜检查的方法

检查眼结膜时，着重观察其颜色，其次要注意有无肿胀和分泌物。健康牛眼结膜颜色呈淡粉红色；健康犬的眼结膜呈粉红色；猪、羊眼结膜颜色较牛的稍深，并带灰色；马、骡眼结膜为淡红色。一般情况下，在进行眼结膜检查前，可通过威吓反应、障碍迷路试验等方法对其进行简单检查。另外，可借助眼压计、裂隙灯、眼科超声等仪器对眼部进一步检查。

马可视黏膜检查方法

二、眼结膜颜色的病理性改变

(1) 苍白

眼结膜呈灰白色,是贫血的特征。急性苍白提示急性内出血或外出血。慢性苍白提示慢性贫血,可能的疾病有营养性贫血(如仔猪铁缺乏症)、慢性出血性贫血(如球虫病)、溶血性贫血(如附红细胞体病)和再生障碍性贫血(如鸡传染性贫血病)。

(2) 潮红

潮红是眼结膜充血的特征,临床上分为弥漫性潮红和树枝状充血。单侧潮红提示眼病,双测潮红除提示眼病外,更多提示全身性疾病(如胃肠炎、肺炎)。

弥漫性潮红常见于各种热性病及某些器官系统的广泛性炎症过程;如小血管充盈特别明显而呈树枝状,则称树枝状充血,多为血液循环或心机能障碍的结果。

(3) 黄染

黄染是指眼结膜呈不同程度的黄色,是胆色素代谢障碍的结果,根据病因可分为肝前性黄染,即溶血性疾病引起的(如附红细胞体病);肝性黄染,即肝脏病变引起的(如肝炎);肝后性黄染,由胆汁排泄不畅引起的(如胆结石)。

黄染

(4) 发绀

眼结膜呈不同程度的蓝紫色,是血液氧合血红蛋白减少、还原性血红蛋白含量增多引起的。临床上主要见于各种因素引起的呼吸困难(如肺炎、支气管炎)。

注意:少数动物表现不同,如藏獒犬的眼结膜正常情况下是鲜红色;松狮犬的舌头(可视黏膜)正常情况下是紫色。

三、眼睑肿胀及眼分泌物

结膜水肿(结膜和眼睑的肿胀)通常是一种引人注目和告急的临床表现,它以一种速发型反应出现,以组织胺和免疫球蛋白E(IgE)为中介,也可能继发于食物的变态反应、药物变态反应(局部和全身)以及昆虫的叮咬。本病也曾见于肥大细胞肿瘤的病例。结膜间质的疏松排列使得广泛水肿发展非常迅速:局部使用氨基糖苷类,例如,庆大霉素和新霉素以及眼药中的防护剂能引起结膜的变态反应,但通常所见的上述药剂的长期应用却不是一种急性反应。中兽医认为眼睑浮肿属于水肿病范畴,引起的原因可以是心、肾、脾在水液代谢方面的机能不好所致。此外,慢性胃肠疾病也可以引起水肿的出现。

1. 眼睑水肿

根据发病原因不同,将眼睑水肿总体上分为生理性眼睑水肿和病理性眼睑水肿2种。

(1) 生理性眼睑水肿

生理性水肿大多影响面部血液回流。这种眼睑水肿对身体没有什么影响,常能自然消退。还有理化性刺激(如石灰粉、烟、畜舍内大量的氨、酒精、升汞、强刺激性软膏），夏季强烈日光直射、X线或紫外线辐射，高温作用等。

(2) 病理性眼睑水肿

病理性眼睑水肿又分炎症性眼睑水肿和非炎症性眼睑水肿。炎症性眼睑水肿除眼睑水肿外，还有局部的红、热、痛等症状，引起的原因有眼睑的急性炎症、眼睑外伤或眼周炎症等。非炎症性眼睑水肿大多没有局部红、热、痛等症状，常见原因是过敏性疾病或对眼药水过敏，心脏病、甲状腺功能低下，急、慢性肾炎，以及特发性神经血管性眼睑水肿。

2. 眼分泌物

异常眼分泌物主要有5类：根据分泌物的黏稠度、颜色等性质，可以将其分为水样分泌物、黏性分泌物、黏脓性分泌物、脓性分泌物、血性分泌物等。不同性质的分泌物可以帮助我们初步判断眼部疾病的大概性质，以便采取相应的治疗措施。

(1) 水样分泌物

水样分泌物为稀薄稍带黏性的水样液体，这种分泌物增多往往提示病毒性角结膜炎、早期泪道阻塞、眼表异物、轻微外伤等。有的动物，如松狮犬眼睑内翻因睫毛刺激角膜而引起结膜充血、流泪、怕光和疼痛，即倒睫，在睫毛的不断摩擦下，可发生角膜炎和角膜溃疡以至穿孔。常引起眼部刺激症状，并有水性分泌物增多。

(2) 黏性分泌物

黏性分泌物常出现在干眼症和急性过敏性结膜炎病畜，常表现为黏稠白色丝状物质，与常用的胶水性状十分相似，可能还会伴有异物感、眼痒等症状。

(3) 黏脓性分泌物

黏脓性分泌物为较为黏稠的、略带淡黄色的物质，这类分泌物增多，应考虑慢性过敏性结膜炎、沙眼的可能。

(4) 脓性分泌物

脓性分泌物是最应引起重视的问题，它的出现常提示有细菌的感染。

(5) 血性分泌物

如果发现眼分泌物呈淡粉色或明显的血红色，应该考虑眼睛外伤。眼分泌物呈淡粉或略带血色，应考虑急性病毒性感染，这时患病动物同时会伴有眼睛红、耳前淋巴结肿大等表现。当眼睛受到病菌感染时，会产生炎症反应，一方面，刺激了睑板腺，促进了油脂的分泌，使眼睑上和眼角里的油脂比平时增多；另一方面，眼睛里的血管扩张，血液中的白细胞聚集以杀灭外来的病菌，这些被杀死的病菌残骸以及白细胞都混到眼屎里，这样一来，眼屎不但增多了，有的还呈黄白色。因此，当患有沙眼、结膜炎或其他原因导致眼睑结膜发炎时，眼屎都会增多。

第五节 浅表淋巴结及淋巴管的检查

淋巴系统由淋巴管、淋巴组织、淋巴器官和淋巴组成。淋巴组织（器官）可产生淋巴细胞，参与免疫活动，是机体内重要的防御系统。机体的免疫活动还能协调神经和内分泌系统，参与机体神经体液调节。在致病因素作用下特别是传染病的侵袭，能导致淋巴系统呈现出病理状态，特别是淋巴结和淋巴管的改变，对某些疾病的诊断具有重要的价值。

一、淋巴结检查

由于淋巴结体积较小并深埋在组织中，故在临床上只能检查少数淋巴结。牛常检查下颌淋巴结、肩前淋巴结、膝上淋巴结及乳房上淋巴结；马常检查下颌淋巴结、肩前淋巴结、膝上淋巴结；猪常检查腹股沟淋巴结。淋巴结的检查主要采用触诊和视诊，必要时采用穿刺检查。主要注意其位置、形态、大小、硬度、敏感性及移动性等。

1. 浅表淋巴结的位置及检查方法

检查浅表淋巴结，主要运用视诊和触诊，必要时也可配合穿刺检查。检查淋巴结时要注意淋巴结的位置、大小、形状、硬度、温度、敏感度及移动度等。

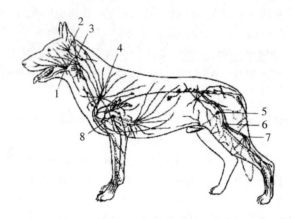

图 2-8 犬浅表淋巴结位置
1. 下颌淋巴结　2. 腮腺淋巴结　3. 咽后淋巴结　4. 颈浅淋巴结　5. 腹股沟淋巴结
6. 股淋巴结　7. 腘淋巴结　8. 固有腋淋巴结

此外，还应注意，同一种健康动物，因品种和年龄不同，淋巴结的大小并不一样，可能差异很大，其中差异最大者为牛。牛的肩前淋巴结的长度可达 5～11 cm。马幼驹的下颌淋巴结比成年马的要大。还有皮肤的厚度、皮下组织的发育状态及淋巴结周围脂肪的多少等，也影响对淋巴结大小的估计。因此，检查淋巴结，虽然方法简单，但必须对各种动物正常的淋巴结的大小有明确的了解，还必须熟悉各个淋巴结的局部解剖位置和一定的检查技巧。健康牛、羊可摸到下颌淋巴结、腮腺淋巴结、咽后淋巴结、肩前淋巴结、膝上淋巴结、乳房上淋巴结及阴囊淋巴结。健康马可摸到下颌淋巴结、肩前淋巴结、膝上淋巴结和腹股沟浅淋巴结。猪和食肉动物的体表淋巴结很小，健康时不易触及，只有在病理情况下方可触及，其位置与大动物大致相同。犬可能摸到的浅表淋巴结有下颌淋巴结、肩前淋巴结和腘淋巴结等（图 2-8）。

2. 淋巴结的病理性改变及临床意义

淋巴结的病理性改变主要表现为急性肿胀、慢性肿胀、化脓。

（1）淋巴结急性肿胀

淋巴结急性肿胀因病原微生物或毒素由血液侵入所致。其特征是淋巴结肿胀明显，体积增大，触之温热、疼痛，表面平坦光滑、坚实、活动性受限，见于急性感染和某些传染病。马的下颌淋巴结急性肿胀，见于马腺疫、流行性感冒和咽炎；牛的淋巴结急性肿胀可见于白血病、泰勒虫病等；在牛患乳房炎时，可见乳房上淋巴结急性肿胀。咽淋巴结的急性肿胀，常见于咽炎和腮腺炎等；猪患猪瘟、猪丹毒等病时，某些淋巴结明显肿胀；猫患白血病时也可见体表淋巴结肿大。

(2) 淋巴结慢性肿胀

由于病原刺激物的慢性影响使腺体的结缔组织增生并使淋巴结变形，同时淋巴结周围的结缔组织及皮下蜂窝组织也发生增生现象。淋巴结慢性肿胀的特征是触诊淋巴结坚硬，表面凹凸不平，无热无痛，多与周围组织粘连而无移动性。下颌淋巴结呈慢性肿胀，可见于马的慢性鼻疽、牛的结核病等；当马患鼻疽性睾丸炎时则常见腹股沟浅淋巴结慢性肿胀。淋巴结的慢性肿胀也见于各淋巴结的周围组织、器官的慢性感染及炎症发生时。

(3) 淋巴结化脓

淋巴结化脓是由急性炎症过程高度发展的结果。临床上表现为淋巴结肿大、隆起，触诊皮肤紧张，热、痛明显，有明显的波动感。马腺疫时下颌淋巴结常化脓。

二、淋巴管检查

临床检查时，除对淋巴结进行检查外，还应注意淋巴管有无异常变化。健康动物体表的淋巴管不能明视，只有当动物患某些疾病时，淋巴管扩张和管壁发生病理改变，才可见淋巴管肿胀、变粗，甚至呈绳索状。马、骡的体表淋巴管肿胀，主要提示鼻疽，尤其常见于流行性淋巴管炎。此时多引起面部、颈侧、胸壁或四肢的淋巴管肿胀，在淋巴管肿胀的同时常沿之形成多数结节而呈串珠状肿大，有时结节破溃形成特有的溃疡。为鉴别皮鼻疽与流行性淋巴管炎，在临床检查、流行病学调查的基础上，应配合特异性诊断方法。

三、淋巴结样本的采取技术

淋巴结分布于全身各部，许多原因可使淋巴结肿大，如细菌(如葡萄球菌、链球菌等)感染、结核病、真菌病、病毒感染、丝虫病、白血病、淋巴瘤、转移瘤等。因此，对于原因不明的淋巴结肿大甚至化脓，特别是疑似白血病时，为了确定疾病的诊断，应进行淋巴结穿刺以获取抽出液样本，以其制作涂片并做细胞学或细菌学检查，以协助上述疾病的诊断。

(仝宗喜　汪恩强)

第三章

心血管系统检查

心血管系统的临床检查，主要应用视诊、触诊、叩诊和听诊的方法，其中尤以听诊和叩诊方法更为重要。此外，可根据需要，配合应用某些特殊检查法，如心电图或心音图的描记，超声检查，X线检查，动脉压与中心静脉压的测定以及其他有关的生化检查等。

第一节 心脏的检查

心脏的检查主要包括用视诊和触诊的方法检查心搏动，用叩诊的方法判定心脏的浊音区，用听诊的方法检查心音的频率、强度、性质和节律的改变以及是否有心杂音。

一、心脏的视诊和触诊

心脏的视诊和触诊主要用来检查心搏动。在心室收缩时，使左侧相应部位的胸壁产生振动，即为心搏动。

1. 心搏动检查方法

将被检动物取站立姿势保定，使其左前肢向前伸半步，以充分露出心区，检查者站于动物左侧方。

①视诊：仔细观察左侧肘后心区被毛及胸壁的振动情况。

②触诊：检查者一手(右手)放于动物的鬐甲部，用另一手(左手)的手掌紧贴于动物的左侧肘后心区，注意感知胸壁的振动，主要判定其频率及强度。

2. 正常心搏动

正常情况下，心搏动的强弱取决于心脏的收缩力量、胸壁厚度及胸壁与心脏之间介质的状态。健畜由于营养不同，胸壁厚度不同，其心搏动强度也不同。如过肥的动物因胸壁厚而心搏动较弱；营养不良而消瘦的动物因胸壁较薄而心搏动较强。此外，使役及运动后、外界温度高、兴奋或受惊时心搏动增强。

3. 病理性心搏动

（1）心搏动增强

心搏动增强即心肌收缩力强，触诊时感到心搏动强而有力，振动面积大。动物运动、兴奋时可出现生理性增强；病理性增强见于热性病初期、剧痛性疾病、轻度贫血、心肥大、心肌炎、心内膜炎、心包炎的初期。

心搏动过度增强而引起的体壁震动称为心悸。阵发性心悸，常见于敏感而易兴奋的动物，在马可继发于急性过劳（特别是炎热的夏天），患慢性心脏衰弱的病畜在使役时常可发生。强而明显的心悸称为心悸亢进，应注意与膈肌痉挛区别。心悸亢进时，病畜腹肋部跳动与心搏动一致，而且心搏动明显增强；膈肌痉挛时，腹肋部跳动与呼吸一致，伴有呼吸活动紊乱，但心搏动不增强。

渗出性胸膜炎

（2）心搏动减弱

心搏动减弱即心肌收缩无力，触诊时感到心搏动力量减弱，振动面积减小，严重的甚至弱不感手。见于心脏衰弱、病理性胸壁肥厚（纤维素性胸膜炎、胸壁结核），胸腔积液（渗出性胸膜炎、胸腔积液、心包积液、渗出性心包炎）及肺气肿。

胸腔积液

（3）心搏动移位

心脏受附近肿瘤及邻近器官或渗出液的压迫，可使心搏动移位。心搏动向前移位，可见于胃扩张、腹水及膈疝等；向右移位可见于左侧胸腔积液或积气；向后及向上移位的极为少见。

心包积液

（4）心区震动

心区震动即触诊心区部感到有轻微震颤。见于纤维素性心包炎、胸膜肺炎及心脏瓣膜病。

（5）心区疼痛

心区疼痛即触诊心区部有疼痛反应，患病动物表现回顾、躲闪或抵抗等。见于心包炎、创伤性心包炎及胸膜炎等。

纤维素性心包炎

二、心脏的叩诊

心脏叩诊是用以确定心界，判定心脏大小、形状的一种方法。心脏不被肺遮盖的部分，叩诊呈绝对浊音；被肺遮盖的部分呈相对浊音。相对浊音区反映心脏的实际大小。

胸膜肺炎

1. 检查方法

心脏叩诊的方法为垂直叩诊法。对大动物，宜用锤板叩诊法；小动物可用指指叩诊法。将被检动物取站立姿势保定，使其左前肢向前伸出半步，以充分露出心区。如图3-1所示，检查者位于动物左侧方，按常规叩诊方法，沿肩胛骨后角向下的垂线进行叩诊，直至心区，同时标记由清音转变为半浊音的一点以及半浊音变为浊音的点；再沿与前一垂线呈45°左右的斜线，由心区向后上方叩诊，标记浊音变为半浊音的点和半浊音变为清音的点。将声音转变部位的记号连成内外两条曲线，内部曲线为绝对浊音区的上界，外部曲线为相对浊音区的上界。

2. 正常心脏叩诊区

心脏仅一小部分和胸壁接触，叩诊呈浊音，称绝对浊音区；心脏大部分为肺掩盖，叩诊呈半浊音，称相对浊音区。各种动物心脏叩诊区如下：

（1）马心脏浊音区

马心脏于左胸壁下1/3处3～5肋间有一掌大浊音区（8～10 cm²），呈锐角三角形，三角形的顶点在第三肋间肘肌后缘肩关节线下 2~3 cm 处；后界由顶点至第 6 肋间末端呈一弧线，前界沿肘肌而下；下界与胸骨浊音相融合。其相对浊音区在绝对浊音区后上方，呈带状，宽 3~5 cm，如图 3-2 所示。

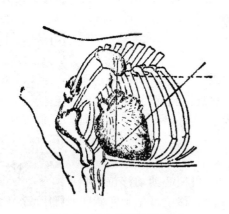

图 3-1　马心脏叩诊法路径

图 3-2　马的正常心浊音区

(2) 牛心脏浊音区

牛心脏与胸壁接触很少，几乎全为肺掩盖，故不呈现绝对浊音区，仅在左侧第 3、4 肋间肩关节水平线下方呈相对浊音区，故无诊断意义。但当呈现浊音时，常是创伤性心包炎的象征。

(3) 其他动物的心脏浊音区

绵羊、山羊心脏浊音区在左侧胸壁第 3、4 肋间。猪心脏浊音区与牛、羊相似，但因肥胖脂肪过多，无法叩诊。犬、猫的心脏浊音区位于左侧第 4~6 肋间，前缘达第 4 肋骨，上缘达肋骨和肋软骨结合部，大致与胸骨平行，后缘受肝浊音的影响而无明显界限。

3. 浊音区的变化

心脏浊音区的改变，主要由心脏容积增大与缩小，肺掩盖心脏面积的大小及胸膜与心包状态所决定。心脏相对浊音区的变化较绝对浊音区的变化更具有重要的意义。

(1) 心脏浊音区扩大

绝对扩大见于心容积增大，如心肥大、心扩张、心包炎；相对扩大，见于肺脏覆盖心脏的面积缩小，如肺萎缩、肺实变等。

(2) 心脏浊音区缩小

绝对浊音区缩小，标志着肺脏容积扩大，见于肺泡气肿及气胸；相对浊音区缩小可见肺萎缩和覆盖心脏的肺叶部分发生实变的疾病等。

(3) 叩诊鼓音

叩诊鼓音见于心包内蓄积气体时。如牛创伤性心包炎，渗出液在心包内腐败分解产生气体时而呈鼓音，肺泡气肿时也出现鼓音。

(4) 叩诊疼痛

叩诊时，动物回头、呻吟、躲闪、抗拒而表现疼痛时，见于心区疼痛性疾病，如心包炎、胸膜炎等。

三、心脏的听诊

心脏听诊主要是听取心音。心音是随心室的收缩与舒张活动而产生的声音现象。听诊心音主要在于判断心音的频率及节律，注意心音的强度与性质的改变，是否有心音分裂和心杂音。依此而推断心脏的功能及血液循环状态。

1. 检查方法

将被检动物取站立姿势保定，使其左前肢向前伸出半步，以充分露出心区，检查者位于动物左侧方，一般用听诊器进行间接听诊。听诊心音时，主要判断心音的频率、强度、性质及是否有心音分裂、心杂音或节律不齐。当心音过于微弱而听不清时，可使动物做短暂的运动，然后听取之。

2. 心音

正常心音是随着心室的收缩与舒张活动而产生的 2 个有节律重复的声音，如"噜－嗒"。心室收缩过程中二尖瓣、三尖瓣突然关闭时，所产生的振动音称为缩期心音或第一心音；心室舒张过程中主动脉瓣、肺动脉瓣突然关闭时所产生的心音称为张期心音或第二心音。由于动物种类不同，其心音的特性也有差异。根据心音的特点，可做出如下区别(表3-1)。

正常心音

表3-1 第一、二心音的特点与区别

音 别	音性	音调	持续时间	音尾	产生时间	两音间隔
第一心音	噜	低浊	长	长	缩期	1~2 音短
第二心音	嗒	响亮	短	锐短	张期	2~1 音长

区别第一心音与第二心音时，除根据上述心音的特点外，第一心音产生于心室收缩期，与心搏动、动脉脉搏同时出现，第二心音产生于心室舒张期，与心搏动、动脉脉搏出现时间不一致。

3. 心音最强听取点

在心脏部任何一点，都可以听到 2 个心音，但由于心音沿血液方向传导，因此只能在一定部位听诊才听得最清楚。临床上把心音听得最清楚的部位，称为心音最强(佳)听取点。当需要辨识瓣膜口心音的变化时，可按表3-2确定其最佳听取点。

表3-2 心音最强听取部位

畜别	第一心音区		第二心音区	
	二尖瓣口	三尖瓣口	主动脉口	肺动脉口
马	左侧第 5 肋间，胸廓下 1/3 的中央水平线上	右侧第 4 肋间，胸廓下 1/3 的中央水平线上	左侧第 4 肋间，肩端水平线下 2~3 cm 处	左侧第 3 肋间，胸廓下 1/3 处中央水平线下方
牛	左侧第 4 肋间，主动脉口听取点的下方	右侧第 4 肋间，胸廓下 1/3 的中央水平线上	左侧第 4 肋间，肩关节水平线下 2~3 cm 处	左侧第 3 肋间，胸廓下 1/3 处中央水平线下方

(续)

畜别	第一心音区		第二心音区	
	二尖瓣口	三尖瓣口	主动脉口	肺动脉口
猪	左侧第4肋间，主动脉口听取点的下方	右侧第4肋间，肋骨和肋软骨结合部稍下方	左侧第4肋间，臂骨结节线的直下方	左侧第3肋间，接近胸骨处
犬	左侧第5肋间，胸壁下1/3的中央水平线上	右侧第4肋间，肋骨与肋软骨结合部稍下方	左侧第3肋间，肩端线下方；或肋骨与肋软骨结合部上2~3 cm横指处	左侧第3肋间，接近胸骨处；或肋骨与肋软骨结合处

四、心音的病理变化及其临床意义

心音的病理变化可表现为心音频率、强度、性质和节律的改变等。

1. 心音频率的改变

正常情况下每个心动周期可听到2个心音，每分钟的心动周期次数即为心率。心音频率的病理性改变包括心动过速和心动过缓。

(1) 心动过速

兴奋来自窦房结，由于兴奋起源发生紊乱，使心率快速而均匀，为心动过速。如马超过60次/min，成年牛超过90次/min，犊牛超过120次/min以上。健康动物在运动后，患病动物在发热及心衰时可见。

(2) 心动过缓

由于兴奋形成发生障碍或迷走神经紧张性增高所致，如马低于25次/min，成年乳牛低于60次/min。见于黄疸、颅内压升高的疾病、洋地黄中毒等。患盲肠便秘的病马，有的心率减至22次/min。

2. 心音增强和减弱

正常情况下，听诊心脏时，第一心音在心尖部(第4或第5肋间下方)较强，第二心音在心基部(第4肋间肩关节水平线下方)较强。因此，判定心音增强或减弱，必须在心尖部和心基部比较听诊，两处心音都增强或都减弱时，才能认为是增强或减弱。心音强弱取决于心音本身的强度(心肌的收缩力量、瓣膜状态及血液量)及其向外传递介质状态(胸壁厚度、胸膜腔及心包腔的状态)。但是第一心音的强弱，主要取决于心室的收缩力量；第二心音的强弱，则主要取决于动脉根部血压。

临床上应注意的是，在营养良好、胸廓丰满、胸壁肥厚的动物，两心音都相对较弱；消瘦的动物，胸壁薄胸廓狭窄，则两心音相对都增强。

(1) 两心音同时增强

它是由于心肌收缩力增强，血液在心脏收缩和舒张时冲击瓣膜的力量同时增强所致。见于心肥大、热性病初期、剧痛性疾病、轻度贫血或失血及肺萎缩等。

(2) 第一心音增强

它是由于心肌收缩力增强与瓣膜紧张度增高所引起。临床上表现多是第一心音相对增强，第二心音相对减弱，甚至难以听取。主见于贫血、热性病及心脏衰弱的初期。当大失血、剧烈腹泻、休克及虚脱时，由于循环血量少，动脉根部血压低而第二心音往往消失。

（3）第二心音增强

多为相对性增强。它是由于动脉根部血压升高引起。故与心舒张时半月瓣迅速而紧张地关闭有关。主动脉口第二心音增强，见于心肥大、肾炎。肺动脉口第二心音增强，见于肺充血、肺炎等。

第一心音增强

（4）第一心音减弱

相对减弱已如前述。单纯的第一心音减弱，临床上比较少见，在心扩张及心肌炎后期可见到。

第二心音增强

（5）第二心音减弱（甚至消失）

这种情况临床上最常见。主要是由于每次压出的血量减少，故当心舒张时血液回击动脉瓣的力量微弱所致，是动脉根部血压显著降低的标志，见于贫血、心脏衰弱。第二心音消失时，见于大失血、高度的心力衰竭、休克及虚脱，多预后不良。

第一心音减弱

（6）两心音同时减弱

它是心肌收缩无力的表现，常见于心脏衰弱的后期，心肌炎、心肌变性、重症贫血、渗出性胸膜炎、渗出性心包炎及重症肺气肿等。

3. 心音性质的改变

第二心音减弱

（1）心音混浊

主要表现为心音不纯，音质低浊，含糊不清，2个心音缺乏明显的界限。主要是由于心肌及其瓣膜变性，而使其振动能力发生改变。可见于心肌炎症的后期以及重度的心肌营养不良与心肌变性。高热性疾病、严重的贫血、重度的衰竭症等发生时，因伴有心肌的变性变化，所以多有心音混浊现象。某些传染性疾病时，因心肌损害也可致心音混浊，如

心音混浊

马鼻疽，特别是慢性马传染性贫血时尤为明显；在牛可见于结核病、口蹄疫；在猪可见于猪瘟、猪肺疫、流行性感冒、猪丹毒；也可见于幼畜的白肌病以及某些中毒病。

（2）钟摆律

前一个心动周期的第二心音与下一个心动周期的第一心音之间的休止期缩短，而且第一心音与第二心音的强度、性质相似，心脏收缩期和舒张期时间也略相等，加上心动过速，听诊极似钟摆"嗒嗒"声，故称钟摆律。又因为其酷似胎儿心音，又称胎心律，提示心肌损害。

（3）金属样心音

心音异常高朗、清脆而带有金属样音响。当破伤风或邻近心区的肺叶中有空洞（含气性）形成之际可听到此心音；也见于膈疝，且脱垂至心区部位的肠段内含有大量气体时。

4. 心音分裂与重复

第一心音或第二心音分为2个音色相同的音响，称为心音分裂或重复；2个声音之

间间隔较短的称为分裂，间隔较长的称为重复。两者在临床诊断上意义相同，仅程度不同而已。这主要是由于心脏机能障碍或神经支配异常，两心室不同时收缩和舒张所引起。

（1）第一心音分裂或重复

它是左右心室收缩有先有后，或有长有短，左右房室瓣膜不同时闭锁的结果，听诊时好似"特、噜－嗒"的音响。见于一侧心室衰弱或肥大及一侧房室束传导受阻时。健马在使役后或兴奋时常可出现，但安静后即消失，注意不要误诊。

心音分裂

第一心音分裂

（2）第二心音分裂或重复

它是两心室驱血期有长有短，主动脉瓣与肺动脉瓣不同时闭锁的结果，听诊时好似"噜－嗒、拉"的音响。见于主动脉或肺动脉血压升高的疾病及二尖瓣口狭窄等。如左房室口狭窄时，左心室血量减少，主动脉血压降低，则左心室驱血期短，主动脉瓣先期闭锁；肺部淤血时，肺动脉压升高，则右心室驱血期延长，肺动脉瓣闭锁较晚，出现第二心音分裂或重复。肾炎时则因主动脉压升高也出现第二心音分裂或重复。

第二心音分裂

5. 奔马调

它是第三心音明显所致，除第一、二心音外，又有第3个附加的心音连续而来，恰如远处传来的马奔跑时的蹄音。此第三心音，可发生于舒张期（第二心音之后，听诊时好似"噜－嗒－布"音响），或发生在收缩期前（第一心音之前，听诊时好似"巴－噜－嗒"音响）。但此附加音，一般没有心音重复那样清晰，可见于心肌炎、心肌硬化或左房室口狭窄。

奔马调

6. 心音节律的改变

正常情况下，每次心音的间隔时间均等，且每次心音的强度相似，此为正常的节律。如果每次心音的间隔时间不等，且其强度不一，则为心律不齐。心律不齐多为心肌的兴奋性改变或其传导机能障碍的结果，并与植物神经的兴奋性有关。在判定心音节律的改变时，应注意运动前后的心率、恢复到安静状态时所需要的时间、心音的强度及脉搏的特征。临床上常见的心律失常有窦性心律不齐、期外收缩或过早搏动、阵发性心动过速、传导阻滞、心房颤动等。

（1）窦性心律不齐

窦性心律不齐常表现为心脏活动周期性的快慢不匀现象，且大多与呼吸有关，一般吸气时心动加快而呼气时心动转慢。常见于健康犬、猫和幼驹；在成年马则见于慢性肺气肿、肺炎等。

（2）期外收缩

期外收缩又称过早搏动、期前收缩。当心肌的兴奋性改变而出现窦房结以外的异位兴奋灶时，在正常窦房结的兴奋冲动传来之前，由异位兴奋灶先传来一次兴奋冲动，从而引起心肌的提前收缩。此后，原来应有的正常搏动又消失一次，以致要等到下次正常的兴奋冲动传来，才能再引起心脏的搏动，从而使其间隔时间延长，即出现所谓代偿性间歇。

当听诊心音时表现为心音的间隔时间不等，其特点是：在正常心音后，经较短的时间即很快出现一次提前收缩的心音，其后又经较长的间歇时间，才出现下次心音。因提前收缩时心室充盈量不足，心搏出量少，从而导致第二心音微弱甚至可能消失。

期外收缩若有规则地每经 1 或 2、3 次正常搏动之后出现 1 次，则表现为所谓二联律或三、四联律。偶尔出现的期外收缩，多无重要意义；如为顽固而持续性的期外收缩，常为心肌损害的标志。

二联律

（3）阵发性心动过速

在正常心律中，连续发生 3 次以上期外收缩的快速心律，称为阵发性心动过速。心律增快常一阵阵发生，突然发生，突然消失，每次发作持续时间较短，一般为数分钟至数小时，常见于心力衰竭和危重疾病时。

（4）传导阻滞

心脏在几次正常跳动后停跳一次的心律，称为心动间歇。它是由于心肌的病变波及传导系统，兴奋冲动不能顺利地向下传递，从而出现传导阻滞。明显而顽固的传导阻滞，常为心肌损害的一个重要指征。

传导阻滞的表现形式有多种，如窦房阻滞、房室传导阻滞或心室束支的传导阻滞等。如一侧心室束支的传导阻滞可表现为第一心音的分裂；房室传导阻滞时，部分病例可表现为慢而规则的心律，部分病例可表现为不规则的心律；有时在心动间歇期间可听到轻微的心房音。

传导阻滞与期外收缩的不同点是：传导阻滞既无提前收缩，又无代偿间歇，只在 2 次心动之间出现一次心室搏动的暂时停止。房室传导阻滞若有规则的每经 2、3 或 4 次心室搏动后即出现一次搏动脱漏，也可形成类似的二联或三、四联律；但它与期外收缩所表现的不同之点是：几次正常的连接出现的心律之间的间隔时间是均等的。

（5）震颤性心律不齐（心房颤动）

正常情况下，先心房肌、后心室肌收缩，再共同进入舒张期。在病理情况下，房室的个别肌纤维在不同时期分散而连续的收缩，从而发生震颤。一般主要表现为心房颤动（或称心房纤颤）。其特征是：心律毫无规则，心音时强时弱、休止期忽长忽短，此乃心律不齐中最无规律的一种，也称心动紊乱。

心律颤动若持续过久，常为预后不良的信号。心律不齐与脉律不齐是紧密联系的，因此，应将两者加以对照与综合。期外收缩时，脉搏表现为间隔时间不等且强弱不一。即当过早搏动时，于正常脉搏之后经短时间而很快又出现一次提前的脉搏，其后又经较长的间隔才出现下次搏动；但由于心室过早搏动的搏出血量较少，提早出现的脉搏多较微弱。

7. 心杂音

心杂音是指伴随心脏的舒、缩活动而产生的正常心音以外的附加音响。它的特点是持续时间长，可与心音分开或连续，甚至掩盖心音。依产生杂音的病变所存在的部位不同，可分为心外性杂音与心内性杂音；按杂音发生时期分为收缩期杂音、舒张期杂音和连续性杂音；按照杂音发生的原因又分为器质性与非器质性（机能性）杂音。非器质性杂音发生在收缩期，又可分为相对闭锁不全性杂音和贫血性杂音 2 种。心外性杂音又可

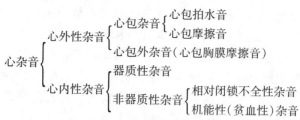

图 3-3　心杂音的分类及临床意义

分为心包拍水音、心包摩擦音和心包胸膜摩擦音3种，如图3-3所示。

(1) 心内性杂音

临床上多是心内膜及其相应的瓣膜口发生形态改变或血液性质发生变化时引起，常伴随第一心音或第二心音之后或同时产生的异常音响，称为心内性杂音。其特点是杂音从远而来，加压听诊器音量无变化；其音性如笛声、吱吱声、咝咝声、嗡嗡声、飞箭声或风吹声。按其发生时期，分为缩期杂音和舒期杂音。缩期杂音发生于心收缩期，伴随第一心音之后或同时出现杂音；舒期杂音发生于心舒张期，伴随第二心音之后或同时出现杂音。按其瓣膜或瓣膜口有无形态改变可分器质性心内杂音和非器质性心内杂音(机能性)。

①器质性心内性杂音：它是慢性心内膜炎的特征。慢性心内膜炎，常引起某一瓣膜或瓣孔周围组织增生、肥厚及粘连，瓣膜缺损或腱索的短缩，这些形态学的病变统称为慢性心脏瓣膜病。瓣膜病的类型虽很多，但概括地可分为瓣膜闭锁不全及瓣膜口狭窄。

二尖瓣闭锁不全

瓣膜闭锁不全　由于瓣膜不能完全将其相应的瓣膜口关闭而留空隙，致使血液经病理性的空隙而逆流形成漩涡，振动瓣膜产生杂音。此杂音可出现于心室收缩期或舒张期。如左、右房室瓣闭锁不全，杂音出现于心缩期，称缩期杂音；主动脉与肺动脉的半月状瓣闭锁不全，则杂音出现于心舒期，称舒期杂音。

二尖瓣口狭窄

瓣膜口狭窄　在心脏活动过程中，血液经狭窄的瓣膜口时，形成漩涡，发生振动，产生杂音。此杂音可出现于心缩期或心舒期。如左、右房室口狭窄，杂音出现于舒张期；主动脉、肺动脉口狭窄，则杂音出现于心缩期。

为推断心内膜病变部位及类型，应特别注意杂音出现时期及最强听取点。**缩期杂音**　继第一心音之后或同时出现，见于左、右房室瓣闭锁不全及主动脉口或肺动脉口狭窄。

心脏杂音　缩期杂音之主动脉瓣口狭窄

舒期杂音　继第二心音之后或同时出现，见于左、右房室口狭窄，主动脉瓣闭锁不全。

②非器质性心内性杂音(机能性杂音)：其发生有2种情况：一种是瓣膜和瓣膜口无形态变化，当心室扩张或心肌弛缓时，造成瓣膜相对闭锁不全而产生杂音；另一种是当血液性质变为稀薄时，血流速度加快，瓣膜口和瓣膜震动引起的所谓贫血性杂音。

心脏杂音　张期杂音之主动脉瓣闭锁不全

非器质性心内性杂音的特点是：杂音不稳定，仅出现于心缩期，故称缩期杂音；杂音柔和如风吹声；运动、使役及给予强心剂后杂音消失；饲养管理改善或病情好转时杂音消失。多见于心扩张、营养性贫血、马传染性贫血及焦虫病等。

(2) 心外性杂音

心外性杂音是心包或靠近心区的胸膜发生病变所引起。杂音似来自耳下，仅限于局部听到，加压听诊器体外音增强，杂音与心跳一致，杂音比较固定，且可长时间存在。按杂音性质分为心包拍水音、心包摩擦音和心包胸膜摩擦音。

① 心包拍水音：它是心包发生腐败性炎症时，由于心包内积聚多量液体与气体，故当心脏活动时所产生的一种类似震动半满玻璃瓶水的声音或似河水击打河岸的声音。见于牛创伤性心包炎和心包积液。

② 心包摩擦音：它是心包发炎的特征。由于心包发炎，纤维蛋白沉着于心包的壁层和脏层，使心包的壁层和脏层变得粗糙，当心脏活动时，粗糙的心包壁层和脏层互相摩擦产生杂音。其音性如两层粗糙的皮革相互摩擦的音响，其特点是杂音与心跳一致，常呈局限性，但在心尖部明显，心脏收缩期及舒张期均可听到，但以心缩期明显，主见于纤维素性心包炎及创伤性心包炎。

心包摩擦音

③ 心包胸膜摩擦音：它主要见于胸膜发生纤维素性胸膜炎时，当心脏活动时，心包与粗糙的胸膜面发生摩擦所产生的音响。此音与呼吸运动同时发生，呼吸运动停止时，即减弱或消失。心包胸膜摩擦音，除心区部能听到外，肺区某些部位也出现。

第二节 血管的检查

血管的检查主要包括动脉的检查、静脉的检查和毛细血管的检查。

一、动脉的检查

动脉检查通常用触诊的方法，主要检查动脉的脉搏，判定其频率、节律、性质，以推断心脏机能及血液循环状态。这对疾病的诊断、预后很重要。临床上应注意的是必须在动物安静的状态下进行。如病畜远道来就诊，要稍待休息后再进行检查为宜。

马检查颌外动脉；牛、骆驼检查尾中动脉；绵羊、山羊及猪检查股内侧动脉。但肥猪往往不能触知，故常以检查心跳代替脉搏。

一般用右手食指及中指压于血管上，左右滑动，即可感知一富有弹性的管状物在手下滑动，此时可根据脉搏大小(振幅的大小)、强弱和软硬(脉管的紧张度)分别施以轻压、中压或重压，计算脉搏数，并体会其性质(大小、脉管紧张度)、血液充盈度(血管内容血量)，脉搏形态和节律。动物不同，其检查方法也不同。

马、骡脉搏检查时，检查者站于马左前侧，以左手握笼头，用右手食指、中指压于下颌缘内侧，前后触摸即可触诊到有一细胶管状物在指下滑动，随即以手指轻压其上，即可触知脉搏搏动。

牛脉搏检查时，检查者站于牛的正后方，左手将尾略上举，用右手食、中指轻压于尾腹面正中的尾动脉上即可。

羊脉搏检查时，检查者蹲于羊的侧后方，一手握后肢，一手插入股内侧，以手指压于股动脉上即可。

脉搏性质主要是指脉搏大小、强弱、紧张度及充盈度。脉搏性质受到心脏收缩力、血液总量、每搏输出量及血管弹性与紧张度等因素的影响，当心脏收缩有力、每搏输出量正常、血容量充足、动脉管弹性良好时，则脉搏充实有力，强度相等，即为正常脉搏。脉搏性质的异常改变如下：

1. 脉搏大小

脉搏大小指脉搏抬举手指的高度，也就是脉搏跳动时振幅的大小（即脉波的高度）。脉搏大小与脉压成正比，但与血管紧张度不相一致。

①大脉（large pulse）：表示心收缩力强，每搏输出量多，收缩压高，脉压差大。见于使役、运动、兴奋时的心收缩加强，热性病初期，左心肥大，主动脉瓣闭锁不全等。

②小脉（small pulse）：表示心收缩力弱，每搏输出量少，脉压差小。见于心功能不全、血压下降、心动过速、主动脉瓣口狭窄及二尖瓣口狭窄等。

③交替脉（anernating pulse）：大脉和小脉有规律地交替出现不整脉，称为交替脉。见于心肌炎、心功能不全等，是心肌疲劳的反映。

2. 脉搏紧张度（脉搏硬度）

脉搏紧张度指触诊按压时所感觉到的血管抵抗力的大小，取决于血压的高低。

①硬脉（hard pulse）：表明血管紧张度增高，血管紧张。见于血压升高、剧烈疼痛性疾病、左心肥大、急性肾炎等。

②软脉（soft pulse）：表明血管紧张度降低，血管弛缓。见于血压下降、心功能不全、贫血、恶病质、营养不良等。

③丝状脉（thready pulse）：软而小的脉搏，称为丝状脉。见于重剧或恶化的马疝痛。

④金线脉（弦脉，wiry pulse）：硬而小的脉搏，称为金线脉。诊断意义与丝状脉相同。

3. 脉搏充盈度

脉搏充盈度取决于排入血管内的血液量多少，也与心收缩力量和血管的流床广度（毛细血管的舒、缩状态）有关。判定的方法，是将检脉手指加压后再放松，反复操作，以感觉血管内径的大小。

①实脉（pleuum pulse）：表明血管内血液充盈良好，提示血液总量充足，心脏活动健全，见于热性病初期、心肥大、运动或使役等。

②虚脉（vacuum pulse）：表明血管内血液充盈不足，提示血容量减少，见于心功能不全、大失血、严重脱水等。

4. 脉搏强弱

脉搏强弱指脉搏跳动力量的大小，取决于动脉的充实度和血管的紧张度。

①强脉（strong pulse）：强而充实的脉搏，搏动有力，见于热性病初期、心脏的代偿机能加强时。

②弱脉（weak pulse）：弱而充实不足的脉搏，搏动微弱，见于心功能不全、主动脉瓣口狭窄、产生脉搏的动脉发生阻塞等。

③颤动脉（trembling pulse）：脉搏微弱，只引起动脉壁不明显的震颤。
④不感脉（hsensible pulse）：脉搏极度微弱，难以察觉。
后 2 种情况，均见于危重疾病，提示高度心力衰竭。

5. 脉搏的波形上下变动的程度

由于动脉管内压力上升和下降持续时间的长短，在描记脉搏时即呈现波形上下变动。触诊时，以脉搏与手指接触时间的长短来判断。

①速脉（跳脉，rapid pulse）：脉波急速上升而又急速下降，检脉手指在瞬间感觉到脉搏后，脉搏又立即消失。提示主动脉瓣闭锁不全、动脉导管永存等。

②迟脉（slow pulse）：脉波缓缓上升而又缓缓下降，检脉手指感觉脉搏徐来而缓去。提示主动脉瓣口狭窄、心传导阻滞等。

二、颈静脉的检查

检查颈静脉主要是应用视诊和触诊方法检查颈静脉的充盈状态和颈静脉波动。

1. 颈静脉的充盈状态

①静脉充盈而隆起：颈静脉明显的扩张或极度膨隆，似绳索状，可视黏膜潮红或发绀，可见于各种原因所引起的心力衰竭以及导致胸内压升高的疾病（如渗出性胸膜炎、肺气肿、胃肠内容物过度充盈等）。牛的颈静脉高度充盈（也称为怒张）甚至呈绳索状，常提示创伤性心包炎。

②静脉萎陷：颈静脉不显露，即使压迫静脉，其远心端也不膨隆，将针头插入静脉内，也不见血液流出。这是由于血管衰竭、大量血液淤积在毛细血管内的缘故，见于休克、严重贫血症等。

2. 颈静脉波动的检查

检查颈静脉时可见随心脏活动而由颈根部向颈上部的逆行性波动，称颈静脉波动。在正常情况下，颈静脉波动是当右心房收缩时，由于腔静脉血液回流入心的一时受阻及部分静脉血液逆流并波及前腔静脉而至颈静脉所引起，故此种波动出现于心房收缩与心室舒张的时期，且逆行性波动的高度一般不超过颈部的下 1/3 处，这是生理现象。

病理性的颈静脉波动，有以下 3 种类型：

①阳性波动（心室性静脉波动）：颈静脉的阳性波动是三尖瓣闭锁不全的特征。随心室收缩，部分血液经闭锁不全的空隙而逆流入右心房，并进一步经前腔静脉而至颈静脉。此波动较高，力量较强，并以出现于心室收缩期（与心搏动及动脉脉搏相一致）为其特点。

②阴性波动（心房性静脉波动）：当生理性的颈静脉波动过强，由颈根部向头部的逆行波超过颈中部以上时，即为病理现象。为心脏衰弱、右心淤滞的结果。心房性颈静脉波动的特点，是波动出现于心搏动与动脉搏之前。

③伪性搏动：当颈动脉的搏动过强时，可引起颈静脉沟处发生类似的搏动现象，一般称为颈静脉的伪性搏动。

为区别几种不同的颈静脉波动，应注意其波动的强度和逆行波的高度，特别要确定其出现的时期（是否与心室收缩相一致）。必要时还可应用指压试验：用手指压在颈静脉的中部并立即观察指压后波动情况，如远心端及近心端波动均消失，则为阴性波动；如远心端消失而近心端仍存在，则为阳性波动；如两端波动无任何改变则为伪性搏动。

三、毛细血管的检查

测定毛细血管再充盈时间，可以了解微循环的功能状态。

1. 检查方法

助手保定被检动物的头部，并将上唇上提，露出上切齿的齿龈黏膜。检查者左手持秒表，用右手拇指按压上齿外侧的齿龈黏膜1~2 s，然后除去拇指的压迫，观察齿龈黏膜恢复至原来颜色所需要的时间。

2. 正常值

毛细血管再充盈时间，马为1.05~1.53 s，骡为1.07~1.47 s，黄牛为1.26~1.42 s，绵羊为1.18~1.32 s，猪为1.26~1.42 s，鸡为1.17~1.37 s，鸭为1.25~1.41 s，鸽为0.96~1.14 s。

3. 临床意义

在伴有全身淤血的情况下，发现毛细血管再充盈时间延长，见于心力衰竭、中毒性休克、内毒素休克和严重脱水。

第三节 心血管系统的主要综合症候群及诊断要点

心血管系统疾病主要是心脏疾病，主要包括心功能不全、器质性心脏病，另外还要注意循环虚脱。

一、心功能不全

心功能不全又称心力衰竭、心脏衰弱，是指心肌收缩力减弱，导致心输出血量减少，静脉血回流受阻，呈现皮下水肿、呼吸困难、黏膜发绀、浅表静脉过度充盈，乃至心搏骤停和突然死亡的一种临床综合征。

问诊，若有使役过重或运动过于剧烈，超量、快速输液，心肌突然遭受剧烈刺激等病因，以及心肌炎、心肌变性和心肌梗死等原发病存在；临床观察，发现动物精神突然极度沉郁，倒地痉挛，检查心搏动和心音突然减弱，脉搏细数或不感于手，心律严重失常，淤血严重，静脉高度怒张，可视黏膜高度发绀，并伴有混合性高度呼吸困难，肺部听诊有广泛的湿啰音，鼻孔流泡沫状鼻液等肺水肿症状的，可怀疑是急性心力衰竭。

若有长期重役、心脏瓣膜病、慢性肺气肿等使心脏长期负荷增重的生活史或病史，病情逐渐发展，心音和脉搏逐渐减弱，稍做运动或使役就疲劳出汗、呼吸困难、脉搏增数并出现全身静脉淤血和心性浮肿，以及肺循环淤血或肝、脑、肾、胃肠等脏器淤血等体循环障碍的，则是慢性心力衰竭。

二、器质性心脏病

动物临床上常见的器质性心脏病，包括心包、心肌和心内膜疾病，这些疾病既在心功能强弱上与心力衰竭有相似的表现，又有各自的特点。

①心包炎：触诊心区动物敏感、疼痛，听诊有心包摩擦音或拍水音，并有体表静脉怒张、浮肿等淤血症状，可结合有创伤性网胃炎的病史、金属探测仪检查、心包穿刺检查等确定诊断。

②急性心肌炎：多有原发病（如感染性、中毒性疾病等）可查。初期，呈现心肌兴奋症状，表现心动疾速，心搏动和第一心音增强。轻微运动心率即显著增数，且休息较长时间仍不易恢复至正常水平。随后则心音、脉搏减弱，伴有收缩期杂音，可视黏膜发绀，呼吸高度困难，体表静脉怒张，胸前、腹下、四肢末端常发生水肿。重症的心肌炎病畜出现明显的期前收缩，心律不齐。精神高度沉郁，行走踉跄，甚至昏迷死亡。

③心脏肥大和心脏扩张：均可呈现心脏叩诊浊音区扩大，但前者心音增强、脉搏充实有力，后者则伴有相应的瓣膜闭锁不全性心内杂音。

④心脏瓣膜病上有无心力衰竭，应根据心内杂音发生的部位与心音的时间关系、心内杂音的性质以及结合临床上的症状，确定诊断。有器质性心内杂音和心力衰竭症状的，为失代偿期心脏瓣膜病；仅有器质性心内杂音而无心力衰竭症状的，为代偿期心脏瓣膜病。

三、循环虚脱

心功能不全是最常见的一种急症和危象，意义较大的是循环虚脱，因血容量不足、血管容量增大或心排血量减少，以至有效循环血量减少、微循环灌注量不足而引起。临床特点是心律紊乱，脉搏细弱，乃至不感于手，可视黏膜灰白或青紫，体表静脉萎陷，微血管再充盈时间显著延长，触摸肢体发凉。

（陈　甫　刘永夏）

第四章
呼吸系统检查

呼吸系统直接与外界相通，环境中的病原微生物、粉尘、烟雾、化学刺激物及过敏原均易随空气进入呼吸道和肺，引起呼吸系统疾病。因此，动物呼吸系统发病率相对较高。

呼吸系统的检查方法，主要有问诊、视诊、触诊、嗅诊、叩诊和听诊等一般检查方法，其中听诊和叩诊更为重要。此外，X线、超声及磁共振检查对肺部及胸膜疾病的诊断具有重要价值。

第一节 胸廓、胸壁的检查

胸廓和胸壁的检查主要是检查胸廓的大小、外形、对称性及胸壁的敏感性。临床上常用视诊和触诊的方法进行。必要时还可进行胸腔穿刺液检查、X线检查和其他特殊检查。

一、胸壁的视诊

胸廓的视诊，着重注意观察胸廓的形状和对称性，胸壁有无损伤、变形，肋骨及肋骨间有无异常，胸前和胸下有无浮肿等。检查时，检查者需站在动物前、后、左、右的适当位置仔细观察，才能发现胸廓形态的异常变化。

1. 胸廓的形状

主要通过观察动物胸廓两侧的对称性及发育情况，判断病变的部位及程度。胸廓常见的病理性形状的改变有以下几种：

①桶状胸：特征为胸廓向两侧扩大，左右横径明显增大，肋骨间隙变宽，胸廓横截面呈圆形，看上去形如圆桶，故称桶状胸。这是由于肺组织弹性减退，肺泡内气体过度充满的结果，常见于重症慢性肺泡气肿。

②扁平胸：特征为左右横径明显缩小，胸廓狭窄而扁平。见于纤维性骨营养不良和慢性消耗性疾病。

③两侧不对称：特征为胸廓两侧不对称，患侧胸壁下陷，而对侧代偿性扩大。是由于一侧胸腔积液、积气或代偿性扩大所致。常见于单侧性胸膜炎、气胸、肋骨骨折等。

2. 胸廓皮肤的变化

注意创伤、皮下气肿、丘疹、溃疡、结节和局部肌肉的震颤等。胸部皮下水肿常见于牛创伤性心包炎、营养不良、贫血及心力衰竭；肘后、肩胛和胸壁的震颤，常见于发热病的初期，也见于疼痛性疾病、中毒、某些代谢性及神经性疾病。

此外，当胸壁有脓肿、外伤及炎症时，视诊可见局部隆起。当肋骨骨折时，可发现患部平坦或凹陷变形，且动物呈腹式呼吸。

二、胸壁的触诊

胸壁触诊对于确定动物胸壁的温度、敏感性，以及感知胸膜震颤和支气管震颤，均具有一定的诊断意义。

(1) 胸壁的温度

检查动物胸壁温度时应用手背去感知，同时要注意左右对照检查。若胸壁局部温度升高，常提示局部炎症。若胸侧壁温度升高，见于胸膜炎。

(2) 胸壁的敏感性

触诊胸壁时，动物表现骚动不安、回顾、躲闪、甚至反抗或呻吟，是胸部疼痛的表现。常见于胸膜炎、肋骨骨折以及软组织炎症等。

(3) 胸膜和支气管震颤

当触诊胸壁时，有摩擦感，且与吸气或呼气一致，提示腔内胸膜表面有纤维蛋白大量沉积，见于胸膜炎。此外，当大支气管内啰音粗大时，胸壁也可感知有轻微的震颤，称为支气管震颤。

第二节 呼吸运动的检查

动物在呼吸过程中，鼻翼、胸廓和腹壁有节律的协调运动，称为呼吸运动。呼吸运动的协调性和强度是动物呼吸状态的临床反应，对呼吸运动的检查能获得重要的诊断依据。检查呼吸运动时，主要检查呼吸式、呼吸节律、有无呼吸困难和呼吸运动是否对称。

一、呼吸式的检查

呼吸式是指呼吸运动的形式，检查时应注意胸廓和腹壁的起伏动作的协调性和强度。

(1) 胸腹式呼吸

胸腹式呼吸也称混合呼吸，除犬属于胸式呼吸外，健康动物的呼吸方式都是胸腹式呼吸。即呼吸时，胸廓和腹壁起伏动作协调性、强度均匀一致。

(2) 胸式呼吸

胸式呼吸的特征为呼吸时胸壁起伏动作明显，而腹壁动作相对微弱或消失。常见于膈肌和腹肌运动障碍或胸腔占位性疾病，如急性胃扩张、肠臌气、创伤性网胃心包炎、膈肌炎、腹膜炎以及胸腔大量积液等。

(3) 腹式呼吸

腹式呼吸的特征为呼吸时腹壁起伏动作明显，而胸壁的活动极其微弱。常见于胸壁运动障碍或疼痛性疾病，如急性胸膜炎、肋骨骨折、肋间肌麻痹、心包炎、肺泡气肿等疾病。

二、呼吸节律的检查

健康动物的呼吸呈一定的节律,即吸气之后紧接着呼气,并且有一定的深度和长度,每次呼吸之后,经过短暂的间隙期,再进行下一次呼吸,如此周而复始,很有规律,称为节律性呼吸。吸气和呼气之间有一定的比例,马为1∶1.8,牛为1∶1.2,绵羊和猪为1∶1,犬为1∶1.6。在生理状态下,呼吸的节律可因兴奋、运动、惊恐、尖叫、嗅闻等因素而发生改变。

呼吸节律的病理性改变,主要有以下几种。

(1) 吸气延长

吸气延长的特征是吸气时间显著延长,这是空气进入呼吸系统发生障碍的结果。常见于上呼吸道狭窄性疾病,如鼻炎、鼻腔狭窄、喉水肿、猪传染性萎缩性鼻炎等。

(2) 呼气延长

呼气延长的特征是呼气时间显著延长,是肺泡内气体排出受阻的结果。主要见于细支气管炎、慢性肺泡气肿和膈肌舒张不全等。

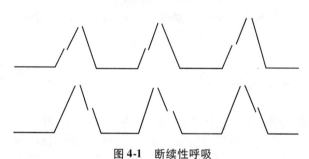

图4-1 断续性呼吸

(3) 断续性呼吸

断续性呼吸的特征是在吸气和呼气的过程中,出现多次短暂间歇的动作。这是由于患病动物为了缓解呼吸运动障碍或胸膜疼痛,将一次吸气或呼气分为2次或多次进行的结果(图4-1)。常见于细支气管炎、慢性肺泡气肿、胸膜炎和胸腹痛性疾病。另外,呼吸中枢的兴奋性降低,也可出现断续性呼吸。

(4) 陈-施二氏呼吸

陈-施二氏呼吸又称潮式呼吸,其特征是,呼吸由弱、慢、浅逐渐加强、加快、加深,达到顶峰后又逐渐变得弱、慢、浅,然后暂停15~30 s后,又重复上述特点的呼吸(图4-2)。这主要是由于呼吸中枢的兴奋性降低,血液中二氧化碳和氧的浓度变化对呼吸的调节(体液调节)占主导地位的结果。主要见于脑炎、心力衰竭、尿毒症及中毒病患畜。

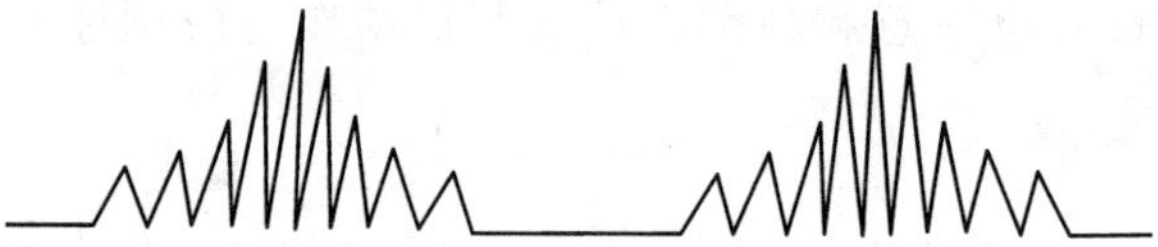

图4-2 陈-施二氏呼吸

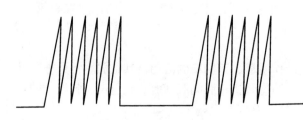

图4-3 毕欧特呼吸

(5) 毕欧特呼吸

毕欧特呼吸又称间歇呼吸,其特征是数次连续的、深度大致相等的深呼吸和呼吸暂停交替出现（图4-3）。这是由于呼吸中枢兴奋性极度降低的结果，多提示病情危重。常见于脑膜炎和脑炎，有时也见于尿毒症、蕨中毒和重症酸中毒等。

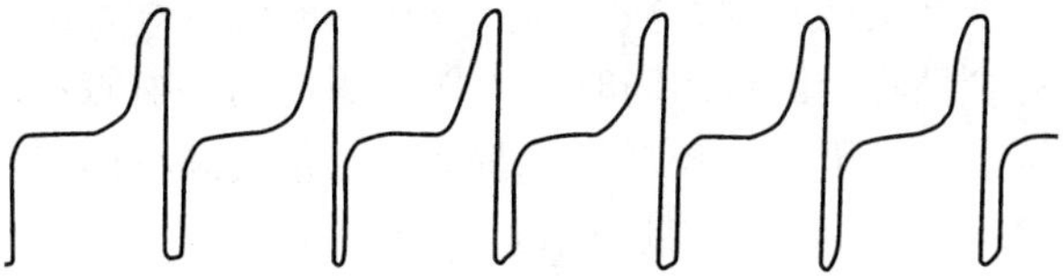

图 4-4 库斯茂尔呼吸

（6）库斯茂尔呼吸

库斯茂尔呼吸又称深长呼吸，其特点是吸气与呼吸显著延长，发生深而大的慢呼吸，呼吸次数减少但不中断，常伴有明显的呼吸杂音，如喘息声和鼾声（图4-4）。这是呼吸中枢极度衰竭的结果，多提示预后不良。

三、呼吸困难的检查

呼吸困难是一种复杂的病理性呼吸障碍。患病动物表现为呼吸异常费力，辅助呼吸肌参与呼吸运动，这种呼吸状态称为呼吸困难。高度的呼吸困难称为气喘。临床上主要通过观察动物的呼吸运动、呼吸频率、呼吸类型、呼吸节律以及姿态等判定有无呼吸困难。

呼吸困难按其发生原因和表现形式分为以下3类：

1. 吸气性呼吸困难

吸气性呼吸困难的特征为患病动物在吸气时，表现吸气用力、吸气时间显著延长、鼻孔扩张、头颈伸直、肘头外展、肋骨上举、肛门内陷，同时听到类似吹口哨的狭窄音。

吸气性呼吸困难主要是由于上呼吸道狭窄造成的，常见于鼻腔、喉和气管的炎症，如马的喘鸣症（返回神经麻痹）、猪的传染性萎缩性鼻炎、鸡的传染性喉气管炎等。

2. 呼气性呼吸困难

呼气性呼吸困难的特征为患病动物在呼气时，表现为呼气用力、时间延长、脊柱弯曲、腹肌收缩、腹部容积变小、肛门突出，呈明显的二段呼气（二重呼气），并在肋骨和肋软骨的交汇处形成一条沟或线（称为喘沟、喘线、息劳沟）。

呼气性呼吸困难是由于肺泡弹性减退或细支气管狭窄，导致正常的呼气运动不能将肺泡内的气体排出，继正常呼气之后，腹肌又强力补充收缩的结果。主要见于细支气管炎、慢性肺泡气肿等疾病。

3. 混合性呼吸困难

混合性呼吸困难的特征是吸气和呼气均发生困难，并常伴随有呼吸次数增加。这是临床上最为常见的一种呼吸困难表现形式。根据其发生的原因可分为以下6种类型：

（1）肺源性呼吸困难

它主要由呼吸器官本身发生病变，导致气体的吸入、排出发生障碍，肺呼吸面积减少，肺组织弹性降低，使血液中氧气缺乏，二氧化碳增多，反射性地引起呼吸中枢兴奋所致。可见于各种上呼吸道狭窄的疾病，慢性肺泡气肿、肺炎、肺水肿、胸膜肺炎、胸膜炎等。另外，在猪肺疫、猪支原体肺炎、鸡喉气管炎等传染病中也可见到。

（2）心源性呼吸困难

它主要由心功能不全或心力衰竭，导致循环功能障碍所致，尤其在肺循环障碍时，肺换气受到限制，氧气和二氧化碳的吸入和排出紊乱，造成混合性呼吸困难。病畜表现混合性呼吸困难的同时，还伴有明显的心血管系统症状，如运动后气喘以及肺部湿啰音等。常见于心力衰竭、心肌炎、心包炎和心内膜炎等。

(3) 血源性呼吸困难

它主要由血液中红细胞数量减少或血红蛋白变性，携氧能力下降，血氧不足所致，尤以运动后更加明显。可见于各类型贫血，如马传染性贫血和梨形虫病等。

(4) 中毒性呼吸困难

中毒性呼吸困难可根据毒物的来源不同，分为内源性中毒和外源性中毒。内源性中毒见于各种原因引起的代谢性酸中毒，如在尿毒症、酮血症和重症胃肠炎时，血液中氢离子浓度过高，动物表现深而大的呼吸，称为深大呼吸。外源性呼吸困难见于某些化学物质进入机体，作用于血红蛋白，使之携氧能力下降，血氧缺乏，二氧化碳蓄积，导致呼吸困难。见于亚硝酸盐或氢氰酸中毒等。

(5) 中枢性呼吸困难

它主要是由于中枢神经系统器质性病变或功能性障碍所致。如重症脑部疾病，颅内压升高和炎性产物刺激呼吸中枢，引起深而慢的呼吸。见于脑溢血、脑水肿、脑部肿瘤、脑膜炎等。

(6) 腹压增高性呼吸困难

它主要是由于胃肠内容物增加或膨胀，腹部对胸部产生了巨大的压力，使呼吸运动受阻所致。常见于急性胃扩张、肠臌胀、急性瘤胃臌气、腹腔积液等。

四、呼吸运动对称性检查

呼吸对称性也称匀称性，是指呼吸时，两侧胸壁起伏强度一致。不对称性呼吸主要是由于一侧胸部有病，该侧胸壁起伏运动受到限制减弱或消失，而健侧出现代偿性增强，见于一侧性胸膜炎、肋骨骨折、胸腔积液、积气等。若两侧同时患病，病变较重的一侧减弱更加明显，临床上需仔细观察才能发现。

检查呼吸运动的对称性时，可站在动物的正后方或正后方高位处，观察两侧胸廓或胸壁的起伏运动是否一致。

第三节　上呼吸道的检查

上呼吸道是气体出入肺的通道，包括鼻、咽、喉和气管。上呼吸道检查主要包括呼出气体检查、鼻及鼻液的检查、咳嗽的检查、副鼻窦的检查、咽囊、喉及气管的检查。

一、呼出气体检查

呼出气体的检查，对上呼吸道及肺脏疾病的诊断具有重要的意义。检查时应注意两侧鼻孔呼出气体的强度、温度及气味。

(1) 强度

检查呼出气体强度时，可将双手背或细纸条置于动物鼻前感知。对于大动物，在冬季可通过观察呼出气体凝成的水雾判定。健康动物鼻孔两侧呼出气流的强度完全相同。两侧气流不匀称可由单侧鼻腔狭窄引起，常见于一侧鼻窦肿大或大量积脓。

（2）温度

呼出气体的温度与动物体温密切相关，健康动物呼出的气体稍有温热感。检查时，可将手背置于鼻前感觉。当动物体温升高时，呼出气体的温度也随之升高，见于各种热性病。呼出气体温度降低见于内脏破裂、大失血、严重的脑病和中毒病等。

（3）气味

检查时用手将动物呼出的气体搧向检查者的鼻端嗅闻。健康动物呼出的气体一般无特殊气味。当呼吸系统患坏死性病变时，呼出气体散发腐败性臭味；呼出气体带有丙酮或烂苹果味时，见于酮病；动物患尿毒症时，呼出气体带有尿臊味；呼出气体带有蒜臭味时，常见于有机磷农药中毒。

二、鼻及鼻液的检查

鼻及鼻液的检查以视诊和触诊为主，重点观察鼻腔外部形态及鼻黏膜的异常变化，以及鼻液。

1. 鼻的外部检查

鼻的外部观察，应重点注意鼻孔周围组织，鼻甲骨形态的变化及鼻的痒感等。

鼻甲骨增生、肿胀，见于严重的软骨病及肿瘤。鼻甲骨萎缩，使鼻腔缩短，鼻盘翘起或歪向一侧，是猪传染性萎缩性鼻炎的特征。鼻甲骨凹陷、肿胀、疼痛则多见于外伤。

鼻孔周围组织可发生各种各样的病理变化，如鼻翼肿胀、水疱、脓肿、溃疡和结节等；鼻孔周围组织肿胀可见于血斑病、纤维素性鼻炎、异物刺伤等；鼻孔周围组织有局限性或弥散性肿胀见于牛瘟、口蹄疫、羊痘、炭疽和气肿疽等传染病；鼻孔周围有水疱、脓疱及溃疡，可见于猪传染性水疱病、脓疱性口膜炎；鼻孔周围有结节，可见于牛的丘疹性口膜炎和牛的坏死性口膜炎。

动物鼻部及其邻近组织发痒时，常在槽头、木桩上擦痒或用自己的前肢搔痒，见于鼻卡他、猪传染性萎缩性鼻炎、鼻腔寄生虫病、异物刺激及吸血昆虫的刺蜇等。长期擦痒可使鼻部皮肤擦破，甚至引起炎症。

2. 鼻液的检查

健康动物鼻腔中只有少量黏液，呈湿润状态，以维持正常的生理功能。当鼻腔有病变时，可以引起鼻分泌物性状和量的改变。因此，鼻液的检查在呼吸器官疾病的诊断上具有重要意义。检查时应注意其数量、颜色、气味、黏稠度及混杂物等。

（1）病因及发病机理

①微生物感染：当呼吸道发生感染或炎症时，黏膜上皮的细胞遭到破坏，纤毛数量减少，而杯状细胞增加，黏液腺肥大，黏膜充血、水肿，血管通透性增高和炎症细胞浸润，使分泌作用增强，导致分泌物数量增多，黏度变稠，加之纤毛细胞的清除作用降低，最终导致鼻液的量显著增多。临床上可见于流感病毒、多杀性巴氏杆菌、溶血性链球菌、肺炎链球菌及葡萄球菌等病原微生物感染直接刺激呼吸道引起的炎症反应，也见

于各种原因引起的动物抵抗力下降，特别是呼吸道防御能力减弱，导致病原微生物入侵而引起的呼吸道炎症过程。此外，流感、鼻疽、结核病、牛恶性卡他热、犬瘟热、猪肺疫、猪萎缩性鼻炎、传染性胸膜肺炎等均可引起流鼻液。

②寄生虫感染：常见于羊鼻蝇蛆、肺线虫病和心丝虫病等。

③物理和化学因素：畜舍中氨气、二氧化碳、硫化氢等刺激性有害气体对上呼吸道黏膜的直接刺激，也是引起流鼻液的重要原因。

④吸入过敏原：花粉、饲草及饲料中的霉菌孢子等吸入呼吸道时，可引起过敏性炎症。

（2）鼻液的性质

①浆液性鼻液：分泌物稀薄，透明似清水，为血管渗出液与黏液混合物，内含脱落的上皮细胞、白细胞、少量红细胞和黏蛋白。见于急性卡他性鼻炎、流感及马腺疫的初期。

②黏液性鼻液：分泌物黏稠，似蛋清样或粥状，内含多量黏蛋白。常见于呼吸道卡他性炎症的中期或恢复期。

③黏液脓性鼻液：是黏液和脓液的混合物。见于急性鼻炎的恢复期及慢性鼻窦炎等。

④脓性鼻液：其特征是黏稠混浊，呈糊状、凝乳状或凝集成块，具有恶臭味。常见于化脓性鼻炎、副鼻窦炎、马腺疫及羊鼻疽等。

⑤腐败性鼻液：其特征是鼻液污秽不洁，呈灰色或暗褐色，有尸臭味或恶臭味，是异物性肺炎及肺坏疽的重要特征。

⑥出血性鼻液：鼻液中混有大量血液，因出血的量和部位不同其颜色也不同。可能是血丝、血凝块或直接为血液流出。一般带血丝、有血凝块及全血，提示鼻黏膜有肿瘤、出血性鼻炎等病变。粉红色或鲜红色并带有一些小气泡，提示为肺水肿、肺充血或肺出血。

⑦铁锈色鼻液：特征是鼻液为均匀的铁锈色，这是大叶性肺炎的示病症状。

（3）鼻液的量

鼻液的量取决于疾病发展的时期、程度及病变的性质、部位和范围。一般来说，在炎症的初期、局灶性病变及慢性呼吸道疾病鼻液少，而上呼吸道的急性感染及肺部的严重疾病常出现大量鼻液。在副鼻窦炎、喉囊炎、肺脓肿、肺坏疽等疾病过程中，鼻液量的多少与动物的体位密切相关，自然站立时鼻液量少，而运动后或低头时则有大量鼻液流出。

（4）鼻液中的混杂物

①气泡：特征是鼻液中带有气泡，呈泡沫状。见于肺水肿、肺充血、肺出血、肺气肿等。

②唾液：鼻液中出现唾液主要见于咽炎、咽麻痹、食管炎、食道阻塞、食道痉挛及食道肿瘤等。

③饲料碎片及呕吐物：鼻液中混有食物碎片，应主要考虑吞咽及咽下障碍性疾病，见于咽炎、咽麻痹、食道阻塞等。另外，马患急性胃扩张、幽门痉挛、十二指肠阻塞、

小肠扭转等疾病时，在表现腹痛症状的同时，胃内容物可能经鼻腔流出。

(5) 鉴别诊断

首先，应根据鼻液的性质、数量、颜色、单侧或双侧，结合临床检查结果确定疾病的原因、部位和炎症性质。必要时可进行 X 线检查以确定疾病的部位和性质。当怀疑为传染病时，应进行微生物及血清学检查。

其次，要了解疾病与环境的关系，注意环境中花粉、饲草中真菌孢子等过敏原对呼吸道的刺激。

三、咳嗽的检查

咳嗽是机体清除呼吸道内分泌物或异物的保护性呼吸反射动作，同时也是呼吸系统疾病过程中最常见的一种症状。咳嗽动作是喉部或气管的黏膜受到刺激时迅速深吸气之后，声门关闭随即强烈地呼气，气流猛然冲开声门，声带振动发出特征性声音。咳嗽虽然有其有利的一面，但剧烈长期咳嗽可导致呼吸道出血。

1. 人工诱咳法

在临床上检查时，由于动物处于应激状态或时间相对较短，往往不能观察到患病动物自然发生的咳嗽，此时需要进行人工诱咳检查。对于马属动物，应取站立姿势，检查者站于其颈侧，一手握住笼头，另一手拇指、食指、中指分别握住其喉头及第 1、2 气管软骨环，轻轻加压，观察动物的反应。对于牛，可用双手捂住其两侧鼻孔，也可反复用力牵拉舌体，健康牛反应不明显。如人工诱咳阳性多为病态。

临床上单纯性鼻炎、副鼻窦炎往往不引起咳嗽症状，而喉、气管、支气管、肺及胸膜的疾病一般可出现强度不等、性质不同的咳嗽。通常上呼吸道对刺激最为敏感，因此，当动物患喉炎和气管炎时咳嗽最为剧烈。

2. 病因及发生机理

①微生物感染：由各种微生物引起的呼吸道非传染性或传染性炎症过程是咳嗽发生的最常见原因。

②寄生虫感染：常见于猪、羊的肺线虫病，牛、羊的肺棘球蚴病等。

③物理和化学因素：环境中刺激性烟雾、有害气体对上呼吸道黏膜的直接刺激，如畜舍中的氨气、二氧化碳、硫化氢等气体含量过高及饲草中的尘土等。此外，也见于吸入过冷或过热的空气及各种化学物质的刺激。

④吸入过敏原：当呼吸道吸入花粉、饲草碎片及饲料中的霉菌孢子等时，可引起过敏性炎症，出现咳嗽。

3. 咳嗽的分类

(1) 按性质分类

①干咳：其特征为声音清脆，干而短，咳嗽时无鼻液或仅有少量的黏稠鼻液，这提示呼吸道内无液体或仅有少量黏稠液体。典型干咳见于喉、气管内存在异物和胸膜炎。在急性喉炎初期、慢性支气管炎时也可出现干咳。

喷鼻—咳嗽

②湿咳：其特征为声音钝浊，湿而长，咳嗽时往往从鼻孔流出多量鼻液，这表示呼

吸道内有大量稀薄的液体。见于咽喉炎、支气管炎、支气管肺炎和肺坏疽等。

（2）按频度分类

①稀咳：即单发性咳嗽，每次仅出现一两声咳嗽，常反复发作而带有周期性，故又称周期性咳嗽。稀咳见于慢性支气管炎、肺结核、感冒和肺丝虫病等。

②连咳：即连续咳嗽，咳嗽频繁，严重时呈痉挛性咳嗽，常见于急性喉炎、传染性上呼吸道卡他、弥漫性支气管炎、支气管肺炎。

③痉咳：即痉挛性咳嗽或发作性咳嗽，咳嗽具有突发性和暴发性，咳嗽剧烈而痛苦，且连续发作，多因呼吸道受到强烈刺激所致，如呼吸道异物、慢性支气管炎和肺坏疽。

（3）按强度分类

①强咳：当肺组织弹性正常，而喉、气管患病时，则咳嗽强大有力，见于喉炎、气管炎。

②弱咳：当肺组织和毛细支气管有炎症，呈肺泡气肿和浸润性病变或肺泡气肿而弹性降低时，咳嗽弱而无力，见于细支气管炎、支气管肺炎、肺气肿、胸膜炎。

③痛咳：咳嗽时动物伴有疼痛或痛苦的表现，特征是病畜表现头颈伸直，摇头不安，刨地和呻吟。见于呼吸道异物、异物性肺炎、急性喉炎、喉水肿和胸膜炎以及长期的咳嗽。

4. 鉴别诊断思路

（1）根据咳嗽的频率及时间了解疾病的性质

急性咳嗽常见于呼吸器官的急性炎症，而慢性咳嗽常见于慢性气管炎及支气管炎、慢性阻塞性肺病、肺结核、猪和羊的肺线虫病、肺棘球蚴病等。动物在运动、采食、夜间或早晚气温较低时咳嗽加重，应着重考虑慢性支气管炎、支气管扩张、鼻疽、肺结核、慢性肺泡气肿等。如马属动物患慢性肺泡气肿时，咳嗽表现为昼轻夜重；上呼吸道感染性疾病，则表现为昼夜咳嗽不止。

（2）咳嗽的程度及鼻液量对判定患病部位有重要意义

通常上呼吸道对刺激最为敏感，因此，发生喉炎及气管炎时咳嗽最为剧烈。对咳嗽多、流鼻液，胸部听诊有啰音，叩诊无浊音的病例，应考虑支气管疾病。

（3）结合病史、临床检查资料进行综合分析

咳嗽是呼吸系统病变的主要症状，因发生部位和性质不同，其表现有一定差异。临床上应根据病史，结合有无鼻液、鼻液量、呼吸困难、啰音及体温等特征性的变化进行综合分析。

（4）必要时进行实验室或特殊检查

对长期咳嗽或伴有严重全身症状的患病动物，应进行实验室检查，必要时可进行 X 线检查或磁共振检查，以确定疾病的性质、部位及严重程度。

四、副鼻窦的检查

副鼻窦又称鼻窦或鼻旁窦，包括上颌窦、额窦、蝶窦和筛窦，它们均直接或间接与鼻腔相通。临床上主要以视诊、触诊和叩诊等方法检查额窦和上颌窦。有条件时可采用

X线检查，必要时还可应用圆锯术探查。

1. 视诊

注意副鼻窦有无外形变化。窦腔蓄脓、上颌窦外伤、恶性肿瘤、牛恶性卡他热等病变可引起额窦和上颌窦膨隆、变形。当发生副鼻窦炎时，常从单侧或两侧流出多量鼻液。

2. 触诊

应注意两侧对照检查副鼻窦敏感性、温度及硬度的变化。窦区敏感、温度增高，见于急性鼻窦炎或骨膜炎。局部骨壁凹陷且敏感，常见于外伤。窦区隆起、变形，触诊坚硬、不敏感，可见于纤维素性骨营养不良、肿瘤和放线菌病。

3. 叩诊

用叩诊锤或弯曲的手指对窦腔进行先轻后重的叩击，同时应注意两侧的对称性。健康动物窦区叩诊呈空盒音，声音清晰高朗。当窦内积液或有肿瘤时，叩诊呈浊音。

五、咽、喉及气管的检查

咽、喉及气管的检查分为外部检查和内部检查2部分，临床上常用视诊、触诊和听诊等方法进行检查。

1. 外部检查

（1）视诊

应注意咽喉部有无肿胀，气管有无变形和塌陷。咽喉部的肿胀常见于咽喉部皮肤及皮下组织发生炎症，此时可呈现呼吸和吞咽困难。马喉部肿胀常见于咽喉炎、喉囊炎及马腺疫等；牛喉部肿胀常见于恶性水肿，化脓性腮腺炎和创伤性心包炎等；羊头颈部肿胀主要见于羊鼻蝇蛆和网尾线虫等寄生虫病；猪的喉部肿胀，常见于猪肺疫、猪水肿病和炭疽等。

（2）触诊

触诊主要用于判定咽喉及气管有无增温、肿胀、疼痛及咳嗽等。检查时，检查者可站于动物的头颈部侧方，以一手放于鬐甲部，另一手自喉部两侧同时轻轻加压并向周围滑动，以感知局部的温度、硬度和敏感性。

（3）听诊

听诊主要是判定喉及气管呼吸音有无改变。在健康动物喉部听诊时，可以听到气流通过声门形成涡旋而产生的"赫赫"音。在病理状态下，可发生呼吸音增强、狭窄音和啰音等。

气管呼吸音

2. 内部检查

咽喉及气管的内部检查常用视诊法。对于小动物和禽类，检查时将头稍稍抬高，用开口器打开口腔，用压舌板压下舌根，进行直接视诊。大动物直接视诊有困难，须借助于喉气管镜进行检查。视诊时应注意喉黏膜有无肿胀、溃疡、渗出物和异物等。

六、上呼吸道杂音的检查

健康动物呼吸时，一般听不到异常杂音。在病理状态下，会产生鼻呼吸音、喉狭窄音、喘鸣音、啰音和鼾声等上呼吸道杂音。

(1) 鼻呼吸音

鼻呼吸音又称鼻塞音，是鼻腔黏膜高度肿胀，或有黏稠的分泌物、肿瘤和异物存在时，气流通过狭窄的孔道而产生的声音，分为鼻狭窄音、喘息声、喷嚏、喷鼻、呻吟5种病理性呼吸音。

(2) 喉狭窄音

喉狭窄音的性质类似口哨声和呼噜声以至拉锯声，有时声音相当强大，以致在数十步之外都可听见。可由喉黏膜发炎、水肿或有肿瘤和异物导致喉腔狭窄变形产生。常见于喉水肿、咽喉炎、炭疽、马腺疫、牛结核病和放线菌病等。

(3) 喘鸣音

喘鸣音为一种特殊的喉狭窄音。是返神经麻痹、声带迟缓、喉腔狭窄，吸气时因气流摩擦和环状软骨及声带边缘振动而产生的病理性呼吸音，主要见于马属动物。

(4) 啰音

当喉和气管有分泌物时，伴随呼吸可出现啰音。根据喉和气管内分泌物的性质不同，可分为干啰音和湿啰音2种。当分泌物黏稠时，可听到干啰音，在分泌物稀薄时，则出现湿啰音。常见于喉炎、咽喉炎、气管炎和气管异物等。

(5) 鼾声

鼾声是一种特殊的呼噜声。是咽、软腭或喉黏膜发生炎症肿胀、增厚导致气道狭窄，呼吸时发生震颤所致；或由于黏稠的黏液、脓液或纤维素团块部分地黏着在咽、喉黏膜上，部分地自由颤动产生共鸣而发生。见于咽炎、咽喉炎、喉水肿、马喘鸣症和咽喉肿瘤等。

牛在生产瘫痪过程中，马在某些药物的麻醉过程中，有时也发鼾声。此外，当猪、犬鼻黏膜肿胀、肥厚导致鼻道狭窄而张口呼吸时，软腭部常发生强烈的震颤而发生鼾声。见于鼻炎和猪传染性萎缩性鼻炎等。

第四节 肺、胸腔的检查

肺与胸腔检查主要应用叩诊和听诊方法。必要时对宠物犬和猫进行X线和磁共振检查。

一、叩诊

叩诊是检查肺和胸腔脏器的重要方法之一。叩诊的目的在于根据叩诊音的变化了解胸腔内各脏器的解剖关系、物理性状和肺叩诊区的大小，发现异常，借以诊断肺脏和胸膜的疾病。

1. 叩诊方法

叩诊可分为间接叩诊法和直接叩诊法2种。胸、肺的叩诊常用间接叩诊法，且大动物多采取锤板叩诊法，而小动物常采取指指叩诊法。

用锤板叩诊法叩诊时，一手持叩诊板顺肋骨间隙紧贴放置，另一手持叩诊锤，以腕关节为轴，垂直向叩诊板中央叩击。叩诊时应按一定的顺序，一般是先划出髋关节水平线、坐骨关节水平线和肩关节水平线，然后按上述 3 条水平线，由前向后，按肋间顺序依次叩击。

2. 健康动物肺叩诊区

叩诊健康动物肺区时，产生清音的区域，称为肺叩诊区。肺叩诊区仅表示肺可以检查的部分，即肺的体表投影。由于肺的前部被发达的肌肉和骨骼所掩盖，不能为叩诊所检查到，因此，临床上肺叩诊区并不完全与肺的解剖界限相吻合，一般来说，动物的肺叩诊区比肺本身约小 1/3。

（1）马的叩诊区

健康马肺叩诊区近似直角三角形（图 4-5），肺叩诊界的后下界与髋结节水平线交于第 16 肋间，与坐骨关节水平线交于第 14 肋间，与肩端水平线交于第 10 肋间，下端终于第 5 肋间；叩诊界的上界是自肩胛骨后角至髋结节内角的直线，它与下后界在第 16 肋骨部交叉，形成锐角；叩诊界的前界是由肩胛骨后角引向地面的垂直线，与上界在肩胛骨后角处交叉，形成直角，与下后界交接处为心脏浊音区（图 4-6）。

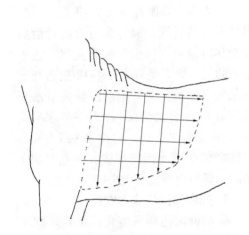 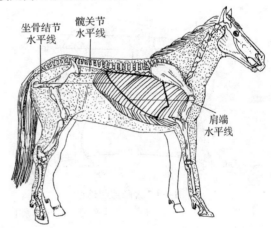

图 4-5　马肺部叩诊区示意
（引自王哲，姜玉富《兽医诊断学》）

图 4-6　马肺部叩诊区

（2）牛的叩诊区

牛的肺叩诊区分为肩前叩诊区和胸部叩诊区 2 个部分。胸部叩诊区的前界是从肩胛骨后角，沿肘肌向下的反"S"状曲线，止于第 4 肋间。上界与马相同。后界是连接第 12 肋骨与上界的交点，第 11 肋骨与髋结节水平线交点，第 8 肋骨与肩端水平线交点，向前向下止于第 4 肋间与前界相交，围成一个封闭图形（图 4-7）。

肩前叩诊区是一狭小的叩诊区，主要是检查肩前 1~3 肋间肺脏。对肺结核和肺炎的诊断有一定意义。

（3）羊的叩诊区

羊的肺叩诊区与牛相同，但因羊个体小，前肢活动范围大，以致胸部叩诊区与肩前叩诊区相互毗邻（图 4-8）。

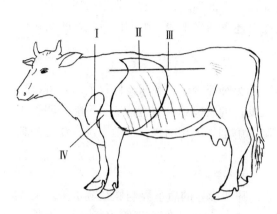

图4-7 母牛肺部叩诊区
Ⅰ. 肩前叩诊区　Ⅱ. 胸部叩诊区　Ⅲ. 髋关节水平线
Ⅳ. 肩关节水平线

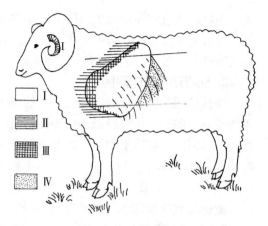

图4-8 羊肺部叩诊区
Ⅰ. 清音区　Ⅱ. 浊音区　Ⅲ. 半浊音区
Ⅳ. 浊鼓音区

（4）犬的叩诊区

上界为一条距背中线2～3指宽，与脊柱平行的直线；前界为自肩胛骨后角并沿其后缘向下所引的一条直线，止于第6肋间；后界是一条自第12肋骨与上界之交点开始，向下向前经髋关节水平线与第11肋骨之交点、坐骨关节水平线与第10肋骨之交点，肩端水平线与第8肋骨之交点所连接的弧线，而止于第6肋间下部与前界相交（图4-9）。

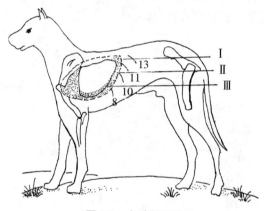

图4-9 犬肺部叩诊区
Ⅰ. 髋关节水平线　Ⅱ. 坐骨关节水平线　Ⅲ. 肩端水平线

3. 肺叩诊区的病理变化

肺叩诊区的病理变化，主要表现为扩大或缩小。由于动物叩诊区可因胸廓形状、营养状态及妊娠等因素而改变。因此，临床上当其变动范围与正常肺叩诊区相差2～3 cm以上时，才可认定为病理性变化。

①肺叩诊区扩大：为肺过度膨胀（肺气肿）和胸腔积气（气胸）的结果，表现为肺界后移。如在急性肺气肿时，肺后界后移常达最后一根肋骨，心脏绝对浊音区缩小或完全消失。大动物患慢性肺气肿时，肺界后移可达2～10 cm。

②肺叩诊区缩小：为腹腔器官对膈的压力增强，并将肺的后缘向前推移所致。见于怀孕后期、急性胃扩张、急性瘤胃臌气、肠臌气、腹腔大量积液等。

此外，当心肥大、心扩张和心包积液时，心浊音区可能向后向上延伸导致肺叩诊区缩小；在牛创伤性心包炎时，心脏浊音区扩大，而肺叩诊区缩小为其特殊表现。

4. 肺区正常叩诊音

肺是一对含有丰富弹性纤维的气囊，在正常情况下充满于胸膜腔，其解剖学特点和恒定的生理状态，为叩诊创造了良好的条件。叩诊肺区时，可得到清楚的叩诊音，称为清音或肺音。

大动物肺正常叩诊音呈现清音，特征为音响较长，响度较大而洪亮，音调较低，反映肺组织的弹性、含气量和致密度良好；在小动物，如小狗、猫和兔等，由于肺的空气柱的震动较小，正常肺区的叩诊音均清朗，稍带鼓音性质。

5. 肺和胸腔病理叩诊音

在病理情况下，肺和胸腔叩诊音的性质和范围，取决于病变的性质、大小及深浅。

(1) 浊音、半浊音

浊音、半浊音是肺泡内充满炎性渗出物，使肺组织发生实变，密度增加的结果；或为肺内形成无气组织（如肿瘤、棘球蚴囊肿）所致。由于病变的大小、深浅和病理发展过程不同，肺泡中的含气量也各异，叩诊时有时为浊音，有时则为半浊音。临床上，肺部叩诊呈大片状浊音区，主要见于大叶性肺炎和融合性肺炎，是肺的大叶或大叶的一部分发炎形成突变区所致。由于在大叶性肺炎时，炎症往往由下向上向前和向后发展，故浊音区的上界常呈弓形（图4-10），且不整齐。

局灶性或点片状浊音区常见于小叶性肺炎，为肺的小叶发生实变所致。在小叶性肺炎时，炎症常常侵及数个或一群肺小叶，并且分散存在或融合成片，因而形成大小不等的实变区，故叩诊时呈现大小不等的散在性浊音或半浊音区。

此外，当胸腔积液，胸壁发生增厚、肿胀、炎症，或动物因患胸膜炎、胸膜结核、胸膜肿瘤或胸膜黏连而过度增厚时，叩诊也可呈现浊音或半浊音。

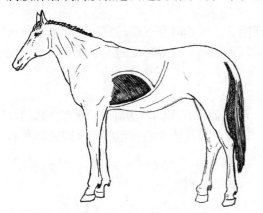
图4-10 马胸部叩诊典型浊音区

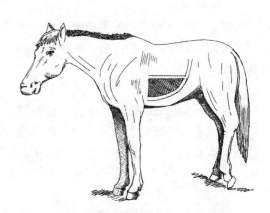
图4-11 马胸部叩诊水平浊音区

(2) 水平浊音

胸部的水平浊音是胸腔积液的病理性特征。当胸腔积液量达到一定程度时，叩击液体上界，即呈现水平浊音（图4-11）。常见于胸膜炎、胸水和血胸等。

当胸腔大量积液时，其浊音区的水平面可随病畜的体位改变而变动。这种特性有助于渗出性胸膜炎和肺炎的鉴别。

(3) 鼓音

胸肺部叩诊呈鼓音，常见于下列病理状态。

①炎性浸润周围的健康肺组织：叩诊大叶性肺炎的充血期和消散期及其炎性浸润周围的健康肺组织即呈现鼓音；在小叶性肺炎时，浸润病灶和健康肺组织掺杂存在，此时

叩诊病灶周围的健康组织也可呈现鼓音；当肺充血时，叩诊也可能呈现鼓音。

②肺空洞：当位于体表的肺实质发生溶解缺损而形成空洞，在空洞的四壁光滑，紧张力较高，且与支气管微通或不通时，叩诊即呈鼓音。常见于肺脓肿、肺坏疽等病灶溶解、破溃并形成空洞时。

③气胸：当胸腔积气时，叩之可闻鼓音。声音的高低受气体的多少和胸壁紧张度的影响。

④胸腔积液：在靠近渗出液的上方肺组织发生膨胀不全时，叩诊则呈现鼓音。

⑤膈疝：当膈肌破裂，充气的肠管进入胸腔时，叩诊则呈局限性鼓音。但当肠管内为液体或粪便时，则呈浊音或半浊音。

此外，当胃肠臌气时，膨胀的胃肠压迫膈肌，此时，叩诊肺的后下界也可呈现鼓音。

(4) 浊鼓音

浊鼓音即带有浊音性质的鼓音。当肺泡中既有液体又有气体，同时伴随肺泡弹性减退时，叩诊呈浊鼓音。可见于肺水肿。

(5) 过清音

过清音为清音和鼓音之间的一种过渡性声音，其音调近似鼓音。因过清音类似敲打空盒的声音，故也称空盒音，是肺组织弹性显著降低，气体过度充盈的结果，常见于肺气肿。

(6) 破壶音

破壶音为一种类似叩击破瓷壶所产生的声响，为叩诊时空气受排挤而突然急剧地从狭窄缝隙经过所产生的声音。见于肺脓肿、肺坏疽或肺结核等形成的大空洞并与支气管相通时。

(7) 金属音

金属音类似敲打金属板的声音或钟鸣音，声音较鼓音高朗，为肺部有较大的空洞，且位于浅表，四壁光滑而紧张时，叩诊发出的声音。当气胸或心包积液积气同时存在而达到一定紧张度时，叩诊也可产生金属音。

二、听诊

肺和胸腔的听诊对呼吸器官疾病，特别是对支气管、肺和胸膜疾病的诊断具有特殊重要的意义。听诊的目的在于查明支气管、肺和胸膜的机能状态，确定呼吸音的强度、性质和病理呼吸音。在胸部的临床检查中，如能将听诊和叩诊配合应用，相互补充，则对肺和胸腔疾病的诊断和鉴别就更为准确。

1. 肺和胸腔听诊法

肺听诊区和叩诊区基本一致。听诊时，不论大小动物，首先从胸壁中部开始，然后向前向后逐渐听取，最后听取肺上部和下部。每个部位听 2~3 次呼吸音，再变换位置，直至听完整个肺区。如发现异常呼吸音，宜将该点与其邻近部位比较，必要时还应与对侧相应部位对照听诊，确定其性质。

在听诊时若呼吸音较弱、不清楚，可将动物做短暂的驱赶运动，或短时间闭塞鼻孔后，引起深呼吸，再行听诊，往往可以获得良好的效果。

2. 肺部的正常呼吸音

听诊健康动物的呼吸音，主要包括肺泡呼吸音、支气管呼吸音及支气管肺泡呼吸音（图4-12）。检查时应注意呼吸音的强度，音调的高低和呼吸时间的长短以及呼吸音的性质。

（1）肺泡呼吸音

肺泡呼吸音一般认为由以下因素构成：①毛细支气管和肺泡入口之间空气出入的摩擦音。②空气由细支气管进入相对宽敞的肺泡而形成的漩涡运动，气流冲击肺泡壁产生的声音。③肺泡收缩与舒张过程中由于弹性变化而形成的声音。此外，还有部分来自上呼吸道的呼吸音也参与肺泡呼吸音的形成。

肺泡呼吸音类似柔和吹风音"呋"的声音，健康动物的肺区内都可听到清楚的肺泡呼吸音，尤其在吸气之末最为明显。呼气时肺泡呼吸音表现短而弱，且仅于呼气初期可以听到。

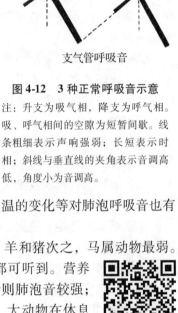

图4-12 3种正常呼吸音示意

注：升支为吸气相，降支为呼气相。吸、呼气相间的空隙为短暂间歇。线条粗细表示声响强弱；长短表示时相；斜线与垂直线的夹角表示音调高低，角度小为音调高。

在正常情况下，肺泡呼吸音的强度和性质可因动物的种类、品种、年龄、营养状况、胸壁的厚薄及代谢情况而有所不同。生理性的紧张、兴奋、运动、使役以及气温的变化等对肺泡呼吸音也有一定影响。

在常见的动物种类中，以犬和猫的呼吸音最强，牛、羊和猪次之，马属动物最弱。绵羊、山羊的肺泡呼吸音比牛高朗而粗糙，在整个肺区都可听到。营养良好、胸壁厚的动物肺泡呼吸音较弱，而消瘦、胸壁薄者则肺泡音较强；运动、使役时，在呼吸运动增强的同时，肺泡音也增强，大动物在休息时肺泡音显著减弱；外界气温增高或夏季长期在日光下暴晒，则肺泡呼吸音也增强；深呼吸时肺泡呼吸音增强，而浅表呼吸时则变弱。

肺泡呼吸音

（2）支气管呼吸音

支气管呼吸音是一种类似将舌抬高而呼出气时所发出的"赫"的声音，声门裂隙时产生气流漩涡所致。故支气管呼吸音实为喉、气管呼吸音的延续，但较气管呼吸音弱，比肺泡呼吸音强。支气管呼吸音的特征为吸气时较弱而短，呼气时较强而长。

支气管呼吸音

健康马属动物由于肺泡内充满空气，对声音的传导能力差，肺部听不到支气管呼吸音。如在胸部听到支气管呼吸音，则为病态。在其他动物肺区的前部听诊，可以听到生理性支气管呼吸音。但并非纯粹的支气管呼吸音，而是带有肺泡呼吸音的混合性呼吸音。绵羊、山羊和猪的支气管呼吸音大致与牛相同，但更为清楚。只有犬，在其整个肺部都能听到明显的支气管呼吸音。

（3）混合性呼吸音

混合性呼吸音即支气管肺泡呼吸音，又称不定性呼吸音，是支气管呼吸音和肺泡呼吸音同时存在而产生的一种呼吸音。在吸气时以肺泡呼吸音为主，而呼气时以支气管呼吸音为主。

3. 病理性肺泡呼吸音

动物胸部的病理呼吸音主要有下列几种。

支气管肺泡呼吸音

（1）肺泡呼吸音增强

临床上主要表现为普遍性增强和局限性增强2种。

①肺泡呼吸音普遍性增强：为呼吸中枢兴奋，呼吸运动和肺换气加强的结果。其特征为两侧和全肺的肺泡音均增强，声音较粗糙，全肺区均可听到，如重读"呋、呋"之音。见于发热、代谢亢进及其他伴有一般性呼吸困难的疾病。在细支气管炎、肺炎或肺充血的初期，由于支气管黏膜轻度充血、肿胀，而使支气管末梢的开口变得狭窄，也可使肺泡音异常增强。

②肺泡呼吸音局限性增强：也称代偿性增强，是病变侵及一侧肺或一部分肺组织，使其机能减弱或丧失，而健侧或无病变的部分出现代偿性呼吸机能亢进的结果。见于大叶性肺炎、小叶性肺炎、渗出性胸膜炎等。

（2）肺泡呼吸音减弱或消失

其特征为肺泡呼吸音极其微弱、听不清楚，甚至听不到。根据病变的部位、范围和性质，可表现为全肺的肺泡音减弱，也可表现为一侧或某一部分的肺泡音减弱或消失。根据肺泡音减弱或消失发生的原因可分为以下几种情况：

肺泡呼吸音减弱

①肺组织的炎症、浸润、实变或其弹性减弱、丧失：当肺组织浸润或炎症时，肺泡被渗出物占据并不能充分扩张而失去换气能力，则该区肺泡音减弱或消失。见于各型肺炎、肺结核等。当肺组织极度扩张而失去弹性时，则肺泡呼吸音也减弱，见于肺气肿。

②进入肺泡的空气量减少：当上呼吸道狭窄（如喉水肿等），肺膨胀不全，全身极度衰弱（如严重中毒性疾病的后期、脑炎后期、濒死期），呼吸肌麻痹，呼吸运动减弱，进入肺泡的空气量减少，则肺泡呼吸音减弱。

③呼吸音传导障碍：当胸腔积液、胸膜增厚、胸壁肿胀时，呼吸音的传导不良，则肺泡呼吸音减弱。

此外，当胸部有剧烈疼痛性疾病，如胸膜炎、肋骨骨折等时，致呼吸运动受限，则肺泡呼吸音减弱。

（3）断续呼吸音

在病理情况下，由于部分肺泡炎症或部分细支气管狭窄，空气不能均匀进入肺泡而是分股进入肺泡时，肺泡呼吸音呈断续性，称为断续呼吸音。其特征为吸气时不连续性，将一次肺泡音分为2个或2个以上的分段。常见于支气管炎、肺结核、肺实变等。当因兴奋、疼痛及寒冷等刺激时，呼吸肌有断续性不均匀的收缩，在两侧肺区也可听到断续呼吸音。

4. 病理性支气管呼吸音

健康马、骡由于肺泡内充满空气，肺部听不到支气管呼吸音，临床上在马的肺部听到支气管呼吸音即为是病理征象。其他动物在正常范围外的其他部位出现支气管呼吸

音,也为病理征象。病理性支气管呼吸音见于下列情况:

①肺组织实变:当浅表部位的肺组织出现大面积实变,且大支气管和气管都畅通无阻时,由于肺组织的密度增加,传音良好,听诊即可闻清晰的支气管呼吸音。其声音强度取决于病灶的大小、位置和肺组织的密度。患病部位越大、越靠近大支气管和体壁、肺组织实变越充分,则支气管呼吸音越强;反之则越弱。常见于肺炎、肺结核等。

②胸腔大量积液:当胸腔积液压迫肺组织时,变得较为致密的肺组织有利于支气管呼吸音的传导,此时也可听到较弱的支气管呼吸音。见于胸膜炎和胸水等。

5. 病理性混合呼吸音

当较深部的肺组织产生炎症病灶,而周围被正常的肺组织所遮盖,或浸润实变区和正常的肺组织掺杂存在时,则肺泡音和支气管呼吸音混合出现,称为混合性呼吸音或支气管肺泡呼吸音。其特征为吸气时主要是肺泡呼吸音,而呼气时则主要为支气管呼吸音,近似"呋-赫"的声音。吸气时较为柔和,呼气时较粗糙。见于小叶性肺炎、大叶性肺炎的初期和散在性肺结核等。在胸腔积液的上方有时也可听到混合性呼吸音。

6. 病理性呼吸音

(1) 啰音

啰音是伴随呼吸而出现的一种重要的病理性附加音响。按其性质可分为干啰音和湿啰音。

①干啰音:干啰音是支气管炎的典型症状。当支气管黏膜上有黏稠的分泌物,支气管黏膜发炎、肿胀或支气管痉挛,使其管径变小,空气通过狭窄的支气管或气流冲击附着于支气管内壁的黏稠分泌物时,引起振动而产生的声音。如病变在细支气管,其特征为音调强、长而高朗,类似哨音、笛音、飞箭音及咝咝声等;病变主要在大支气管,则为强大粗糙而音调低的"咕、咕"声,嗡嗡音。广泛性干啰音见于弥散性支气管炎、支气管肺炎、慢性肺气肿及犊牛、绵羊的肺线虫病等;局限性干啰音则常见于支气管炎、肺气肿、肺结核和间质性肺炎等。

干啰音在吸气和呼气时均能听到,其中以吸气时最为清楚。可因咳嗽、深呼吸而明显的减少、增多或移位,或时而出现,时而消失为其特征。

②湿啰音:又称水泡音。为气流通过带有稀薄分泌物的支气管时,引起液体移动或水泡破裂而发生的声音;或为气流冲击液体而形成或疏或密的泡浪;或气体与液体混合而成泡沫状移动所致。湿啰音类似用一小细管向水中吹入空气时产生的声音。按支气管口径的不同,可将其分为大、中、小 3 种。大水泡音产生于大支气管中,类似呼噜声或沸腾声;中、小水泡音来自中、小支气管。

湿啰音可能为弥散性,也可能为局限性。湿啰音在吸气和呼气时都可听到,但以吸气末期更为清楚。临床上,有时表现为连续不断,有时在咳嗽之后消失,经短暂消失后又重新出现。湿啰音的强度除受支气管管径大小和黏液性质影响外,还与病变的深浅和肺组织的弹性大小有密切关系。当湿啰音发生于肺的深部而周围的肺组织正常时,听诊时就显著减弱,犹如来自远方。如发生在肺组织的浅部时,听诊就较明显;如发生于被浸润的肺组织包围的支气管中,因肺组织实变而传音良好,则声音甚为清楚。此外,湿啰音的强度与呼吸运动的强度、频率,分泌物的量及黏稠度密切相关。呼吸越强,啰音越大。当分泌物稀薄而量多时，则啰音较为明显。

支气管炎、各型肺炎、肺结核等侵及小支气管时可产生湿啰音。广泛性湿啰音，可见于肺水肿；两侧肺下叶的湿啰音，可见于心力衰竭、肺淤血、肺出血，也可见于吸入液体，即异物性肺炎；当肺脓肿、肺坏疽、肺结核及肺棘球蚴囊肿溶解破溃时，液体进入支气管也可产生湿啰音。若靠近肺的浅表部位听到大水泡性湿啰音时，则为肺空洞的一个指征。啰音发生的部位和分类如图4-13所示。

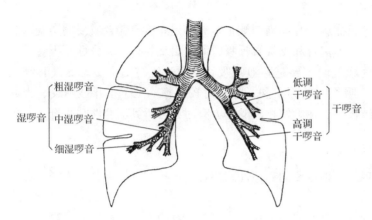

图 4-13 啰音发生的部位和分类

粗湿啰音

中湿啰音

细湿啰音 小水泡音

低调干啰音

大湿啰音

捻发音

空瓮音

（2）捻发音

捻发音是一种因肺泡被感染时，炎性渗出物将肺泡黏合起来，在吸气时黏着的肺泡突然被气体展开；或毛细支气管黏膜肿胀并被黏稠的分泌物黏着，当吸气时黏着的部分又被分开，而产生的特殊的暴裂声。其特点为声音短、细碎、断续、大小相等而均匀，类似在耳边捻转一簇头发时所产生的声音，故称捻发音。一般出现在吸气之末，或在吸气顶点最为清楚。捻发音常提示肺实质的病变，如肺泡炎症，见于大叶性肺炎的充血期与消散期及肺结核等；肺充血和肺水肿的初期；肺膨胀不全，但肺泡尚未完全阻塞时。

捻发音与小水泡性啰音虽很近似，但两者的意义都不相同，捻发音主要提示肺实质的病变，而小水泡性啰音则主要提示支气管的病变，故二者应加区别。

（3）空瓮音

空瓮音是空气经过狭窄的支气管，进入光滑的大空洞时，空气在空洞内产生共鸣而形成的一种类似轻吹狭口的空瓶口时所发出的声音。其声音的特点是柔和而深长，常带金属音调。常见于肺脓肿、肺坏疽、肺结核及肺棘球蚴囊肿破溃并形成空洞时。

（4）胸膜摩擦音

正常胸膜的壁层和脏层之间湿润而光滑，呼吸时不产生声音。当动物患胸膜炎时，由于纤维蛋白沉着，使其变得粗糙不平，在呼吸时两层粗糙的胸膜面互相摩擦而产生杂音。其特点是声音干而粗糙，接近表面，且呈断续性，吸气和呼气时均可听到，但一般多在吸气之末与呼气之初较为明显。摩擦音可在极短时间内出现、消失或再出现，也可持久存在达数日或更长。

胸膜摩擦音

摩擦音的强度极不一致，有的很强，粗糙而尖锐，如搔抓声；有的很弱，柔和而细致，如丝织物的摩擦音。这与病变的性质、位置、面积大小及呼吸时胸廓运动的强度有关。摩擦音常发于肺移动最大的部位，即肘后肺叩诊区的下1/3，肋骨弓的倾斜部。

摩擦音为纤维蛋白性胸膜炎的特征，但没有听到胸膜摩擦音，并不能排除纤维蛋白性胸膜炎的存在。这是由于摩擦音常出现于胸膜炎初期，一旦炎症消散，则摩擦音也随之消失；或因胸膜腔中同时存在一定量的渗出液而将两层胸膜隔开时，则摩擦音也会消失，直至渗出液吸收末期，摩擦音重新出现。当胸膜发生粘连时，则无摩擦音。摩擦音也可见于大叶性肺炎、马传染性胸膜肺炎、牛肺疫、肺结核及猪肺疫等。当胸膜肺炎时，啰音和摩擦音可能同时出现，应注意鉴别。

(5) 拍水音

拍水音是因胸腔内有液体和气体同时存在，随着呼吸运动或动物突然改变体位以及心搏动，振荡或冲击液体而产生的声音。拍水音类似拍击半满的热水袋或振荡半瓶水发出的声音，故也称振荡音。见于气胸并发渗出性胸膜炎（水气胸），厌气菌感染所致的化脓腐败性胸膜炎（脓气胸）和创伤性心包炎（心包囊内积液、积气）。

综上所述，呼吸音的共同特征为伴随着呼吸运动和呼吸节律而出现。若为病理性呼吸音，则常伴有呼吸器官疾病的其他症状变化，而其他杂音的发生则与呼吸无关。由于膈疝或膈破裂使部分肠管进入胸腔而产生的肠蠕动音或肠管震荡音，应结合病史、腹痛症状和X线检查结果，进行全面综合的分析。

第五节 呼吸系统的主要综合症候群及诊断要点

一、上呼吸道疾病及其诊断要点

上呼吸道疾病通常表现有：喷嚏或咳嗽、流鼻液，无呼吸困难或呈吸气性呼吸困难，胸部听、叩诊变化不明显。如鼻液多，呼吸时有鼻狭音，常打喷嚏，鼻黏膜潮红肿胀，以及鼻腔狭窄等，可能是鼻腔疾病。如患病动物呈现单侧性脓性鼻液，鼻腔狭窄，吸气困难，副鼻窦的外形发生明显改变，可能是副鼻窦的疾病。如咳嗽重，头颈伸展，喉部肿胀，触诊敏感，可能是喉部疾病。

当有喷嚏、鼻液、轻微的吸气困难的同时，并伴有鼻黏膜的潮红、肿胀等局部病变，可提示鼻炎的诊断。呈单侧脓性鼻液，兼有鼻道狭窄、吸气困难的病例，应注意检查副鼻窦；如有颌面部肿胀、变形，局部敏感，可提示窦炎或其蓄脓症。频繁、剧烈的咳嗽，常是喉炎的特征，同时咽喉局部多伴有肿胀及热、痛反应。

二、气管、肺组织疾病的综合症状及其诊断要点

气管、肺组织疾病的综合症状有：咳嗽多，流鼻液，胸部听诊有啰音，叩诊无浊音，全身症状较轻微。大支气管疾病，咳嗽多，流鼻液，肺泡呼吸音普遍增强，可听到干啰音或大、中水泡音；X线检查，肺部有较粗纹理的支气管阴影。细支气管疾病，呼气性呼吸困难，广泛性干啰音和小水泡音，肺泡呼吸音增强，胸部叩诊音比较高朗，继发肺泡气肿时，肺叩诊界扩大。

支气管炎与肺炎的区别，主要在于前者没有肺部的浸润、实变区，从而听诊不见局限性的肺泡音消失区、叩诊缺少局限性浊音区，并且整体状态的变化一般较后者轻微。而炎性肺炎和非炎性肺炎的区别在于：炎性肺炎通常见有混合性呼吸困难，流鼻液、咳嗽，肺泡呼吸音减弱或消失，出现病理性呼吸音，肺叩诊有局限性或大片浊音区，X线检查可见相应的阴影变化；体温升高，全身症状重剧，白细胞增多，核型左移或右移。而非炎性肺炎主要表现为：呼气性或混合性呼吸困难，胸部听、叩诊异常，一般无热，白细胞计数一般无异常。肺气肿，呈现呼气性呼吸困难，肺泡呼吸音减弱，叩诊呈过清音，X线检查肺野透明。肺充血或肺水肿，混合性呼吸困难，两侧鼻孔流多量白色细小泡沫样鼻液，胸部听诊有广泛的小水泡音或捻发音，叩诊呈浊鼓音。X线检查，肺阴影一致加深。重者呈现心力衰竭的体征。

以肺组织的浸润、实变的综合症状为基础，结合鼻液、咳嗽、气喘、发绀等一般性症状，再有较重的全身性变化（高热、沉郁、消化紊乱等），则提示为肺炎。

散在性的局限性浸润、实变区，是小叶性肺炎的特点；成片的实变区，反映为大叶性肺炎。同时具有大量脓性鼻液，可推断为化脓性肺炎或肺脓肿。同时伴有呼出气体的腐败臭味，有大量红褐色并混有组织碎块的鼻液，是肺坏疽的临床特征。确诊应做鼻液中弹力纤维的检查，从调查、了解中查明有误咽或呛药史的病因，可为致病原因提供诊断根据。

明显的呼气困难伴有肺部叩诊的鼓音或空匣音与叩诊区的明显扩大，提示肺气肿病。病程多为慢性经过。

三、胸膜疾病的综合症状及其诊断要点

胸膜炎时的呼吸困难，多为混合性；单纯的胸膜炎，咳嗽多为干性或呈带痛性，并无鼻液；胸壁敏感以病的初期最为明显；叩诊的水平浊音，其上界高度依胸腔积液的数量为转移；而摩擦音出现与否，则视胸膜渗出的特点与病期而定。此外，胸肺部的叩诊与听诊结果的相互关系，在判断胸腔积液的变化上，常有验证作用，以叩诊水平浊音的上线为界，其下部肺泡音消失而其上部则呈普遍地、显著增强为特征。

胸腔积液虽也呈上述胸腔积液的特征变化，但缺少胸壁敏感与体温升高的症状并多伴有由于重度贫血或心机能障碍而引起的其他症状变化（如可视黏膜的重度苍白、心血管系统的变化以及全身的皮下浮肿等）。胸腔积液与胸膜炎的确切鉴别，可行胸腔穿刺并采取穿刺液进行实验室检验而判断。

严重的呼吸困难并伴有单侧或双侧（上部）的叩诊鼓音与相应的肺泡音的减弱甚至消失，可提示气胸的诊断。常见的病因是胸壁穿透创，宜从临床检查或病史调查中注意发现和了解。个别病例，如当马骡的膈疝时，脱入胸腔的肠段内充满气体并靠近胸壁，胸部叩诊也可呈相应的鼓音，应注意病程经过及其他症状而综合分析。

对临床表现有胸膜炎、大叶性肺炎或胸膜肺炎等综合症候群的病例，宜提示马腺疫、牛肺疫、猪肺疫、山羊传染性胸膜肺炎等传染性疾病的可能。同样，可根据临床所见、流行病学特性、特异性检查结果及必要时的病理剖检诊断而确定。

（王宏伟　刘建柱）

第五章
消化系统检查

消化系统的临床检查，多用视诊、触诊和听诊，叩诊比较少用。在腹痛病诊断中还常用胃管探诊、直肠检查和腹腔穿刺等检查手段，结合胃液检查、粪便检查、肝功能检查等实验室检查。此外，根据临床需要，还可以进行 X 线检查、内窥镜检查、超声探查和金属异物探测器检查等特殊检查。

第一节 腹壁的检查

腹壁及腹腔的检查主要通过视诊、触诊、叩诊、听诊及腹腔穿刺等方法，确定腹围的大小及腹腔异常表现。

一、腹壁的视诊

腹壁视诊除观察被毛、皮肤及皮下组织的表在病变外，应着重判断腹围的大小、外形轮廓、胁窝的充满程度以及有无局限性膨隆的改变等。健康动物腹围生理性增大可见于母畜妊娠后期（牛右侧腹部下方明显，马左侧腹部下方明显）、饱食及长期放牧条件下自然形成的腹围增大等。

病理性改变包括腹围容积增大和腹围容积缩小。

①腹围容积增大：主要见于积食（反刍动物左侧腹围膨大多见于瘤胃积食，右侧腹围膨大多见于真胃积食及瓣胃阻塞，猪胃食滞）、积气[胃肠内容物异常发酵并贮积大量气体时腹围显著增大，主要见于马肠臌气（盲肠及大结肠）、反刍动物瘤胃臌气、肠破裂]、积液（下腹部呈对称性下垂，胁部下陷，触诊有波动感，冲击式触诊有拍水音。主要见于腹水，渗出性腹膜炎，犊牛"大肚病"，肝硬化，肝淤血）、局限性膨隆（常见于腹壁疝、水肿、血肿、脓肿、淋巴外渗、肿瘤等）。

②腹围容积缩小：主要见于长期饲喂不足、食欲紊乱及顽固性腹泻、慢性消耗性疾病（贫血、营养不良、内寄生虫病、结核病、副结核等）、伴有腹肌收缩的疾病（破伤风，腹膜炎的初期，后期由于有腹水，呈对称性增大）、疼痛性疾病（急性胃肠炎、马疝痛、肠痉挛等）。

二、腹壁的触诊

通过腹壁的触诊，可判断反刍动物前胃和真胃内容物性状以及机能状态，了解腹壁的敏感性和紧张性，以及确定胃肠内异物、肠梗阻、肠套叠和胃肠炎的病变位置（小动物和食肉动物)等情况。

病理改变主要有腹壁敏感(腹膜炎症)、冲击式触诊有拍水音或回击波(腹腔积液)和腹壁紧张性增高(破伤风)、弹性增强(肠管积气)等。

第二节　采食及饮水状态的检查

采食和饮水状态的检查,一般包括食欲、饮欲、采食、咀嚼、吞咽、反刍、嗳气、呕吐等内容。

一、食欲检查

在临床诊疗中,检查食欲主要是问诊,即向畜主或有关人员询问动物采食的情况,现场诊断主要观察动物对饲料的要求欲望和采食量、采食快慢、咀嚼力度、剩料情况等。判断动物食欲时应当排除干扰食欲的各种生理性因素,如饲料品质的好坏、更换饲料、改变环境、过于疲劳等。

在病理情况下,食欲可能发生减退、废绝、亢进、不定和反常。

①食欲减退：表现为不愿采食或采食量明显减少。检查时应注意区分是饲料适口性不好,还是没有食欲和欲吃不能(主要见于口腔内、咽喉部疾病)等原因和类型。常见于消化器官本身的疾病、发热性疾病、伴有剧烈疼痛的疾病、营养衰竭等。

②食欲亢进：指病畜食欲旺盛、采食量多,超过正常的一种表现。这种情况比较少见。主要是由于机体能量需要量增加,代谢加强,或对营养物的吸收和利用障碍所致。主要见于甲状腺机能亢进、糖尿病、肠道寄生虫病、慢性消耗性疾病和疾病的恢复期。

③食欲不定：病畜食欲表现时好时坏,常见于慢性消化不良。

④食欲反常：或称异食癖、食嗜癖,即动物摄入不是日粮正常组成成分的物质,如采食煤渣、泥土、骨头、粪尿、被毛、污物、胎衣、仔猪互咬耳尖、尾巴、鸡的啄羽、啄肛等。食欲反常多为矿物质、维生素和微量元素缺乏(如缺锌)的先兆,还见于牛前胃疾病和神经系统的疾病以及胃肠道寄生虫(如猪蛔虫病)等。

二、饮欲检查

主要根据动物的饮水量来判断。在正常情况下动物的饮欲随气候、运动及饲料含水量而不同。饮欲的病理改变主要表现为饮欲增加和饮欲减少。

①饮欲增加：表现为饮水量和饮水次数的增多,见于发热性疾病、腹泻、剧烈呕吐、大量出汗、慢性肾炎、犬的糖尿病、鸡的食盐中毒、渗出性腹膜炎、牛真胃阻塞等。

②饮欲减少：表现为不喜饮水或饮水量少,见于伴有意识障碍的脑病,不伴有呕吐和腹泻的胃肠病。如重症腹痛病马常拒绝饮水,若出现饮欲,多为病情好转的征兆。

三、采食、咀嚼和吞咽检查

各种家畜都有其固有的采食方法,如猪和犬张口吞取食物,牛用舌卷食草料,马和羊用唇拔啃，用切齿切取饲草。应观察和熟悉这些生理状态。

病理情况下的采食障碍是采食不灵活或不能用唇舌采食。主要见于咽部以上的病变，如唇、舌、齿的疼痛性疾病，口腔各部分炎症，异物刺入，慢性氟中毒，骨软症，下颌骨骨折，某些神经系统疾病（破伤风、颈部和颈椎的疾病、脑及脑膜的疾病）。

病理性咀嚼障碍表现为咀嚼迟缓、咀嚼困难、咀嚼疼痛。

①咀嚼迟缓：表现为动物采食后停止咀嚼，饲草料积聚在口内或露出口外。见于大脑慢性疾病，如脑膜脑炎后期、脑室积水等。

②咀嚼困难：表现为咀嚼费力、困难。开口检查时可发现饲草料积聚在口腔内，见于面部神经麻痹、破伤风等。

③咀嚼疼痛：动物在咀嚼时突然停止，并将食物吐出。见于下颌部的急性炎症，舌、口腔黏膜炎症或异物刺入。

吞咽动作是通过口、舌、咽、食道和贲门的协调运动完成，动物吞咽障碍时表现摇头伸颈、前肢刨地、多次试图吞咽而终止，伴有流涎、咳嗽，严重者吞咽时鼻咽孔关闭不全、食物由鼻孔内喷出。见于咽和食道疾病，如咽炎、咽部异物、马腺疫、食道痉挛、食道阻塞、食道炎、咽部肌肉麻痹等。

四、反刍

反刍动物采食后，周期性地将瘤胃中的食物返回到口腔、重新咀嚼后再咽下，称为反刍。反刍活动与前胃、真胃的功能以及动物的全身状态有密切关系。羊和鹿的反刍动作比牛轻快而灵活，反刍活动常因外界环境影响而暂时中断。检查反刍时应注意采食后反刍出现的时间、每次反刍持续的时间、每一个食团咀嚼的次数以及一昼夜内反刍的周期性次数。反刍动物一般在采食后 30~60 min 开始反刍，每次持续时间为 0.5~1 h，每个食团的再咀嚼次数为 30~50 次，每昼夜反刍 4~10 次。反刍功能障碍主要表现为：

①反刍迟缓：开始出现反刍时间延长，主要见于前胃弛缓、瘤胃积食、瘤胃臌气、创伤性网胃炎、瓣胃及真胃阻塞或扭转、引起前胃功能障碍的全身性疾病等。

②反刍次数减少：每昼夜的反刍次数减少，表明前胃与真胃功能状态不良。

③反刍短促：每次的反刍时间过短。

④反刍无力：反刍时咀嚼无力，食团未经充分咀嚼而咽下。

⑤反刍停止（废绝）：一昼夜或长期没有反刍，是病情严重的标志之一。

反刍功能障碍见于前胃疾病以及全身性的疾病（高热性疾病、代谢病、中毒以及多种传染病）。反刍停止是疾病严重的指标。反之，疾病过程中反刍逐渐恢复，则是病情趋向好转的标志。

五、嗳气

嗳气是反刍动物将瘤胃中发酵过程中产生的一定量的气体通过口腔排出体外的一种生理现象。临床上可用视诊和听诊的方法检查嗳气情况。当嗳气时，可在左侧颈部沿食管沟处看到由下向上的气体移动波，有时还可听到嗳气的咕噜音。动物一般于采食后，反刍增加时，嗳气也增加，空腹时减少，食后 1~2 h 最甚。嗳气的紊乱表现为嗳气减少和停止以及嗳气增加。

①嗳气减少和停止：嗳气减少提示瘤胃机能障碍或其内容物干燥，使瘤胃微生物菌群的活动减弱，内容物发酵不足或停止，见于前胃疾病、发热性疾病和传染病；嗳气停止见于食管完全阻塞和瘤胃臌气，此时应采取急救措施，否则动物容易窒息死亡。

②嗳气增加：主要是瘤胃内容物异常发酵，产生大量的游离气体。见于瘤胃臌气初期以及摄入大量易发酵的饲料。单胃动物如发生嗳气，则为病理现象，如马发生嗳气，则多为急性气胀型胃扩张的象征。

六、呕吐

胃内容物不自主地经口或鼻腔排出称为呕吐。呕吐对于各种动物都是病理现象，但由于胃和食管的解剖生理特点和呕吐中枢的感受性不同，发生呕吐的情况各异。食肉动物最容易发生呕吐，其次是猪，反刍动物再次之，马则极难发生，一般仅有呕吐动作，当病情严重时才会有胃内容物经鼻孔反流。

马呕吐时，表现惊恐不安，低头伸颈，鼻孔扩张，全身发抖，出汗，站立不稳，腹肌强烈收缩，胃内容物经鼻腔排出，这是马胃破裂的先兆。反刍动物呕吐时，表现不安，头颈伸直，后肢缩于腹下。当腹肌和瘤胃发生痉挛性收缩时，瘤胃内容物经口排出。反刍动物呕吐物一般为前胃内容物，故又称为伪呕吐或返流。食肉动物和杂食动物呕吐时，最初略显不安，然后伸颈将头接近地面，腹肌强烈收缩，并张口做呕吐状，如此数次，即发生呕吐。病理性呕吐根据发生原因可分为中枢性和反射性呕吐2种。

①中枢性呕吐：毒物或毒素直接刺激延髓中的呕吐中枢（延脑外侧网状结构的脊侧缘）而引起。特点为胃内容物吐完后仍呕吐不止，又称经常性呕吐。见于颅内压升高性疾病（如脑炎）、传染病（如犬瘟热、猪瘟、猪丹毒等）时毒素经血液循环侵入大脑、犬胰腺炎、慢性肾炎继发尿毒症、肝炎、氯仿和吗啡中毒等。

②反射性呕吐：主要是腹腔交感神经反射性刺激胃神经引起的呕吐，见于咽炎、喉炎、食管阻塞、胃肠疾病、寄生虫等。由消化道及腹腔的各种异物、炎性及非炎性刺激所引起。特点为胃内容物吐完后即停止呕吐，也称一次性呕吐。

呕吐的检查内容包括呕吐出现的时间、次数，呕吐物的量、气味、pH值和混杂物等。一次呕吐大量正常的内容物，吐后不再发生，在食肉动物、杂食动物中提示过食。频繁和多次呕吐，提示胃黏膜长期遭受刺激，常于采食后立即发生呕吐，直至内容物呕吐完为止，见于胃病。采食后经较长时间发生者，可能是肠梗阻。呕吐物中混有血液，见于胃溃疡、猪瘟、犬瘟热、猪副伤寒等，呕吐物被染黄或绿色者，可能为十二指肠阻塞；粪性呕吐物见于大肠阻塞；食肉动物、杂食动物呕吐物中还可见毛团、寄生虫和其他异物。

第三节 口腔、咽、食道的检查

一、口腔的检查

口腔检查可分为口腔外部和口腔内部的检查。

1. 开口法

(1) 徒手开口法(图 5-1)

牛口腔检查时，检查者位于牛头的侧方，先用手轻轻拍打牛的眼睛，在其闭眼的瞬间，以一手的拇指和食指从两侧鼻孔同时伸入，并捏住鼻中隔(或握住鼻环)向上提举，再用另一手伸入口腔中握住舌体并拉出，口即行张开。检查马口腔时，检查者站于马头侧方，一手握住笼头，另一手拇指和食指从侧口角伸入并横向对侧口角，手指下压并握住舌体，将舌拉出的同时用另一手的拇指从另一侧口角伸入并顶住上鄂，使口张开。犬可用双手握住犬的上下颌骨部，将唇压入齿列，使唇被盖于臼齿上，然后掰开口，也可用布带开口。

(2) 开口器开口法(图 5-2)

通常使用单手开口器，一手握住笼头，一手持开口器从口角处伸入，随动物张口而逐渐将开口器的螺旋形部分伸入上、下臼齿之间，使口腔张开。

图 5-1 徒手开口法

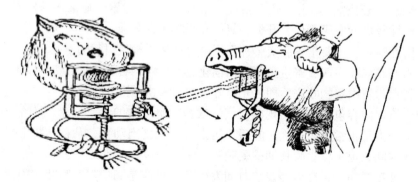

图 5-2 开口器开口法

无论应用哪种开口法，要注意防止动物咬伤手指。拉出舌体时不要用力过大，以免造成舌系带损伤。使用开口器开口时，对患软骨症的病畜，要防止开张过大造成骨折。

2. 口腔检查内容

(1) 口腔外部检查

应注意唇、颊和口的闭合情况以及有无流涎现象。

①口唇紧张性增高：表现为双唇紧闭，口角向后牵引，口腔不易打开。见于破伤风，脑炎。上唇挛缩，是一种不随意运动，且上唇微向上翻举，见于马的结肠便秘和盲

肠便秘等腹痛病，也可见于公马性行为或嗅闻母马粪尿时。

②口唇紧张性降低：表现为口唇不能闭合，下唇下垂。见于颜面神经麻痹、马霉变饲料中毒、狂犬病等。一侧面神经麻痹可见口唇向健侧歪斜。

口唇部位检查时要注意动物是否有流涎和唇部病变现象。流涎是由吞咽障碍或各种原因引起的唾液分泌增加，使唾液流到口外的现象，见于各种口炎、口腔内异物刺入、咽和食管疾病、某些中毒（如有机磷中毒、急性铅中毒、慢性汞中毒）、神经系统疾病（如狂犬病时咽部肌肉麻痹）。唇部病变表现为唇肿胀（如河马头外观），见于马血斑病、某些饲料中毒以及牛瘟等。

(2) 口腔内部检查

应注意口腔气味，温度，湿度，口腔黏膜完整性和颜色，舌和齿的情况。

①口腔气味：健康动物口内有某种饲料的气味。当消化功能紊乱时，由于长时间饮食欲废绝，口腔上皮脱落及饲料残渣腐败分解而产生异臭味；齿槽骨膜疾病时，可发生腐败臭味；牛的酮病时，可闻到有类似丙酮气味。

②口腔温度：通常与体温一致。如口温高而体温不升高，见于口腔黏膜的炎症。口温和体温均升高并口腔干燥，见于发热性疾病。口温低下，见于肠痉挛、贫血、虚脱及动物的濒死期。

③口腔湿度：健康动物的口腔黏膜经常保持湿润，口腔过湿，可由唾液分泌增多或吞咽障碍而引起，见于口膜炎、咽炎、唾液腺炎、食道阻塞、口蹄疫、狂犬病及破伤风等；口腔干燥，多见于发热性疾病、重剧胃肠疾病（如肠梗阻、肠变位、胃肠炎等）、脱水及阿托品中毒等。

④口腔黏膜完整性：动物患口膜炎、水泡病、牛坏死杆菌病、口蹄疫、犬念珠菌病等，口腔黏膜的完整性常遭到不同程度的损伤。另外，某些物理、化学及机械性因素，可引起口腔黏膜不同程度的损伤。

⑤口腔黏膜颜色：正常动物的口腔黏膜呈粉红色。但有生理性变化，"红黄两兼，无热无寒，如桃如莲，五脏安然"。随年龄变化，幼畜口腔黏膜颜色偏红而老畜偏淡。随季节变化，夏季气血旺盛，口腔黏膜颜色偏红；冬季气血运行略为衰减，口腔黏膜颜色为偏淡。所谓"春如桃花，夏似血，秋如莲花，冬似雾"。

病理情况下，口腔黏膜颜色可表现为苍白、潮红、黄染、发绀等变化。其诊断意义除局部炎症可引起潮红外，其余与其他部位的可视黏膜颜色变化的意义相同。口腔黏膜极度苍白或发绀，提示预后不良。

⑥舌：主要检查舌苔及舌体（颜色、完整性、运动性及形态）等。

舌苔 覆盖在舌表面的一层由脱落不全上皮细胞沉淀物组成的苔样物质，称为舌苔。消化道功能正常的动物都有舌苔。舌苔黄厚，可用手刮下，见于消化不良；舌苔薄白见于贫血、营养不良、慢性消耗性疾病、慢性胃肠卡他。舌苔的厚度和颜色深浅，通常与疾病的严重程度和病程有关，舌苔薄而色淡时提示病程短，病情较轻；舌苔厚而色深，则提示病程长、病情较重；病重舌苔突然消失，提示预后不良。

舌体 当循环高度障碍或机体缺氧时，舌色绛红（深红）或呈紫色。如果舌色青紫、软如绵则常提示病情危重；舌体变小，软绵无力，颜色苍白，见于休克、内出血、麻醉；舌体变大，舌下血管怒张，舌色青紫，见于高度呼吸障碍、循环障碍。此外，舌损伤见于异物刺伤或咬伤以及勒伤；舌硬化（木舌）表现舌硬如木，体积增大，甚至脱出口外，见于放线菌病；舌麻痹时舌失去活动能力，也常垂于口外，见于各型脑炎的后期、霉变饲料中毒和肉毒素中毒。严重猪囊尾蚴病时可在舌下和舌系带两侧见有高粱米粒大乃至豌豆大的结节。

⑦齿：应注意齿有无松动，有无齿斑、龋齿、过长齿、锐齿、脱齿、磨灭不整，有无过度磨损和齿列不齐。马的牙齿磨灭不整，常见于纤维性骨营养不良和慢性氟中毒；牛的切齿松动，多为矿物质缺乏；动物氟中毒时，切齿的釉质失去正常的光泽，出现黄褐色的条纹，并形成凹痕，甚至牙龈磨平。犬、猫注意乳齿滞留引起口臭和形成永久齿咬合不正，当发生牙结石、牙龈炎、牙龈增生、牙周炎时，齿龈易出血，齿釉质发育不全容易牙齿磨损等。

二、咽的检查

当动物表现有吞咽障碍，并伴有饲料或饮水从鼻孔返流时，应进行咽部的检查。由于咽位置较深，检查时主要用外部视诊和触诊。

1. 视诊

注意头颈的姿势及咽周围是否肿胀，咽部发生炎症时，动物表现头颈伸直、咽区肿胀、吞咽障碍。当怀疑有咽部异物阻塞或麻痹性病变时，则应进行咽的内部视诊，小动物及禽类咽的内部视诊比较容易，可将口腔打开直接进行内部视诊；大动物须借助于喉镜检查。

2. 触诊

大动物触诊，应站在颈侧，用双手同时由两侧耳根部向下逐渐滑行并随之轻轻按压，以感知其温度、敏感性及肿胀（图5-3）。如出现明显肿胀和热感并引起敏感反应（疼痛反应或咳嗽时），多为急性炎症。如附近淋巴结弥漫性肿胀，可见于耳下腺炎、腮腺炎、马腺疫等，但吞咽障碍的表现不甚明显。咽部淋巴结的局限性肿胀，可见于咽后淋巴结化脓、牛结核病和放线菌性肉芽肿。

图 5-3 牛咽部触诊

三、食道的检查

动物吞咽发生障碍，怀疑食管阻塞或痉挛时，应进行食管检查。颈部食管可进行外部视诊、触诊，胸部食管只能进行胃管探诊。

1. 视诊

当食管憩室、扩张时，动物在采食过程中可见颈沟部（颈部食管）出现明显的局限性膨隆，如将食物向头部方向按摩推送，可引起嗳气和呕吐动作，由于食物被排出，膨隆即可消失。当颈部食管被块根饲料（如马铃薯、甜菜、红薯、萝卜等）阻塞时，膨隆部触诊坚硬，在牛可并发瘤胃臌气及流涎、不安；马患急性胃扩张时，有时可出现食管的逆蠕动等现象。

2. 触诊

触诊食管时，检查者应站在动物的左颈侧，面向动物后方，左手放在右侧颈沟处固定颈部，用右手指端沿左侧颈沟直至胸腔入口，轻轻按压，以感知食管状态。当食管发炎时，可引起疼痛反应及痉挛性收缩。食管阻塞时，可感知阻塞物的大小、形状及其硬度等；阻塞物上部继发食管扩张且有大量液状物时，触诊局部可有波动感。

3. 胃管探诊

食管（包括胃）的探诊不仅是临床上一种有效的诊断方法，也常是一种治疗手段，主要用于提示食管阻塞性疾病、通过胃管投服药物等。在急性胃扩张时，可通过胃管排出内容物及气体。另外，对食管狭窄、食管憩室等病变也具有诊断意义，也常用于胃液采集、洗胃和人工饲喂等。胃管探诊要注意胃管是否在食管内，以免发生动物窒息。

第四节　反刍动物前胃的检查

前胃的检查方法以视诊、触诊、叩诊和听诊为主，必要时进行某些特殊检查。

一、瘤胃的检查

瘤胃位于腹腔的左侧，与左侧腹壁紧贴，可在左肷窝部和整个左侧腹壁进行检查。瘤胃检查方法包括视诊、触诊、叩诊、听诊，但临床上以触诊和听诊为主。

1. 视诊

主要观察左肷窝或腹肋部，左右对比判断瘤胃的充满状态。瘤胃积食、积液时，左肷窝填平，有膨胀感；腹部增大是由于瘤胃臌气、积液或积食所致，瘤胃臌气时左肷窝明显突出，严重时与髋结节等高，甚至超过脊椎，从后方观察更为明显。

2. 触诊

瘤胃的外部触诊，可准确判断瘤胃的运动机能、内容物的数量和性质及瘤胃的敏感度。健康动物瘤胃饲喂前左肷窝松软而有弹性，上1/3为气体，中部和下部触诊坚实；饲喂后瘤胃充满，左肷窝平坦，触诊内容物呈生面团样，轻压后可留压痕，随胃壁缩动而将检手抬起，蠕动强而有力。

瘤胃臌气时，触诊腹壁上部紧张而有弹性，甚至用力强压也不能感到瘤胃中的内容物。瘤胃积食时，触诊内容物坚实，压之留有指痕，不易恢复，蠕动减弱或消失，瘤胃积液时，冲击式触诊有振水音。

3. 听诊

听诊的目的是判断瘤胃蠕动的次数、力量和持续的时间。健康牛1~3次/min，羊为2~4次/min；其强度和次数以采食后2 h为最旺盛，采食4~6 h后逐渐减弱，饥饿时收缩次数减少。听诊和触诊结合能正确判断瘤胃的运动机能。瘤胃蠕动音呈粗大的"吹风声"或"雷鸣声"，每次蠕动波出现，力量由弱变强，达到高峰，然后逐渐减弱以至消失，随蠕动左肷窝逐渐隆起，又逐渐平复。瘤胃蠕动次数稀少，力量减弱，持续的时间缩短，则提示瘤胃机能衰弱，常见于前胃弛缓、瘤胃积食、瓣胃阻塞、真胃阻塞及发热性疾病等。瘤胃蠕动音完全消失，为瘤胃运动机能高度紊乱的表现，见于瘤胃臌气、积食的末期以及其他全身性疾病的危重阶段。

4. 叩诊

叩诊健康牛左肷窝上部一般为鼓音，其强度与内容物及气体的多少有关，由上向下则由鼓音逐渐变为半浊音，下部完全为浊音。瘤胃积食时，浊音范围扩大，甚至肷窝处也为浊音；瘤胃臌气时中上部呈鼓音。

二、网胃的检查

网胃位于腹部左前下方，剑状软骨的后方，相当于第6～8肋间，前缘紧贴膈肌，靠近心脏。网胃检查方法主要有视诊、触诊、叩诊、X线检查及金属异物探测仪检查等，临床上主要使用触诊，进行创伤性网胃炎的诊断。

1. 视诊

当反刍动物患创伤性网胃炎时，行动迟缓，运动小心，特别是在较陡的坡路由上向下行走时，表现步态紧张，四肢缩于腹下，不敢前进，甚至呻吟、磨牙等，这是由于下坡时腹腔器官向前推压引起疼痛反应的结果。站立时两前肢外展，严重者发生心性水肿。

2. 触诊

触诊时，牛出现呻吟、躲闪、反抗、企图卧下等疼痛性行为，提示为创伤性网胃炎。

①捏压法：由助手捏住牛的鼻中隔向前牵引，使额线与背线成水平，检查者强捏起鬐甲部皮肤。健康牛呈现背腰下凹姿势，但并不试图卧下。

②拳压法：检查者蹲于牛的左前肢稍后方，以右手握拳，顶在剑状软骨部，肘部抵于右膝上，以右膝频频抬高，使拳顶压网胃区。

③抬压法：两人分站于牛两侧，各伸一手于剑状突起部，相互握紧，另一手同时放于鬐甲部，上抬，下压，同时观察动物的反应。

④抬杠试痛：以一木棒横放于牛体胸下剑状突起部，两人分别自两侧同时向上抬。

三、瓣胃的检查

瓣胃位于右侧第7～9肋间，肩端水平线上、下各3～5 cm，正常时摸不到。临床上主要用触诊和听诊检查，必要时可用瓣胃穿刺检查。

1. 听诊

正常时瓣胃蠕动音微弱，类似细小的捻发音，常在瘤胃蠕动之后出现，采食后更为明显。瓣胃蠕动音显著减弱或消失，见于瓣胃阻塞或发热性疾病。

2. 触诊

若瓣胃阻塞而体积显著增大时，在瓣胃区做冲击式触诊，可触及坚硬的瓣胃后壁。

第五节 胃的检查

一、反刍动物真胃的检查

真胃的检查方法包括视诊、触诊、叩诊和听诊,其中以触诊和听诊最为常用。

1. 视诊

真胃严重阻塞、扩张或皱胃右方变位时,可以看到右侧腹壁真胃区向外侧突出,左右腹壁不对称。

2. 触诊

沿肋骨弓后下方或与膝关节水平位仔细触诊,除保护性反应外,如动物表现回顾、躲闪、呻吟、后肢踢腹,即为真胃区敏感的标志,见于真胃炎、真胃溃疡和真胃扭转等。触诊时,真胃区有明显的坚实感或坚硬,呈长圆形面袋状,伴有疼痛反应,则为真胃阻塞的特征,冲击式触诊有波动感,并能听到拍水音,提示真胃扭转或幽门阻塞、十二指肠阻塞。此时应与瘤胃积液和腹腔积液相鉴别。

3. 叩诊

在正常状态时,真胃叩诊呈浊音。若叩诊呈鼓音则为真胃扩张。在左侧沿左髋结节与同侧肘突连线上进行叩诊,若在左侧肋骨区叩诊出现钢管音多提示真胃左侧移位,必要时穿刺采集内容物检查。瘤胃、网胃内容物 pH 值为碱性,镜检有纤毛虫存在,而真胃内容物为酸性,无纤毛虫。

4. 听诊

真胃蠕动音类似肠蠕动音,呈流水声或含漱音。真胃蠕动音增强,见于真胃炎;真胃蠕动音稀少、微弱,则提示胃内容物干涸或机能减弱,见于真胃阻塞。当听到带金属音调的蠕动音时,见于真胃变位。

二、马属动物胃的检查

马属动物的胃体积小,位置较深,体表投影在腹腔中部偏左侧第 14~17 肋骨间,不与腹壁接触,悬空在腹腔。因此,用一般诊断方法检查有一定困难。临床上主要用视诊、胃管探诊、直肠检查或采取胃内容物进行实验室检查。胃管探诊对马急性胃扩张具有诊断与治疗的双重意义。

三、猪胃的检查

猪的胃容积较大,胃大弯可达剑状软骨后方的腹底壁,当吞食刺激性食物、胃扩张及患某些传染病(猪瘟、副伤寒等)时,触压胃部易引起呕吐;当过食或饲喂多汁饲料时,易发生臌气,此时视诊可发现右腹肋部膨大,病猪呈犬坐姿势、呼吸急促、呻吟,两前肢频频交替负重。在左侧季肋下胃区触诊,如呈疼痛反应或表现呕吐,提示胃炎或胃食滞。

四、犬、猫胃的检查

由于犬的腹壁薄，易用触诊方法检查。通常用双手拇指以腰部做支点，其余四指伸直置于两侧腹壁，缓慢用力，感觉胃肠的状态。也可将双手置于两侧肋骨弓的后方，逐渐向后上方移动，让内脏器官滑过指端，以行触诊。当患有急性胃炎、胃溃疡时，胃区触压有疼痛反应；胃扩张时，左侧肋弓下方有膨隆。

第六节 肠管的检查

一、反刍动物肠管的检查

反刍动物肠管的检查主要用触诊、叩诊和听诊等方法。在右侧肷窝部或腹肋部听诊，呈混合性肠音，短而稀少。肠音的频率和强度与肠管的运动机能及内容物的状态有关。肠蠕动迟缓、肠道不通时，肠音减弱甚至消失。肠音频繁似流水状，见于肠炎及肠痉挛。

二、马属动物肠管的检查

马属动物肠管的检查方法主要有听诊和直肠检查。听诊的位置为左右腹肋部，或在各肠段体表相对投影区听诊。右腹肋部可听到大结肠音，主要是盲肠音；沿右肋骨弓可听到右结肠音；左腹肋部可听到小肠和小结肠的声音。正常时，小肠多呈流水音或含漱音，较清脆，频率为 8~12 次/min；大肠音常为雷鸣声或远炮声，较低沉，其频率为 4~6 次/min。病理情况下，肠音的异常表现为肠音增强（肠道受寒冷、化学物质刺激，如肠痉挛、各种类型的肠炎）、肠音减弱或消失（迷走神经兴奋性减低、肠道弛缓、肠段麻痹，如长期腹泻、慢性消化不良、肠便秘、肠梗阻）、肠音不整（如慢性胃肠卡他）及金属音（如肠臌气、痉挛）等。

三、直肠检查

直肠检查（rectal examination）是指将手伸入直肠内，隔着肠壁间接地对骨盆腔和腹腔后部脏器进行触诊的一种检查方法。其目的是感觉器官或病变的位置、形状、大小、硬度、敏感性等。直肠检查对于大动物（马属动物和牛等）的妊娠诊断、发情鉴定、腹痛病诊断是一种比较可靠的方法，同时还可用于肾脏、膀胱、腹股沟管及骨盆等的检查。此外，直肠检查还可作为一种治疗的手段，如用隔肠破结术来治疗马的小结肠阻塞、骨盆曲阻塞等疾病。

1. 准备工作

马在六柱栏内常规保定，两后肢分别固定于栏柱下端，以防后踢；牛的保定可钳着鼻中隔，或用绳系住两后肢。检查者剪短指甲并磨光，充分露出手臂并涂以润滑油剂，必要时可戴乳胶手套。

对腹围膨大的病畜应先行盲肠穿刺或瘤胃穿刺术排气，否则腹压过高，不宜检查；

对心脏衰弱的病畜，可先给予强心剂；对腹痛剧烈的病马应先行镇静。检查前可先用温水灌肠，以缓解直肠的紧张并排出蓄粪以利于直肠检查。

2. 检查方法

检查者将检手拇指放于掌心，其余四指并拢集聚呈圆锥形，以旋转动作通过肛门进入直肠，当肠内有蓄粪时取出；如膀胱内贮有大量尿液时，按摩、压迫以刺激其反射排空或人工导尿法排出。入手沿肠腔向内徐徐深入，直至检手套着部分直肠狭窄部肠管为止，方可进行检查。当被检动物频频努责时，检手可暂停前进或随之后退，即按照"努则退，缩则停，缓则进"的要领进行操作，切忌检手未找到肠管方向就盲目前进，或未套入狭窄部就急于检查。如被检动物过度努责，必要时可用1%普鲁卡因10~30 mL尾骶穴封闭，使直肠及肛门括约肌弛缓而便于检查。检手套入部分直肠狭窄部或全部套入后，检手适当地活动，按一定顺序进行检查。检查时用并拢的手指轻轻向周围触摸，根据脏器的位置、大小、形状、硬度、有无肠带、移动性及肠系膜状态等，判断病变的脏器、位置、性质和程度。

3. 检查顺序

依据动物腹腔、骨盆腔各器官的位置和生理状态，直肠内部触诊检查按照一定顺序进行，才能较容易地发现异常变化和确定诊断。也可根据临床的需要，为了判断某一器官的状态，而灵活地掌握检查顺序及内容。

牛的直肠内部检查顺序：肛门—直肠—骨盆腔—耻骨前缘—膀胱—子宫—卵巢—瘤胃—盲肠—结肠袢—左肾—输尿管—腹主动脉—子宫中动脉—骨盆部尿道。

马的直肠检查顺序：肛门—直肠—骨盆腔—膀胱—小结肠—左侧大结肠及骨盆曲—腹主动脉—左肾—脾脏—肠系膜根—十二指肠—胃—盲肠—胃状膨大部。

4. 注意事项

①进行直肠检查时，必须严格遵守操作规程和掌握操作要领，注意人畜安全，切忌粗暴或疏忽大意，避免造成直肠损伤或穿孔，导致患畜预后不良的恶果。

②要熟悉腹腔和骨盆腔内因诊断需要而可能检查到的器官的正常解剖位置和生理状态，从而有利于判断病理过程中的异常变化。

③直肠检查取得的结果，在疾病诊断上能起到一定的作用，在很大程度上依赖于检查者的熟练程度和经验。因此，应在学习和工作中反复练习而切实掌握。

④当发现直肠壁有穿孔的可能时，严禁进行温水灌肠，应尽快确定穿孔性质和部位，采取必要的急救措施。

⑤把直肠检查的结果与临床症状及其他必要的辅助检查、实验室检查等结合起来，进行综合分析，才能得出确切的诊断。

四、猪肠管的检查

猪的小肠位于腹腔右侧及左侧的下部，结肠呈圆锥状位于腹腔左侧，盲肠大部分在右侧。腹部触诊可感知肠内容物性状，当结肠套叠或肠便秘时，可感知坚硬的粪串或呈块、盘状，同时伴有疼痛反应。听诊肠音高朗、连绵，可见于各类型肠炎及伴发肠炎的传染病（如大肠杆菌病、副伤寒、猪瘟及传染性胃肠炎等）；肠音低沉、微弱或消失，见于肠便秘、肠梗阻。

五、犬、猫肠管的检查

检查方法同犬、猫胃检查，腹部触诊可以确定肠充盈度、肠炎、肠便秘及肠变位等。大肠秘结时，在骨盆腔前口可摸到香肠粗细的粪结；肠套叠时，可以摸到坚实而有弹性的肠管。

肠蠕动音听诊部位在左右两侧肷部，健康犬肠音如断断续续的咕噜声，犬正常肠音为 4~6 次/min；猫正常肠音为 3~5 次/min。肠音增强见于消化不良、胃肠炎的初期；肠音减弱或消失见于肠便秘、梗阻及重剧胃肠炎等。

第七节 排粪动作及粪便检查

一、排粪姿势

在正常状态下，各种动物均有固定的排粪姿势。马、牛、羊排粪时，背腰稍拱起，后肢稍开张并略向前伸；犬排粪采取近似坐下的下蹲姿势；马和山羊在行进中可以排粪。

二、排粪次数及排粪量检查

正常动物的排粪次数和排粪量基本固定，排粪次数及排便量的变化主要有以下几种。

①便秘：动物排粪次数减少、排粪费力、排粪量少，粪便质地干硬而色暗，呈小球状，常被覆黏液。常见于严重的发热性疾病、腰脊髓损伤、肠弛缓、大肠便秘、反刍动物的前胃弛缓、瘤胃积食、犬前列腺炎等。

②腹泻：动物排粪次数增多，排粪量也增加，同时粪便不成形，质地改变。如不断排出粥样、液状或水样稀粪，并带有黏液、脓液或血液，即为腹泻。见于急性肠卡他、肠炎、牛肠结核、牛副结核、猪瘟、猪副伤寒、猪大肠杆菌病、猪传染性胃肠炎、羔羊痢疾、沙门菌病、犬细小病毒病、鸡新城疫、牛隐孢子虫病等。

③排粪失禁：动物不采取排粪姿势而不自主地排出粪便，主要是由于肛门括约肌松弛或麻痹所致。见于荐部脊髓损伤和炎症、大脑疾病等。在持续性腹泻时，也常见排粪失禁。

④里急后重：动物表现为频繁出现排粪姿势，并强力努责，但无粪便排出或仅排出少量粪便、黏液，见于直肠炎及肛门括约肌疼痛性痉挛、犬肛门腺炎等。

⑤排粪困难：动物排粪时表现疼痛不安、惊恐、呻吟、拱腰努责，常见于腹膜炎、直肠损伤、胃肠炎、创伤性网胃炎、粪便和被毛堵塞肛门等。

三、粪便性状检查

1. 粪便的形状和硬度

健康动物粪便的形状和硬度取决于饲料的种类、饲料含水量、脂肪和纤维素的量，而与饮水量无关。正常时，马粪呈圆块状，具有中等湿度，落地后一部分破碎；牛粪呈叠饼状，放牧吃青草时呈稠粥状；羊粪呈球形；猪粪为稠粥状，完全饲喂配合饲料的猪，其粪便呈圆柱状；犬和猫的粪便呈圆柱状，当喂给多量骨头时，则干而硬。当腹泻时，粪便稀薄，呈稀粥状，甚至呈水样；当便秘时，粪便干硬而色暗；病程较长的便秘，粪便可呈算盘珠状。

2. 粪便的颜色、气味

动物粪便的颜色因饲料的种类和异常混杂物的不同而异。当前部肠管或胃出血时，粪便呈褐色或黑色（沥青样便）；后部肠管出血时，血液附着在粪便表面而呈红色；阻塞性黄疸时，粪便呈淡黏土色（灰白色）；犊牛白痢及仔猪白痢时，粪便呈白色糯糊状；犬胰腺炎时为焦黄色粪便；酸中毒时粪便有酸臭味；犬病毒性肠炎时粪便呈暗红色，带腥臭味。

3. 粪便的异常混杂物

健康动物的粪便表面有薄层黏液，使粪便表面光滑。病理情况下，粪便中常有混杂物。黏液量增多，见于胃肠卡他、肠梗阻、肠套叠等；病畜排灰白色或黄白色黏液膜片或排索状及管状黏液膜，见于黏液膜性肠炎；伪膜由纤维蛋白及脱落的上皮细胞和死亡的白细胞组成，见于纤维素性坏死性肠炎；血液见于胃肠道出血性疾病；脓液见于直肠有化脓灶或肠脓肿破裂。此外，牛粪便中可见到各种小金属片、破布、塑料薄膜碎片等；绵羊粪便可见到毛球；在犬、猫粪便中可混有骨和毛发等。有时在粪便中还可发现寄生虫的虫体或虫卵等。

第八节 肝、脾的检查

一、肝脏的检查

1. 反刍动物

牛的肝脏位于腹腔右侧，正常时于右侧第 10~12 肋间中上部，叩诊即可呈现近似四边形的肝脏浊音区。叩诊肝脏浊音区扩大，见于肝炎、肝硬变与肝中毒性营养不良、肝脓肿或肝片吸虫病。高产乳牛，由于过量的饲喂，经常引起肝脏的严重损害及其他代谢疾病，如肝脂肪变性、急性实质性肝炎等。另外，高产乳牛的肝病，常与初期的创伤性网胃炎相混淆。肝脏疾病常伴有兴奋、嗜睡、昏迷等神经症状。

2. 马

马的肝脏位于右侧第 10~17 肋间的中下部，左侧第 7~10 肋间。在正常状态下，由于肝脏被体壁及肺脏所掩盖，叩诊和触诊均不易检查，只有在肝脏明显肿大时，才具有诊断价值。触诊右侧季肋下部肝区，以手掌平放进行冲击性压迫，如动物表现敏感反应（回顾、躲闪、反抗等）时，可提示肝区敏感与实质性肝炎。如用一手拇指置于该部作支点，其余四指靠拢并至蜷曲状，沿肋骨缘向软腹壁进行深部触诊，比较瘦的马，有可能触摸到肿大的肝脏边缘。肝区部位进行较强的叩诊，当肝脏肿大时，在右侧肺叩诊区的下部，有可能发现肝浊音区扩大。

3. 犬

从右侧最后肋骨后方，向前上方触压可以触摸到肝脏。在右侧第 7~12 肋间，肺后缘 1~3 指宽，左侧第 7~9 肋间沿肺后缘，均有肝浊音区与心浊音界的融合。肝脏疾病时，肝浊音区扩大，向后方伸延，后缘可达到背部和侧方，特别是右侧肋骨弓下部明显，触诊疼痛见于肝炎、肝硬化、中毒性肝营养不良、肝脓肿等。

二、脾脏的检查

常用触诊和叩诊，大动物可采用直肠检查，必要时可采用脾脏穿刺，采取脾组织进行实验室检查。

牛的脾脏位置，由于紧贴在瘤胃的上壁，被肺的后缘所掩盖，叩诊时不易发现特有的浊音区，只有在脾脏显著肿大（如炭疽、白血病等）时，才能在肺与瘤胃上部之间呈现较小狭长的浊音区。

马的脾脏位于腹腔左侧，紧接肺叩诊区后方，其弓形的后缘多与肋骨弓平行，上缘与左肾相接近。正常时，脾脏的叩诊呈一狭窄的浊音区。脾脏叩诊浊音区扩大，表明脾脏显著肿大，可见于脾脏的急慢性炎症、某些血液疾病及传染病；脾浊音区后移，提示急性胃扩张，有时可超出最后肋骨的后方或达髋结节的垂直线；当肠管过度臌气时，脾脏叩诊浊音区可能缩小。

食肉动物及其他小动物的脾脏检查，可行外部触诊。

第九节 家禽消化系统检查

一、口腔、咽及食道的检查

喙角质软化提示钙磷比例失调，维生素 D_3 缺乏。交叉畸形是遗传性疾病或营养缺乏症。

口腔黏膜坏死，有假膜、带血液或黏液，提示鸡痘、毛滴虫病、念珠菌病、白细胞原虫病、传染性喉气管炎、急性新城疫、禽霍乱等。典型的喉型禽痘表现为口腔和咽部黏膜出现黄白色结节或被一层黄白色干酪样物覆盖。鸭食道黏膜有小点状出血或纵行排列黄色条索状假膜覆盖，假膜易剥离并留有溃疡是鸭瘟的特征性病理变化；食道黏膜坏死是毛滴虫病、维生素 A 缺乏病变。

嗉囊的检查主要采用视诊与触诊进行。嗉囊的病变可表现为软嗉、硬嗉和悬嗉。

软嗉的特征是嗉囊膨大、触诊敏感并有波动感，如将禽的头部倒垂，同时按压嗉囊时，可从口腔中排出液状或半液状的黏性内容物并有特殊酸臭味，见于鸡新城疫及嗉囊卡他。当鸡有机磷中毒时，嗉囊呈明显的膨大。

硬嗉的特征是嗉囊坚硬，或呈捏粉状，压迫时可排出少量的未经消化的饲料。如为异物阻塞，则可用触诊确定。

悬嗉的特征是嗉囊极其膨大而悬垂，是嗉囊阻塞、发炎的症状。

二、胃肠的检查

腹部膨大，触之柔软有波动感是腹水的表现，常见于慢性腹膜炎、腹水综合征；腹部下垂、坚硬，很可能是卵黄性腹膜炎。

①腺胃：球状增大、壁增厚，是马立克氏病、腺胃型传染性支气管炎的病变；腺胃出血见于新城疫、禽流感、传染性法氏囊炎、喹乙醇中毒、痢菌净中毒、包涵体肝炎等；腺胃有小坏死结节提示鸡白痢、马立克氏病、毛滴虫病。

②肌胃：有白色结节是鸡白痢、马立克氏病的病变；肌胃溃疡出血、角质层易剥离多见于禽流感、新城疫、传染性法氏囊炎、喹乙醇中毒、痢菌净中毒、包涵体肝炎。

③小肠：充血、出血预示新城疫、禽流感、球虫病、住白细胞原虫病、禽霍乱、葡萄球菌病；小肠有小结节是鸡白痢、马立克氏病、结核病病变；出血、溃疡、坏死是魏氏梭菌引起的溃疡性肠炎和坏死性肠炎。

④盲肠：盲肠出血溃疡见于球虫病、盲肠炎；有干酪样物栓塞见于鸡白痢、副伤寒、盲肠炎、小鹅瘟。

三、泄殖腔的检查

禽类的泄殖腔由2个横皱褶分为3段，从内向外依次为粪道、泄殖道和肛道、粪道和直肠相通。输尿管、公禽的输精管或母禽的输卵管开口于泄殖道。肛道位于最后，借肛门开口与体外相通。泄殖腔水肿、出血、充血见于新城疫、鸭瘟和啄肛癖等疾病。

四、肛门的检查

健康鸡肛门收缩，黏膜淡红色湿润，有光泽并富有弹性，粪便色深呈条粒状，附有白色尿酸。病理状态下肛门松弛，黏膜充血或有出血点，发炎，分泌物多而不洁并有粪便污染，粪便稀呈黄白色或草绿色、土红色，肛门周围羽毛被粪便粘连。

第十节 消化系统的主要综合症候群及诊断要点

一、口腔、咽及食道疾病症候群的诊断要点

流涎、采食、咀嚼及吞咽机能障碍，可提示为口腔、咽及食道的疾病；如病畜流涎、采食小心、咀嚼缓慢、口腔黏膜红肿或有水泡、溃疡，但全身变化不明显，吞咽机能正常，可提示为口炎；病畜吐草，检查牙齿有异常，可提示为牙齿疾患；病畜吞咽困难，甚至食物、饮水从鼻腔返出，触诊咽部疼痛敏感、肿胀、全身症状轻微，可提示为咽炎；病畜咽下困难，甚至不能吞咽，可提示为食道疾患。

二、反刍动物胃肠疾病症候群的诊断要点

反刍、嗳气机能紊乱、鼻镜变干兼有前胃机能减退，是反刍动物前胃疾病的主要症候群。腹壁迅速膨大、左腹胀满、呼吸困难、听诊瘤胃蠕动音消失，为急性瘤胃臌气；

食欲减少、反刍缓慢、嗳气稀少，瘤胃内容物稀软或较少而干硬，瘤胃蠕动音稀少、微弱、短促，病程缓慢，可提示为前胃弛缓；食欲废绝、反刍停止、瘤胃内容物充满（坚实或坚硬），瘤胃蠕动音减弱或消失，可提示为瘤胃积食；不明原因前胃弛缓、缓解疼痛的异常姿势，网胃触诊疼痛反应，多为创伤性网胃炎；顽固便秘、鼻镜干裂、触诊瓣胃区敏感性疼痛及蠕动音消失，多为瓣胃阻塞；右侧腹围增大，真胃蠕动音极弱或消失，触诊真胃内容物充满而坚实，为真胃阻塞的特征。

三、马属动物腹痛疾病症候群的诊断要点

饮食欲废绝，腹痛起卧，肠音减弱或消失，为腹痛病的主要综合症候群。腹痛间歇、多排稀便、耳鼻发凉、口色青白、口腔滑利、肠音增强、胃管检查无异常，直肠检查无结粪，可提示为肠痉挛；腹痛重剧、呼吸促迫、腹围不大，肠音减弱或消失，胃管检查可导出多量气体或食糜，直肠检查脾脏后移，胃体积增大，触诊胃壁紧张或内容物充满而坚硬，为胃扩张；腹痛不安、口干舌燥、粪便干硬，排粪迟滞或停止，肠音消失，直肠检查有结粪，可提示为肠便秘；腹痛重剧、镇痛药无效、肠音减弱或消失、直肠检查肠管位置紊乱、腹腔穿刺可放出血样流体，可提示为肠变位。

四、炎症性胃肠病综合症候群的诊断要点

食欲减退或废绝、腹泻或便秘、肠音变化无常，可提示为胃肠卡他或胃肠炎。胃肠卡他体温无变化，粪便无脓血，口色多青黄；胃肠炎口色红燥，全身症状明显，粪便腥臭，常混有多量黏液，甚至伴有脓、血伪膜。

五、腹膜及肝脏疾病症候群的诊断要点

腹壁紧张，触诊敏感、体温升高、腹腔穿刺有渗出液，可提示为腹膜炎；消化不良，可视黏膜黄染、肝功能检查明显异常，可提示为肝实质受损的疾病。

（莫重辉　韩梅红）

第六章
泌尿系统检查

泌尿系统的检查方法，主要有问诊、视诊、触诊（外部或直肠检查）、导管探诊、肾功能试验、排尿动作和尿液的检查。必要时还可利用膀胱镜、X 线等特殊检查法。由于动物尿液样本采集不便，尿液的实验室检验应用不甚广泛，而常以血液生化检验对肾功能进行检查。

第一节 排尿动作及尿液感观的检查

一、排尿反射

尿液在肾脏中形成后，经由肾盂、输尿管不断地进入膀胱并贮存。膀胱和尿道受到来自腰荐部脊髓的盆神经、腹下神经和阴部神经支配，故脊髓腰荐段是排尿的初级中枢。

排尿是一种复杂的反射活动，常在高级中枢控制下进行（图 6-1）。当膀胱内贮尿量不断增加、膀胱内压逐渐升高，达到一定程度时，膀胱壁内压力感受器受到刺激而兴奋，冲动经传入神经到达脊髓排尿反射初级中枢；同时脊髓将膀胱充胀信息上传至大脑皮层的排尿反射高级中枢，产生尿意。排尿反射进行时，盆神经兴奋，使膀胱逼尿肌收缩、膀胱内括约肌松弛，而腹下神经抑制使膀胱外括约肌松弛，从而引起排尿。尿液经过尿道时，尿液还可以刺激尿道感受器，其冲动沿阴部神经再次传到脊髓排尿中枢，通

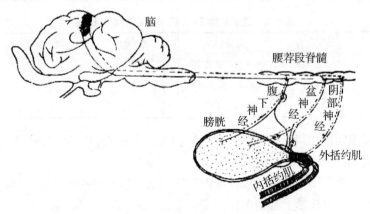

图 6-1　膀胱和尿道的神经支配

过相应神经进一步引起膀胱逼尿肌持续收缩和外括约肌开放，直至尿液排完为止。在排尿末期，由于尿道海绵体肌肉收缩，可将残留于尿道的尿液排出体外。此外，在排尿时，腹肌和膈肌的强力收缩也产生较高的腹内压，协助克服排尿的阻力。由于脊髓排尿反射受到大脑皮层的调节，阴部神经又直接接受意识所支配，故排尿可随意控制。因此，当膀胱感受器、传入神经、排尿中枢、传出神经或效应器官等排尿反射弧的任何一部分异常，腰段以上脊髓受损使排尿初级中枢与大脑高级中枢之间的传导中断，或大脑高级中枢机能障碍，均可引起排尿障碍。

临床检查时，了解和观察动物的排尿姿势、排尿次数和尿量，尿液的感官检查及排尿障碍等，对疾病的诊断具有重要意义。

二、排尿动作检查

1. 排尿姿势

由于动物种类和性别不同，其正常的排尿姿势也不尽相同。

母牛和母羊排尿时，后肢展开、下蹲、举尾、背腰拱起；公牛和公羊排尿时不做准备动作，阴茎也不需伸出包皮外，腹肌也不参与收缩，只靠会阴部尿道的脉冲运动，尿液呈股状一排一停地断续流出，故可在行走中或采食时排尿。

健康马在运动中不能排尿，正常姿势是前肢略向前伸，腹部和尻部略下沉，先行一次吸气后暂停呼吸，开始排尿，并借腹肌收缩使尿液呈股状射出。排尿时，公马阴茎不同程度伸出于阴鞘外，排尿后开始呼吸并发出轻微呻吟声；母马排尿后，还可见阴唇有数次缩张。

母猪排尿动作与母羊相同。公猪排尿时，尿液呈股状断续地射出。

公犬和公猫常将一后肢翘起排尿，有将尿排于其他物体上的习惯。母犬和幼犬则先蹲下，再排尿，有时坐位也可排尿。

2. 排尿次数和尿量（表 6-1）

排尿次数和尿量的多少，与肾脏的泌尿机能、尿路状态、饲料中含水量和动物的饮水量、机体从其他途径（如粪便、呼吸、皮肤）所排水分的多少有密切关系。

表 6-1　健康动物 24 h 正常排尿次数与尿量

动物种类	排尿次数	尿量(L)	动物种类	排尿次数	尿量(L)
牛	5~10	6~12，最高 25	猪	2~3	2~5
马	5~8	3~6，最多 10	犬	3~4	0.25~1.0
绵羊、山羊	2~5	0.5~2	猫	3~4	0.1~0.2

公犬常随嗅闻物体（特别是在雌性发情时）而产生尿意，短时间内可排尿 10 多次。

3. 排尿障碍

在病理情况下，泌尿、贮尿和排尿的任何环节出现病理性改变时，都可表现出排尿障碍，临床检查时应注意下列情况。

（1）频尿和多尿

频尿是指排尿次数增多，而每次尿量不多甚至减少，或呈滴状排出，故 24 h 内尿的总量并不多。多见于膀胱炎、膀胱受机械性刺激(如结石)、肿瘤、前列腺增生、尿液性质改变(如肾炎、尿液在膀胱内异常分解等)和尿道炎症。动物发情时也常见频尿。

多尿是指 24 h 内尿的总量增多,其表现为排尿次数增多而每次尿量并不少,或表现为排尿次数虽不明显增加,但每次尿量增多。生理性见于饮水量多、食用利尿食物等;病理性乃因肾小球滤过机能增强或肾小管重吸收能力减弱所致,见于慢性肾功能不全(如慢性肾小球肾炎、慢性肾盂肾炎等)、糖尿病、使用利尿剂、注射高渗液以及渗出性疾病的吸收期等。

(2)少尿或无尿

动物 24 h 内排尿总量减少甚至接近没有尿液排出。临床上表现排尿次数和每次尿量均减少,甚至久不排尿。此时,尿色变浓,尿相对密度增高,有大量沉积物。按其病因可分为以下 3 种。

①肾前性少尿或无尿(功能性肾衰竭):多发生于严重脱水或电解质紊乱(如剧烈呕吐、严重的发热性疾病、大量出汗、严重腹泻、瘤胃酸中毒、瓣胃阻塞、皱胃阻塞、皱胃变位或扭转、肠阻塞、肠变位、渗出性胸膜或腹膜炎、胸腔或腹腔积液等)、外周血管衰竭、充血性心力衰竭、休克、肾动脉栓塞或肿瘤压迫、肾淤血等。临床特点为尿量轻度或中度减少,尿相对密度增高,一般不出现无尿。

②肾原性少尿或无尿(器质性肾衰竭):是肾脏泌尿机能高度障碍的结果,多由于肾小球和肾小管严重损害所引起。见于急性肾小球性肾炎、急性肾小管坏死(如重金属中毒、药物中毒、生物毒素中毒等)、各种慢性肾脏病(如慢性肾炎、慢性肾盂肾炎、肾结石、肾结核等)引起的肾功能衰竭期。其临床特点多为少尿,少数严重者无尿,尿相对密度大多偏低(急性肾小球性肾炎的尿相对密度增高),尿中出现不同程度的蛋白质、红细胞、白细胞、肾上皮细胞和各种管型(尿圆柱)。严重时,可使体内代谢终产物不能及时排出,引起自体中毒和尿毒症。

③肾后性少尿或无尿(梗阻性肾衰竭):因尿路梗阻所致,见于肾盂或输尿管结石或被血块、脓块、乳糜块等阻塞,输尿管炎性水肿、瘢痕、狭窄等梗阻,机械性尿路阻塞(尿道结石、狭窄),膀胱结石或肿瘤压迫两侧输尿管或梗阻膀胱颈,膀胱功能障碍所致的尿闭和膀胱破裂等。

(3)尿闭

尿闭是指肾脏的泌尿机能正常,但尿液长期潴留在膀胱内而不能排出,又称尿潴留(retention of urine)。可分为完全尿闭和不完全尿闭。多由于排尿通路受阻所致,见于结石、炎性渗出物或血块等导致尿路阻塞或狭窄时。膀胱括约肌痉挛或膀胱(逼尿肌)麻痹时,脊髓腰荐段病变、炎症、损伤等导致后躯不全瘫痪或完全瘫痪时,也可引起尿闭。此外,麻醉药及药物作用、精神因素等也可引起尿闭。

尿闭临床上也表现为排尿次数减少或长时间内不排尿,但与少尿或无尿有本质的不同。

尿闭时因肾脏生成尿液的功能仍存在,尿不断输入膀胱,故膀胱不断充盈,病畜多有"尿意",且伴发轻度或剧烈腹痛症状,起卧小心;直肠触诊膀胱胀满,有压痛,加压时尿呈细流状或点滴状排出。尿潴留逐渐发展至膀胱内压超过膀胱内括约肌的收缩力或冲过阻塞的尿路时，尿液也可自行溢出。完全尿闭时膀胱会因过于胀大而破裂，则直肠触诊时感到膀胱空虚。

（4）尿淋沥

尿淋沥是指排尿不畅，尿呈点滴状或细流状排出，见于急性膀胱炎、尿道和包皮的炎症、尿石症、牛的血尿症、犬的前列腺炎和急性腹膜炎等，有时也见于年老体弱、胆怯和神经质的动物，但无疼痛表现。

（5）排尿困难和疼痛

某些泌尿器官疾病可使动物排尿时感到非常不适，排尿用力并伴有明显的腹痛症状，称为痛尿。病畜表现拱腰或背腰下沉，呻吟，努责，回顾或后肢蹴踢腹部，阴茎下垂，常引起排尿次数增加，频频试图排尿而无尿排出，或呈细流状或点滴状排出（疼痛性尿淋沥），也常引起排粪困难而使粪便停滞。见于膀胱炎、膀胱结石、膀胱括约肌痉挛引起的膀胱过度充盈、尿道炎、尿道阻塞、阴道炎、前列腺炎、包皮疾病等。

马属动物腹痛综合征也常引起病畜努责和采取排尿姿势，但这些情况都无泌尿系统疾病的其他症状和尿液变化，故可区别。

（6）尿失禁

尿失禁是动物未采取一定的准备动作和相应的排尿姿势，而尿液不自主地经常自行流出。尿失禁可分为以下4种类型：

①真性尿失禁：又称完全性尿失禁，指尿液连续从膀胱中流出，膀胱呈空虚状态。常见的原因为外伤、手术或先天性疾病引起的膀胱颈和尿道括约肌的损伤。还可见于雌性动物尿道口异位、膀胱阴道瘘等。

②假性尿失禁：又称充盈性尿失禁，指膀胱功能完全失代偿，膀胱过度充盈而造成尿不断溢出。见于各种原因所致的慢性尿潴留，膀胱内压超过尿道阻力时，尿液持续或间断溢出。

③急迫性尿失禁：严重的尿频、尿急而膀胱不受意识控制而发生排空，通常继发于膀胱的严重感染。这种尿失禁可能由膀胱的不随意收缩引起。

④压力性尿失禁：当腹内压突然增高（咳嗽、喷嚏等）时，尿液不随意地流出。这是由于膀胱和尿道之间正常解剖关系的异常，使腹压增加，传导至膀胱和尿道的压力不等，膀胱压力增高而没有相应的尿道压力增高。另外，也与盆底肌松弛相关。主要见于老龄的雌性动物，特别是多次分娩或产道损伤者。

此外，脊髓疾病而致交感神经调节机能丧失，如脊髓损伤、某些中毒性疾病、昏迷或长期躺卧的病畜，造成膀胱内括约肌麻痹等，也可引起尿失禁。

第二节　泌尿器官的检查

一、肾脏

1. 肾脏的位置

肾脏是一对实质性器官，位于脊柱两侧腰下区，包于肾脂肪囊内，右肾一般比左肾稍往前。

①马的肾脏：左肾呈蚕豆形，位于最后胸椎及第1～3腰椎横突的下面；右肾呈圆角等边三角形，位于最后2～3胸椎及第1腰椎横突的下面。

②牛的肾脏：具有分叶结构。左肾位于第3～5腰椎横突的下面，略垂于腹腔中，当瘤胃充满时，可完全移向右侧；右肾呈长椭圆形，位于第12肋间及第2～3腰椎横突的下面。

③羊的肾脏：表面光滑，不分叶。左肾位于第1～3腰椎横突的下面；右肾位于第4～6腰椎横突下。

④猪的肾脏：左右两肾几乎在相对位置，均位于第1～4腰椎横突的下面。

⑤食肉动物的肾脏：左肾位于第2～4腰椎横突的下面；右肾位于第1～3腰椎横突的下面。

⑥骆驼的肾脏：骆驼的肾和马的一样，表面平滑，右肾靠前，左肾靠后。右肾呈蚕豆形，位于第2～5腰椎横突的下面；左肾呈卵圆形，位于第4～7腰椎横突的下面。

2. 肾脏的临床检查方法

动物的肾脏一般虽可用视诊、触诊和叩诊等进行检查，但因其位置关系有一定局限性。比较可行的方法是通过直肠进行触诊。体格较小的大动物可触得左肾的全部、右肾的后半部。

(1) 视诊

某些肾脏疾病（如急性肾炎、化脓性肾炎等），由于肾脏的敏感性增高，肾区疼痛明显，病畜常表现出腰背僵硬、拱起，运步小心，后肢向前移动迟缓。例如，马呈现轻度肾性腹痛；猪患肾虫病时，弓背、后躯摇摆；牛有时腰肾区呈膨隆状。此外，应特别注意肾性水肿，通常多发生于眼睑、腹下、阴囊及四肢下部。

(2) 触诊和叩诊

大动物可进行外部触诊、叩诊和直肠触诊，小动物进行外部触诊。外部触诊或叩诊时，注意观察有无压痛反应。肾脏的敏感性增高，则可能表现出不安、弓背、摇尾和躲避压迫等反应。直肠触诊应注意检查肾脏的大小、形状、硬度、活动性、有无压痛、表面是否光滑等。

在病理情况下，肾脏的压痛可见于急性肾炎、肾脏及其周围组织发生化脓性感染、肾脓肿等，在急性期压痛更为明显。直肠触诊时如感到肾脏肿胀、增大、压之敏感，并有波动感，提示肾盂肾炎、肾盂积水、化脓性肾炎等。肾脏质地坚硬、体积增大、表面粗糙不平，可提示肾硬变、肾肿瘤、肾结核、肾石及肾盂结石。肾脏出现肿瘤时，触诊常呈菜花状。肾萎缩时，其体积显著缩小，常提示为先天性肾发育不全或萎缩性肾盂肾炎及慢性间质性肾炎。

二、肾盂及输尿管的检查

肾盂位于肾窦之中，输尿管是一对细长而可压扁的管道，起自肾盂，止于膀胱。健康动物的输尿管很细，经直肠难于触及。在肾盂积水时，可能发现一侧或两侧肾脏增大，呈现波动，有时还可发现输尿管扩张。如牛患肾盂肾炎时，直肠触诊肾盏部，患畜可呈现疼痛反应。输尿管严重发炎时，由肾脏至膀胱的径路上可感到输尿管呈粗如手指、紧张而有压痛的索状物。严重的肾盂或输尿管结石的病例，当直肠触诊时，可发现肾脏触痛，有时还能在肾盂中触摸到坚硬的石块并感到结石相互之间的摩擦，同时病畜呈疼痛反应。也可以经直肠触诊到停留于输尿管中的似豌豆大至蚕豆大、坚硬的结石。

三、膀胱的检查

膀胱为贮尿器官，上接输尿管，下连尿道。大动物的膀胱位于盆腔的底部。膀胱空虚时触之柔软，如梨状；中度充满时，轮廓明显，其壁紧张，且有波动；高度充满时，可占据整个盆腔，甚至垂入腹腔，手伸入直肠即可触知。食肉动物的膀胱，位于耻骨联合前方的腹腔底部。在膀胱充满时，可能达到脐部，检查时可由腹壁外进行触诊，感觉如球形而有弹性的光滑物体。膀胱疾病除本身原发外，还可继发于肾脏、尿道及前列腺疾病等。

大动物的膀胱检查，只能进行直肠触诊；小动物可通过腹壁触诊，或将食指伸入直肠，另一只手通过腹壁将膀胱向直肠方向压迫进行触诊。检查膀胱时应注意其位置、大小、充满度、膀胱壁的厚度、压痛及膀胱内有无结石、肿瘤等。

膀胱疾病的主要临床症状为尿频、尿痛、膀胱压痛、排尿困难、尿潴留和膀胱膨胀等。常见的病理异常有以下几种。

①膀胱增大：主要见于尿道结石、膀胱括约肌痉挛、膀胱麻痹、前列腺肥大、膀胱肿瘤以及尿道的瘢痕和狭窄等，有时也可由于直肠便秘压迫引起，此时触诊膀胱高度膨胀。当膀胱麻痹时，在膀胱壁上施加压力，可有尿液被动地流出；随着压力停止，排尿也立即停止。

②膀胱空虚：除肾源性无尿外，临床上常见于膀胱破裂。膀胱破裂多为外伤引起或为膀胱壁坏死性炎症（如溃疡性破溃）所致。各种原因引起的尿潴留而使膀胱过度充满时，由于内压增高，受到直接或间接暴力的作用而破裂（临床上常见于雄性动物的尿路结石）。

膀胱破裂多发生于牛、羊、猪，此时病畜长期停止排尿，腹围逐渐增大，两侧腹壁对称性地向外、向下突出。直肠检查时，膀胱空虚，膀胱呈浮动感，腹腔穿刺时，可排出大量淡黄、微混浊、有尿臭气味的液体，或为红色混浊的液体。镜检时，此液体中有血细胞和膀胱上皮细胞。严重病例，在膀胱破裂之前，有明显的腹痛症状，有时持续而剧烈，破裂后病畜变得安静。腹腔内尿液被机体吸收后可导致尿毒症，有时皮肤可散发尿臭味。

③膀胱压痛：见于急性膀胱炎、尿潴留或膀胱结石等。当膀胱结石时，在膀胱不是过度充满的情况下触诊，可触摸到坚硬如石的硬块物或沉积于膀胱底部的砂石状尿石。急性膀胱炎，动物表现尿急、尿频和尿痛的症状，触压膀胱时有明显的疼痛反应。

在膀胱的检查中，较好的方法是膀胱镜检查，可以直接观察到膀胱黏膜的状态及膀胱内部的病变，也可根据观察输尿管口的情况，判定血尿或脓尿的来源。此外，小动物还可用X线造影术进行检查。

四、尿道的检查

尿道可通过外部触诊、直肠内触诊和导尿管探诊进行检查。

母畜的尿道，开口于阴道前庭的下壁，特别是母牛的尿道，宽而短，检查最为方便。检查时可将手指伸入阴道，在其下壁可触摸到尿道外口。此外，可用金属制、橡皮制或塑料制导尿管进行探诊。公畜的尿道，因解剖位置的不同，位于骨盆腔内的部分，连同储精囊和前列腺可由直肠内触诊；位于会阴以外的部分，可进行外部触诊。雄性反刍动物和公猪的尿道，因有 S 状弯曲，用导尿管探诊较为困难，而公马的尿道探诊则较为方便。

尿道的病理状态最常见的是尿道炎、尿道结石、尿道损伤、尿道狭窄、尿道阻塞（被脓块、血块或渗出物阻塞），有时还可见到尿道坏死。母畜很少发生尿道结石和狭窄，却多发生尿道外口和尿道的炎症性变化，母犬、猫的膀胱结石随尿排出时可阻塞尿道。

急性尿道炎表现为尿频和尿痛，同时尿道外口肿胀，且常有黏液或脓性分泌物，并可能出现血尿乃至脓尿。慢性尿道炎多无明显症状，仅有少量黏性分泌物。阴毛上有白色黏液或被黏着成块者多为尿道炎的征兆。

尿道结石多见于公牛、公羊和公猪，结石部位牛多邻近于 S 状弯曲之上的部位，也有的在坐骨弓的下方；绵羊多在尿道突的范围内被阻塞；猪多出现在乙状弯曲部和龟头的尖端。触诊时感到膨大、坚硬，压触时疼痛明显。有的病例，在结石上施以重压时，患病动物表现剧痛，后躯发抖，停止触压，发抖也随之消失。牛和猪尿道结石时，在其阴鞘周围的阴毛上有时可触摸到沙粒样硬固物。

尿道狭窄多因尿道损伤而形成瘢痕所致，也可能是不完全结石阻塞的结果。临床表现为排尿困难，尿流变细或呈滴沥状，严重狭窄可引起慢性尿潴留。应用导尿管探诊，如遇有梗阻，即可确定。

第三节 泌尿系统的主要综合症候群及诊断要点

一、尿道和膀胱疾病的综合症候群及其诊断要点

有尿路刺激症候群，尿液混浊或混有脓、血，触诊膀胱呈敏感反应，提示膀胱炎。排尿失禁或淋漓，触诊膀胱膨大、尿液潴留，压之尿液则被动流出，考虑膀胱麻痹。屡呈排尿姿势与动作，排尿困难或尿闭，伴轻度腹痛不安，应注意尿结石、尿道阻塞或膀胱括约肌痉挛。长期不见排尿，病畜腹围逐渐增大，要注意膀胱破裂。腹腔穿刺与直肠检查可助诊断。

红色尿液，在排除因药物而引起外，则为血尿或血红蛋白尿的标志。两者可依放置或离心后有无红细胞沉淀而区别。血尿常为肾、膀胱或尿路出血的结果，而血红蛋白尿则主要因溶血性疾病引起。

二、肾脏疾病的综合症候群及其诊断要点

常见尿少、色深或混有脓血，触诊肾区敏感，眼睑或皮下浮肿，动脉血压升高且主动脉口第二心音增强，提示急性肾炎。在牛应注意肾盂肾炎，在猪应考虑某些地区的肾虫病。尿液的实验室检验（血尿，蛋白尿，尿沉渣中的红、白细胞，尿圆柱等）可作确诊根据。

有肾区局部症状，尿量增加，尿沉渣中见少量上皮细胞与透明圆柱，应考虑肾病。

有肾脏功能高度障碍的病史，病畜呼出气有尿臭味，精神由沉郁转为昏迷，食欲废绝兼有呕吐或腹泻，时有阵发性痉挛，提示尿毒症。

（王　凯　魏学良　曹嫦妤）

第七章
生殖系统检查

雌性生殖系统和雄性生殖系统存在天然的差异,所患疾病及其临床症状迥然不同。雄性动物生殖器官肿胀、排尿异常可为检查生殖系统提示方向。频尿、阴门排出异常分泌物可作为雌性生殖系统检查的临床指征。乳房肿胀、泌乳异常为乳房检查提供重要依据。在临床上,主要采用视诊、触诊和嗅诊,也可借助开膣器等简单器械进行检查。对大动物卵巢、输卵管和子宫可采用直肠检查。必要时,采用 X 线和超声等特殊检查法。

第一节 雌性生殖系统的检查

母畜生殖系统包括卵巢、输卵管、子宫、阴道和阴门,母畜外生殖器检查时,可借助阴道开膣器扩张阴道,详细观察阴道黏膜的颜色、湿度、黏膜完整性、分泌物性状、子宫颈的状态。大动物卵巢、输卵管、子宫检查时,可采用直肠检查;小动物可采用超声和 X 线检查。

一、阴门和阴道的检查

健康母畜的阴门和阴道黏膜呈淡粉红色,光滑而湿润。母畜发情期阴门和阴道黏膜和黏液可发生特征性变化。此时,阴门呈现充血肿胀,阴道黏膜充血。子宫颈及子宫分泌的黏液流入阴道。黏液多呈无色、灰白色或淡黄色,透明,其量不等,有时经阴门流出,母犬发情经阴门流出鲜血,常沾染阴门周围被毛(图 7-1)。猪玉米赤霉烯酮(F-2 毒素)中毒时,表现阴门肿胀,出现类似发情的症状。

患畜表现拱背、努责、尾根翘起、时做排尿状,但尿量却不多,阴门中流出浆液性或黏液——脓性污秽腥臭液。阴道检查时,阴道黏膜敏感性增高、疼痛、充血,出血、肿胀、干燥,有时可发生创伤、溃疡或糜烂,见于阴道炎。牛多为产后感染,犬易发于发情期。

阴道黏膜覆盖一层灰黄色或灰白色坏死组织薄膜,膜下上皮缺损,或出现溃疡面,见于假膜性阴道炎。

阴门排出黏液性或脓性分泌物,严重的排出污红或棕色带臭味的分泌物,而阴道黏膜无明显病理变化,见于子宫内膜炎。5 岁以上的小型母犬后腹部异常增大,渴欲增加,有时阴门排出脓性分泌物,见于犬子宫蓄脓。

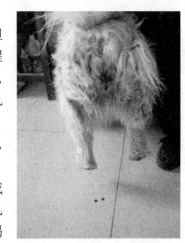

图 7-1 发情母犬阴门流鲜血

阴道和阴门有新鲜创口或溃疡,出血;阴门、阴道肿胀,有时黏膜下血肿,见于产道和阴门损伤。

阴道黏膜充血呈紫红色,阴道壁紧张,越向前越变狭窄,而且在其前端呈较大的明显的螺旋状皱褶,皱褶的方向标志着子宫扭转的方向,腹痛明显,见于母畜子宫扭转。

妊娠期间母畜在躺卧时阴道部分脱出,由鸡蛋大至鹅蛋大,黏膜外露,站起后仍能恢复;或全部脱出,如球状,末端可看到子宫颈,不能复原。脱出部分初为粉红色,后变为青紫色,水肿,糜烂,其上往往粘有粪便、泥土等污物,见于阴道脱(图7-2)。妊娠末期阴道部分脱出时,称为习惯性脱出。犬阴道脱主要发生于大型犬的发情初期,而且呈习惯性脱出,造成自然交配困难,严重者连同尿道口脱出,引起排尿障碍。

犬阴道肿瘤常突出阴门外,呈"椰菜花"状,表面损伤并积有暗红色血液(图7-3)。

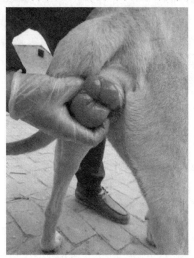 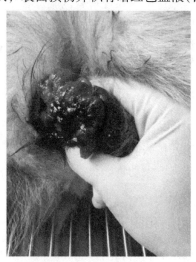

图 7-2　犬阴道脱　　　　　　　图 7-3　犬阴道肿瘤

二、子宫的检查

1. 检查方法

直肠检查,适于大动物。马子宫位于骨盆腔和后腹部。直肠检查时先找到卵巢,再顺摸到子宫角。两侧子宫角呈扁带状,大小相等,松软,触诊时有收缩反应,变成扁圆形,稍硬,很快即松弛。未经产牛的整个生殖器官全在盆腔内,但经产牛的子宫则往往垂入腹腔。直肠检查一般先从子宫颈开始,向前触摸子宫角。子宫颈有内、外口,内口与子宫体相接,外口通向阴道。牛、马、羊、犬外口突出阴道穹窿内,可应用开膣器打开阴道直接观察。犬、猫的2个子宫角沿两侧腹壁向前延伸,卵巢和输卵管与韧带合为一体并与肾包膜相连接。

2. 病理变化

母畜产后可见有少量血液从阴道内排出,阴道检查可发现子宫颈裂伤,见于子宫颈损伤。

子宫颈稍张开,有时排出有臭味的脓性分泌物,见于子宫内膜炎。犬、猫急性子宫内膜炎主要发生于产后，子宫颈外口充血、肿胀或稍张开，腹部触诊子宫颈增大、有疼痛反应，呈面团样硬度；慢性子宫内膜炎，犬、猫发情不正常或不发情、屡配不孕或孕后易流产，子宫颈外口充血肿胀，触诊子宫角粗大；子宫蓄脓的患犬阴门肿大，触诊腹壁膨大疼痛，可触摸到扩张的子宫角，阴门流出（开放性）或不流出（闭锁性）脓性液体。

子宫颈口黏膜水肿、充血或出血，并附有絮状黏液或脓液，颈口稍张开，可容 1~2 指，见于子宫颈管炎。转为慢性的，黏膜肥厚，可发现子宫颈变粗并坚实。

子宫颈硬结及闭锁，见于宫颈损伤及慢性子宫颈管炎而引起结缔组织增生、瘢痕收缩及粘连。有时见有先天性子宫颈闭锁。

母畜产后见有血水从子宫颈口、阴门流出，其他症状不明显，子宫内触诊可能摸到破口，见于子宫不完全破裂。

奶牛产后子宫颈损伤

在胎儿产出过程中，母畜突然停止努责，阴道内有时流出血液，破口大时胎儿可坠入腹腔。引起大出血时，全身症状严重，见于子宫完全破裂。上部子宫壁完全破裂时，肠管和网膜可进入子宫腔，甚至可脱出到阴门外。

母畜产后恶露积留在子宫内，排出时间延长，卧下时流出较多。阴道检查可见子宫颈口张开，产后 7 d 仍能将手伸入。直肠检查子宫体积较大、下垂、壁厚而软，收缩反应微弱，子宫积液时有波动感，有时还可摸到未完全萎缩的子叶，见于子宫复旧不全。

牛、羊产后胎衣不下，可见部分胎衣脱垂于阴门外（图 7-4）。

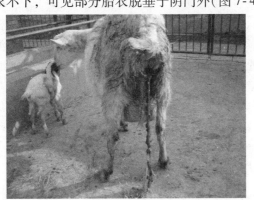

奶牛胎衣不下

奶牛胎衣不下及脱落的胎衣

图 7-4 羊胎衣不下

患畜表现轻度不安，常举尾、努责、减食；阴道检查可发现柔软的圆形瘤样物；直肠检查可摸到子宫角套叠在一起，见于子宫内翻。发生于犬、猫称为子宫套叠或子宫疝。

脱出的子宫悬垂于阴门外。牛、羊脱出的子宫囊状，初呈红色，表面横列许多暗红褐色子叶（图 7-5）。马脱出的子宫呈圆筒状，表面平滑。猪子宫全部脱出时很像两条肠管。

脱出时间较长时，其子宫壁淤血，黏膜干燥，小点出血，坏死，发炎，结成污褐色痂皮，并出现全身症状。见于子宫脱出。

图 7-5 羊子宫脱

三、卵巢及输卵管检查

1. 卵巢

马卵巢被系膜悬吊在腰区后方两旁,右卵巢在第 3 或第 4 腰椎右横突之下,左卵巢在第 4 或第 5 腰椎左横突之下。马卵巢呈肾形或椭圆形,约鸡蛋大。牛的卵巢约拇指肚大,多为稍扁的椭圆形,都紧贴在子宫角尖端两旁。猪卵巢呈长圆形,色红,有大小不等的卵泡、红体或黄体,突出于表面。犬、猫卵巢细小,位于子宫韧带上,被一个脂肪囊包裹,发情期也不增大,较难触及。大动物卵巢检查宜采取直肠检查法。

直肠检查时,如摸到卵巢上有 1 个或数个紧张而有波动感的囊泡,其体积大于正常成熟卵泡,见于卵泡囊肿。卵巢上的囊状结构壁厚而软,大小似卵泡囊肿,见于黄体囊肿。

卵巢肿大,表面光滑柔软,触之疼痛,且病畜出现全身症状,见于急性卵巢炎。卵巢增大变硬,表面不平,疼痛不明显,见于慢性卵巢炎。卵巢上有豌豆大至鸡蛋大的脓肿,触之似卵泡,疼痛明显,见于化脓性卵巢炎。

2. 输卵管

输卵管是连结卵巢及子宫的弯曲小管,两侧各有 1 条。大动物可采取直肠检查。

输卵管常见的病理变化有输卵管积液(输卵管内含有清澈无色水样液体)、输卵管囊肿(脓样液体)、输卵管闭锁、输卵管肥厚(整个管体膨大,黏膜皱褶缺失)和卵巢囊粘连(部分粘连至广泛粘连不一,卵巢仍表现周期活动,输卵管腹腔口不消失)。见于输卵管炎的不同时期。

四、乳房检查

乳房检查方法主要用视诊、触诊,并注意乳汁的性状。

①视诊:注意观察乳房大小、形状、完整性和皮肤颜色等。

牛、绵羊和山羊乳房皮肤上出现疱疹、脓疱及结节多为痘疹、口蹄疫等病的症状。

乳房肿大,见于乳房浮肿、急性乳房炎(图 7-6)。

乳房表层创伤,与其他部位的创伤相同。深层创伤,波及实质时,从伤口有乳汁流出，如为乳头壁的穿透创，则经常流乳。

②触诊：可确定乳房皮肤的厚薄、温度、软硬度及乳房淋巴结的状态，有无脓肿及其硬结部位的大小和疼痛程度。触诊乳房实质及硬结病灶时，须在挤奶后进行。

乳房炎时，炎症部位肿胀、发硬，皮肤呈紫红色，有热痛反应，有时乳房淋巴结肿大，挤奶不畅。炎症可发生于整个乳房，有时，仅限于乳腺的一叶，或仅局限于一叶的某部分。不同临床类型乳房炎鉴别诊断见表7-1所列。

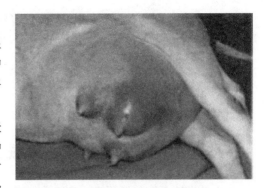

图 7-6　牛急性乳房炎

表 7-1　乳房炎症状鉴别诊断

乳房炎临床类型	症状鉴别					
	红、肿、热、痛	乳房上淋巴结	乳汁	全身症状	渗出物	硬度
浆液性乳房炎	明显	肿大	稀薄，含絮片	明显	浆液性	坚实
黏液性乳房炎	明显	肿大	稀薄，含凝块	明显	黏液性	硬固
纤维素性乳房炎	严重	肿大	少量乳清	重剧	纤维蛋白	坚硬
黏液脓性乳房炎	后期萎缩	肿大	水样，含絮片	重剧	脓性	硬固
乳房脓肿	明显	肿大	脓样，絮片	明显	脓性	有时呈现波动感
乳房蜂窝织炎	重剧	肿大	无乳	重剧	脓性	有时呈现波动感
出血性乳房炎	明显	肿大	含絮片及血液	明显	红色	坚实
坏疽性乳房炎	明显	肿大	腐败样，臭	重剧	污秽不洁	硬

乳牛发生乳房结核时，乳房淋巴结显著肿大，形成硬结，触诊常无热痛。

乳房局部皮肤紧张，发红光亮，无热无痛，指压留有指印，稍晚则皮肤增厚、发硬，见于乳房浮肿。较严重的水肿，可波及到乳房基底前端、会阴部、下腹部及四肢上部。

乳汁感观检查，除隐性型病例外，多数乳房炎患畜，乳汁性状都有变化。检查时，可将各乳区的乳汁分别挤入手心或盛于器皿内进行观察，注意乳汁颜色、稠度和性状。如乳汁浓稠内含絮状物或纤维蛋白性凝块，或脓汁、带血，可为乳房炎的重要指征（图7-7）。必要时进行乳汁的化学分析和显微镜检查。

图 7-7　乳房炎絮状乳汁

血性乳房炎

右后乳管损伤，挤奶不畅

乳池充满乳汁，但挤奶困难，乳流很细或无乳流出，触诊乳头末端粗硬，见于乳头管狭窄、损伤及闭锁，先天无乳头孔。

乳池充乳很慢，挤奶困难，触诊乳头基部或乳池壁的其他部分，可摸到结节状物或硬索状物，插入导乳管会遇到阻碍，见于乳池狭窄。若挤不出乳汁，见于全部乳池闭锁。

第二节　雄性生殖系统的检查

公畜生殖系统包括阴囊、睾丸、精索、附睾、阴茎和一些副腺体（前列腺、储精囊和尿道球腺）。检查公畜外生殖器官时应注意阴囊、睾丸和阴茎的大小、形状，尿道口颜色、肿胀、分泌物或新生物等。

一、包皮及包皮囊检查

包皮炎表现包皮红肿，排尿带痛，见于猪瘟。公犬包皮及包皮囊炎还表现出包皮口污秽不洁，流出脓性腥臭的液体，翻开包皮囊可见红肿、溃疡病变，龟头发炎。

二、阴茎及龟头检查

公畜阴茎损伤、阴茎麻痹、龟头局部肿胀及肿瘤较为多见，尤其是公犬。

公畜阴茎较长，易发生损伤（图7-8），受伤后可局部发炎，肿胀或溃烂，见尿道流血、排尿障碍、受伤部位疼痛和尿潴留等症状。如用导尿管检查不能插入膀胱，或仅导出少量血样液体，提示有尿道损伤的可能。

龟头肿胀时，局部红肿、发亮，有的发生糜烂，甚至坏死，有多量渗出液外溢，尿道可流出脓性分泌物。

3～6月龄的公犬常发生阴茎嵌顿（图7-9），老龄犬易发生阴茎麻痹。

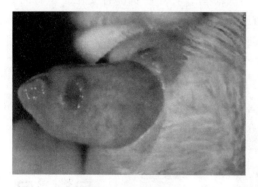
图7-8　犬阴茎损伤

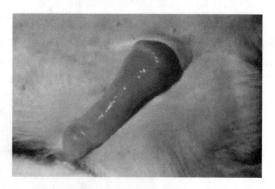
图7-9　犬阴茎嵌顿

公畜的外生殖器肿瘤，多见于犬，且常发生于阴鞘、阴茎和龟头部（图7-10，图7-11），阴茎及龟头部肿瘤多呈不规则的肿块和菜花状，常溃烂出血，有恶臭分泌物。

公犬在不正确的配种后可能出现阴茎垂脱。

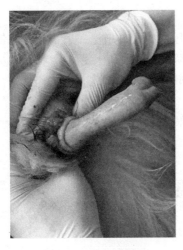
图 7-10　犬龟头肿瘤

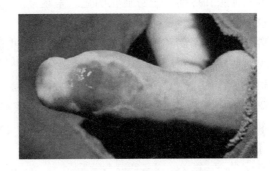
图 7-11　犬阴茎鳞状细胞癌

三、睾丸及阴囊检查

阴囊内有睾丸、附睾、精索和输精管。检查时应注意睾丸的大小、形状、硬度以及有无隐睾、压痛、结节和肿物等。

1. 阴囊

阴囊呈椭圆形肿大，表面光滑，膨胀，有囊性感，局部无压痛，压之留有指痕，见于阴囊水肿，如外伤、阴囊炎、睾丸炎、结石、去势、贫血、心脏衰竭及肾炎等引起的皮下浮肿。

阴囊呈椭圆形肿大，表面光滑，触诊敏感，温度升高，多见于阴囊炎、睾丸炎。

阴囊湿疹主要发生于犬，常继发于环境潮湿、体表寄生虫、化学物质刺激及犬瘟热等（图 7-12）。

阴囊显著增大，有明显的腹痛症状，有时持续而剧烈，触诊阴囊有软坠感，同时阴囊皮肤温度降低，有冰凉感，见于公马阴囊疝。也常见于仔猪、仔犬。

图 7-12　犬阴囊湿疹

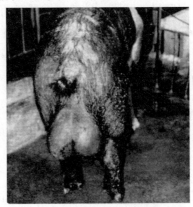
图 7-13　猪乙型脑炎睾丸肿大

2. 睾丸

睾丸明显肿大、疼痛，阴囊肿大，触诊时局部压痛明显、增温，患畜精神沉郁，食欲减退，体温增高，后肢多呈外展姿势，出现运步障碍，见于急性睾丸炎和附睾炎。

睾丸肿胀和疼痛，全身症状明显，呈现渐进性软化病灶，以致破溃，流出脓汁，见于化脓性睾丸炎。

猪患布氏杆菌病和乙型脑炎时，睾丸肿大明显（图7-13）。马鼻疽时可有鼻疽性睾丸炎的类型。

3. 精索

精索硬肿为去势后常见并发症。可为单侧或双侧，多伴有阴囊和阴鞘水肿，甚至可引起腹下水肿。触诊精索断端，可发现大小不一、坚硬的肿块，有明显的压痛和运步障碍。有的可形成脓肿或精索瘘管。

四、犬前列腺检查

前列腺开始于尿道，完全包绕膀胱颈，4岁以下犬的前列腺通常位于耻骨边缘的骨盆腔内，并在青春期逐渐增大，进入腹腔，动物成熟时前列腺的大小有很大变化。

腹部触诊，前列腺肥大、有压痛，可见排尿困难或尿闭，疼痛不安，步态拘谨，见于急性前列腺炎。

触诊前列腺肿大，有波动感，无疼痛，尿闭或尿失禁，见于前列腺囊肿。

痛性尿淋漓和排尿困难，有时出现血性尿道分泌物；腹部触诊或手指直肠检查，前列腺实质内有硬结节，或前列腺增大，不对称，变硬和没有活动性，表现疼痛反应，见于前列腺肿瘤。

第三节　生殖系统的主要综合症候群及诊断要点

一、生殖系统的主要综合症候群

外生殖器官局部肿胀，敏感，排尿障碍，尿频，尿血，尿道口（阴门）有异常分泌物等症状时，均应考虑有生殖器官疾病的可能。这些症状除发生于生殖器官本身的疾病外，也可由泌尿器官或其他器官的疾病引起，注意鉴别诊断。

二、生殖器官疾病的诊断要点

1. 阴道炎

患畜表现拱背、努责、时做排尿状。阴门中流出浆液性或黏液脓性污秽腥臭液。阴道黏膜潮红，出血，肿胀，溃疡或糜烂。

2. 子宫内膜炎

阴门排出黏液性或脓性分泌物，严重的排出污红或棕色带臭味的分泌物，而阴道黏膜无明显病理变化。直肠检查感到子宫壁厚，局部温度高，按压敏感，收缩反应减弱。全身症状较重。

3. 卵巢炎

直肠检查，卵巢显著增大，表面光滑柔软，触之疼痛，温度增高，有全身症状。

4. 乳房炎

乳房局部或全部肿胀、坚实或坚硬，皮肤呈紫红色，有热痛反应，局部温度高，乳房淋巴结肿大，挤奶不畅，乳汁少、内含絮状物。

5. 阴道脱

阴道裸露肛门外，有鸡蛋大、鹅蛋大或排球大，黏膜外露；严重时可看到子宫颈。脱出部分初为粉红色，后变为青紫色，水肿，糜烂。

6. 子宫脱

脱出的子宫悬垂于阴门外，子宫壁淤血、出血、坏死、肿胀，结成污褐色痂皮，并出现全身症状。

7. 睾丸炎

睾丸明显肿大、疼痛，阴囊肿大，触诊时局部压痛明显、增温，后肢多呈外展姿势，出现运步障碍。

8. 前列腺炎

直肠内触诊或腹部触诊，前列腺肥大、有压痛。排尿困难或尿闭，疼痛不安，步态拘谨。

（朱连勤　侯　宇）

第八章

神经及运动机能检查

兽医在对动物进行神经及运动机能临床检查时，需要将一般检查和特殊检查相结合，并按顺序进行。通常先观察动物的精神、姿态，特别是头颅和脊柱的形态，然后依次是颅神经和特殊感觉检查，上肢和下肢的运动机能和反射检查，最后是自主神经机能检查。根据病史和一般检查，初步诊断病变性质和位置，必要时可进行血液常规和生化指标、脑脊髓穿刺液、X线、眼底镜、脑电图、肌电图、CT扫描等检查项目，进一步分析、推断发病原因、病变性质和发病部位等。

第一节 头颅和脊柱的检查

脑和脊髓分别位于颅腔和脊柱椎管中，不宜进行直接检查，通常利用视诊、触诊和叩诊等方法，通过对头颅和脊柱的外表检查来间接诊断脑和脊髓的内在病变特征。

一、颅腔检查

颅腔是由头部的皮肤、肌肉和颅骨围成的腔。正常动物头部外形轮廓匀称、耳鼻端正、反应机敏、运动灵活。一般临床检查主要是通过观察头颅形态、大小以及运动状态；触诊其温度、硬度和疼痛反应；叩诊其异常音响来初步诊断。某些副鼻窦炎或积脓时，可以使窦壁增温、疼痛、隆突变形或软化，易误诊为神经系统疾病，临床上注意鉴别。常见具有诊断意义的头部异常症状与提示疾病或病变部位见表8-1所列。

表8-1 头部异常症状与提示疾病或病变部位

异常表现	提示疾病
头颅表面局部隆起	局部外伤、副鼻窦蓄脓以及颅壁肿瘤
头颅增大	颅内肿瘤、血肿、脓肿、囊肿、肉芽肿等颅内占位性病变
头颅皮温局部增高	中暑、脑充血、脑膜脑炎、犬日射病、猪乙型脑炎
头盖骨变软	多头蚴病或颅壁肿瘤
头颅部压痛	局部外伤、炎症、肿瘤及多头蚴病
头部活动受限	颈椎疾病
头部不随意颤动	大脑和间脑疾病
头歪斜	中耳或内耳疾病，延髓的前庭神经核损伤
头偏向侧上、下方或上方	脑干损害

（续）

异常表现	提示疾病
头对称性改变	延髓损害，面神经损伤
角弓反张（观星姿势）	大脑皮层受刺激，脑干或基底神经损伤所致
头颅叩诊浊音	脑积水、脑肿瘤或多头蚴病

二、脊柱检查

脊柱前接颅骨枕部，后至尾根，椎管中容纳脊髓。站在动物正前方或后方观察，脊柱的正常姿势前后观呈一正中直线；侧面观脊柱呈曲线，即颈椎、腰椎下凹，胸椎、荐椎上凸。临床检查主要观察脊柱弯曲度，感觉脊柱的形态和敏感性，大动物的敏感性检查可采用直接叩诊。脊柱变形对于临床诊断意义较大，常采用影像学方法检查进一步分析变形的原因。常见具有诊断意义的脊柱病变症状表现为脊柱姿势异常、脊柱表面肿胀和骨质异常而变形。脊柱检查一般按顺序进行，各部分脊柱的异常症状与提示疾病或病变部位见表 8-2 所列。

表 8-2　脊柱的异常症状与提示疾病

部位	临床特征	疑似病变部位或疾病
颈部	触诊颈部僵硬、敏感，活动不自如	颈部风湿、破伤风、颈部感染肿胀
	突然歪斜、弯向一侧、局部肌肉僵直、出汗及运动功能障碍	颈椎脱位或骨折
胸部	脊柱活动性小，症状不易观察	颈、胸部脊髓损伤将会出现前位截瘫
腰荐部	触诊椎骨变形	外伤、骨软症、佝偻病和慢性氟中毒
	触诊敏感，表现为鸣叫、回视、躲闪、反抗	脊柱损伤、脊髓或脊髓膜炎、椎间盘疾病
	强力触压动物腰荐部，反应不灵活或无反应	腰部风湿、骨软症或脊柱横断性损伤
	触诊腰椎横突柔软变形、尾椎骨质被吸收	矿物质代谢紊乱
	后肢无力，行走飘忽，不愿行走，单侧或双侧后肢可同时也可先后出现瘫痪，尾低垂，大小便无力	后腰损伤
	后肢瘫痪，不能坐立，常以腹部着地，大小便困难或失禁，尾力消失	前腰损伤
尾部	尾部挺起	破伤风
	触诊尾椎柔软，关节呈念珠样肿胀并有疼痛	缺钙或脱钙

1. 脊柱姿势异常

脊柱姿势异常主要表现为脊柱弯曲，病理性上弯、下弯或侧弯主要见于支配脊柱上下或左右运动的肌肉不协调，最常见于脑膜炎、脊髓炎、破伤风以及营养代谢病等。上方肌肉挛缩表现角弓反张，侧方肌肉挛缩表现斜颈，动物因此呈现强迫后退、圆圈运动或卧地不起等症状。如动物前庭神经麻痹（如鸡新城疫，B 族维生素或维生素 E 缺乏症）时，头颈

肌肉痉挛引起的斜颈

向患侧后仰、侧扭，甚至造成身体翻转。临床上需注意，肾炎、腹痛、努责等有时可引起暂时性的脊柱向上弯曲而拱背，需鉴别诊断。

2. 脊柱表面肿胀、活动受限

脊柱表面突出肿胀多见于脊椎骨折或脱位，比如撞击引起的骨折，外部触诊或直肠检查时可出现哔啵音。检查时应注意问清病史，观察并触摸有无局部肿胀或变形，但应避免做脊柱运动，以免损伤脊髓；椎间盘突出主要见于腰椎，表现为腰椎各个方向的运动均受限制。腰脊僵硬而不灵活，多见于椎间隙骨质增生和硬化。

3. 骨质异常而变形

骨软症、氟中毒等骨质代谢障碍性疾病等常引起骨质破坏而变形，脊椎结核或肿瘤也会引起局部肿胀变形，应与脊髓神经病变相鉴别。

第二节 脑神经和特殊感觉检查

脑神经共有12对，沿脑干分布于头、面部等特定位置上，其中部分脑神经与动物的特殊感觉密切相关，如嗅神经与嗅觉、听神经与听觉、视神经与视觉等。脑神经中除嗅神经、舌下神经外，其余均易受损，特别是视神经、动眼神经及外展神经损伤较易发生，一般为双侧对称性，也有单侧性。脑神经损害主要表现为视力下降、眼睑下垂、眼球位置偏斜、面部麻木、口眼歪斜、口角流涎、听力下降、吞咽困难、饮水呛咳、发音异常等。常见于脑干、颅神经肿瘤及颅底邻近部位病变，如动脉瘤、脑膜瘤、脊索瘤、颅咽管瘤、垂体瘤、神经鞘瘤等。脑神经检查对颅脑损害的定位诊断极有意义，检查脑神经应按先后顺序进行，以免重复和遗漏。脑神经常见功能障碍与颅脑损害定位见表8-3所列。

表8-3 脑神经的基础知识与常见功能障碍表现

脑神经	性质	起始	分布	功能障碍的表现
Ⅰ嗅神经	感觉性	端脑	嗅球	嗅觉减退、缺失
Ⅱ视神经	感觉性	间脑	外侧膝状体	弱视、运动时缓慢、呈涉水步态
Ⅲ动眼神经	混合性	中脑	眼肌	斜视、上眼睑下垂、瞳孔散大
Ⅳ滑车神经	运动性	中脑	眼肌	眼球不能上下活动
Ⅴ三叉神经	混合性	脑桥		咀嚼肌萎缩、不能闭口
眼神经			泪腺、结膜、额部皮肤、鼻腔黏膜	
上颌神经			面部、口咽及上颌弓	
下颌神经			咀嚼肌、下齿弓	
Ⅵ外展神经	运动性	脑桥	眼肌	内侧斜视
Ⅶ面神经	混合性	脑桥	面部及耳肌	病侧眼睑不能闭合、唇连合、耳麻痹、流涎
Ⅷ听神经	感觉性	脑桥	斜方体	
前庭神经				眼球震颤、头歪斜、转圈、跌倒和打滚
耳蜗神经				耳聋

(续)

脑神经	性质	起始	分布	功能障碍的表现
Ⅸ舌咽神经	混合性	延髓	舌、咽黏膜	吞咽困难、发声异常、吸气性呼吸困难
Ⅹ迷走神经	混合性	延髓	咽喉食管胃肠肝胰肾	
Ⅺ副神经	运动性	延髓	臂头肌、斜方肌、胸头肌	患侧肩胛骨低沉、头部稍转向对侧
Ⅻ舌下神经	运动性	延髓	舌肌	舌偏斜

一、嗅神经检查

(1) 检查方法

通过观察动物寻找食物的能力，如遮蔽眼睛后用食物接近，观察动物的反应。当嗅神经发生病变损伤时，动物没有食欲，不会寻找食物。

(2) 诊断分析

迄今尚无原发性嗅神经病的报告，常与其他颅神经疾病合并存在或继发于其他疾病，主要症状为嗅觉障碍，如嗅觉减退、缺失等。一般见于大脑炎、颅内肿瘤或囊肿、马传染性脑脊髓炎和犬瘟热等。一般犬和猫嗅觉比较敏感，嗅觉检查多用于犬和猫的疾病诊断。临床上注意与鼻黏膜疾病相区别，两者症状相似。

二、视神经检查

视神经、视器官和视中枢发生障碍均可造成视觉异常。动物临床上，关于视觉的检查项目较多，包括视力、视野、眼底和眼球等。

1. 视力

(1) 检查方法

可牵引患病动物前进，通过障碍物，观察是否躲闪；也可让患病动物在一定距离内识别检查者有无指动，若指动无反应，则用手电筒测其有无光感。

(2) 诊断分析

视力减退或丧失可见于眼病、视神经或脑的功能减弱或丧失所致。见于肿瘤压迫、外伤、视神经炎、视神经乳头水肿或萎缩等，如山道年、野萱草根等中毒。动物视力增强，表现为羞明，多发生于结膜炎、牛结膜（角膜）炎等眼科疾病。

2. 视野

(1) 检查方法

视野检查常用手试法。

(2) 诊断分析

临床上常根据视路受损所产生的视野缺损而诊断病灶的部位，如病变在视交叉以前多为单侧全盲，病变在视交叉中部（垂体腺等）多为双眼颞侧偏盲，病变在视交叉以后多为同侧偏盲。

3. 眼底

（1）检查方法

将动物置于安静的暗室内，自然站立或横卧保定，检查人员接近动物，右手持检眼镜。动物在暗室内瞳孔自然放大（白天需要用1%硫酸阿托品溶液进行散瞳），检查者便可以用检眼镜进行眼底检查。

（2）诊断分析

注意视盘的形状、大小、颜色、边缘及视网膜血管等情况，应特别注意视神经乳头有无水肿、苍白、出血等。病理情况下可见视乳头水肿、视神经萎缩等症状。视乳头水肿多为颅内占位性病变，如肿瘤、脓肿以及炎症。视乳头苍白见于视神经慢性炎症、视神经直接受到挤压、视神经滋养血管闭塞等；见于维生素A缺乏症、棉籽饼粕中毒等。

4. 眼球

（1）检查方法

视诊。

（2）诊断分析

眼球属于视器官，异常形态变化病因较为复杂。动物临床具有诊断意义的异常表现见表8-4所列。

表8-4　眼球异常病变特征与提示疾病或损伤神经定位

异常表现	症　状	提示疾病或损伤神经定位
角膜混浊	角膜模糊，呈云雾状	见于角膜炎、周期性眼炎
眼球突出	眼球突出眼窝	见于突眼性甲状腺肿、剧烈腹痛和严重的呼吸困难
眼球凹陷	眼球陷入眼窝内	见于脱水、营养性衰竭、慢性消耗性疾病
斜视	一侧眼肌麻痹、一侧眼肌过度牵引	由于支配眼肌运动的神经核或神经纤维机能受损所致
眼球震颤	眼球发生一系列有节奏的快速的往返运动，以水平方向常见	表明动眼神经核、滑车神经核、外展神经核或前庭神经核的机能受损，常见于脑膜脑炎、癫痫等

三、动眼、滑车及外展神经检查

（1）检查方法

动眼、滑车与外展神经三者解剖位置临近，故病因刺激易同时损害，临床上常一并检查。临床主要检查上眼睑是否下垂，有无腹外侧斜视，眼球有无突出或下陷；开张眼睑是否引起角膜反应，观察眼球退缩和第三眼睑的脱垂情况；观察瞳孔的位置、形状、大小，边缘是否整齐，双侧是否对称；对光反射检查瞳孔是否缩小；注意瞳孔对光反射的反应是灵敏，还是迟钝、消失，正常情况下，瞳孔的直接和间接对光反射均灵敏。

（2）诊断分析

动眼神经麻痹可见于眼眶疾病、脑水肿、中脑受压等疾病，临床表现为病侧瞳孔散大，瞳孔对光反应丧失，但视力正常，侧下方斜视，眼球运动丧失，上眼睑下垂；对于新生犊牛、产后瘫痪及高度兴奋时，尽管动眼神经机能正常，但瞳孔对光反应迟钝；维生素 A 缺乏导致的失明，威胁性试验和瞳孔对光反射均消失。滑车神经麻痹常见于牛脑灰质软化症，主要表现为眼球向外侧运动和眼球位置异常。外展神经损伤见于眼眶脓肿、创伤及脑干肿瘤，表现为因眼球退缩障碍而前突，眼球外方运动丧失，眼球内侧斜视。由于三者易同时累及，所以临床症状较为复杂，需认真分析、鉴别诊断。

四、三叉及面神经检查

(1) 检查方法

临床检查时，主要检查咀嚼动作及开口阻力，咀嚼音的强弱判定，触摸咀嚼肌有无萎缩和弹性下降。检查感觉功能时，通过刺激内、外侧眼角，观察动物是否眨眼；做角膜反射，观察动物是否眨眼和眼球退缩；刺激唇部是否躲避；轻轻刺激耳部，看其是否移动；针刺鼻黏膜，是否发生躲避反应；观察鼻部是否向一侧歪斜。

(2) 诊断分析

三叉及面神经病变及异常症状表现见表 8-5 所列。

表 8-5 三叉及面神经病变及异常症状表现

神经损伤	表现症状
一侧三叉神经运动支损伤	该侧颞肌萎缩，咀嚼无力，张口下颌偏向患侧
双侧三叉运动神经损伤	颌部下垂
三叉神经下颌支受刺激	咬肌痉挛，或下颌强直收缩而致张口困难
三叉神经感觉支麻痹	病侧感觉机能丧失，角膜和眼睑反射减弱
两侧三叉神经运动神经麻痹	咀嚼障碍，不能吃粗硬饲料，只能喂以流食，下颌下垂，舌漏于口外，不能主动闭合口腔
运动神经麻痹时间长	咀嚼肌萎缩
一侧性面神经麻痹	病侧耳及上眼睑下垂，鼻孔狭窄，上下唇松弛，并歪向健侧
两侧性面神经麻痹	两侧耳及上眼睑下垂，眼裂缩小，鼻孔塌陷，唇下垂，流涎、采食障碍，以切齿摄食，咀嚼缓慢无力，颊腔蓄积食团，饮水困难，唇沉没于水中直到口角部

五、听神经检查

(1) 检查方法

动物的听觉不易检查，可以先将动物眼睛遮盖并避免其他声音的干扰，检查者通过从不同距离敲击水桶，拍双手或捻动手指、饲养人员呼唤等方法发出声音，观察动物对声音的反应。健康动物听到声音后，其头向声音发出方向回顾，同时外耳也做运动，以获得外界的声音。前庭功能检查时，首先观察动物的姿势、步态、眼球运动，如头部是否倾斜，是否易失去平衡，易于摔倒、左右摇摆、转圈等。

(2) 诊断分析

听觉迟钝或完全缺失(聋)只是对一定频率范围内的音波听力减少或丧失。除因耳病所致外，也见于延脑或大脑皮层额叶受损伤时。某些品种特别是白毛的犬和猫有时为遗传性，是因其螺旋器发育缺陷所致，有人认为是一氧化碳中毒的后遗症。听觉过敏动物听到声音后表现惊恐、不安、肌肉痉挛性收缩，可见于脑和脑膜疾病，反刍动物酮病等。

前庭疾病的基本临床特征包括共济失调、眼球震颤，头斜向病侧，朝向病侧的转圈运动。前庭神经的一侧麻痹能引起动物的头部倾斜，动物沿躯体的纵轴旋转，并向病侧跌倒，动物一般不能做直线运动，见于中耳（内耳）炎、特发性前庭综合征骨瘤、神经纤维瘤、脑膜瘤等。

六、舌咽、迷走及舌下神经检查

（1）检查方法

舌咽神经、迷走神经、舌下神经在解剖和功能上关系密切，常同时受损。检查时向畜主了解并观察有无吞咽困难、饮水呛咳或返流；观察动物舔食和饮水时舌的运动控制情况，或将舌体拉出口角观察其回缩情况；观察人工诱咳是否敏感等。

（2）诊断分析

舌咽或迷走神经麻痹，见于咽炎、延髓麻痹、狂犬病、肉毒梭菌毒素中毒、山黎豆中毒及慢性铅中毒等疾病。单侧舌下神经麻痹，舌偏向正常单侧或萎缩，双侧麻痹则舌体松软、脱出于口外、不能回缩、采食、饮水障碍，临床上见于下颌间隙深部创伤、周围组织的脓肿、血肿及肿瘤的压迫、粗暴牵拉舌体等。

七、副神经检查

（1）检查方法

检查时可触摸受神经支配的肌肉，注意肌肉有无萎缩，双侧肌力是否相同，动物转头或抬头运动有无障碍。

（2）诊断分析

副神经受损时，可出现单侧肌力下降，或肌肉萎缩。如延髓后部损伤可导致胸头肌萎缩，由于臂头肌、斜方肌和胸头肌弛缓无力，患病动物对人为抬举头部缺乏抵抗。

第三节 运动机能检查

动物的运动，是在大脑皮层的控制下，由运动中枢、传导径路、外周神经元及运动器官等共同完成。运动机能大体可分为随意和不随意运动2种。随意运动（自主运动）由锥体束司理，由意识支配横纹肌收缩完成动作。不随意运动（不自主运动）由锥体外系和小脑司理。健康动物运动协调、姿势自然。临床上患病动物表现各种形式运动障碍可由运动器官本身的疾病或外周神经受损害所致，也常因一定部位的脑组织受损伤，以及运动中枢和传导径路的功能障碍所引起。运动机能检查主要是通过一般临床检查，询问发病史，观察其步态、姿势、运动等行为变化以及肌肉紧张度、针刺反应等异常表现，分析、判断其病理过程和病变部位，必要时也需要进行器械检查。

一、四肢骨骼与关节检查

四肢与关节病变多表现运动障碍,临床检查首先进行四肢骨骼与关节一般检查,确定四肢病变部位。如果经过四肢各部检查尚不能得出诊断结论时,可做 X 线等进一步诊断。

1. 四肢骨骼、关节变形,姿态异常

(1)检查方法

采取视诊和触诊的诊断方法,观察四肢整体状态的异常表现,注意患病动物站立的姿势。

(2)诊断意义

动物消瘦、站立时长骨变形、关节增生肿大,前后肢出现"X"形腿或"O"形腿,主要见于骨质营养代谢性疾病,成年动物见于骨软症和骨纤维素性营养不良,幼龄动物见于佝偻病。长骨肿胀、跛行、局部触诊疼痛多提示骨肿瘤。单一关节的肿胀并伴有热、痛反应多提示关节炎;关节变形、肿胀、肢势异常、机能障碍见于关节脱位;皮肤脱毛、皮下出血、局部肿胀、跛行见于关节挫伤。

2. 运动障碍

(1)检查方法

视诊观察自然状态下四肢伸、屈、抬、踢等动作是否有力、协调。

(2)诊断意义

屈腿、抬脚、外展、后踢等动作有不同程度的障碍,见于神经麻痹、肌炎、肌肉断裂、肌肉脱位以及关节疾病等。关节运动受限,见于相应部位的骨折、脱位、关节破坏或发育不良、肌腱及软组织损伤等。跛行常为肢蹄部疾病(如疼痛、乏力、畸形或肌肉骨骼系统结构和功能异常)的重要启示。了解跛行的种类、特点和程度,大致可推断肢蹄患病的部位及其性质。四肢的运动机能障碍,在空间悬垂阶段表现明显,称为悬跛;在支柱阶段表现机能障碍,称为支跛;在悬垂阶段和支柱阶段都表现有程度不同的机能障碍,称为混合跛行。跛行的种类、特征以及提示病变部位见表8-6所列。

表8-6 跛行类型及其特征

跛行名称	特 点	提示病变部位
悬跛	前方短步,运步缓慢,抬腿困难	腕、跗关节以上的肌肉以及支配这些肌肉的神经疾病,关节屈侧的皮肤、肌膜、淋巴结的疾患
支跛	后方短步,减负或免负体重,系部直立,蹄音低	腕、跗关节以下的骨、关节、腱、腱鞘、韧带和蹄的疾病、臂三头肌炎、股四头肌炎
混合跛	兼有支跛和悬跛的某些症状	肢上部关节疾患、骨折、骨膜炎、黏液囊炎和筋膜的疾病等
间歇跛	开始运动时,一切正常,在劳逸中突发跛行,过一段时间后,跛行消失	动脉栓塞、关节石、膝关节脱位
黏着步样	呈现缓慢短步	肌肉风湿、破伤风等
紧张步样	呈现急促短步	蹄叶炎
鸡跛	运步时患肢高度举扬,膝关节和跗关节高度蜷曲,在空间停留片刻后,又突然着地,如鸡行走一样	慢性膝关节炎、膝关节脱位、蹄冠挫伤、系部皮炎等

3. 四肢常见疾病及其诊断要点

四肢各部的系统检查，前肢从蹄（指）部到系部、系关节、掌部、腕关节、前臂部、臂部及肘关节、肩胛部；后肢从蹄（趾）部到系部、系关节、跖部、跗关节、胫部、膝关节、股部、髋部、腰荐尾部，进行细致的系统检查，通过触摸、压迫、滑擦、他动运动等手法找出异常的部位或痛点。系统检查时应与对侧同一部位反复对比。系统检查时应严格遵守规定的检查手法，客观的收集异常症状，四肢诊断要点见表8-7所列。

表8-7 四肢常见疾病及其诊断要点

部位	常见疾病及其诊断要点
蹄部	蹄部温度增高、指（趾）动脉亢进、呼吸数加快提示为蹄叶炎。蹄部角质脱落、有水泡、腐败并有恶臭气味提示口蹄疫或蹄叉腐烂病
系部	有无肿胀、湿疹、皮炎、腱鞘憩室有无积液及骨折
掌部	掌骨有无疼痛和骨瘤
臂部	臂部肌肉僵直呈石板样，初期压迫敏感，是风湿病的表现，继发感染，出现剧烈疼痛、肿胀时，是化脓性肌炎的特征
肩胛部	按冈上肌和冈下肌肌纤维走向进行抚摸和压迫三角肌、肩胛冈、肩胛前角和后角、肩胛软骨及肩胛骨，以感知局部温度、湿度，有无损伤及其敏感性等变化
胫部	注意皮肤有无脱毛、肥厚及肿胀，特别是第3腓骨肌和腓肠肌有无断裂变化
股部	注意前外侧和内侧的股四头肌、阔筋膜张肌、缝匠肌等，感知其温度、弹性及疼痛反应。同时注意腹股沟淋巴结有无肿胀
髋部	观察和触诊有无肿胀及热、痛反应，必要时可做直肠内部检查

4. 四肢关节检查

在临床上，动物四肢关节中最容易发生的疾病有关节扭伤、挫伤、创伤、脱位、滑膜炎、关节炎、骨骼损伤等。关节损害可以造成主动和被动运动障碍。临床上主要观察各肢蹄的关节运动及协调性，主要是肩关节、肘关节、腕关节、髋关节、膝关节、指关节等。关节检查往往与四肢各部同时进行。关节常见疾病的检查、诊断要点见表8-8所列。

表8-8 关节常见疾病及其诊断要点

部位	检查、诊断注意事项与提示疾病
系关节	检查时要注意关节的正常轮廓有无改变，有无异常的伸展与蜷曲及关节囊憩室有无突出等变化
腕关节	触诊应注意其表在温度，有无肿胀（要区别其性质和硬度）疼痛；正常腕关节蜷曲时，屈腱可接触前臂部；反之，蜷曲程度变小（不全）并有痛感，这是慢性或畸形性关节炎的特征
肘关节	患肘关节炎症时表现为肿胀、热痛、关节轮廓（尤其是尺骨和桡骨的结合部）不清；关节侧韧带扭伤时，以指压迫关节凹陷，运动疼痛剧烈
肩关节	肩关节触诊时应注意关节轮廓、肿胀、变形等异常状态 强行使其内收、外展、伸展、蜷曲时，如表现疼痛说明其反方向组织有疼痛过程，但必须注意，当实施他动运动时应先证明肘关节以下部位应无疼痛病灶，否则易于误诊

(续)

部　位	检查、诊断注意事项与提示疾病
跗关节	跗关节触诊主要注意局部温度、肿胀、疼痛及波动，波动性肿胀在跟部，多为跟端黏液囊炎 关节憩室出现波动性肿胀，则为关节腔积液；在腱的路径上有波动性肿胀，可能为腱鞘炎 跗关节常发生硬肿，主要是由于韧带、软骨、骨膜等损伤而引起的，特别是在该关节内侧第3附骨和中央附骨之间发生的所谓飞节内肿
膝关节	急性膝关节炎时，关节肿胀，压之有剧痛 膝关节腔内有波动性肿胀是关节积液的特征 慢性畸形性膝关节炎，膝关节内侧、胫骨的关节端可出现鸡卵大的硬固性肿胀 膝盖骨上方脱位时，提举患肢关节不能蜷曲，外方脱位时，蜷曲比较容易
髋关节	髋关节发育不良时，运步不稳，后肢拖地，抬起困难，活动受限，后肢肌肉可见萎缩 患累-卡-佩氏病时，单侧或单侧后肢出现跛行，后肢肌肉可见萎缩，髋关节他动运动可听到噼啪声，有疼痛反应

二、肌肉检查

1. 肌力

肌力（myodynamia）为肢体做主动运动时肌肉最大的收缩力，除肌肉的收缩力量外，还以动作的幅度与速度来衡量。肌力病变临床上主要表现为肌力减退或丧失，即瘫痪（paralysis），又称麻痹。根据神经系统损伤的解剖部位不同，可分为中枢性瘫痪（central paralysis）和外周性瘫痪（peripheral paralysis）。因上行运动神经原的有关组织，即大脑皮层、脑干、延髓和脊髓腹角的任何一部分病变所引起的瘫痪，称为中枢性瘫痪。见于脑、脊髓损伤，脑、脑脊髓炎，脑部占位性病变等。因下行运动神经元，包括脊髓腹角细胞、腹根及其分布到肌肉的外周神经或脑的各神经核及其纤维的病变所引起的瘫痪，称为外周性瘫痪，又名下行运动原性瘫痪。中枢与外周性瘫痪的鉴别见表8-9所列。按照发生部位分为单瘫（monoplegia）、偏瘫（hemiplegia）、四肢瘫和截瘫（paraplagia），对应部位和病变特征见表8-10所列。检查方法是先观察动物自主活动时肢体的幅度和协调性，触诊肌腱的张力及硬度，再对肢体做他动运动以感受其抵抗力，需排除因疼痛、关节强直或肌张力过高所致的活动受限。

表8-9　中枢性瘫痪与外周性瘫痪的鉴别

名　称	中枢性瘫痪	外周性瘫痪
肌肉张力	增高、痉挛性	降低、弛缓性
被动运动阻力	正常或增强	减弱或消失
反射	亢进（尤其是触觉反射）	减弱或消失
肌肉萎缩	缓慢、不明显	迅速、明显
腱反射	亢进	减弱或消失
皮肤反射	减弱或消失	减弱或消失
脑局灶性症状	多数有脑神经损害所致的局灶症状	无
意识	多数有意识障碍	无意识障碍

表 8-10 单瘫、偏瘫、四肢瘫和截瘫对应部位和病变特征

名称	特征	神经损害定位
单瘫	某一肌肉、某一肢体的随意运动能力减弱或丧失	外周神经局部性损害
偏瘫	身躯半侧发生瘫痪即半身不遂	大多由锥体束损害所引起，病损在单侧的大脑、脑干或颈部脊髓
四肢瘫	四肢运动功能部分或完全丧失	大脑皮层、脑干和颈髓损害引起，也可由下运动神经元所致
截瘫	身躯某一部位以后发生两侧对称性瘫痪	胸部、腰部或荐部脊髓损伤等

2. 肌体积

(1)检查方法

观察肌肉的外形及体积，触摸肢体、躯干乃至颜面的肌肉有无肌萎缩、肥大。如有则应确定其部位，并应对两侧对称部位进行比较。

(2)诊断意义

肌肉的体积缩小称为肌萎缩，分为神经源性肌萎缩和肌源性肌萎缩，前者周围神经或脊髓前角病变，可致下运动神经元性瘫痪，较早出现肌肉萎缩，其萎缩多较严重，伴有肌肉纤颤，多限于某一肌肉或肌群，也称营养性肌萎缩。中枢病变如大脑或脊髓传导束，可导致上运动神经元性瘫痪，范围较广，但肌萎缩轻，无肌肉纤颤，又称废用性肌萎缩。肌源性肌萎缩见于进行性肌营养不良症，多发性肌炎，重症肌无力，多以肢体近端为主，一般无肌肉纤颤，肌肉固有反射减退或消失，可伴有肌肉肥大，但肌力、弹性、腱反射均减弱，称假性肥大，假性肥大多见于进行性肌性营养不良症。

3. 肌张力

肌张力(muscular tone)是指静息状态下的肌肉紧张度，由脊髓的基本反射所维持。

(1)检查方法

检查时除了触摸肌肉测试其硬度外，还要测试完全放松的肢体在被动运动时的阻力大小，两侧进行对比。

(2)诊断意义

肌张力的异常变化主要表现为肌张力增加和减弱。肌张力增加时，触摸肌肉有坚实感，做被动检查时阻力增加，可表现为痉挛性和强制性2种。肌张力减弱时触诊肌肉松软，被动运动时肌张力减弱，可表现关节过伸，见于周围神经、脊髓前角灰质及小脑病变等。可因损害部位不同而临床表现有异，见表8-11所列。

表 8-11 肌张力变化临床表现与神经系统病变定位

损害部位	临床特征	神经系统病变定位
痉挛性肌张力增加	被动运动开始时阻力较大，终末时突感减弱	锥体束损害
强直性肌张力增加	指一组颉颃肌群的张力均增加，做被动运动时，伸肌与屈肌的肌力同等增强	锥体外系损害

损害部位	临床特征	神经系统病变定位
肌张力减弱	按节段性分布的肌无力、萎缩、无感觉障碍、有肌纤维震颤	脊髓前角损害
	伴肌无力、萎缩、感觉障碍、腱反射常减退或消失	周围神经损害
	肌张力降低、肌无力、伴或不伴肌萎缩、无肌纤维震颤及感觉障碍	某些肌肉和神经接头病变
	伴有感觉及深反射消失，步行呈感觉性共济失调步态	脊髓后索或周围神经的本体感觉纤维损害
	伴运动性共济失调，步行呈蹒跚步态	小脑系统损害
	伴舞蹈样运动	新纹状体病变

三、不随意运动

不随意运动是指患病动物意识清楚，但不能自行控制自己运动状态的病症。动物临床常见有强迫运动、痉挛等。

1. 强迫运动

强迫运动（compulsive movement）是指不受意识支配和外界因素影响，而自身强制表现的一种不随意运动，出现强迫运动提示脑部存在占位性病灶引起运动中枢兴奋。检查时让动物处于安静状态，观察其自然运动状态下特征。病理情况下，常见的强迫运动有回转运动、盲目运动、暴进暴退和滚转运动4种。

（1）回转运动

患病动物做顺时针方向或逆时针方向运动称回转运动（rotating movement）或转圈运动。病变机理是致病因素导致一侧向心兴奋传导中断，以致对侧运动反应占优势时，便引起这种运动。病变性质、部位、大小和病期不同时，回转运动的方向、直径大小以及运动障碍表现也有差别。

转圈运动

羊、牛患多头蚴病、脑脓肿、脑肿瘤等占位性病变时，常出现转圈运动。当支配一侧颈部肌肉的神经受损时，一侧颈肌瘫痪或收缩过强，使病畜头颈或体躯向一侧弯曲，以致无意识地随着头、颈部的弯曲方向而转动，出现转圈运动。回转运动也见于脑的泛发性疾病，如脑炎、李氏杆菌病等，由脑内压升高所引起。

（2）盲目运动

盲目运动（movement blindly）是指患病动物做无目的徘徊，不注意周围事物，对外界刺激缺乏反应。有时不断前进，一直前进到头顶障碍物而无法再向前走时，则头抵障碍物而不动。这一症状是因脑部炎症、大脑皮层额叶或小脑等局部病变或机能障碍所引起，如犬脑炎等。

（3）暴进及暴退

患病动物不顾周围环境障碍物，呈现头高举或沉下状态，以常步或速步，跟跄着向前狂奔，称为暴进（rush ahead）。见于纹状体或视丘受损伤或视神经中枢被侵害而视野缩小时。患病动物头颈后仰，颈肌痉挛而后退，且运动速度较快，则称为暴退（rush backwards）。见于摘除小脑的动物或颈肌痉挛时，如流行性脑脊髓炎等。

（4）滚转运动

患病动物向一侧冲挤、倾倒、强制卧于一侧，或循身体长轴向一侧打滚，称为滚转运动（rolling movement）。提示迷走神经、听神经、小脑角周围发生病变，使一侧前庭神经受损，从而迷走神经紧张性消失，以致身体一侧肌肉松弛。临床上马属动物打滚属正常生理现象，但与腹痛性疾病和共济失调的滚转运动有区别。腹痛性疾病临床上所表现的倒地或滚转，并非每次一致地向一侧滚倒；而共济失调时的倾跌，则不以背、腹着地打滚。

2. 痉挛

病理情况下，肌肉不受意识支配的收缩运动称为痉挛（spasm）。大多由于大脑皮层受刺激，或大脑皮质抑制，脑干或基底神经受损伤所致。按肌肉不随意收缩的形式，痉挛分为阵发性痉挛、强直性痉挛和癫痫性痉挛 3 种。

（1）阵发性痉挛

阵发性痉挛是动物最常见的一种痉挛，特征为单个肌群发起短暂、迅速、一个跟着一个重复地收缩，收缩与收缩之间间隔肌肉松弛，故又称之为间代性痉挛。痉挛经常突然发作，并且迅速停止。

阵发性痉挛提示大脑、小脑、延髓或外周神经遭受侵害，见于病毒或细菌感染性脑炎，化学物质（如士的宁、有机磷、氯化钠）中毒、植物中毒、低钙血症和青草搐搦等代谢疾病，膈痉挛等。尤其当脑循环障碍和脑贫血，以及在难产和新陈代谢障碍时多见，马钱子碱中毒具有代表性。

阵发性痉挛根据肌肉收缩的强度和规律有 5 种不同的名称，即搐搦、抽搐、惊厥、震颤和纤维性震颤。波及全身的强烈性阵发性痉挛，称为惊厥或搐搦（convulsion），此时肌肉收缩强而快，常可引起关节运动和强直，见于呋喃唑酮中毒、汞中毒、青草搐搦、泌乳搐搦、运输搐搦等。由于相互颉颃肌肉的快速、有节律、交替而不太强的收缩所产生的颤抖现象，称为震颤（trembling，tremor），临床上常见于衰竭、中毒、脑炎和脊髓疾病。检查时注意观察其部位、频率、幅度和发生的时间（静止时或运动时）。单个肌纤维束的轻微收缩，而不波及整个肌肉，不产生运动效应的轻微性痉挛，称为纤维性震颤（fibrillation）。临床一般先从肘肌开始，然后延伸到肩部和躯干的肌肉。见于牛的创伤性心包炎、酮病、急性败血症等疾病。当横纹肌出现不随意的收缩即可诊断为抽搐，动物临床上要区分哪种类型则需根据具体的临床表现加以判断。颤抖与抽搐的区别在于颤抖以肢端为明显。

（2）强直性痉挛

强直性痉挛是肌肉长时间均等的持续收缩现象，常发生于一定的肌群，是由于大脑皮层功能受抑制，基底神经节受损伤，或脑干、脊髓的低级运动中枢受刺激所引起。强直性痉挛常发生于一定的肌群，称为挛缩（contracture）；当全身肌肉均发生痉挛时，称为强直（tetany）。不同部位肌肉痉挛引起的特征性症状见表 8-12 所列。

表 8-12　不同部位肌肉痉挛引起的特征性症状

分 类	发生痉挛肌肉名称	表现特征症状
局限性强直性痉挛	咬肌痉挛	牙关紧闭
	眼肌痉挛	瞬膜突出
	头部肌肉痉挛	头向后仰
	背腰上方肌肉痉挛	凹背、脊柱下弯
	背腰下方肌肉痉挛	凸背
	背腰一侧肌肉痉挛	身躯向侧方弯曲
	腹肌痉挛	腹部缩小
全身性强直性痉挛	全身肌肉痉挛	头颈平伸，两耳直立，牙关紧闭，四肢僵硬，四肢关节不能屈曲，腹部紧缩硬如板状，尾根翘起，如破伤风

（3）癫痫性痉挛

癫痫性痉挛是脑神经兴奋性增高，引起异常放电所致。临床上平时见不到任何症状而发作时表现为强直、阵发性痉挛，同时感觉与意识也暂时消失，动物极少见。

四、共济失调

患病动物运动过程中各部位肌肉收缩力正常，而肌群动作却相互不协调，导致动物体位和运动姿势异常表现，称为共济失调（ataxia）。健康动物在小脑、前庭、锥体束、锥体外系以及视觉的参与调节下，运动协调、姿势平衡。中枢神经系统尤其小脑疾病时，容易发生运动障碍。共济失调按其性质分为静止性失调和运动性失调。

静止性失调（体位平衡失调）指动物在站立状态下，不能保持体位平衡，站立不稳，如醉酒状。临床表现为头、躯干和臀部摇晃，四肢软弱、颤抖，关节蜷曲，体躯左右摆动，站立不稳，常四肢分开站立。提示小脑、小脑角、前庭神经或迷走神经受损害。

犬共济失调

运动性失调指站立时不明显，运动时步幅、运动强度、方向均呈现异常。临床表现身躯摇晃，后躯踉跄，步态笨拙。运步时肢蹄高举，着地用力，如涉水样步态。主要是因深部感觉障碍，外周随意运动的信息向中枢传导受阻所引起，见于大脑皮层、小脑、前庭或脊髓受损伤时。运动性共济失调按病灶部位不同可将其分为脊髓性、前庭性、小脑性以及大脑皮质性失调，见表 8-13 所列。

表 8-13　运动性共济失调分类

类 型	临床表现	提示病灶部位
脊髓性失调	运步时左右摇摆，但头不歪斜，无眼球震颤，蒙眼后失调加重	脊髓背侧根损伤、深部感觉径路
前庭性失调	头颈弯曲，头向患侧歪斜，常伴发眼球震颤，蒙眼后失调加重	迷路、前庭核损伤，进而波及中脑脑桥的动眼、滑车和外展神经核

(续)

类型	临床表现	提示病灶部位
小脑性失调	呈现静止性失调和运动性失调，不伴有眼球震颤，也不因遮掩而加重；小脑损伤时，患侧前、后肢失调明显	小脑发育不全、小脑损害
大脑皮质性失调	虽能直线前进，但身躯向健侧偏斜，容易在转弯时跌倒	大脑皮层的颞叶或额叶受损伤

第四节 感觉机能检查

感觉（sensation）是神经系统反映机体内外环境变化的一种特殊功能。感受器分布于动物体表、内脏或深部，各种刺激作用于感受器，由传导系统传递到脊髓和脑，最后到达大脑皮层的感觉区，经过分析和综合，产生特定的感觉。动物的感觉，除了特殊感觉，如视觉、嗅觉、听觉、味觉及平衡感觉外，还包括浅感觉和深感觉。感觉检查不仅可以了解患病动物感觉障碍的程度和范围，而且有助于确定神经损害的部位。如通过检查浅、深感觉的临床表现，可以进行神经干、神经丛、神经根、脊髓横断性和半侧脊髓损害的定位，见表8-14所列。

表8-14 深、浅感觉检查与神经定位

神经定位	深、浅感觉的检查
神经干损害	深、浅感觉均受累，其范围与某一周围神经的感觉分布区相一致
神经丛损害	该神经丛分布区的深、浅感觉均受累
神经根损害	深、浅感觉均受累，其范围与脊髓神经节段分布区相一致，并伴有该部位的疼痛，称为"根性疼痛"。如椎间盘突出症、颈椎病等
脊髓横断性损害	损害的脊髓神经节段以下，深、浅感觉均受累
半侧脊髓损害	损害的脊髓神经节段以下，同侧深感觉障碍，对侧痛、温觉障碍，两侧触觉往往不受影响，同时伴有同侧运动功能障碍，称为"半侧脊髓损害综合征"

一、浅感觉的检查

浅感觉（superficial sensation）是指皮肤和黏膜感觉，包括痛觉、温觉、触觉等。

1. 检查方法

检查时要尽可能先使动物安静，动作要轻，应在体躯两侧对称部位反复对比。检查时，可用针刺、拔被毛、轻打和踏压蹄冠等方法。

（1）痛觉

用针尖轻刺皮肤，确定痛觉减退、消失或过敏区域。检查时应掌握刺激强度，可从无痛觉区向正常区检查，自上而下，两侧对比。

（2）温觉

以盛有冷水（5～10 ℃）和热水（40～45 ℃）的两试管，分别接触患病动物皮肤，观察其反应。

(3) 触觉

以棉花、棉签轻触患病动物皮肤，观察其反应。

2. 浅感觉障碍

(1) 感觉过敏

感觉过敏(hyperesthesia)是指病畜对抚摩、轻拉被毛、轻刺、轻踏蹄冠等轻微刺激产生强烈的反应(但检查时应注意，有力的深触诊反而不能显示出感觉过敏点)，除局部炎症外，一般是由于感觉神经或其传导径路受损害引起。多提示脊髓膜炎，脊髓损伤或末梢神经发炎等。

(2) 感觉减弱及消失

感觉减弱(hypoesthesia)是指病畜在意识清醒的情况下，体表对刺激的感觉能力降低。感觉消失(anesthesia)是指对任何强度的刺激都不产生感觉反应，由感觉神经末梢、传导径路或感觉中枢障碍所致。局限性感觉减弱或消失，多为脊髓横断性损伤。表现为对蝇、虫叮咬不抖动皮肌，或不以尾驱逐，甚至毫无反应。

(3) 感觉异常

感觉异常(paresthesia)是指没有外界刺激而自发产生的感觉，如痒感、蚁行感、烘灼感等。动物表现对感觉异常部位用舌舔、啃咬、摩擦等，甚至咬破皮肤而露出肌肉、骨骼。感觉异常是因感觉神经传导径路存在强刺激而引起，见于羊的痒病、狂犬病、伪狂犬病、多发性神经炎、皮毛兽自咬症(李氏杆菌病)等。

伪狂犬病

二、深感觉的检查

深感觉(deep sensation)是指位于皮下深处的肌肉、关节、骨骼、肌腱和韧带等的感觉，也称本体感觉(proprioception)。其作用是通过传导系统调节身体在空间的位置、方向等。因此，临床上根据动物肢体在空间的位置改变情况，可以检查其本体感觉有无障碍或疼痛反应等。

1. 检查方法

检查深感觉时，多人为地使动物的四肢采取不自然的姿势，健康动物能自动地迅速恢复原来的自然姿势；但在深感觉发生障碍时，可在较长的时间内保持人为的姿势。

2. 深感觉障碍

深感觉障碍提示大脑或脊髓被侵害，如慢性脑室积水、脑炎、脊髓损伤、严重肝脏病及中毒等。深感觉障碍多与浅感觉障碍同时出现，同时也伴有意识障碍，提示大脑或脊髓被侵害，如慢性脑室积水、脑炎、脊髓损伤、严重肝脏疾病及中毒等。

第五节 反射机能检查

反射(reflex)是指动物通过中枢神经系统对刺激的一种应答式反应，当反射弧的任何一部分发生异常或高级中枢神经发生疾病时，都可使反射机能发生改变。通过反射检查，可以帮助判定神经系统损害的部位。神经反射的种类较多，一般分为浅反射、深反射和器官反射等。浅反射指皮肤和黏膜反射，深反射指肌腱反射。

反射机能的病理变化主要表现为反射减弱、消失，反射增强或亢进。反射减弱或消失多由于反射弧的传导径路损伤所致，常提示其有关传入神经、传出神经、脊髓背根、脊髓腹根、脊髓灰白质损伤或中枢神经兴奋性降低。反射增强或亢进是由反射弧或中枢兴奋性增高或刺激过强所致，或因大脑对低级反射弧的抑制作用减弱、消失所引起。常提示其有关脊髓节段背根、腹根或外周神经过敏、炎症和脊髓膜炎等。

下面主要介绍动物临床上常见反射的检查方法，以及与其有关神经作为参考。由于动物临床上反射检查常难以收到满意的结果，应结合其他检查结果进行综合分析。

一、角膜反射

（1）检查方法

在动物角膜上用细纸片、羽毛、指头或棉絮等轻轻按触，正常时，健康动物急速闭眼，称为直接角膜反射。同时和刺激无关的另一只眼睛也会同时产生反应，称为间接角膜反射。

（2）反射中枢

反射中枢在延脑，传入神经是眼神经（三叉神经上颌枝）的感觉纤维，传出神经为面神经的运动纤维。

（3）临床意义

直接与间接角膜反射皆消失见于患病动物视神经病变；直接反射消失、间接反射存在，见于患病动物动眼神经病变；角膜反射完全消失，见于深度昏迷。

二、瞳孔反射

（1）检查方法

光线入眼引起瞳孔缩小，称光反射。以光照一眼，引起被照眼瞳孔缩小称直接光反射。光照一眼，引起另外一眼瞳孔同时缩小称间接光反射。

（2）反射中枢

反射中枢在中脑四迭体，传入神经为视神经，传出神经为动眼神经的副交感纤维（收缩瞳孔）和颈交感神经（舒张瞳孔）。

（3）临床意义

直接对光反射和间接对光反射均为检测瞳孔功能活动的方法。若用手电筒照射瞳孔时，其变化很小，而移去光源后瞳孔增大不明显，此种情况称为瞳孔对光反应迟钝。当瞳孔对光毫无反应时，称对光反应消失。此2种情况常见于昏迷的患病动物。

三、耳反射

（1）检查方法

检查者用纸卷、毛束等轻触耳内侧被毛，正常时动物摇耳或转头。

（2）反射中枢

反射中枢为延髓和脊髓的第1、2颈椎段。

(3)临床意义

耳反射提示动物颈椎损伤、脊髓炎等。

四、鬐甲反射

(1)检查方法

轻触鬐甲部被毛,正常时肩部及鬐甲部会出现收缩、抖动。马敏感,其他动物缺乏诊断意义。用力压迫胸椎脊突和剑状软骨,或于鬐甲与网胃水平线上,双手将鬐甲皮肤捏成皱襞,病牛表现出敏感不安,并引起背部下凹现象,称为鬐甲反射阳性。

(2)反射中枢

反射中枢为脊髓第7颈椎段和第1~2胸椎段。

(3)临床意义

牛创伤性网胃炎时,鬐甲反射阳性。

五、腹壁反射

(1)检查方法

用针轻刺腹部皮肤,正常时相应部位的腹肌收缩、抖动。

(2)反射中枢

反射中枢为脊髓胸椎、腰椎段。

(3)临床意义

单侧反射消失见于单侧锥体束病损,双侧反射消失见于昏迷、急性腹膜炎或腹壁过于松弛者。

六、膝反射

(1)检查方法

检查时使动物侧卧,让被检侧后肢保持松弛,用叩诊锤背面叩击膝韧带处。对正常动物叩击时,下肢呈伸展动作。

(2)反射中枢

反射中枢为脊髓第4~5腰椎段。

(3)临床意义

膝反射减弱或消失最常见于脊髓或周围神经性病变,是下运动神经元麻痹的体征之一,多见于肌病、小脑及椎体外系疾病。反射亢进为上运动神经元麻痹的体征,见于甲亢、破伤风、低钙抽搐、精神过度紧张等。

七、跟腱反射

(1)检查方法

检查方法与膝反射检查相同,叩击跟腱,正常时跗关节伸展而球关节蜷曲。

(2)反射中枢

反射中枢为脊髓荐椎段。

(3) 临床意义

腰椎间盘突出压迫神经根,发生跟腱反射减弱或消失。当神经根受压时间过长或压迫过重,发生不可逆改变,此时即使解除压迫,丧失的反射也常常不能恢复。跟腱反射检查对腰椎间盘的临床诊断和定位诊断有重要价值。

第六节 自主神经功能检查

自主神经是由脑和脊髓发出的主要分布在内脏的运动神经,因不受意识支配,也称植物神经。其功能主要是控制与协调内脏、血管、腺体的机能以维持机体内外环境平衡。自主神经分为交感神经和副交感神经2部分,它们支配共同的内脏器官,而作用的结果却是相反的。

病理状态下,交感神经和副交感神经作用的平衡被破坏,会出现各种各样的功能障碍,称为植物神经紊乱症或植物神经失调症。交感或副交感神经受损引起的植物性神经功能紊乱最常见于外伤、炎症、中毒和肿瘤等因素。交感或副交感神经受损,出现机能亢进或缺失,临床上动物主要以亢进为主。交感、副交感神经机能亢进时表现的临床症状见表8-15所列。交感、副交感神经机能同时亢进时,动物出现恐怖感,精神紧张,心搏动亢进,呼吸加快或呼吸困难,排粪与排尿障碍,子宫痉挛,发情减退等现象。

表8-15 交感、副交感神经机能亢进时表现临床症状

器官	交感神经机能亢进	副交感神经机能亢进
心血管系统	脉数增多,心跳加强、加快,血压升高	抑制心跳,脉数减少,血压降低
呼吸系统	支气管扩张,黏液分泌减少	支气管收缩,黏液分泌增多
消化系统	胃肠道蠕动减慢,分泌减少	胃肠道蠕动加快,分泌增多
泌尿生殖系统	膀胱内括约肌收缩,排空受抑制,子宫收缩	膀胱内括约肌舒张,排空加强,阴茎勃起
其他	汗腺泌汗增多,瞳孔散大,血糖升高	泌汗减少,瞳孔缩小,血糖降低

第七节 神经及运动机能的主要综合症候群及诊断要点

一、神经机能主要综合症候群及诊断要点

神经系统是动物生命活动中起主导作用的整合和调节机构。神经系统疾病出现时,往往牵连多个器官,经常会同时出现相互关联的一系列临床症状,即综合征或综合症候群。精神兴奋、昏睡、昏迷等神经状态的异常;盲目运动、转圈运动或共济失调的行为表现;痉挛、麻痹、跛行等运动机能障碍,是组成神经系统疾病综合症候群的基础。临床诊断过程中,意识障碍、姿势和运动异常、瘫痪、痉挛、视觉障碍以及植物性神经系统机能紊乱是应特别注意的异常表现。

1. 脑及脑膜疾病的综合症候群及诊断要点

兴奋、狂躁、沉郁、昏迷以及兴奋与抑制的交替出现,伴有盲目运动或共济失调现

象，多为脑病综合症候群。患病经过漫长，表现为某种盲目运动或癫痫样状态的反复出现，提示为脑占位性病变；病畜突然发生站立不稳、走路摇摆、共济失调，并进而倒地、昏迷，伴有痉挛现象，可提示急性脑贫血；兴奋、昏迷、共济失调、呼吸困难、心动急速等组成的综合症候群兼有大量出汗、黏膜发绀、静脉充盈及高热等症状，见于日射病、热射病；兴奋、狂躁与昏迷的交替出现，并伴有某种盲目运动为主要症状，同时兼有体温变化、心动紊乱或心律不齐、呼吸活动与节律改变等附属症状，见于脑与脑膜的炎症。

2. 脊髓疾病的综合症候群及其诊断要点

运动机能障碍及感觉、反射机能的失常为脊髓疾病综合症候群。腰背敏感、脊柱僵硬、步态强拘，以至后肢轻瘫，见于脊髓膜炎；后肢轻瘫甚至出现截瘫，同时伴有后躯的感觉、反射机能障碍以及排尿、排粪功能紊乱，提示腰荐部挫伤、震荡。注意某些营养缺乏病与代谢紊乱性疾病，也可呈现类似后肢瘫痪的现象。

3. 外周神经疾病的综合症候群及其诊断要点

外周神经疾病主要表现其支配的效应器出现功能障碍，如肌肉麻痹、腺体分泌失调以及机能障碍。如三叉神经、面神经的麻痹，以耳、上眼睑、鼻翼、口唇的单侧迟缓、下垂及头面部歪斜为特征。舌神经麻痹，主要表现为咀嚼、吞咽机能紊乱。至于四肢的外周神经麻痹，则表现为肢体运动机能障碍的特有症状——跛行。伴有跛行的牛四肢神经麻痹的临床表现见表8-16所列。

表8-16 伴有跛行的牛四肢神经麻痹的临床表现

病　名	跛行种类	临床表现
肩胛上神经麻痹	支跛	站立时肩关节偏向外方，与胸壁分开，胸前出现凹陷，肘关节向外突出；运步时，肩关节外偏，呈交叉步样
桡神经麻痹	悬跛	站立时肩关节过度伸展，肘关节下沉，腕关节形成钝角，掌部向后倾斜，以蹄尖着地，运步时患肢前伸困难，蹄尖着地前进，前方短步，肌肉萎缩
坐骨神经麻痹	悬跛	站立时，患肢变长，膝关节稍蜷曲，用系部前面着地，跟腱弛缓；运步时肌肉震颤，运步困难，以蹄尖着地前进，迅速发生肌肉萎缩
股神经麻痹	悬跛	站立时蹄尖着地，膝关节以下各关节呈半蜷曲状态；运步时，患肢提举困难，呈外转姿势，着地时膝关节和跗关节突然弯曲
胫神经麻痹	支跛	站立时跗关节、球关节、冠关节蜷曲，稍向前伸，以蹄尖着地；运步时，因有髂腰肌协助，患肢能提举，所有关节高度蜷曲，肌肉萎缩
腓神经麻痹	支跛为主	站立时，跗关节高度伸展，以系骨和蹄的背侧面着地；运步时，趾部不能伸展，以蹄前壁擦地前行

二、运动机能主要综合症候群及诊断要点

动物运动机能疾病临床症状主要表现为运动障碍，跛行是运动机能障碍所表现出的一种临床综合征。皮肤和皮下组织疾病、肌肉和肌腱疾病、韧带和黏液囊疾病、骨和关

节疾病及蹄病都会表现出不同程度的运动障碍。

1. 四肢骨骼、关节的综合症候群及诊断要点

患有四肢骨骼、关节疾病的动物表现轻重不一的运动障碍，严重时不能运动。骨折特有的症状是肢体变形，患肢呈弯曲、缩短、延长等异常姿势。特别是骨折两断端互相触碰，可听到摩擦音，或有摩擦感。关节扭伤表现为疼痛、跛行、肿胀、温热和骨质增生等症状；挫伤时，患部常有擦伤或明显伤痕，有热痛、肿胀；关节脱位的共同症状是关节变形肿胀、动物站立姿势改变。

2. 肌肉疾病综合症候群及诊断要点

肌肉疾病通常为局部病变，患部敏感，患病动物容易疲劳、发汗、肌肉震颤，运步表现特殊机能障碍，行动无力，步态蹒跚。肌炎多为突然发病，在患病肌肉的一定部位指压有疼痛，患部增温、肿胀的有无因部位而各有差异，但不论症状轻重都有跛行，一般规律是多数为悬跛，少数是支跛，悬跛中有的兼有外展肢势。转为慢性肌炎后，患病肌纤维变性、萎缩，患部脱毛，肌肉肥厚，缺乏热、痛和弹性，患肢机能障碍；肌肉断裂的功能障碍有轻有重，视断裂部位与程度而异。支撑作用的肌肉断裂时，跛行比较明显。提伸肢的肌肉断裂时，跛行较轻或不明显。局部断裂处有凹陷，常出现血肿。肌肉脱位发病突然，主要见于冈下肌、臂二头肌、股二头肌。

3. 蹄病综合症候群及诊断要点

动物蹄部疾病多为慢性经过，蹄部糜烂、肿胀、变形，悬空而不敢踏地，跛行轻重不一，严重影响动物生产与使役。指（趾）部皮炎轻度跛行，蹄部敏感，皮肤不开裂，有腐败气味；蹄糜烂在球部有特征性的"V"字形裂隙，很少发生跛行；疣性皮炎多发生于掌（拓）部；指（趾）皮炎多发生于指（趾）的掌（拓）侧；指（趾）间蜂窝织炎临床特征为皮肤坏死和开裂，除指（趾）部皮肤外，常常包蹄冠、系部和球节的肿胀，患肢跛行显著，往往体温升高；弥漫性蹄叶炎通常几个蹄同时或先后发病；局限性蹄皮炎临床上常以角质糜烂为特征。蹄变形为蹄壳的各种畸形，容易判断。

（张　红　秦顺义）

第二部分
实验室检查

第九章　血液的一般检查
第十章　临床常用生化检查
第十一章　动物排泄物、分泌物及其他体液检查
第十二章　内分泌功能检查
第十三章　临床免疫学及分子生物学检测

第九章 血液的一般检查

第一节 血液样本的采集及处理

一、血液样本的种类

血液标本分为全血、血浆、血清3种。全血是血液采集到容器内形成的混合物，包括血细胞和血浆的所有成分。全血清是不加抗凝剂而自然凝固后分离出来的清亮无色液体，是不含纤维蛋白原的淡黄色液体。全血加抗凝剂后离心分离出来的淡黄色液体为血浆。

目前临床检验用血液样本，除血细胞检查、血培养等少数项目用全血外，其他生化、免疫、肿瘤标记物等检测多采用血清或血浆测定。这是由于血清或血浆中的生理成分与机体组织间液比较接近，更能真实地反映机体的生理情况，反映其病理改变也更灵敏。

二、血液样本的采集方法

供检验用的血液样品，一般采集静脉血。大动物可采集多量的血液，而小动物和实验动物的采血量少，需根据检验的目的、动物种类和病情酌定采血量和采血部位。各种动物的采血部位见表9-1所列。

表9-1 各种动物的采血部位

采血部位	动物种类	采血部位	动物种类
颈静脉	马、牛、羊	耳静脉	猪、羊、犬、猫、兔
前腔静脉	猪（图9-1）	翅内静脉	家禽
隐静脉	犬（图9-2）、猫、羊	脚掌	鸭、鹅
前臂头静脉	犬、猫、猪	冠或肉髯	鸡
心脏	兔、家禽、豚鼠	断尾	实验动物

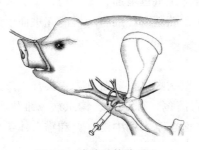

图9-1 猪前腔静脉采血

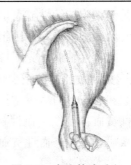

图9-2 犬隐静脉采血

三、血液样本的处理

分离血清,应将全血采集在试管中(不加抗凝剂),在室温下或 25~37 ℃温水中斜置,血清析出后即可分离。血浆应在抗凝血采集后离心分离。血液采集后应尽快送检和检测。不能立即送检的血样,血涂片应固定,抗凝血、血浆和血清应冷藏。送检血样应编号,并避免剧烈振摇。血液学检查项目与血样保存的期限见表 9-2 所列。

表 9-2 血液学检查项目与采血后可保存的时间

检查项目	保存时间(h)	检查项目	保存时间(h)
白细胞计数	2~3	血红蛋白含量	48
红细胞计数	24	红细胞压积容量	24
血小板计数	1	红细胞沉降速率	2~3
网织红细胞计数	2~3	白细胞分类计数	1~2

第二节 红细胞检查

一、红细胞计数和血红蛋白测定

(一)正常值

健康家畜除山羊的红细胞数较多外,其他家畜的红细胞数为 $(6~7) \times 10^{12}/L$。各种家畜血红蛋白的正常值在 90~120 g/L。

(二)临床意义

1. 红细胞数和血红蛋白增多

(1)相对性增多

红细胞数和血红蛋白相对性增多是由于血浆中水分丢失、血液浓缩所致。见于严重呕吐、腹泻、大量出汗、肠便秘、渗出性腹膜炎、日射病与热射病等。

(2)绝对性增多

绝对性增多是红细胞增生活跃的结果。按发病原因分为原发性和继发性 2 类:

①原发性红细胞增多:又称真性红细胞增多症,是一种原因不明的骨髓增生性疾病。其特点是红细胞持续性显著增多,全身总血量也增加,见于马、牛、犬和猫。

②继发性红细胞增多:多因组织缺氧,骨髓制造红细胞的机能亢进而引起红细胞增多。见于慢性阻塞性肺病、先天性心脏病等。

2. 红细胞数和血红蛋白减少

红细胞数和血红蛋白减少常见于贫血。按病因可将贫血分为 4 类。

①失血性贫血:慢性失血性贫血见于胃溃疡、球虫病、钩虫病、维生素 C 和凝血酶原缺乏等疾病。急性失血性贫血见于大失血、草木樨中毒、犬和猫自体免疫性血小板减少性紫癜、手术和外伤等。

②溶血性贫血：见于牛巴贝斯虫病、牛泰勒虫病；绵羊、猪、犊牛的甘蓝中毒和野洋葱中毒；新生骡驹溶血病；犬自体免疫性溶血性贫血等。

③营养性贫血：见于蛋白质缺乏，铜、铁、钴等微量元素缺乏，维生素 B_{12}、叶酸、烟酸缺乏等。

④再生障碍性贫血：见于辐射病、蕨中毒、犬欧利希体病、猫传染性泛白细胞减少症、垂体功能低下、肾上腺功能低下、甲状腺功能低下等。

二、红细胞比容和相关参数的应用

红细胞比容(hematocrit, Ht)是指红细胞在血液中所占容积的比值，测定时将抗凝血在一定的条件下离心沉淀，即可测得每升血液中血细胞所占容积的比值。

(一)正常值

各种家畜红细胞比容的正常值为 30%~40%。

(二)临床意义

1. 红细胞比容

(1)红细胞比容增高

见于各种原因引起的脱水及各种原因所致的红细胞绝对性增多。

(2)红细胞比容降低

见于各种贫血，但必须将红细胞数、血红蛋白量及红细胞比容三者结合起来，计算红细胞各项平均值才有参考意义。

2. 红细胞指数

为了鉴别贫血的类型，对同一标本同时测定红细胞比容、血红蛋白和红细胞数后，可计算出平均红细胞容积、平均红细胞血红蛋白量和平均红细胞血红蛋白浓度，此 3 项称为红细胞指数。

(1)平均红细胞容积

平均红细胞容积(mean corpuscular volume, MCV)指平均每个红细胞的体积。

MCV(fL) = 每升血液中的红细胞比容/每升血液中的红细胞数 $\times 10^{15}$

(2)平均红细胞血红蛋白量

平均红细胞血红蛋白量(mean corpuscular hemoglobin, MCH)指平均每个红细胞内所含血红蛋白的量。

MCH(pg) = 每升血液中的血红蛋白浓度/每升血液中的红细胞数 $\times 10^{12}$

(3)平均红细胞血红蛋白浓度

平均红细胞血红蛋白浓度(mean corpuscular hemoglobin concentration, MCHC)指平均每升红细胞中所含血红蛋白浓度(克数)。

MCHC(g/L) = 每升血液中的血红蛋白浓度(g/L)/每升血液中的红细胞比容 $\times 100\%$

根据表 9-3 的内容，结合临床情况，有助于进行贫血的形态学分类和选择进一步的检查内容及治疗方案。

表9-3 贫血的细胞形态学分类

类型	MCV (80~100 fL)	MCH (27~34 pg)	MCHC (320~360 g/L)	临床类型
大细胞贫血	>100	>34	320~360	维生素缺乏所引起的巨幼细胞贫血，恶性贫血
正常细胞贫血	80~100	27~34	320~360	再生障碍性贫血，急性失血性贫血，溶血性贫血
单纯小细胞贫血	<80	<27	320~360	慢性感染、炎症、肝病、尿毒症、恶性肿瘤、中毒
小细胞低色素贫血	<80	<27	<320	缺铁性贫血，铁粒幼细胞性贫血，珠蛋白生成障碍性贫血

三、红细胞沉降率测定

红细胞沉降率(erythrocyte sedimentation rate，ESR)简称血沉率，是指在室温下观察抗凝血中红细胞在一定时间内在血浆中的沉降速率。测定血沉率的方法很多，动物临床上常用魏氏(Westergren)法。

1. 参考值

动物因品种不同，血沉率有较大差异，一般马属动物血沉率最快，其次是水牛，而黄牛、乳牛、双峰驼、绵羊、山羊、猪及鸡的血沉率较慢。为加速沉降率和便于观察，可将血沉管架倾斜60°放置。健康动物的血沉率参考值见表9-4所列。

表9-4 健康动物的血沉率参考值

动物	测定数	血沉值(mm)				资料来源
		15 min	30 min	45 min	60 min	
马	—	29.7	70.7	95.3	115.6	解放军农牧大学
驴	31	32	75	96.7	110.7	甘肃农业大学
水牛	65	9.8	30.8	65	91.6	扬州大学
乳牛	55	0.3	0.7	0.75	1.2	甘肃农业大学
双峰驼	63	0.45	0.9	—	1.6	宁夏农学院
绵羊	113	0	0.2	0.4	0.7	新疆农业大学
山羊	335	0	0.5	1.6	4.2	西北农林科技大学
猪	31	0.6	1.3	1.94	3.36	云南农业大学
鸡	31	0.19	0.29	0.55	0.81	云南农业大学

2. 临床意义

①血沉率加快：常见于各种贫血性疾病、炎症性疾病及组织损伤或坏死(如结核病、风湿热、全身性感染等)。

②血沉率减慢：常见于机体严重的脱水。

四、红细胞形态学检查

红细胞形态学改变与血红蛋白测定、红细胞计数结果相结合可粗略地推断贫血原因，对贫血的诊断和鉴别诊断有很重要的临床意义。

红细胞的形态变化主要表现在以下4个方面。

1. 红细胞大小改变

①小红细胞：直径小于6 μm，厚度薄，常见于缺铁性贫血。

②大红细胞：直径大于10 μm，体积大，常见于维生素B_{12}或叶酸缺乏引起的巨幼红细胞性贫血。

③红细胞大小不均：大小相差1倍以上，常见于各种增生性贫血，但不见于再生障碍性贫血。

2. 红细胞形态改变

①球形红细胞：常见于遗传性球形红细胞增多症、自身免疫性溶血性贫血。

②椭圆形红细胞：见于遗传性椭圆形细胞增多症，也可见于巨幼红细胞性贫血。

③靶形红细胞：红细胞中心部位染色较深，其外围为苍白区域，呈靶形，主要见于珠蛋白生成障碍性贫血、某些血红蛋白病、脾切除术后等。

④镰形红细胞：如镰刀形、柳叶状等，主要见于镰形红细胞性贫血。

⑤口形红细胞：红细胞中央淡染区呈鱼口状，常见于酒糟中毒和弥散性血管内凝血。

⑥泪滴形红细胞：细胞呈泪滴状或蝌蚪状，见于溶血性贫血，此外在高海拔地区的鸡血液中也常见这种细胞。

⑦棘红细胞：细胞边缘皱缩，呈不规则的星芒状或钝齿状突起。常与肝脏疾病有关，如猫的肝脏脂质沉积，肝胆管炎等。

⑧锯齿状红细胞：细胞膜上出现短而规则，顶端尖锐的突起，常与棘红细胞混淆。通常由于人为操作引起，常见于血液样本处理延迟，或血涂片未及时干燥等。

⑨裂红细胞：形状不规则，通常呈不规则的三角形，通常为红细胞碎片。

3. 红细胞染色异常

红细胞染色深浅反映着血红蛋白含量，包括以下内容。

①低色素性：红细胞内含血红蛋白减少，见于缺铁性贫血及其他低色素性贫血。

②高色素性：红细胞内含血红蛋白较多，多见于巨幼红细胞性贫血。

③嗜多色性：是未完全成熟的红细胞，呈灰蓝色，体积稍大，见于骨髓生成红细胞功能旺盛的增生性贫血。

4. 红细胞中出现异常结构

①嗜碱性点彩：指在瑞氏染色条件下，胞质内存在嗜碱性颗粒的红细胞，属于未完全成熟红细胞，其颗粒大小不一、多少不等，见于重金属（铅、铋、银等）中毒，硝基苯、苯胺等中毒及溶血性贫血等。

②卡波特（Cabot）环：在嗜多色性或碱性点彩红细胞的胞质中出现的紫红色细线圈状结构，有时绕成8字形。可能是幼红细胞核膜的残余物，见于溶血性贫血、某些增生

性贫血。

③染色质小体（Howell-Jolly body）：位于成熟或幼红细胞的细胞质中，呈圆形，直径1～2 μm，染紫红色，可以有一个至数个，已证实为核残余物，常见于巨幼细胞性贫血、溶血性贫积压及脾切除术后。

④海因茨（Heinz）小体：是细胞中变性珠蛋白的包涵体，红细胞内可以发现深紫色或蓝黑色的小点或较大的颗粒，一个细胞内可以有一个至数个，常见于酮中毒、吩噻嗪中毒、溶血性贫血。

五、红细胞脆性测定

红细胞脆性（erythrocyte osmotic fragility）是指红细胞在低渗氯化钠溶液中的抵抗能力。用于测定红细胞膜有无异常。

①红细胞脆性增高：见于自身免疫性溶血性贫血、溶血性毒物中毒和其他溶血性疾病。

②红细胞脆性减低：见于缺铁性贫血和肝脏疾病等。

第三节 白细胞和C-反应蛋白检测

一、白细胞计数

白细胞计数（white blood cell count，WBC）是指计算每升血液内所含白细胞的数目。

1. 正常值

马、骡、驴、牛、绵羊白细胞正常值为$(8～9)×10^9/L$；山羊、猪为$(13～14)×10^9/L$。

2. 临床意义

①白细胞增多：见于大多数细菌性传染病和炎性疾病，如巴氏杆菌病、猪丹毒、肺炎、腹膜炎、肾炎、子宫炎、乳房炎等疾病。此外，还见于白血病、恶性肿瘤、尿毒症、酸中毒等。

②白细胞减少：见于某些病毒性传染病，如猪瘟、鸡新城疫、鸭瘟等；见于各种疾病的濒死期和再生障碍性贫血。此外，还见于长期使用某些药物时，如磺胺类药物、链霉素、氯霉素、氨基比林、水杨酸钠等。

二、C-反应蛋白

C-反应蛋白（C-reactive protein，CRP）是在机体受到感染或组织损伤时血浆中一些急剧上升的蛋白质（急性蛋白），激活补体和加强吞噬细胞的吞噬而起调理作用，清除入侵机体的病原微生物和损伤、坏死、凋亡的组织细胞。

1. 正常值

CRP正常值应为 <10 mg/L。

2. 临床意义

①CRP在各种急性炎症、组织损伤、心肌梗塞、手术创伤、放射性损伤等疾病发

作后数小时成倍、迅速升高。病变好转时，又迅速降至正常，其升高幅度与感染的程度呈正相关。

②CRP 与 WBC 存在正相关，在患畜疾病发作时，CRP 可早于 WBC 而上升，回复正常也很快，具有极高的敏感性。

③CRP 可用于细菌和病毒感染的鉴别诊断：一旦发生细菌性炎症，CRP 水平即升高，而病毒性感染 CRP 大都正常。

④恶性肿瘤患者 CRP 大都升高。

三、白细胞分类计数

白细胞分类计数（differential count of white blood cell，DC-WBC）是指利用染色的血液涂片计算血液中各类白细胞的百分率。

1. 正常值

DC-WBC 正常值见表 9-5 所列。

表 9-5　各种动物白细胞分类正常平均值　　　　　　　　　　　　%

动物种类	嗜碱性粒细胞	嗜酸性粒细胞	中性粒细胞			淋巴细胞	单核细胞
			晚幼细胞	杆型核	分叶核		
马	0.5	4.5	0.5	4.0	54.0	34.0	0.5
牛	0.5	4.0	0.5	3.0	33.0	57.0	1.0
羊	0.5	0.5	1.0	5.5	31.5	55.5	3.5
猪	0.5	2.5	1.0	5.5	32.0	55.0	3.5
骆驼	0.5	8.0	1.0	6.5	47.0	35.0	2.0

2. 临床意义

在病理情况下，白细胞总数的变化反映机体防御机能的一般状态，各种白细胞之间百分比的变化，则反映机体防御机能的特殊状态。因此，白细胞计数对疾病的诊断具有一般意义，而白细胞分类计数则具有具体意义，在分析临床意义时，必须把两者结合起来。

四、白细胞临床检查的意义

1. 中性粒细胞

（1）中性粒细胞的数量变化

①中性粒细胞（neutrophil）增多：常见于感染性疾病（特别是各种病原微生物引起的全身性感染，如巴氏杆菌病、猪丹毒等传染病），一般炎症性疾病（如急性胃肠炎、肺炎、子宫内膜炎、急性肾炎、乳房炎等），化脓性疾病（如化脓性胸膜炎、化脓性腹膜炎、创伤性心包炎、肺脓肿、蜂窝织炎等），中毒性疾病（如酸中毒、某些植物中毒、尿毒症等），注射异种蛋白（如血清、免疫等），外科手术等。

②中性粒细胞减少：常见于传染病（如猪瘟、流行性感冒、传染性肝炎等），严重

的败血症和化脓性疾病，中毒性疾病(如蕨中毒、砷中毒等)，血液疾病(如严重的贫血性疾病及再生障碍性贫血)，某些物理(如放射线、放射性核素等)和化学因素(如氯霉素、铅等)破坏了骨髓的细胞成分。

(2)中性粒细胞的核象变化

在分析中性粒细胞增多和减少的变化时，要结合白细胞总数的变化及核象变化进行综合分析。

中性粒细胞的核象变化是指其细胞核的分叶状态，它反映白细胞的成熟程度，而核象变化又可反映某些疾病的病情和预后。

正常时，外周血液中中性粒细胞的分叶是以2~3叶为多，同时也可见到少量杆状核中性粒细胞。如果外周血液中未成熟的中性粒细胞增多，即中性幼年核和杆状核粒细胞的比例升高，称为核左移(shift to left)。如果分叶核中性粒细胞大量增加，核的分叶数目增多(4~5个或更多)，则称为核右移(shift to right)(图9-3)。

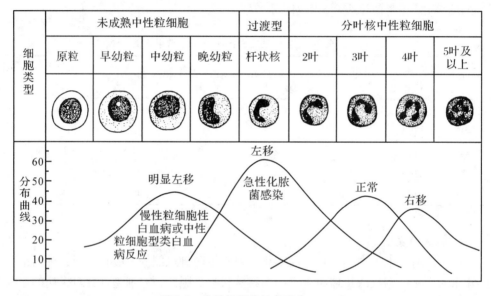

图9-3　中性粒细胞核象变化

①中性粒细胞核左移：核左移伴有白细胞总数增高，称为再生性核左移。它表示骨髓造血机能加强，机体处于积极防御阶段，常见于感染、急性中毒、急性失血和急性溶血。

核左移而白细胞总数不高，甚至减少者，称退行性核左移。它表示骨髓造血机能减退，机体的抗病力降低，见于严重的感染、败血症等。

当白细胞总数和中性粒细胞百分率略微增高，轻度核左移，表示感染程度轻，机体抵抗力较强；如果白细胞总数和中性粒细胞百分率均增高，中度核左移及中毒性改变，表示有严重感染；而当白细胞总数和中性粒细胞百分率明显增高，或白细胞总数并不增高甚至减少，但有显著核左移及中毒性改变，则表示病情极为严重。

②中性粒细胞核右移：核右移是由于缺乏造血物质使脱氧核糖核酸合成障碍所致。如在疾病期间出现核右移，则反映病情危重或机体高度衰弱，预后往往不良。见于重度

贫血、重度感染和应用抗代谢药物治疗后。

（3）急性期反应蛋白

除了中性粒细胞数量及核象的变化可以反映炎症反应外，目前临床中也使用急性期反应蛋白（acute phase proteins，APPs）来反映急性炎症状态。感染、炎症或损伤发生后会使促炎因子（如白细胞介素1、白细胞介素6、肿瘤坏死因子α）释放，这些物质释放后会刺激干细胞增加APPs的合成和分泌。正常动物的血液中会存在一定量的温和APPs，如结合珠蛋白（Hp）、α1酸性糖蛋白（AGP）、纤维蛋白原，动物受到上述刺激后，这些温和APPs会升高2~10倍。除了温和APPs外，还包括主要APPs，如C-反应蛋白和血清淀粉样蛋白A（serum amyloid A，SAA），这2种急性期反应蛋白在健康动物的血液中基本检测不到，但受到刺激后其浓度会升高10~1 000倍。主要APPs反应迅速但衰减相对也快，温和APPs升高速度较慢，衰减速度也慢。

APPs除了用于感染性疾病评估外，也可以用于自身免疫性疾病、肿瘤性疾病、内分泌疾病和胃肠疾病引起的临床或亚临床炎症的评估。不同动物其主要检测指标也不同，在犬中主要APPs是CRP和SAA，温和APPs是Hp、AGP和纤维蛋白原。在猫中主要APPs为SAA和AGP，温和APPs是Hp和纤维蛋白原，CRP不作为APP。因此，实际临床应用中犬主要检测项目为CRP，猫则主要检测项目为SAA。

2. 嗜酸性粒细胞

①嗜酸性粒细胞（eosinophil）增多：见于寄生虫病、过敏、湿疹及皮肤炎等。

②嗜酸性粒细胞减少：见于感染性疾病和严重发热性疾病的初期及尿毒症、毒血症、严重创伤、中毒、过劳等。如酸性粒细胞持续下降，甚至完全消失，则表明病情严重。

3. 嗜碱性粒细胞

嗜碱性粒细胞（basophil）在外周血液中很少见到，故其增、减无临床意义。

4. 淋巴细胞

①淋巴细胞（lymphocyte）增多：常见于感染性疾病（如结核、布氏杆菌病等慢性传染病和猪瘟、流行性感冒、犬瘟热及血液原虫病），急性传染病的恢复期及淋巴性白血病等。另外，当中性粒细胞减少，骨髓造血功能减退时，淋巴细胞相对增多。

②淋巴细胞减少：见于中性粒细胞绝对值增多时的各种疾病，如炭疽、巴氏杆菌病、急性胃肠炎、化脓性胸膜炎等。还见于淋巴组织受到破坏（如结核病、流行性淋巴管炎等），应用肾上腺皮质激素、免疫抑制药物和放射线治疗等。

5. 单核细胞

①单核细胞（monocyte）增多：见于慢性感染性疾病（如结核、布氏杆菌病以及某些霉菌感染和大多数伴有肉芽肿性反应的疾病），原虫病（如巴贝斯虫病、锥虫病及弓形虫病等）。还见于疾病的恢复期及使用促肾上腺皮质激素、糖皮质类激素等药物。

②单核细胞减少：见于急性传染病的初期及各种疾病的垂危期。

第四节 血小板检查

一、血小板的正常值

血小板的正常值：牛$(100\sim800)\times10^9/L$，绵羊$(250\sim750)\times10^9/L$，山羊$(300\sim600)\times10^9/L$，猪$(320\sim520)\times10^9/L$，鸡$(100\sim350)\times10^9/L$，犬$(175\sim500)\times10^9/L$，猫$(190\sim400)\times10^9/L$。

二、血小板计数

1. 血小板增多

常见于骨髓增生性疾病，如原发性血小板增多症、真性红细胞增多症等，也见于急性大出血、急性溶血、恶性肿瘤、感染、缺氧、创伤、骨折等。

2. 血小板减少

①血小板生成减少：见于急性白血病、再生障碍性贫血和急性放射病等。

②血小板破坏过多：见于某些真菌毒素中毒、某些蕨类植物中毒、脾功能亢进等。

③血小板消耗增加：见于全身性自身免疫性疾病，如免疫介导性溶血性贫血、风湿性关节炎；原虫感染，如巴贝斯虫病，心丝虫病；弥漫性血管内凝血、溶血性尿毒症。

三、血小板功能检测

血小板的基本功能是黏附、聚集、分泌、促凝血、血块回缩。通过这些功能维持着正常机体的初期止血作用。由于这些功能异常而导致的出血疾病包括遗传性和获得性2类，在有些疾病同时会有血小板功能异常和数量减少。

第五节 止血与凝血功能检测

一、出血时间的测定

出血时间是测定皮肤受特定条件外伤后，出血自然停止所需要的时间。

①出血时间延长：见于血小板数量异常（如血小板减少症和血小板增多症），血小板质量缺陷（如先天性和获得性血小板病等），某些凝血因子缺乏[如低(无)纤维蛋白原血症和弥散性血管内凝血等]，药物影响（如服用潘生丁、乙酰水杨酸）等。

②出血时间缩短：见于某些严重的高凝状态和血栓形成。

二、血小板凝集试验

①血小板聚集率减低：见于血小板无力症、低(无)纤维蛋白原血症；尿毒症、维生素B_{12}缺乏症、使用血小板抑制药（如阿司匹林）等。

②血小板聚集率增高：高凝状态和血栓性疾病，如高β脂蛋白血症、抗原-抗体

复合物反应等。

三、凝血酶时间测定

凝血酶时间可以分为血浆凝血酶原时间（prothrombin time，PT）和活化部分凝血活酶时间（activated partial thromboplastin time，APTT）。PT 是外源性凝血系统疾病常用的筛查试验，APTT 是内源性凝血系统灵敏而常用的筛查试验。

①凝血酶时间延长：见于低（无）纤维蛋白原血症；肝病、肾病等导致血中存在肝素或类似肝素的抗凝物质；纤溶状态下，纤维蛋白原的功能降低；存在异常纤维蛋白原。

②凝血酶时间缩短：见于异常纤维蛋白血症和巨球蛋白血症。

第六节　交叉配血试验

常用的交叉配血试验为盐水配血法，其操作方法有玻片法和试管法 2 种。

一、玻片法

取双凹玻片或普通载玻片 1 块。用蜡笔在玻片上分别注明"主侧""次侧"字样。在主侧凹内滴受血动物的血清 2 滴及供血动物的 5% 红细胞盐水混悬液（取全血用生理盐水做 8~10 倍稀释后，以 1 500~1 800 r/min 离心 3~5 min，弃去上清液，取血细胞泥用生理盐水配成 5% 的浓度）1 滴；在次侧凹内滴供血动物的血清 2 滴及受血动物的 5% 红细胞盐水混悬液 1 滴。混匀，前后向振荡，置室温 20~30 min，观察结果。

结果判定如下：

①玻片上主、次侧的液体都均匀红染，无红细胞凝集现象；显微镜下观察红细胞界线清楚，表示配备相合，可以输血。

②主、次两侧或主侧红细胞凝集呈沙粒状团块，液体透明；显微镜下观察红细胞堆积在一起，分不清界线，表示配备不合，不能输血。

③主侧不凝集而次侧凝集时，可能有 2 种情况：一是供血动物血清中的抗体是免疫性抗体，不可输血；二是供血动物血清中的抗体虽属正常抗体（凝集素），在一定条件下可以输血，但因其效价较高，凝集力强，为了安全起见最好也不要输血，以免破坏受血动物的红细胞。

二、试管法

取试管 2 支，注明"主侧""次侧"字样。向各管加入的内容物与玻片法相同。混匀后，立即以 1 000 r/min 离心沉淀，然后观察结果。

结果判定同玻片法。

三、注意事项

①配血试验时，如受血动物的新鲜血清未经灭活，因其补体存在活性，与不相合的

红细胞相遇时往往发生溶血反应。故观察时须特别注意，切忌将溶血当作不凝。溶血与凝集都是显示配备不合。

②配血试验最好在18~20 ℃的室温下进行。如室温过低，可能出现凝集现象；室温过高，易发生假阴性结果。在上述情况下，可向血清与红细胞的混合液内补加1滴生理盐水，重新混合振荡，再做最后检查。

③观察结果的时间不可超过30 min，否则由于血清蒸发易发生假凝集。

④配血试验所用血液必须新鲜，器材必须洁净。

第七节 血细胞直方图

血细胞分析仪可提供测定的细胞数据，还可显示各种血细胞体积分布图形。这些可以表示出细胞群体分布情况的图形，称为血细胞直方图。

血细胞直方图的 x（横）轴可以看作细胞特定体积大小，以飞升（fL）为单位。直方图的 y（纵）轴代表一定体积大小范围内的细胞相对频率（以百分率表示）。

血细胞直方图给人一种直观的感觉，对血细胞正常与否可有一个基本概念。根据图形特征、动态变化与其他各项参数结合进行分析，有助于对各项分析结果进行解释，可为临床提供诊断参考数据，对某些疾病的诊断和疗效观察具有一定的指导意义。血细胞直方图通常有红细胞直方图、白细胞直方图和血小板直方图。

一、红细胞直方图

红细胞直方图是红细胞体积分布直方图（histogram of red cell volume distribution，HRD）的简称，是反映红细胞体积大小或任何相当于红细胞大小范围内粒子的分布图（图9-4）。横轴的红细胞通道通常在25~250 fL。

血细胞计数仪根据红细胞体积大小和离散情况可表现出不同的直方图，它对贫血的形态学诊断很有价值。分析时应注意红细胞直方图中波峰的形态、波峰的位置、波底的宽度以及有无双峰现象等。下面介绍几种典型的红细胞直方图。

1. 正常红细胞直方图

正常红细胞体积为82~95 fL，主要分布在50~200 fL范围内，从直方图可以看出2个细胞群体，即红细胞主群和大细胞副群。红细胞主群从60 fL开始，波底60~129 fL，有1个几乎两侧对称、较为狭窄的正态分布曲线；大细胞副群位于主群右侧，分布在120~200 fL区域，此群含有少量大红细胞、网织红细胞和多聚体细胞（图9-4A）。

2. 小红细胞性贫血

红细胞波峰明显左移，波峰位于50 fL处，另外还有1个副峰，波峰位于90 fL，整个峰底增宽，RDW显著增高，提示小细胞不均一性。血涂片可见红细胞体积偏小，且大小不一（图9-4B）。

3. 大红细胞性贫血

细胞波峰明显右移，且有2个峰，以波峰位于100 fL处的细胞峰为主，峰底增宽，RDW增加，提示大细胞不均一性。血涂片可见红细胞体积偏大，且大小差异明显（图

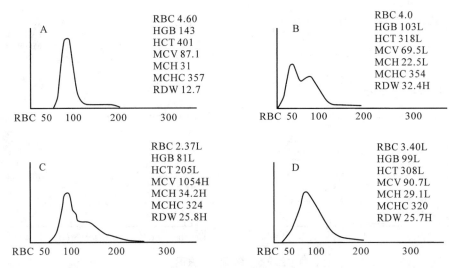

图 9-4 红细胞直方图
A. 正常红细胞直方图 B. 小红细胞直方图 C. 大红细胞直方图 D. 正红细胞直方图

9-4C)。

4. 正红细胞性贫血

红细胞波峰分布在 40~150 fL,主峰约在 90 fL 处。峰底增宽,RDW 增加,血涂片可见红细胞形态正常,大小差异明显(图 9-4D)。

原发性铁粒幼细胞性贫血,其红细胞有 2 个群体,可能出现双峰。贫血治疗过程中,如造血系统增生,网织红细胞增高,此时红细胞直方图上出现 2 个明显的大小不同的细胞群体,导致出现非连续型异质性图形,随后转变为连续型异质性图形并逐渐恢复至正常图形。

二、白细胞直方图

白细胞直方图是反映白细胞体积大小的频率分布图,分为两峰图、三峰图和多峰图,下面介绍两峰和三峰图的特征。常用血细胞分析仪能检测 30~300 fL 白细胞,正常白细胞分布位置如下:淋巴细胞 30~100 fL,酸性粒细胞、碱性粒细胞、单核细胞 50~100 fL,而中性粒细胞在 150~300 fL 位置。

正常情况下两峰图前峰较高、较小,为小细胞群(以淋巴细胞为主);后峰较低较宽,为大细胞群(以中性粒细胞为主)。两峰之间有明显的低谷区分线(又称槽识别点,T)将 2 个峰的细胞群体分开。三峰图在淋巴细胞及单核细胞之间有一低谷,单核细胞及粒细胞之间也有一低谷,仪器的计算机利用这些部位或阈值确定 3 个细胞群体:小细胞群峰高较窄,中细胞群峰低平,大细胞群峰较高、较宽。在分析白细胞直方图时,应注意双峰交叉处是否抬高,双峰消失变为一个单峰,峰值向左向右两侧偏移或另有异常峰出现等变化。

根据溶血剂处理后的白细胞体积变化的不同,可将细胞分为 3 类,其中 35~90 fL 大小的细胞定义为淋巴细胞(LY);91~160 fL 大小的细胞定义为中等大小细胞(MO),

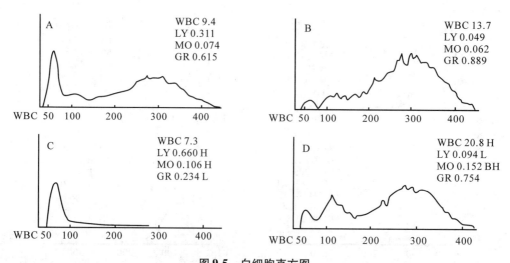

图 9-5 白细胞直方图

A. 正常白细胞直方图 B. 中性粒细胞比例增高的白细胞直方图 C. 中性粒细胞比例降低的白细胞直方图
D. 单核细胞比例增高的白细胞直方图

它包括单核细胞、嗜酸性粒细胞、嗜碱性粒细胞，也可包括异常的原始细胞、中晚幼粒细胞等，正常情况下以单核细胞比例最高；161～450 fL 大小的细胞定义为粒细胞（GR）。

1. 正常白细胞直方图

有 3 个细胞群体，左侧高而陡的峰为淋巴细胞区；右侧低而宽的峰主要为中性粒细胞峰；左右两侧之间的波谷为中等大小细胞区，主要以单核细胞为主（图 9-5A）。

2. 中性粒细胞比例增高

如图 9-5B 所示，左侧淋巴细胞峰明显减低，而右侧中性粒细胞峰明显增高，提示中性粒细胞比例增高。

3. 中性粒细胞比例降低（淋巴细胞比例增高）

如图 9-5C 所示，右侧中性粒细胞峰明显变小，而左侧淋巴细胞峰相对增高，提示中性粒细胞减少，淋巴细胞增多。

4. 单核细胞比例增高

如图 9-5D 所示，90～160 fL 处出现一个明显的细胞峰，提示中等大小细胞增多，血涂片显示单核细胞增高占 16%。

三、血小板直方图

血小板直方图是反映血小板体积大小分布的一个曲线图。血细胞分析仪在提供血小板测定数据的同时，还提供血小板比积（PCT）、平均血小板体积（MPV）和血小板体积分布宽度（PDW）。根据血小板体积大小和离散情况，可表现为不同的直方图，直方图范围在 2～28 fL。一般血细胞分析仪能把 2～30 fL 的血小板或相当于这个范围大小的粒子检测出来。血小板直方图呈偏态分布，主峰在 6～11.5 fL 之间，如主峰超出此范围，左移表示血小板体积偏小，右移表示血小板体积偏大。如果出现双峰，小峰在左侧或右侧紧靠边上，前者可能是电磁波干扰，后者可能是小红细胞或其碎片的干扰，此时 PLT 及 PDW 也可能有假性升高。把血小板直方图、血小板平均体积（MPV）和血小板数量结合在一起综合分析，对有关血小板功能障碍的疾病可提供一定价值的诊断数据（图9-6）。

①正常血小板直方图：正常血小板主要分布在 2~20 fL 范围内，略呈偏态分布，波峰位于 5~9 fL 处（图9-6A）。

②大血小板直方图：如图 9-6B 所示，血小板分布峰右移，在 35 fL 处才接近横坐标，MPV 明显增高，血涂片可见较多的大血小板。

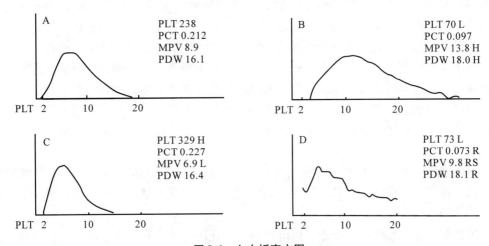

图 9-6 血小板直方图
A. 正常血小板直方图　B. 大血小板直方图　C. 小血小板直方图　D. 血小板凝集直方图

③小血小板直方图：如图 9-6C 所示，血小板分布峰左移，位于 2~15 fL 范围内，集中于 2~10 fL 处，MPV 减小，提示小血小板增多，血涂片可见很多的小血小板。

④血小板凝集直方图：如图 9-6D 所示，血小板分布峰左侧起点较高，离横坐标 0.6 cm，血涂片可见 5~15 个聚集成堆的小血小板。

第八节　禽类血液学检查

禽类血细胞检查与哺乳动物类似但也存在区别。区别在于禽类红细胞和血小板均含有核，外周血中无中性粒细胞但存在异嗜性粒细胞。

一、红细胞形态检查

禽类成熟的红细胞一般比哺乳动物大，但小于爬行动物的红细胞。不同禽类红细胞大小存在差异，但一般为 10.7μm × 6.1μm ~ 15.8μm × 10.2μm。细胞呈椭圆形，细胞核也呈椭圆形，位于中心。经瑞士染色后，细胞核呈均一的紫色，细胞质呈均一的粉橙色。

二、白细胞分类及形态

禽类白细胞包括颗粒细胞、单核细胞和淋巴细胞。颗粒细胞进一步可分为异嗜性粒细胞、嗜酸性粒细胞、嗜碱性粒细胞，其中异嗜性粒细胞含量最为丰富。

异嗜性粒细胞与哺乳动物的嗜中性粒细胞相像。细胞核分段，细胞质有颗粒、呈梭状强嗜伊红性。异嗜性粒细胞异常包括循环血液中出现未成熟异嗜细胞和毒性异嗜细胞。未成熟异嗜细胞细胞质嗜碱性增强，颗粒增多，多呈杆状，占据体积少于细胞质的一半；核呈非分段式。中毒性异嗜细胞细胞质嗜碱性增强，液泡化，细胞质颗粒异常（脱颗粒化、颗粒强嗜碱性、颗粒聚集），细胞核降解。中毒情况下，禽类异嗜性粒细胞表现出中毒性异嗜细胞形态，可通过中毒性异嗜细胞计数评价中毒的严重性。

嗜酸性粒细胞：大小与异嗜性细胞相似，形状不规则；细胞质蓝染，颗粒呈圆形且染色强于异嗜细胞；核分叶，着色较深。其功能目前尚不完全清晰，数目增多并不意味着寄生虫感染。其可能参与早期炎症反应及应对有显著组织坏死的肿瘤形成。

嗜碱性粒细胞：体积比前2种粒细胞小，颗粒染色深，可能会掩盖细胞核，核不分叶，与哺乳类的肥大细胞相像。其比哺乳动物外周血中嗜碱性粒细胞更常见，功能暂不明确。可能参与急性炎症反应和Ⅳ型超敏反应。

淋巴细胞：是鸡和火鸡外周血中主要的白细胞，分小型和中型。小型淋巴细胞胞体、胞核浑圆，核质比高，且细胞质呈微嗜碱性。中型淋巴细胞更为丰富，但较难与单核细胞区分。

单核细胞：是最大的白细胞，由淋巴细胞分化而来。单核细胞呈圆形，细胞核呈锯齿状，细胞质丰富色暗淡，含微粒。禽单核细胞细胞质时常可分为2个不同区域，围绕核的轻染区和其余的深染区。单核细胞有吞噬活性，浸润组织后成为巨噬细胞，参与抗原处理过程。单核细胞增多通常提示慢性细菌感染或组织坏死。

三、血小板

禽血小板含有细胞核，胞体呈圆形或椭圆形，核致密且呈圆形或椭圆形，一般为血液中最小的细胞。细胞形态容易与小型淋巴细胞混淆，可通过细胞质染色进行区分。成熟血小板细胞质无色或苍白，时常可观测到网状结构。血小板参与凝血且具有吞噬性能。血小板增多常见于细菌感染及大量出血。血小板减少见于严重败血症和弥散性血管内凝血。

（李勤凡　周　彬）

第十章
临床常用生化检查

生化检查是指用生物和化学的方法对机体进行检查。因为常用生化指标大多数都不具备组织特异性，甚至有些酶还有多种同工酶，所以单项指标或代表某一脏器的几个指标是不能明确发病器官的。如果能在基本检查和一般检查的基础上，经过正确的综合逻辑判断，选择进行生化检查的项目，最后根据干湿式生化仪测定的结果进行判读，就能确定出肝脏、肾脏、心脏、胰脏、胃肠道、尿道、甲状腺、甲状旁腺、肾上腺、垂体等器官发病的方向，帮助判断营养、免疫、脱水程度等机体的状态。下面根据临床上常见的生化检查指标进行详述。

第一节 糖代谢检查

一、血糖测定

血糖（blood glucose）主要是指血液中葡萄糖及少量葡萄糖酸酯，分布于血浆及红细胞中；还有微量半乳糖、果糖及其磷酸酯，临床上多指血液中葡萄糖。其浓度在任何时候是进入率和排出率之间平衡的净结果，它依赖于各种各样的因素。所以，影响进入或排出的任何因素可能就变成血糖浓度调节的重要因素。此外，当肾脏对葡萄糖的重吸收能力超过肾糖阈，糖尿变成影响血糖维持的另外一个因素。动物肾糖阈见表10-1所列。

表 10-1 动物肾糖阈

种类	阈值 mg/dL	阈值 mmol/L	参考文献
犬	180~220	10.0~12.2	Shannon et al. (1941)
马	180~200	10.0~11.1	Stewart and Homan (1940)
奶牛	98~102	5.4~5.7	Bell and Jones (1945)
绵羊	160~200	8.9~11.1	McCandless et al. (1948)
山羊	70~130	3.9~7.2	Cutler (1934)

注：摘自 J. Jerry Kaneko, Clinical Biochemistry of Domestic Animals, 1997(5th)。

1. 测定方法

血糖可用还原法、葡萄糖氧化酶（glucoseoxidase，GOD）法、己糖激酶（HK）法、邻甲苯胺（O-TB）法等测定。宠物临床常用爱德士公司或富士公司等厂家的干化学试剂及配套仪器测定。

2. 参考值

动物血清或血浆葡萄糖参考值(GOD 法)见表 10-2 所列。

表 10-2　动物血清或血浆葡萄糖参考值(GOD 法)　　mmol/L

动物种类	参考值	动物种类	参考值
奶牛	2.5~4.2	兔	2.8~5.2
马	4.2~6.4	犬	3.6~6.5
猪	4.7~8.3	猫	2.8~4.2
山羊	2.8~4.2	猴(猕猴)	4.7~7.3
绵羊	2.8~4.4	美洲驼羊	5.7~8.9

3. 临床意义

①低血糖：主要是肝脏糖原异生作用降低、外周组织利用葡萄糖增加或机体摄入糖不足。常见于胰岛素分泌增多、肾上腺皮质功能减退；牛酮病、绵羊妊娠毒血症；饥饿、消化吸收不良；肝脏机能不全及马黄曲霉毒素中毒。犬、猫常见于小型幼龄动物的消化道疾病（常引起癫痫）、降糖药物、饥饿、严重的败血症、肝功能不全、艾迪森氏症、垂体机能减退。

②高血糖：主要是由于肝脏输出葡萄糖和外周组织利用葡萄糖之间的不平衡，或由于调节这些过程的激素紊乱所致。其中，暂时性高血糖，见于反刍动物氨中毒、牛生产瘫痪、用胰岛素过量、绵羊肠毒血症、剧痛、运输、寒冷、兴奋、胰腺炎等；持续性高血糖，见于糖尿病、肢端肥大症、肾上腺功能亢进、脑垂体功能亢进。犬、猫血糖升高的原因有糖尿病、紧张（猫）、肾衰竭、库兴氏综合征、甲状腺功能亢进、孕激素和生长激素过多。

二、葡萄糖耐量测定

动物葡萄糖耐量(GGT)试验可以提高糖代谢异常的诊断准确率。尤其是猫，因胆小易发生应激，引发血糖升高，兽医常误认为糖代谢异常或糖尿病。正常动物在口服或静脉注射一定量葡萄糖后，将在短时间内血糖暂时升高，随即降低至空腹水平，此即为耐糖现象。当糖代谢紊乱时，口服或静脉注射一定量葡萄糖后，血糖急剧升高，长时间不能恢复到空腹水平，称作耐糖异常或糖耐量降低。

1. 测定方法

口服或注射葡萄糖。

(1) 口服葡萄糖耐量试验(OGTT)

对反刍动物不适用。

试验前让动物停食 12 h，正常饮水至试验开始。犬、猫按 1.75 g/kg，配成 25% 葡萄糖溶液口服，每 30 分钟采血一次，检验血糖。

(2) 静脉注射葡萄糖耐量试验(IGTT)

静脉注射剂量犬为 0.5 g/kg，注射后 2.5 h 内（多为 90 min）血糖恢复正常。如果口服葡萄糖耐量试验异常，静脉注射葡萄糖后，可以诊断是肠道吸收异常还是葡萄糖转化利用异常。葡萄糖转化利用异常，静脉注射葡萄糖后，血糖恢复速度加快，或注射 2.5 h 以后，血糖还恢复不到正常。

2. 参考值

口服葡萄糖耐量试验，正常犬口服后 30~60 min，血糖可达 8.96 mmol/L 高峰，经 120~180 min，恢复正常。静脉注射葡萄糖耐量试验，犬葡萄糖值降到一半所需的时间应不超过 45 min。

3. 临床意义

①隐匿型糖尿病的动物，空腹血糖正常或稍高，口服或静注糖后血糖急剧升高，且高峰提前，应该降到正常而不能降至正常水平，呈糖耐量降低现象。

②甲状腺功能亢进、垂体前叶功能亢进或肾上腺皮质功能亢进及慢性胰腺炎患畜，常显示糖耐量降低。

③肝原性低血糖患畜，空腹血糖常低于正常，口服糖后血糖高峰提前超过正常，然后又不能降至正常水平。

④胰岛 β 细胞瘤患畜，空腹血糖降低，服糖后血糖上升不明显，然后仍处于低水平，耐量曲线呈低平状态，显示糖耐量增高。

⑤服糖后血糖高峰在正常范围，达不到高峰浓度，则可解释为肠道吸收不良。

三、糖化血红蛋白测定

糖化血红蛋白(glycosylated hemoglobin or glycated hemoglobin, GHb)是指血液中与葡萄糖发生结合的那一部分血红蛋白。当血液中葡萄糖浓度升高时，动物体内所形成的糖化血红蛋白含量也会相对升高。

1. 测定方法

目前以阳离子交换树脂的简易柱色谱法应用较广泛，其他还有高效液相色谱法、比色法、等电聚焦电泳法和放射免疫法等。

2. 参考值

一般正常值为 4%~6%。

3. 临床意义

GHb 可反映测定前 6~10 周内的平均血浆葡萄糖浓度，是糖尿病诊断、临床治疗效果评估及协助判断预后的较好指标。

但是，如果一个患糖尿病的动物经常发生低血糖或高血糖，血红蛋白是反映一段时间血糖控制的平均水平，所以其糖化血红蛋白有可能维持在正常范围，它的数值就不能反映真实的血糖变化了。糖化血红蛋白还受红细胞的影响，患有影响红细胞质和量的疾病时，如肾脏疾病、溶血性贫血等，所测得的糖化血红蛋白也不能反映真的血糖水平。临床上常用糖化血红蛋白监控糖尿病控制情况(表 10-3)。

表 10-3 正常和患糖尿病的犬、猫糖化血红蛋白监控情况　　　　　　　　　　%

动　物	犬	猫
正常平均值	3	1.7
正常最高值	4	2.6
患病动物控制最好的	<5	<2
患病动物控制较好的	5~6	2.0~2.5
患病动物控制一般的	6~7	2.5~3.0
患病动物控制差的	>7	>3.0

四、果糖胺

葡萄糖可与蛋白质等发生化学结合反应。果糖胺是葡萄糖与蛋白质(尤其是白蛋白)发生不可逆的结合反应所形成。对于患糖尿病的动物,随着其血糖浓度持续升高,葡萄糖与血清蛋白的结合也增多。

1. 测定方法

可用比色法。宠物临床常用爱德士公司、拜耳的仪器及试剂进行测定。

2. 参考值

一般犬、猫的果糖胺参考值是 198~323 μmol/L。不同的仪器厂家参考值不同。

3. 临床意义

果糖胺升高表明存在持续的高血糖。由于犬、猫白蛋白的半衰期是 1~2 周,故果糖胺反映了 1~2 周内的平均血清葡萄糖水平。果糖胺对血清葡萄糖浓度变化的应答要快于糖基化血红蛋白。但对于患低蛋白血症的动物,其血清果糖胺水平可能会假性降低。

检测果糖胺的水平已经成为整个监测犬、猫糖尿病胰岛素疗法的一部分。果糖胺水平检测通常在最初疗程中每 2~4 周一次,然后在后期长期管理中每 3~6 个月一次。临床上常用果糖胺监测糖尿病控制情况(表 10-4)。

表 10-4 正常和患糖尿病的犬、猫果糖胺值监控情况　　　　　　　　　μmol/L

动　物	犬	猫
正常平均值	310	260
正常最高值	370	340
患病动物控制最好的	<400	<400
患病动物控制较好的	400~475	400~475
患病动物控制一般的	475~550	475~550
患病动物控制差的	>550	>550

第二节 血浆脂质和脂蛋白检查

一、胆固醇测定

胆固醇（cholesterol，Chol）是脂质的组成部分，广泛分布于机体各组织中，血液中的胆固醇仅10%~20%是直接从日粮中摄取，其余主要由肝脏和肾上腺等组织合成。胆固醇主要经胆汁随粪便排出。体内胆固醇是合成胆汁酸、肾上腺皮质激素、性激素和维生素D等的重要原料，也是构成细胞膜的主要成分之一。

1. 测定方法

测定方法主要有高效液相色谱法，酶法，正己烷抽提、L-B反应显色法，异丙醇抽提、高铁冰醋酸—硫酸显色法等。宠物临床常用爱德士公司或富士公司等厂家的干化学试剂及配套仪器测定。

2. 参考值

动物血清胆固醇参考值见表10-5所列。

表10-5 动物血清胆固醇参考值　　　　　　　　　　　　　　　　　mmol/L

动物种类	参考值	动物种类	参考值
牛	2.0~3.1	山羊	2.0~3.4
马	1.9~3.9	犬	3.4~7.0
猪	0.9~1.4	猫	2.4~3.4
绵羊	1.3~2.0	鸡	2.71

3. 临床意义

血清总胆固醇浓度升高见于各种原因引起的肝内或肝外胆汁淤积和潴留、胆结石（尤其胆固醇结石）、脂肪肝、糖尿病及肾病综合征等。血清胆固醇总量浓度降低见于严重贫血、营养不良、感染、肝脓肿综合征及甲状腺机能亢进等。

二、甘油三脂测定

甘油三酯（triglyceride，TG）是脂肪的贮存形式，由3个脂肪酸与1个丙三醇酯化形成，由肝脏、脂肪组织和小肠合成，主要存在于β脂蛋白和乳糜颗粒中，直接参与胆固醇和胆固醇酯的合成，为细胞提供能量和贮存能量。

1. 测定方法

测定方法主要有化学法和酶法。

2. 参考值

犬0.43 mmol/L，猫0.40 mmol/L，牛0~0.2 mmol/L，马0.1~0.5 mmol/L，鸡9.21 mmol/L。

3. 临床意义

当血浆中有乳白色悬浮物时就要怀疑是否患有脂血症。

①血清 TG 浓度增高：见于原发性高脂血症，如马的高脂血症、肥胖症、糖尿病、脂肪肝、肾病综合征，母驴怀骡妊娠毒血症，犬急性坏死性胰腺炎，犬肝脏疾病、长期饥饿或高脂饮食等。

②血清 TG 浓度降低：见于甲状腺功能减退、肾上腺功能降低及严重的肝功能不良等。

第三节　血清电解质检查

一、血清钠测定

动物机体内的钠离子主要从日粮和饮水中摄取。钠离子是细胞外液中最主要的阳离子，总钠的 50% 左右存在于细胞外液，仅 10% 左右存在于细胞内液。钠的主要功能在于保持细胞外液的容量，维持渗透压及酸碱平衡，并具有维持肌肉、神经正常应激性的作用。摄入的钠几乎全部由小肠吸收，机体内 95% 的钠盐在肾素—血管紧张素—醛固酮系统的调控下经肾脏排出体外。

1. 测定方法

血清钠测定常用离子选择电极法或火焰光度法，也可采用焦锑酸钾比浊法。宠物临床常用爱德士公司、富士公司、雅培公司等厂家的干化学试剂及配套仪器测定。

2. 参考值

动物血清钠含量的参考值见表 10-6 所列。

表 10-6　动物血清钠含量的参考值　　　　　　　　　　　mmol/L

动物种类	参考值	动物种类	参考值
牛	132～152	山羊	142～155
马	132～146	犬	141～155
猪	135～150	猫	143～158
绵羊	139～152		

3. 临床意义

①血钠升高：见于呕吐、猪的食盐中毒、库兴氏综合征、尿崩症、过量使用利尿剂、肾小管浓缩功能不全、发热性疾病、大量出汗及甲状腺机能亢进。

②血钠降低：见于严重腹泻、使用利尿剂、慢性肾衰竭、糖尿病的酮酸中毒、长期的高脂血症、肠阻塞、代谢性酸中毒、血清蛋白水平升高、犬肾上腺皮质机能降低（Addison's 病）。

二、血清钾测定

钾是细胞内的主要阳离子，对维持细胞内容量和调节细胞内外的渗透压及酸碱平衡起着重要作用。体内 95% 以上的钾贮存于细胞内，仅 2%～5% 的钾存在于细胞外液中。

1. 测定方法

常用离子选择电极法或火焰光度法，也可采用四苯硼钠直接比浊法。宠物临床常用爱德士公司、富士公司、雅培公司等厂家的干化学试剂及配套仪器测定。

2. 参考值

动物血清钾含量的参考值见表10-7所列。

表10-7　动物血清钾含量的参考值　　　　　　　　　　　　　　　　mmol/L

动物种类	参考值	动物种类	参考值
牛	3.90～6.80	山羊	2.45～4.11
马	2.40～4.70	犬	4.37～5.35
猪	4.90～7.10	猫	4.00～6.00
绵羊	3.90～5.40	兔	3.70～6.80
鸡	4.60～6.50		

3. 临床意义

①低钾血症：常见于腹泻，长期输液用葡萄糖盐或等渗盐，犬、猫发生吞咽障碍或长期禁食、长期胃肠引流，或重役、剧烈运动等引起大量出汗的疾病，反刍动物患顽固性前胃弛缓、瘤胃积食、真胃阻塞等疾病，醛固酮分泌增加（如慢性心力衰竭、肝硬化、腹水等），肾上腺皮质激素分泌增多（如应激），长期应用糖皮质激素，长期使用利尿药（如速尿）、渗透性利尿剂（如高渗葡萄糖溶液），碱中毒和某些肾脏疾病（如急性肾小管坏死的恢复期）等。

②高钾血症：见于输入含钾溶液过快或浓度过高，输入贮存过久的血液或大量使用青霉素钾盐，急性肾功能衰竭早期，慢性肾功能衰竭的末期，有效循环血容量减少（如脱水、失血、休克），醛固酮、肾素分泌减少，肾上腺皮质机能减退，输尿管阻塞，输尿管和膀胱破裂，长期或过量使用排钠保钾的利尿药（如氨苯蝶啶）等。

三、血清氯测定

机体内的氯化物主要从日粮和饮水中摄入，氯离子是细胞外液中的主要阴离子，细胞内含量仅为细胞外的一半。生理功能基本上和与其配对的钠离子相同，具有维持体内电解质平衡、酸碱平衡和渗透压作用，参与胃液中胃酸的生成。

1. 测定方法

可用硝酸汞滴定法。宠物临床常用爱德士公司、富士公司、雅培公司等厂家的干化学试剂及配套仪器测定。

2. 参考值

动物血清氯含量的参考值见表10-8所列。

3. 临床意义

一般情况下，氯离子伴随钠离子呈平行地增高或降低，临床意义与钠离子相同。

①低氯血症：常见于碱中毒，含氯的液体贮存于胃和上段小肠中，所以胃肠道的上

表 10-8　动物血清氯含量的参考值　　　　　　　　　　　　　　　　mmol/L

动物种类	参考值	动物种类	参考值
牛	97～111	绵羊	95～103
猪	94～106	犬	96～122
山羊	99～110	猫	108～128

部阻塞造成的呕吐(空胃呕吐丢失的主要是钾)，慢性肾上腺皮质功能减退，肾功能衰竭或严重的糖尿病，长期应用某些利尿剂，大量出汗，日粮中长期缺乏食盐。

②高氯血症：常见于酸中毒，心力衰竭，脱水，尿路阻塞。

四、血清钙测定

钙在维持动物机体正常结构与功能中发挥重要作用。虽然钙的日摄入量和排出量有很大的变动，但机体细胞内、外液的浓度却相对恒定。钙是构成骨骼和牙齿的主要成分，同时作为钙库调节细胞外液钙离子浓度的恒定。细胞外液中的钙离子的生理功能主要是维持神经—肌肉的正常兴奋性，降低细胞膜的通透性，作为调节细胞功能的信使，参与凝血过程，调节一些酶的活性。机体钙代谢主要由甲状旁腺激素（PTH）、降钙素（CT）和维生素 D 通过肠道、骨骼和肾脏进行调节，使血清钙含量维持在恒定的范围内。

1. 测定方法

可用乙二胺四乙酸二钠滴定法，也可用甲基麝香草酚蓝比色法、邻甲酚酞络合铜比色法。宠物临床常用爱德士公司或富士公司等厂家的干化学试剂及配套仪器测定。

2. 参考值

动物血清钙含量的参考值见表 10-9 所列。

表 10-9　动物血清钙含量的参考值　　　　　　　　　　　　　　　　mmol/L

动物种类	参考值	动物种类	参考值
牛	2.43～3.10	山羊	2.19～3.04
马	2.80～3.44	犬	2.25～2.83
猪	1.78～2.90	猫	2.02～3.32
绵羊	2.88～3.20	兔	1.40～3.01
鸡	2.24～5.91		

3. 临床意义

①低钙血症：见于血清白蛋白降低使蛋白结合钙降低，通常为轻度降低(1.875～2.25 mmol/L)，由于离子性钙保持正常，因而无相应临床症状；如小动物慢性肾衰竭、产后瘫痪和产后搐搦(惊厥)、甲状旁腺功能减退、小肠吸收不良、维生素 D 缺乏、反刍动物的低镁血性搐搦、急性胰腺炎。

②高钙血症：见于脱水引起白蛋白浓度升高，使用钙剂治疗低钙血症过度，原发性甲状旁腺功能亢进，骨溶性病变，慢性肾衰竭和急性肾衰竭利尿期。

五、血清磷测定

磷在生命过程中十分重要，体内重要的生命化学过程皆有磷的参与。机体摄入的磷主要在小肠内吸收，磷的排泄以磷酸盐的形式从肠道和肾脏排出，其中肾脏排泄量约占66%。机体内85%以上的磷构成骨骼和牙齿的基本矿物质成分，其余以有机磷酸酯和无机磷酸盐形式存在于软组织和细胞内。主要的生理功能是构成生命重要物质的组分（如核酸、磷脂、磷蛋白等），参与机体能量代谢的核心反应，调控生物大分子的活性（如酶蛋白的磷酸化可改变酶的活性等），参与酸碱平衡的调节等。

1. 测定方法

可用磷钼蓝比色法。宠物临床常用爱德士公司或富士公司等厂家的干化学试剂及配套仪器测定。

2. 参考值

动物血清磷含量的参考值见表10-10所列。

表10-10 动物血清磷含量的参考值　　　　　　　　　　　　　　　mmol/L

动物种类	参考值	动物种类	参考值
牛	1.08~2.76	山羊	1.16~4.42
马	0.70~1.68	犬	0.84~2.00
猪	1.30~3.55	猫	1.45~2.01
绵羊	1.62~2.36	兔	0.74~2.23

3. 临床意义

①低磷血症：见于奶牛卧倒不起症，甲状旁腺机能亢进（由于甲状旁腺激素分泌增多，肾小管对磷的重吸收受抑制，尿磷排出增多），维生素D缺乏所致的软骨病与佝偻病伴有继发性甲状旁腺增生，使尿磷排出增多，碳水化合物吸收利用时，葡萄糖进入细胞内被磷酸化，血磷可降低，牛产后血红蛋白尿、肾小管变性病变时，肾小管重吸收磷的功能发生障碍，尿中丢失大量磷。

②高磷血症：见于小动物慢性的肾脏疾病，甲状旁腺机能减退（由于甲状旁腺激素分泌减少，肾小管对磷的重吸收增强使血磷增高），肾功能不全或衰竭，尿毒症，慢性肾炎晚期，维生素D过多症（促使肠道的钙磷吸收，使血清钙磷含量增高），多发性骨髓瘤，淋巴瘤白血病及骨折愈合期。

第四节　肾功能检查

肾功能检查主要包括肌酐、尿酸、尿素、氨、尿蛋白/尿肌酐的检测。

一、肌酐测定

血清肌酐(creatinine)由骨骼肌肌肉内肌酸的代谢产生的肌酐和食物等中外源性肌酸和肌酐组成。大部分肌酸在肝脏内合成。肌酐是肌肉内磷酸肌酸经过不可逆非酶促反应脱水形成的。肌酐可经肾小球自由滤过，且不被肾小管重吸收。犬、猫肌酐是否经消化道排出仍不清楚。

1. 测定方法

可用化学法(Jaffe法)、酶法、高效液相层析法、毛细管电泳法等，但一般常用苦味酸法。宠物临床常用爱德士公司或富士公司等厂家的干化学试剂及配套仪器测定。

2. 参考值

动物血清肌酐含量的参考值见表10-11所列。

表10-11　动物血清肌酐含量的参考值　　　　　　　　　　　　　　　　mmol/L

动物种类	参考值	动物种类	参考值
牛	65~175	山羊	60~135
马	110~170	犬	44~138
猪	90~240	猫	49~165
绵羊	70~105		

3. 临床意义

肌酐是比较容易从肾脏排出的含氮物质，肌酐升高见于肾前性疾病，如过度疲劳、大面积肌肉损伤、乙二醇中毒、肾上腺皮质功能减退、心血管病、垂体机能亢进；肾脏严重损伤，如严重肾炎、严重中毒性肾炎、肾衰竭末期、肾淀粉样变、间质肾炎、肾盂肾炎。一般肾单位损伤超过70%~75%时，血清肌酐量才增多。肌酐在177~442 μmol/L时，表示中度肾衰竭，此时尿相对密度为1.010~1.018。肌酐在442~884 μmol/L时，表示严重肾衰竭。肌酐升高见于肾后性疾病，如尿道阻塞、膀胱破裂。肌酐减少一般无临床意义，有时见于肌萎缩。

二、尿酸测定

尿酸(uricacid)是嘌呤核苷酸分解代谢的产物，由尿排出体外。食物中核酸在消化道内分解产生的嘌呤，吸收进入体内氧化也是其来源。哺乳动物尿中的嘌呤类代谢产物主要是尿囊素，狗、猪和牛含量较多，马和绵羊较少。灵长类和人类排出的主要是尿酸。家禽尿中的尿酸含量较多，是家禽体内含氮物质分解代谢的主要终产物。家禽由于肝中缺乏精氨酸酶，所以蛋白质的最终代谢产物是尿酸，测定尿酸更有意义。

1. 测定方法

可用磷钨酸还原法、尿酸酶法、色谱法。宠物临床常用爱德士公司或富士公司等厂家的干化学试剂及配套仪器测定。

2. 参考值

动物血清尿酸含量的参考值见表10-12所列。

表 10-12　动物血清尿酸含量的参考值　　　　　　　　　　　　　　　　　mmol/L

动物种类	参考值	动物种类	参考值
牛	0~119	山羊	18~60
马	54~66	犬	0~119
绵羊	0~113	猫	0~60
鸡(产蛋期)	0.06~0.42	鸡(非产蛋期)	0.12

3. 临床意义

血清尿酸含量增高，见于家禽痛风、肾功能减退、严重肾损害、四氯化碳中毒、铅中毒、维生素 A 缺乏症、黄曲霉毒素中毒。

三、尿素测定

尿素(urea)是体内氨基酸代谢的最终产物之一。血清尿素浓度在一定程度上可反映肾小球滤过功能，但只有肾小球滤过功能下降到正常的一半以上时，血清尿素浓度才会升高。因此，血清尿素测定不是反映肾小球功能损伤的灵敏指标。此外，组织分解代谢加快、消化道出血、摄入过多蛋白质等肾外因素都可引起血清尿素水平升高，因而血清尿素测定也不是肾功能损伤的特异指标。但是，因尿素是肾脏排泄的低分子含氮废物的主要成分，血清尿素浓度对慢性肾脏疾病的诊断和预后判断均有意义。

1. 测定方法

可用二乙酰一肟显色法，也可用尿酶两点动力法。宠物临床常用爱德士公司或富士公司等厂家的干化学试剂及配套仪器测定。

2. 参考值

动物血清尿素含量的参考值见表 10-13 所列。

表 10-13　动物血清尿素含量的参考值　　　　　　　　　　　　　　　　　mmol/L

动物种类	参考值	动物种类	参考值
牛	2.0~7.5	山羊	18~60
马	3.5~7.1	犬	0~119
绵羊	3~10	鸡	0~60
猪	3~8.5	山羊	0.12

3. 临床意义

①尿素浓度升高：见于肾前性因素（如剧烈呕吐、幽门梗阻、肠梗阻、长期腹泻等脱水导致血液浓缩，肾血流量减少，肾小球滤过率降低，使血中尿素潴留）；急性肾小球炎、肾病晚期、肾功能衰竭(肾单位功能丧失70%才发生，每减少一半肾单位功能，尿素含量上升1倍)等使肾小球滤过率下降，血中尿素浓度增高等肾性因素；膀胱肿瘤、膀胱破裂、尿路结石、尿道狭窄等肾后性因素。

②尿素浓度降低：见于肝病、肝硬化、肝肿瘤、门静脉和腔静脉吻合、低蛋白日粮

等尿素合成减少的疾病，输液治疗后，黄曲霉毒素中毒。

四、氨测定

氨（ammonia）为氨基酸代谢和含氮物质排泄中尿素前一个阶段的物质。主要来源为体内蛋白质在代谢过程中产生的氨基酸，以及经脱氨作用分解而来的内源性氨，正常情况下这种氨可形成酰胺及合成其他含氮化合物而不断地被转化；另一来源是蛋白质类饲料在肠道内经细菌分解而成的外源性氨，该氨经门静脉进入肝脏合成脲，经肾脏排出体外。血和血浆中的氨浓度非常不稳定，采血后尿素分解为氨，引起氨浓度明显升高，使一个正常的血样出现高氨血症的假象（分解 0.1 mmol 的尿素可以产生 200 μmol/L 的氨）。

1. 测定方法

测定方法主要有微量扩散法、比色法、离子交换法、氨电极法、酶法。宠物临床常用爱德士公司或富士公司等厂家的干化学试剂及配套仪器测定。

2. 参考值

大多数动物正常血氨浓度低于 60 μmol/L。

3. 临床意义

血氨升高见于先天性的尿素循环代谢缺陷、先天性门静脉短路、肝衰竭后期、肝性昏迷、肝性脑病、重型肝炎、尿毒症。

五、尿蛋白/尿肌酐测定

尿蛋白与尿肌酐测定是近年来用于监测尿蛋白排出情况的一种新的可靠方法，由各自的排泄率和肾小管的重吸收情况决定。生理情况下白蛋白可经肾小球滤过膜滤出，在近曲小管几乎被完全重吸收。当肾小球滤过膜受损时，其表面的电荷屏障被破坏，白蛋白滤出量大于近曲小管的重吸收时即出现蛋白尿。尿肌酐经肾小球滤过，在肾小管几乎不被重吸收而排出体外。由于尿蛋白与尿肌酐的排出量均受相同的因素影响而产生波动，所以单独观察某一指标会产生一定片面性；但在个体中尿蛋白/尿肌酐比值则保持相对恒定，所以观察尿蛋白/尿肌酐比值能更准确地诊断出早期的肾损害。

1. 测定方法

可用邻苯三酚红—钼酸显色法和碱性苦味酸比色法测定。宠物临床常用爱德士公司等厂家的干化学试剂及配套仪器测定。

2. 参考值

犬 0.1~0.2。

3. 临床意义

尿蛋白/尿肌酐比值升高见于各种肾炎、肾病综合征等肾脏损害，肾小球滤过率下降，肾功能减退等。

第五节 肝功能检查

肝功能检查包括血清酶、胆汁酸、血清蛋白和胆红素的检测。

一、血清酶测定

(一) 丙氨酸氨基转氨酶和天门冬氨酸氨基转氨酶

丙氨酸氨基转氨酶(alanine aminotransferase，ALT)和天门冬氨酸氨基转氨酶(aspartate aminotransferase，AST)是 2 种临床上最常检验的血清转氨酶，这些酶在动物组织中分布广泛。ALT 主要分布在肝脏，其次是骨骼肌、肾脏、心肌等组织中。AST 主要分布在心肌，其次在肝脏、骨骼肌、肾脏等组织中。由此可见，ALT 和 AST 均为非特异性细胞内功能酶，正常时血清中含量很低，但当上述组织细胞受损时，细胞膜通透性增加，细胞质内的 ALT 和 AST 释放进入血浆，导致酶活性升高。

1. 测定方法

可用赖氏法测定。宠物临床常用爱德士公司或富士公司等厂家的干化学试剂及配套仪器测定。

2. 参考值

动物血清转氨酶活性的参考值见表 10-14 所列。

表 10-14 动物血清转氨酶活性的参考值   U/L

动物种类	犬	猫	马	牛	绵羊	山羊	猪	鸡
ALT	8.2~57.3	8.3~52.5	2.7~20.5	6.9~35.3	14.8~43.8	15.3~52.3	21.7~46.5	9.5~37.2
AST	8.9~48.5	9.2~39.5	116~287	45~110	49~123	66~230	15.3~55.3	88~208

3. 临床意义

血清 ALT 活性增高对犬、猫肝脏疾病的诊断具有重要意义，常见于各型肝炎、肝硬化、胆道疾病和其他原因引起的肝损伤，也见于严重的贫血、砷中毒、鸡脂肪肝和肾病综合征等疾病过程中。血清 ALT 活性可反映肝脏损伤的程度，一般认为正常参考值为 10~60 U/L，60~400 U/L 为中度肝损伤，400 U/L 以上为严重肝损伤。由于成年马、绵羊、牛和猪肝脏 ALT 含量少，这些动物肝脏损伤时升高不明显。

骨骼肌、心肌和肝脏等组织损伤均可引起血清 AST 活性升高，因此该酶对肝损伤不具有特异性，除犬、猫和灵长类外，肝细胞破坏时，血清 AST 活性可急剧升高。在解释测定结果时，应仔细了解心脏和肌肉是否损伤，并结合肝脏功能检查的其他指标和临床症状综合判断。血清 AST 升高常见于乳牛产后瘫痪、黄曲霉毒素中毒、四氯化碳中毒、肌肉营养不良、白肌病、肝外胆管阻塞、肝片吸虫病、高脂血症等。

(二) 血清碱性磷酸酶

碱性磷酸酶(alkaline phosphatase，ALP)主要分布在肝脏、骨骼、肾脏、小肠及胎盘中，血清中 ALP 以游离形式存在，大部分来自肝脏和骨骼，常作为肝脏疾病的检查指标之一。一般认为，幼年生长发育阶段的动物，血清 ALP 主要来自骨骼，随着动物发育成熟，来自骨骼的 ALP 逐渐减少。

1. 测定方法

常用 β-甘油磷酸法、磷酸苯二钠法和磷酸对硝基酚法。宠物临床常用爱德士公司或富士公司等厂家的干化学试剂及配套仪器测定。

2. 参考值

动物血清碱性磷酸酶活性的参考值见表 10-15 所列。

表 10-15　动物血清碱性磷酸酶活性的参考值　　　　　　U/L

动物种类	犬	猫	马	牛	绵羊	山羊	猪
ALP	11~100	12~65	70~226	18~153	27~156	61~283	41~176

血清 ALP 活性升高见于肝胆疾病（如肝细胞损伤、胆道阻塞等）。可能的原因是蓄积的胆汁酸溶解细胞膜释放出 ALP，或肝细胞经毛细胆管或胆管向肠道排泄胆汁障碍，或阻碍胆汁排泄的因素诱导肝细胞合成 ALP 增多所致。另外，骨骼疾病（如佝偻病、骨软病、纤维性骨炎，骨损伤及骨折修复愈合期等）发生时，血清 ALP 活性明显升高。

（三）血清 γ-谷氨酰转移酶

γ-谷氨酰转移酶（γ-glutamyl transferase，GGT）主要存在于细胞膜和微粒体上，参与谷胱甘肽的代谢，肾脏、肝脏和胰腺含量丰富。血清中 GGT 主要来自肝胆系统，在肝脏中广泛分布于肝细胞的毛细胆管和整个胆管系统，当肝脏合成亢进或胆汁排出受阻时，血清中 GGT 活性升高。

1. 测定方法

可用 α-萘胺重氮试剂显色法。宠物临床常用爱德士公司或富士公司等厂家的干化学试剂及配套仪器测定。

2. 参考值

动物血清 γ-谷氨酰转移酶活性的参考值见表 10-16 所列。

表 10-16　动物血清 γ-谷氨酰转移酶活性的参考值　　　　　　U/L

动物种类	犬	猫	马	牛	绵羊	山羊	猪
GGT	1.0~9.7	1.8~12.0	2.7~22.4	4.9~25.7	19.6~44.1	20.0~50.0	31.0~52.0

3. 临床意义

GGT 升高见于牛、马、绵羊、猪胆汁淤滞，肝片吸虫病，急性肝坏死，原发性或续发性肝癌。

二、血清胆汁酸测定

胆汁酸（bile acids）分为游离胆汁酸和结合胆汁酸，游离胆汁酸主要包括由肝细胞产生的胆酸、鹅胆酸和脱氧胆酸 3 类，结合胆汁酸是胆汁酸与甘氨酸和牛磺酸结合形成。胆汁酸随胆汁分泌进入肠道，乳化脂肪，是消化吸收食物中脂肪和脂溶性维生素的必须条件。分泌入肠道的胆汁酸，大约 95% 又重新被吸收入血液，然后被肝脏摄取，随胆汁分泌入肠道，此现象称为肠肝循环。胆汁酸的功能是促进脂类消化、吸收，抑制胆固醇从胆汁中析出沉淀。

1. 测定方法

可用发射免疫法、酶比色法。宠物临床常用爱德士公司或富士公司等厂家的干化学试剂及配套仪器测定。

2. 参考值

动物血清胆汁酸含量参考值见表10-17所列。

表 10-17　动物血清胆汁酸含量参考值　　　　　　　　　　　　　　　　μmol/L

动物种类	马	牛	绵羊
胆汁酸	10~20	<120	<25

3. 临床意义

血清胆汁酸含量增多，见于急、慢性胆道阻塞，增多变化与血清ALP活性增高一致。也见于马、犊牛、羊和犬急性中毒性肝坏死，各种类型的肝病、肝硬化、脂肪肝。

三、血清蛋白质测定

动物临床上蛋白质代谢功能的检查主要测定血清总蛋白(total protein，TP)、白蛋白(albumin，A)、球蛋白(globulin，G)和白蛋白与球蛋白的比值(A/G)。总蛋白是白蛋白和球蛋白的总和，90%以上的血清总蛋白和全部白蛋白由肝脏合成，因此血清总蛋白和白蛋白检测是反映肝脏功能的重要指标。球蛋白与机体免疫功能和血浆黏度密切相关。

1. 测定方法

双缩脲法测定血清总蛋白，溴甲酚绿染料结合法测定血清白蛋白。总蛋白减去白蛋白即为球蛋白。另外，常用醋酸纤维薄膜电泳法对蛋白质各组分进行定量检测。宠物临床常用爱德士公司或富士公司等厂家的干化学试剂及配套仪器测定。

2. 参考值

动物血清蛋白质参考值见表10-18所列。

表 10-18　动物血清蛋白质参考值　　　　　　　　　　　　　　　　g/L

动物种类	总蛋白(TP)	白蛋白(A)	球蛋白(G)	A/G
牛	65~75	25~35	30~35	0.8~0.9
马	50~79	25~35	26~40	0.6~1.5
耗牛	56~76	30~38	28~37	0.9~1.3
双峰驼	59~71	43~53	15~20	2.5~3.9
猪	79~89	18~33	53~64	0.4~0.5
绵羊	60~79	24~33	35~57	0.4~0.8
山羊	64~70	27~39	27~41	0.6~1.3
犬	53~78	23~43	27~44	0.6~1.1
猫	58~78	19~38	26~51	0.5~1.2

3. 临床意义

①血清蛋白浓度增加：见于不同原因引起的脱水，此时红细胞比容、所有的蛋白、白蛋白、球蛋白都以同一比例升高，但白蛋白/球蛋白比值正常。当由于慢性和免疫介导性疾病和负蛋白血症引起的蛋白浓度绝对升高时，只有球蛋白升高，而白蛋白不变或

降低。

②γ-球蛋白增高：见于肝内炎症反应，特别是慢性炎症反应，组织病理学发现浆细胞浸润；自身免疫反应，自身抗体形成过多；从肠道内吸收过多的抗原（如细菌抗原），刺激 B 淋巴细胞，形成过多抗体；血浆白蛋白降低，γ-球蛋白相对量增加，在慢性活动性肝炎和失代偿性肝炎后硬化时，γ-球蛋白增高最为显著。在急性肝炎时，γ-球蛋白正常或暂时性轻度增高，若持续增高，提示向慢性转化。

③血清蛋白浓度降低（低蛋白血症）：见于血浆中水分增加，血浆被稀释，如静脉注射过多低渗溶液或各种原因引起的水钠潴留；白蛋白浓度降低，如营养不良和消耗增加、合成障碍、蛋白质丢失（如肾脏疾病）、妊娠，往往出现白蛋白/球蛋白比值变小；球蛋白浓度降低。

四、胆红素测定

胆红素是血液循环中衰老红细胞在肝脏、脾脏及骨髓的单核-吞噬细胞系统中分解和破坏的产物。红细胞破坏释放出血红蛋白，然后代谢生成游离珠蛋白和血红素，血红素（亚铁原卟啉）经微粒体血红素氧化酶的作用，生成胆绿素，进一步被催化而还原为胆红素。

1. 测定方法

用重氮试剂法（如改良 J-D 法、二甲亚砜法等）和氧化酶法测定。宠物临床常用爱德士公司或富士公司等厂家的干化学试剂及配套仪器测定。

2. 参考值

动物血清胆红素参考值见表 10-19 所列。

表 10-19　动物血清胆红素参考值　　　　　　　　　　　　　　μmol/L

动物种类	结合胆红素	总胆红素
牛	0.7~7.5	0.2~17.1
马	0~6.8	3.4~85.5
猪	0~5.1	0~10.3
绵羊	0~4.6	1.7~7.2
山羊	0~1.7	0~1.7
犬	1.0~2.1	1.7~10.3
猫	2.6~3.4	2.6~5.1

3. 临床意义

总胆红素测定用于黄疸及黄疸程度的鉴别、肝细胞损害程度和预后的判断。血清胆红素浓度增加可见于马在饥饿或厌食且没有溶血或肝胆异常出现禁食性高胆红素血症、血管内溶血、肝脏疾病、胆管阻塞性疾病等。再生障碍性贫血及数种继发性贫血（癌或慢性肾炎引起），血清胆红素减少。

结合胆红素与总胆红素的比值可用于鉴别黄疸类型，比值小于 20% 见于溶血性黄疸、阵发性血红蛋白尿、恶性贫血、红细胞增多症；比值为40%~60%见于肝细胞性黄疸；比值大于60%见于阻塞性黄疸。肝细胞性黄疸和阻塞性黄疸之间有重叠，但阻塞性黄疸时结合胆红素增高更明显。

第六节 心肌损伤检测

心肌损伤的检测主要包括肌酸激酶和乳酸脱氢酶的检测。

一、肌酸激酶测定

肌酸激酶（creatine kinase，CK）是能量代谢过程中重要的酶类，又名肌酸磷酸激酶（crea-tine phosphatase kinase，CPK），主要功能是可逆地催化肌酸和ATP生成磷酸肌酸和ADP的反应。肌酸激酶在骨骼肌和心肌中含量最高，其次是脑和平滑肌。正常动物血清中CK含量甚微，当上述组织受损时，CK进入血液，血清中含量明显升高。进一步分析表明，CK是一组具有3种同工酶的二聚体酶，CK1（CK-BB）存在于脑、外周神经、脑脊髓液、前列腺、肺和肠，血清中不存在；CK2（CK-MB）主要存在于心肌，骨骼肌内也有少量；CK3（CK-MM）存在于骨骼肌和心肌中。肌肉损伤、各种类型肌萎缩时，血清CK活性均可增高，损伤后6~12 h即可达到最高，病毒性心肌炎、急性心肌梗塞时CK也明显升高，且较AST、LDH特异性升高。血浆CK半衰期较短，若不存在持续性损伤，通常2~4 d就可恢复正常，而AST对肌肉损伤的反应较慢，但升高后持续的时间稍长，因而对诊断及预后各具价值。犬、猫主要组织中CK含量见表10-20所列。

表10-20 犬、猫主要组织中CK含量　　　　　　　　　　　　　　　　　　　U/g

动物种类	肝	心脏	肌肉	肾	肠	胰腺
犬	50	1 150	2 500	50	200	—
猫	1	518	692	1	20	15

1. 测定方法

可用酶偶联法、肌酸显色法测定。宠物临床常用爱德士公司或富士公司等厂家的干化学试剂及配套仪器测定。

2. 参考值

动物血清肌酸激酶活性参考值见表10-21所列。

表10-21 动物血清肌酸激酶活性参考值　　　　　　　　　　　　　　　　　　U/L

动物种类	参考值	动物种类	参考值
牛	4.8~12.1	山羊	0.8~8.9
马	2.4~23.4	犬	1.15~28.4
猪	2.4~22.5	猫	7.2~28.2
绵羊	8.1~12.9		

3. 临床意义

牛、羊和猪维生素 E 和硒缺乏所引起的营养性肌肉营养不良、母牛卧地不起综合征、马麻痹性肌红蛋白尿症等疾病时血清 CK 均明显升高。此外，动物剧烈运动、手术，肌肉注射冬眠灵和抗菌素等也能引起 CK 活性升高。犬、猫 CK 活性升高见于骨骼肌损伤，如过度运动、肌炎、躺卧、有刺激的肌肉注射；代谢性疾病如磷酸果糖激酶缺乏、甲状腺机能减退（占病例数的30%）、肾上腺皮质机能亢进、犬恶性高热、犬和猫肌肉营养不良均可出现血清 CK 活性升高；猫机体 CK 较其他动物含量少，即使其血清 CK 活性少量升高也应给予足够的重视。由于不明原因，猫食欲缺乏也可出现血清 CK 活性升高。

二、乳酸脱氢酶测定

乳酸脱氢酶（lactate dehydrogenase，LDH）广泛存在于体内各组织中，其中以心肌、骨骼肌、肾脏、肝脏、红细胞等组织中含量较高，存在于细胞质中。组织中酶活力比血清高约 1 000 倍，所以即使少量组织坏死释放的酶也能使血清中 LDH 升高。犬、猫主要组织中 LDH 含量见表 10-22 所列。

表 10-22　犬、猫主要组织中 LDH 含量　　　　　　　　　　U/g

动物种类	肝	心	肌肉	肾	肠	胰腺
犬	130	320	169	256	58	52
猫	127	89	259	40	47	16

LDH 是糖酵解途径中的一种重要酶，它可逆地催化乳酸转变为丙酮酸的氧化反应。LDH 有多种同工酶，其生物特性相同。但在电泳行为方面都各有特性，借此可进行分离。目前已被证实血清有 5 种乳酸脱氢酶同工酶，每一种同工酶系是由心亚单位（H）或肌亚单位（M）构成的四聚体：LDH_1 = HHHH，LDH_2 = HHHM，LDH_3 = HHMM，LDH_4 = HMMM，LDH_5 = MMMM，所以存在 5 种同工酶。LDH_1 和 LDH_2 主要来自心肌、红细胞、白细胞及肾脏等；LDH_3 主要存在于肝脏、脾脏、胰腺、白细胞、甲状腺、肾上腺及淋巴结等；LDH_4 和 LDH_5 主要来自肝脏及骨骼肌等。

1. 测定方法

可用比色法测定 LDH 活性。LDH 同工酶可用电泳法、层析法、酶化学法和免疫法等测定。宠物临床常用爱德士公司或富士公司等厂家的干化学试剂及配套仪器测定。

2. 参考值

动物血清乳酸脱氢酶活性参考值见表 10-23 所列。

表 10-23　动物血清乳酸脱氢酶活性参考值　　　　　　　　　　U/L

动物种类	参考值	动物种类	参考值
牛	692~1 445	山羊	123~392
马	162~412	犬	45~233
猪	380~635	猫	63~273
绵羊	238~440		

3. 临床意义

血清 LDH 活性升高，见于心肌损伤，骨骼肌变性、损伤及营养不良，维生素 E 和硒缺乏，肝脏疾病，恶性肿瘤，溶血性疾病，肾脏疾病，运动，食后等。

LDH 同工酶活性：急性心肌梗塞时血清 LDH_1 及 LDH_2 均增加，且 LDH_2/LDH_1 比值低于 1；急性肝炎早期 LDH_5 升高，且常在黄疸出现之前已开始升高；慢性肝炎可持续升高；肝硬化、肝癌、骨骼肌损伤、手术后等 LDH_5 也可升高；阻塞性黄疸时 LDH_4 与 LDH_5 均升高，但以 LDH_4 升高较多见；心肌炎、溶血性贫血等 LDH_1 可升高。

第七节　胰脏损伤检测

胰脏损伤的检测主要包括 α-淀粉酶和脂肪酶的检测。

一、α-淀粉酶测定

淀粉酶（amylase，AMS）为水解酶，主要水解淀粉、糊精和糖原。来源于胰腺的为淀粉酶同工酶 P（P 型），来源于腮腺的为淀粉酶同工酶 S（S 型）。人几乎所有组织和体液中都含有 AMS。动物除猪以外，唾液中不含 AMS。犬肝脏也不含 AMS，胰腺和十二指肠的含量是其他组织的 6 倍。AMS 由肾脏排泄，通过测定淀粉被水解后所产生还原糖的含量而推测淀粉酶的活性。

1. 测定方法

可用碘-淀粉比色法（Somogyi 法）测定。宠物临床常用爱德士公司或富士公司等厂家的干化学试剂及配套仪器测定。

2. 参考值

动物血清淀粉酶参考值见表 10-24 所列。

表 10-24　动物血清淀粉酶参考值　　　　　　　　　　　　U/L

犬	猫	马	牛	绵羊	猪
270~1 462	371~1 193	47~188	41~98	140~270	44~88

3. 临床意义

胰腺疾病时 AMS 升高，急性胰腺炎一般于发病后 6~12 h 血清 AMS 开始升高，可比正常增高 3~4 倍，持续 3~5 d 后恢复正常；尿液 AMS 于发病后 12~24 h 开始升高，持续 3~10 d 恢复正常。慢性胰腺炎急性发作、胰腺癌、胰腺囊肿、胰管阻塞等也见 AMS 升高。另外，肾脏疾病（如原发性肾衰竭）、肠扭转或肠阻塞、腹痛等均可引起血清 AMS 活性升高。

胰腺组织坏死、肝组织严重损伤、甲状腺功能亢进和妊娠毒血症等，血清 AMS 活性降低。

二、脂肪酶测定

脂肪酶（lipase，LPS）是一组特异性较低的脂肪水解酶类，与食物中脂肪的分解有关。主要来源于胰腺腺泡细胞，其次为胃黏膜、小肠和肝脏中，LPS存在于细胞质内。通常与淀粉酶一起用于诊断急性坏死性胰腺炎，且对该病较特异，受非特异因素影响小。作为一个大分子，它在疾病早期持续增加的时间较长，但在疾病开始阶段，它不像淀粉酶升得那样快。LPS能水解多种含长链脂肪酸的甘油酯，通常由胰腺以等量分泌脂肪酶及共脂肪酶释放进入腹腔液，经横膈淋巴管吸收进入血液。LPS部分在肾脏降解失活。半衰期在犬中为2 h，但因共脂肪酶相对分子质量较小，可以从肾小球滤出，急性胰腺炎时，共脂肪酶/脂肪酶比例下降。

1. 测定方法

可用碱滴定法、电极法，还可以用比浊法、分光光度计法及荧光光度计法。宠物临床常用爱德士公司或富士公司等厂家的干化学试剂及配套仪器测定。

2. 参考值

犬0~258 U/L，猫0~143 U/L。

3. 临床意义

LPS升高，常见于急性胰腺炎（脂肪酶升高3~4倍），胰腺和胰腺外肿瘤，肾血流下降或功能下降，糖皮质激素治疗，抗凝血剂（EDTA），高胆红素血症，严重溶血，肠阻塞，肝脏和肾脏疾病。

三、犬、猫特异性脂肪酶（cPL/fPL）

1. 测定方法

可用酶联免疫吸附试验（ELISA）+546测定。宠物临床常用爱德士公司或富士公司等厂家的干化学试剂板测定。

2. 参考值

按照厂家说明书，判断异常或正常。

3. 临床意义

cPL/fPL可以提高犬、猫胰腺炎的诊断准确率，当出现异常时，提示患有胰腺炎。当正常时，但有呕吐等症状，不能排除胰腺炎，需要胰腺超声、CRP等进行综合判断。

（张 燚 付志新）

第十一章

动物排泄物、分泌物及其他体液检查

动物排泄物、分泌物及其他体液主要是指粪便、尿液、呕吐物、脑脊髓液、渗出液和漏出液。这些物质的检查在动物临床上具有重要意义。

第一节 尿液检查

一、尿液样本的采集和保存

尿液的采集和保存方法有很多种，可根据不同的动物种类、不同的病情及不同的检查项目有选择地进行应用。

1. 尿液样本的采集

(1) 尿液样本的采集方法

尿液采集需要根据动物的种类、生理或病理的状态及拟检查项目来选择合适的采样方法。

①自然排尿时采集：通常可在动物自然排尿之际用清洁容器接取，或给动物装上特制的集尿器以收集其自然排出的尿液。另外，直肠按摩膀胱或后腹部膀胱的按压也可诱使动物排尿，普遍用于小动物临床。

②导尿管导尿采集：无法自然排尿或人工诱导排尿的动物，可以采用导尿管导尿收集尿液。

③膀胱穿刺：对于膀胱膨胀或尿闭比较严重的动物，在导尿不成功时可进行膀胱穿刺。另外，对于尿路可能感染的病例，采尿进行显微镜、化学、物理和微生物化验时，也需要进行膀胱穿刺。膀胱穿刺时，首先触诊膀胱，估计其大小和位置。膀胱定位方法：侧卧选腹部，站立或仰卧时选腹中线。用手定位后，对穿刺部位进行消毒，然后将穿刺针与皮肤呈45°~90°角刺入，用注射器抽取尿液。穿刺收集的尿液红细胞的变化较大，会对实验室检查造成一定的影响，同时会有并发尿性腹膜炎的可能，特别是尿道完全阻塞的动物，因此在穿刺时要格外慎重。

(2) 尿液样本采集的原则及注意事项

一般检查的尿标本应采集早晨第一次排出的新鲜尿液；使用的容器应清洁、干燥，以一次性容器为宜，容器上要贴上标签；避免异物（如粪便、血液或尘土等）混入标本中。尿样采集后要及时送检，以免细菌繁殖及细胞溶解，同时不能在强光或阳光下照射，避免某些化学物质（如尿胆原等）因光分解或氧化而降低。未做防腐处理而又在室温放置超过 6 h 以上，尿样易发生腐败，使管型及红细胞溶解消失；经自然排尿收集的尿液有时会含有包皮或阴道的分泌物，所以在尿蛋白检测的时候会出现假阳性；做微生物培养的尿液，在采集时应严格进行无菌操作，且不可以加入防腐剂。

2. 尿液样本的保存

尿液采集后，需立即检查，不宜存放过久。一般在 4 ℃ 冰箱中可保存 6~8 h。若标本放置时间较长时，可加入适量防腐剂以延缓内容物的分解。

①甲醛：对镜检物质，如细胞、管型等可以起到固定作用，但由于甲醛具有还原性，故不能用于尿糖等化学成分的检查，一般用量为 100 mL 尿中加入 0.5 mL 400 g/L 甲醛。

②甲苯（二甲苯）：能使尿液面形成薄膜，防止细菌繁殖，用于尿糖、尿蛋白的定量测定。可用于保留 24 h 的尿液样本，一般用量为 100 mL 尿用 0.5~2.0 mL。

③浓盐酸：适用于肾上腺素、儿茶酚胺、苦杏仁酸、17-羟类固醇与 17-酮类固醇的定量测定。一般用量为 100 mL 尿用 0.5~1.0 mL。

④30% 醋酸：适用于醛固酮 24 h 内的定量测定。一般用量为 100 mL 尿用 10 mL。

⑤麝香草酚：适用于尿液中化学成分及细菌的检查。一般用量为 100 mL 尿液加入小于 0.1 g。

3. 检验后尿液样本的处理

样本检查后，尿液必须经过消毒处理后才能排入下水道。所用的盛尿容器及试管等需经 30~50 g/L 漂白粉澄清液或 10 g/L 次氯酸钠液浸泡 2 h，也可用 5 g/L 过氧乙酸浸泡 30~60 min，再用清水冲洗干净。

二、尿液的一般性状检查

尿液的一般性状包括尿量、颜色、透明度、黏稠度、气味、密度、渗透压和电导率等，其中尿量、颜色、透明度、黏稠度、气味等尿液感官检查见泌尿系统检查，而渗透压和电导率不常用。因此，下面重点介绍尿密度的检查。

1. 健康动物的尿密度

健康动物的尿密度见表 11-1 所列。

表 11-1 健康动物的尿密度

动物种类	密度	动物种类	密度
马	1.020~1.050	猪	1.005~1.025
牛	1.015~1.045	猫	1.020~1.040
羊	1.015~1.050	兔	1.010~1.015
犬	1.020~1.045	骆驼	1.030~1.060

2. 尿密度的测定

尿密度的测定通常采用尿密度计。充分混匀尿液后，将尿液沿管壁缓慢倒入大小适当、清洁干净的量筒内，如有气泡，可用吸管或吸水纸吸去；将尿密度计放入尿液中，使其悬浮于中央，勿触及筒壁或筒底；1~2 min 后，待尿密度计稳定后，读取尿液凹面的刻度即为尿液的密度。

3. 尿密度的临床意义

①尿密度增高：动物饮水过少、剧烈运动和气温过高而出汗较多时，尿量减少而密度增高；一些少尿性疾病，如发热性疾病、便秘及一些机体脱水性疾病如严重胃肠炎和中暑等，可导致尿少而稠，使尿密度增高。此外，渗出性胸膜炎及腹膜炎、急性肾炎时，尿密度也会增高。

②尿密度降低：动物因摄入水分过多，排尿量增加，尿密度降低；肾脏机能不全时，导致尿液浓缩障碍而发生多尿、尿密度降低（糖尿病除外）。此外，在间质性肾炎、肾盂肾炎、非糖性多尿症及神经性多尿症、牛酮病时，尿密度有时也可降低。

三、尿液的显微镜检查

尿液的显微镜检查是尿液临床检查的重要项目，检查尿沉渣的种类和数量是了解泌尿系统疾病的重要手段，而且对泌尿系统疾病的鉴别诊断具有重要意义。显微镜检查可以发现一些理化检查所不能发现的病理变化，既可以辅助理化检查确定病变的部位，又可以阐明疾病的性质，对判断泌尿系统疾病的类型、严重程度和预后都具有重要价值。

尿沉渣可分为无机沉渣和有机沉渣 2 种。无机沉渣多为各种无机盐结晶，有机沉渣包括红细胞、白细胞、上皮细胞、脓细胞、各种管型和微生物等。

1. 标本的制备

（1）直接镜检

取新鲜混匀的尿液 10 mL 置一刻度离心管中，1 500 r/min 离心 5 min。弃去上清液，保留管底沉渣 0.2 mL，轻轻摇动离心管，使尿沉渣充分混匀。取尿沉渣 20 μL 滴在载玻片上，用盖玻片覆盖后镜检。镜检时，宜将聚光器降低、缩小光圈，使视野稍暗。先用低倍镜观察全片的有形成分及结晶等异物，再用高倍镜计数 10 个视野的最低和最高细胞数，算出平均值。结晶用低倍镜观察，可以用"＋"方式或文字进行描述。

（2）染色镜检

尿沉渣的直接镜检对比度较差、易漏检，为了提高阳性检出率，可将沉渣染色后检查。常用的染色剂是 Sternheimer – Mal – bin 染色混合液。尿液离心后在 0.2 mL 尿液沉渣中加入 1 滴染色混合液，3 min 后取沉渣盖上盖玻片镜检。红细胞染成淡紫色；多形核白细胞的细胞核染成橙紫色，细胞质内可见颗粒；透明管型染成粉红色或淡紫色；细胞管型染成深紫色。

Sternheimer – Mal – bin 染色混合液制备方法：

溶液Ⅰ：结晶紫 3.0 g，95% 乙醇 20.0 mL，草酸铵 0.8 g，蒸馏水 80.0 mL。

溶液Ⅱ：沙黄 0.25 g，95% 乙醇 40.0 mL，蒸馏水 40.0 mL。

将上述 2 种溶液分别置冰箱保存。配置染色混合液时，取 3 份溶液Ⅰ加 97 份溶液Ⅱ，混合过滤，贮存于棕色瓶中，室温下可保存 3 个月。

2. 尿液中有机沉渣的检查

尿液中有机沉渣的形态如图 11-1 所示，主要有以下几种：

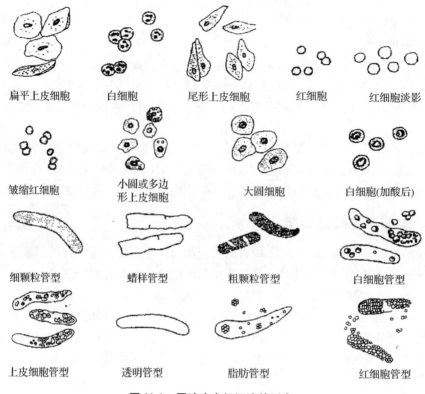

图 11-1 尿液中有机沉渣的形态

(1) 红细胞

健康动物的尿液中无红细胞。若出现红细胞，则为病理状态，提示泌尿器官存在出血部位。如要判断出血部位，尚需结合上皮细胞和蛋白质的含量。如尿液中蛋白质含量较多，同时可看到肾上皮细胞和红细胞管型，则可认为是肾源性出血；如尿液中有肾盂上皮细胞及膀胱上皮细胞，并有大量血块，则可认为是肾盂、膀胱或尿道出血。

尿液中典型的红细胞呈淡黄褐色，小而圆；在高渗或酸性尿液中，细胞皱缩成表面带刺，形如星状；在低渗或碱性尿液中，红细胞吸水胀大，血红蛋白从细胞内逸出，形成大小不等的空环状，称为影形红细胞。用暗视野显微镜或普通光学显微镜将尿沉渣中的红细胞进行分类，根据红细胞的形态变化，可区别肾小球性和非肾小球性疾患。

(2) 白细胞

健康动物的尿液中有少量的白细胞，其外形完整，无明显退行性变化，常常因为膨胀而不清。若大量出现，可表现为混浊、不透明，静置后有大量沉淀，提示疾病导致了尿液发生物理性质的改变。

当尿液中有大量白细胞时，细胞质内颗粒及细胞核清晰可见，加稀酸后更加明显，较易识别。酸性尿液中的白细胞较为完整，而碱性尿液中白细胞不完整，尿液不透明而混浊，静置后有大量沉淀。尿液中的白细胞以中性粒细胞为主，可见淋巴细胞和单核细胞。在尿路炎症时，尿液中白细胞增多明显，而无蛋白质和肾上皮细胞；而当肾炎时，除了白细胞增多外，尿蛋白和肾上皮细胞也明显增加。

由于中性粒细胞的衰竭死亡或在炎症过程中外形发生不规则改变，镜下结构模糊不清，细胞质内充满粗大颗粒，细胞聚集成团，细胞界限不明显，称之为脓细胞。尿液中出现大量的脓细胞，见于肾炎、肾盂肾炎、膀胱炎和尿道炎。

(3) 上皮细胞

由于新陈代谢或炎症反应等原因，来自肾脏、输尿管、膀胱和尿道等泌尿生殖道的上皮细胞脱落后，可随尿液排泄出来。尿液显微镜检查常见的上皮细胞有以下几种：

①肾上皮细胞：肾上皮细胞也称小圆上皮细胞，来自肾小管的立方上皮，形态呈圆形或多边形，也有圆锥形或圆柱形的，较白细胞体积大，直径不超过 15 μm。细胞核大而圆，核膜清晰，位于细胞中央。细胞质有脂肪滴及小空泡。此类细胞在尿液中比较少见，一旦尿液中出现大量的肾上皮细胞及细胞管型，表示肾实质有严重疾患，如急性肾小球肾炎、慢性肾炎等；成堆的出现表示肾小管有坏死性病变。有时也见于其他能引起肾脏损坏的疾病，如马腺疫、胸膜肺炎、流感及大叶性肺炎等。

②肾盂及尿路上皮细胞：肾盂及尿路上皮细胞也称尾形上皮细胞，主要来自肾盂或输尿管及膀胱颈部，细胞形态常呈梨形、拖尾形或纺锤形，细胞体积 20～40 μL。细胞核较大，呈圆形或椭圆形，位于中央或偏心。此类细胞在正常尿液中比较少见，一旦大量出现则表示有肾盂肾炎、输尿管炎或膀胱炎等疾患。

③膀胱上皮细胞：膀胱上皮细胞也称大圆上皮细胞，主要来自膀胱上皮表层和阴道上皮中层。细胞形态多为圆形或椭圆形，核居中。如在膀胱充盈时脱落，细胞体积是白细胞的 4～5 倍；如在收缩时脱落，细胞体积较小，为白细胞的 2～3 倍。在正常尿液中可见少量膀胱细胞，在患膀胱炎时可见大量成片脱落的细胞。

(4) 黏液

尿液中的黏液呈雾状，马尿中特别多。尿道发炎时，黏液会显著增多，有时尿液呈柱状(假圆柱)、分枝状，较透明管型稍宽。黏液管型加乙酸后不消失，加碘化钾后则染成黄色。

(5) 管型(尿圆柱)

显微镜下常见的管型有细胞管型、透明管型、颗粒管型、脂肪管型、蜡样管型和肾衰竭管型。

①细胞管型：当管型基质内含有细胞，其体积超过管型体积的 1/3 时，称为细胞管型。根据管型内细胞的不同，可分为红细胞管型、白细胞管型和上皮细胞管型。

红细胞管型 由于肾小球或肾小管出血或血液流入肾小管内，致使管型内含有较多的残坏红细胞而称为红细胞管型。显微镜下所见多呈棕褐色，少量管型一端呈折断状。尿中出现此种管型，表示肾脏患有出血性的炎性疾病。

白细胞管型 由于肾脏化脓性炎症所致管型内充满白细胞，称为白细胞管型。因白细胞发生变性，此类管型又叫脓细胞管型。管型内多含有脓细胞，见于肾炎。

上皮细胞管型 由于肾小管病变，管型基质内含有大量脱落的肾小管上皮细胞而称为上皮细胞管型。管型内细胞大小不等，滴加稀乙酸后使细胞核更明显。尿中出现此类管型或透明管型上有肾上皮细胞，均表示肾有炎症或有变性过程，多见于急性肾炎、肾小球肾炎晚期、肾病综合征、重金属或化学物质中毒和高热等。

②透明管型：由白蛋白和肾小管分泌的糖蛋白在远曲小管或集合管内形成。其形态为无色透明圆柱体，结构细致，两边平行，两端钝圆，偶尔含有少许细颗粒。其长度不一，多半伸直而少曲折。在黄疸尿中，此管型被染成黄色；在血尿中可被染成红褐色；如尿长久放置，则透明管型可崩解或消失。健康动物在尿液浓缩时偶尔也可见此类管型，多见于高热、全身麻醉、心功能不全，肾受刺激或肾充血时，此时可见少量透明管型；肾实质性病变时可大量出现，肾硬变时，可持续存在，肾炎晚期可见到异常粗大的透明管型。

③颗粒管型：由于变性细胞残渣或由血浆蛋白及其他物质直接聚集于肾小管分泌的糖蛋白管型基质中而形成。管型内含有很多颗粒，其量超过管型的1/3时，称颗粒管型。按颗粒大小可分为细颗粒管型和粗颗粒管型。细颗粒管型外形呈灰色或淡黄色，管型内含有较多细小而稀疏的颗粒；粗颗粒管型外形较短，不规则，易断裂，颗粒粗大而浓密，管型内含有陈旧性色素而呈黄褐色。尿液显微镜检查出颗粒管型，提示有严重肾小管损害，肾单位有淤滞现象。细颗粒管型见于慢性肾炎或急性肾炎后期；粗颗粒管型见于慢性肾小球肾炎或因药物中毒等刺激引起的肾小管损伤。

④脂肪管型：脂肪管型为上皮管型和颗粒管型脂肪变性所致，是由于肾小管损伤上皮细胞脂肪变性引起的。脂肪管型是一种较大的管型，管型内含有大量的脂肪小滴，脂肪滴大小不等，折光性强。它不溶于酸、碱，而溶于乙醚，用苏丹Ⅲ染色后，脂肪滴呈红色或橘红色。尿中的此类管型见于肾脏的类脂性肾病及慢性肾小球肾炎。脂肪管型的出现，是病情严重的指征。

⑤蜡样管型：蜡样管型是由细颗粒管型碎化而来，因肾单位的局限性少尿或无尿，管型长期滞留于肾小管中演变而来。特征为质地均匀、坚韧、较厚，轮廓明显，表面似蜡状，管型色泽灰暗，折光性强，质地厚，一般略有弯曲或断裂成平齐状，较透明管型宽，易断裂，常一端呈钝圆状，一端可见切迹或呈扭曲状。如被胆色素着色则呈蜡黄色。多见于肾脏的长期严重病变，如慢性肾小球肾炎晚期及肾淀粉样病变。

⑥肾衰竭管型：肾衰竭管型由损坏的肾小管上皮细胞碎屑在明显扩大的集合管内凝聚而成。管型内富有大量颗粒。外形宽大而长，呈不规则形，易折断，有时呈扭曲状。多见于急性肾功能衰竭的多尿早期，随着肾功能的改善，此管型逐渐减少而消失。在慢性肾炎晚期，此类管型的出现提示预后不良。

3. 尿液中无机沉渣的检查

动物尿液中出现的无机沉渣（结晶）（图11-2）多来自饲料或盐类代谢，一般无临床意义。病理情况下可出现亮氨酸、酪氨酸及胱氨酸等结晶，形成的结晶受尿液饱和度、pH值、温度和胶体物质的浓度等因素的影响。

（1）结晶体理化性质的鉴别

①结晶体与尿液pH值的关系：碱性尿液内多为磷酸盐结晶，酸性尿液内多为尿酸盐结晶，但尿酸铵结晶多见于碱性尿中，磷酸钙结晶多见于弱酸性尿中，草酸钙结晶在任何尿中均可见到。

②结晶体在酸碱溶液中的变化：碱性尿液中的各种盐类结晶，加乙酸可以溶解，尿

 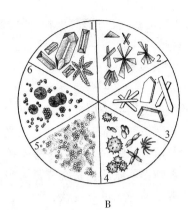

图 11-2 尿中常见的无机沉渣形态
A. 1. 草酸钙 2. 硫酸钙 3. 尿酸 4. 胆固醇 5. 酪氨酸 6. 亮氨酸
B. 1. 磷酸铵镁 2. 磷酸钙 3. 马尿酸 4. 尿酸铵 5. 磷酸盐 6. 碳酸钙

液变得清亮，同时如有气体逸出，提示有碳酸盐类结晶；草酸钙结晶不溶于乙酸溶液，如在尿液中加 10% 的盐酸几滴，草酸钙结晶便可以溶解；尿酸铵结晶只能溶解于稀盐酸中；尿酸钠（钾）结晶可溶于苛性碱中，加乙酸后逐渐形成尿酸结晶；尿酸结晶易溶于氢氧化钠溶液中。

③结晶体受温度的影响：酸性尿液中的非晶形磷酸盐结晶，在 60 ℃时便可自溶。

④结晶体的颜色：尿酸盐类结晶多呈橘黄色至砖红色，磷酸盐结晶多为白色，其他尿内结晶多为无色。

（2）酸性尿结晶

在酸性尿液中常见的与疾病有关的结晶有草酸钙结晶、尿酸结晶、尿酸盐结晶、硫酸钙结晶、磺胺类药物结晶等。

①草酸钙结晶：为多种动物尿液的正常成分，见于酸性、中性和弱碱性尿液中。其形态多样，但多为四角八面体，如信封样，无色，折光性强，有时也呈球状、盘状、饼干状及砝码状等。

②尿酸结晶：尿酸是核酸或嘌呤类物质的分解产物，由于尿色素的存在，呈橘黄色。为食肉动物尿液的正常成分，也可自草食动物的弱酸性尿液中析出。尿酸结晶形态多样，可见三棱形、斜方形、磨刀石状、十字状、平板状等。尿酸结晶的含量受饮食的影响及病理情况而变动。在新鲜尿中出现大量尿酸结晶，同时伴有红细胞存在，提示膀胱结石或肾结石或机体尿酸代谢障碍，如饥饿或发热性疾病。

③尿酸盐结晶：主要是尿酸的钠盐及钾盐，呈棕黄色小颗粒状，聚集成堆，加热则分解，冷后又析出。尿酸盐结晶的增多，表示蛋白质分解旺盛。

④硫酸钙结晶：主要见于食肉动物的尿液中。特征为长棱柱状或针状，有时聚集成束状、扇状结晶。临床上多见于马的小肠卡他及内服硫酸钠之后。

⑤磺胺类结晶：服用磺胺类药物后，主要由肾脏排泄。但因尿液中磺胺类药物浓度很高，同时为酸性尿液，则可能在肾小管、肾盂、输尿管或膀胱内析出结晶，因而这些部位受到刺激或阻塞，导致血尿、疼痛、尿闭。特征多为哑铃状（磺胺噻唑）、球形辐

射状(磺胺嘧啶)、长方形薄板状(磺胺脒)等,常呈深黑绿色。

(3)碱性尿结晶

在碱性尿中常见的与疾病有关的结晶有磷酸盐类结晶、碳酸钙结晶、尿酸铵结晶、马尿酸结晶等。

①磷酸盐类结晶:尿液中最常见的结晶之一,有时也可见于中性或弱酸性尿中。常见的有:磷酸铵镁结晶,无色,具折光性,形态多样,如同大小不等的水晶石,多为多角棱柱状及棺盖状结晶,也有边缘不平的羽毛状、雪片状、棒状等,一般无临床意义,如大量出现则提示尿液在膀胱或肾盂中有发酵现象,为肾盂肾炎和膀胱炎的征兆;磷酸钙结晶,常见的为无色三棱状、片状、束柱状、薄而不定形的板状、大而薄的带有颗粒片状结晶,浮于尿液的表面,大量出现时则提示有膀胱尿滞留、后肢麻痹、慢性膀胱炎、前列腺肥大及慢性肾盂肾炎的可能;无定形磷酸盐结晶,正常尿中多见,肉眼观察多为白色沉淀物,显微镜下观察由许多细小无晶形小黑色颗粒组成,一般无临床意义,易干扰尿液镜检。

②碳酸钙结晶:为草食动物尿的正常组成成分,马尿中多见。特征为圆形,具有放射状线纹,也有无色哑铃状、磨刀石状、饼干状或鼓槌状结晶,也可呈非晶形颗粒状沉淀。如向沉渣中加入乙酸,则结晶消失并放出二氧化碳。草食动物尿液中缺乏碳酸钙结晶是病理状态,为尿液酸化的特征。

③尿酸铵结晶:此类结晶是在碱性尿中唯一能见到的一种尿酸盐结晶,特征为曼陀罗果穗状,呈黄色或褐色,表面有刺,又称为"刺苹果"结晶,可溶于乙酸和盐酸中并形成尿酸结晶,易溶于氨水中,加热时结晶溶解,冷却后又析出。常见于尿中有游离氨存在时,大量存在则提示有膀胱炎、肾盂肾炎等化脓性炎症存在的可能。

④马尿酸结晶:为棱柱状及针状结晶,有时结合成束。如交错的针状、扇状、扫帚状。此类结晶为马尿的正常成分,易溶于氨水和乙醇,不溶于盐酸和乙酸。马尿中马尿酸结晶减少或消失为肾实质病变的指标。

四、尿液的化学检查

尿液的化学检查在临床上主要是指尿液中的无形成分与体外化学试剂发生的反应。通常用定性或定量的方法测定某些物质的浊度、颜色等化学变化。但是随着近几年临床自动化检验仪器的使用,尿液化学检查的许多项目已经可以进行自动化检测。不论是自动检测还是手动检查,通常测定的内容主要有以下几种。

1. 尿液 pH 值

(1)健康动物尿液的 pH 值

正常尿液的酸碱性与食物的性质有关。草饲中含钾、钠等成碱元素较多,所以草食动物的尿液是碱性的;肉中含磷、硫等成酸元素较多,所以食肉动物的尿液是酸性的;杂食动物因混食肉类及谷物饲料,所以它的尿液常常近于中性(pH 7 左右)(表11-2)。

表 11-2　健康动物尿液 pH 值

动物种类	pH 值	动物种类	pH 值
马	7.2~7.8	牛	7.7~8.7
犊牛	7.0~8.3	羊	8.0~8.5
猪	6.5~7.8	羔羊	6.4~6.8
犬	5.0~7.0	猫	5.0~7.0

（2）临床意义

草食动物的尿液变为酸性，常见于某些热性病、长期食欲不振、长期营养不良、某些原因引起的采食困难、某些营养代谢性疾病（如乳牛酮病、骨软病）等。食肉动物的尿液变为碱性，常见于泌尿系统的炎性疾病。杂食动物的尿液明显偏酸或偏碱都是不正常的，其临床意义与草食或食肉动物的病理情况相同。测定尿液 pH 值时，标本必须是新鲜的，久置会使尿液呈碱性。

2. 潜血

健康动物的尿液中不含有红细胞或血红蛋白。尿液中不能用肉眼直接观察出来的红细胞或血红蛋白称为潜血（或隐血）。尿液中出现红细胞，多见于泌尿系统各部位的出血。

尿液中含有明显的血红蛋白时，称为血红蛋白尿。

3. 尿蛋白

正常尿液中仅含有微量的蛋白质，用一般方法难以检出。常见尿蛋白有以下几种情况。

（1）生理性蛋白尿

当饲喂大量高蛋白饲料、剧烈运动、寒冷、怀孕以及新生动物等，可出现暂时性的蛋白尿。

（2）病理性蛋白尿

病理性蛋白尿主要是由肾脏疾病或其他疾病蔓延到肾所引起（肾性蛋白尿）。此外，当患尿道感染、前列腺炎、膀胱炎、肝脏疾病、糖尿病以及一些高血压综合征时，也会引起蛋白尿。某些急性热性传染病、饲料中毒以及一些毒物、药物中毒等也可见蛋白尿。尿中蛋白质含量达到 0.5% 而且持续不下降者，提示病情严重。

4. 肌红蛋白尿

尿液中出现肌红蛋白时，称为肌红蛋白尿。在临床上，它易与血红蛋白尿相混淆，故必须加以鉴别。肌红蛋白为低分子结合蛋白，其相对分子质量约为血红蛋白的 1/4，易通过肾小球滤过膜随尿排出。当动物肌肉出现损伤，如马或猎犬的突然剧烈运动、肌肉的炎症、硒/维生素 E 缺乏、心肌炎等时会出现肌红蛋白尿。

肌红蛋白易变性，如陈旧尿、过酸、过碱、剧烈搅拌都能使肌红蛋白发生变性，故尿液应当新鲜，并避免剧烈搅拌和震荡。

5. 尿胆素原

胆素原由胆红素在肠道内被细菌还原而形成。其大部分经粪便排出，形成粪胆素原，少部分经肠道吸收进入肝脏。被吸收的部分胆素原被重新加工形成胆红素，其余部分随血液流经肾脏而被排出，形成尿胆素原，故健康动物的尿中会含有少量的尿胆素原。尿胆素原随尿液排出后，容易被空气氧化成尿胆素。

溶血性疾病和肝实质性疾病（如急、慢性肝炎）时，尿液中尿胆素原可明显增加；当完全阻塞性黄疸时，尿中尿胆素原呈阴性反应。

测定尿液中尿胆素原时必须用新鲜尿液，久置后尿胆素原氧化为尿胆素，会呈假阴性反应；由于抗生素的使用会抑制肠道菌群，因此，可使尿胆素原较少或缺乏。

6. 胆红素尿

胆红素尿是指肝脏中的胆红素（cholebilirubin）在某些病理状态下进入血液，经过肾脏而由尿液排出。健康动物的尿液中不含胆红素。胆红素在阳光照射下易分解，采样后应及时送检；水杨酸盐、阿司匹林可与酸性三氯化铁发生假阳性反应，临床上要予以避免。

7. 葡萄糖

健康动物的尿液中仅含有微量的葡萄糖，一般无法检测出来。若用一般方法能检出，则称为糖尿，表示机体的碳水化合物代谢障碍或肾的滤过机能受到破坏。

生理性糖尿见于惊恐、兴奋、喂食大量含糖饲料等，特别是一些肾糖阈值较低的动物，就会出现生理性的暂时的糖尿。病理性糖尿可见于肾脏疾病（肾小管对葡萄糖的重吸收作用降低）、脑神经疾病（如脑出血、脑脊髓炎）、化学药品中毒（如松节油、汞和水合氯醛中毒等）及肝脏疾病等。

8. 酮体

酮体由肝脏产生，是脂肪酶分解代谢的产物，是乙酰乙酸、β-羟丁酸和丙酮三者的总称。酮体经血液运送到其他组织被氧化成二氧化碳和水，当碳水化合物代谢发生障碍时，脂肪的分解代谢增加，产生酮体的速度超过了肝外组织的利用速度，血酮聚集称为酮症。过多的酮体经由尿液排出体外，称为酮尿。

正常动物尿液中不含酮体或含微量酮体，在妊娠期、长期饥饿、营养不良、奶牛酮病、绵羊妊娠毒血症、糖尿病、长期麻醉、恶性肿瘤以及剧烈运动后可呈阳性反应。丙酮含量达到3个或4个"＋"时，说明病情较重；经一段时期治疗而丙酮含量仍然不见减少者，表示预后不良。

9. 亚硝酸盐

某些在泌尿系统中存在的细菌可以将尿中蛋白质代谢产物硝酸盐还原为亚硝酸盐，因此测定尿液中是否存在亚硝酸盐就可以快速、间接地知道泌尿系统细菌感染的情况，作为泌尿系统感染的筛查试验。亚硝酸盐定性实验结果阳性，见于由大肠埃希菌引起的肾盂肾炎（其阳性率占到总数的2/3以上），或由大肠埃希菌等肠杆菌科细菌引起的有症状或无症状的尿路感染。

第二节 动物粪便和呕吐物检查

动物粪便和呕吐物的检查是了解消化系统病理变化的一种辅助方法，其中粪便检对寄生虫病的诊断具有重要意义。

一、动物粪便和呕吐物的显微镜检查

由不同部位采集少许呕吐物或粪便，放在洁净的载玻片上，加少量生理盐水，用牙签混合并涂成薄层，无需加盖玻片，用低倍镜检视。假如样品比较稀薄，可取样品1滴，进行上述的制片操作。遇到水样呕吐物或粪便时，因其含有大量的水分，检查前让其自行沉淀或低速离心片刻，然后用吸管吸取沉渣，制片进行镜检。

对于粪球表面或粪便中肉眼可见的异常混合物，如血液、脓汁、脓块、肠道黏膜及伪膜等，应仔细地挑选出来，移到载玻片上，覆盖盖玻片，随后用低倍镜或高倍镜镜检。

1. 寄生虫及虫卵

动物寄生虫病的种类较多，但常无明显症状。因此，寄生虫病的诊断主要依靠实验室检查。动物体内的多种寄生虫（如球虫、线虫、绦虫、吸虫等）的虫卵、卵囊及幼虫，都可随粪便排出体外，因此，粪便检查是体内寄生虫实验室诊断的主要手段，并且以虫卵检查为主。虫卵检查常用涂片法、沉淀法和漂浮法。

（1）涂片法

在洁净的载玻片上滴1~2滴生理盐水，用牙签挑取少许粪便加入，混匀，除去较大或过多的粪渣后均匀涂成一薄层，覆以盖玻片，置显微镜下观察。一般每份样品检查3张涂片。

（2）沉淀法

沉淀法是利用一般虫卵相对密度大于1（水相对密度）的原理，以除去粪便中比水轻的杂质和水溶性成分的方法，使虫卵检查时粪渣较少，背景清晰。其方法是在烧杯中加清水40 mL，取粪便4 g放入其中，充分搅拌后用铜筛过滤，将滤液离心1~3 min，弃去上清液，取沉淀物镜检。

（3）漂浮法

漂浮法是利用一些虫卵密度小于饱和盐水的原理，使虫卵浮集于饱和盐水的表面，以提高虫卵检出率的方法。此法适用于密度较小的线虫和绦虫卵，对密度较大的吸虫卵，可以改用硫酸锌或硫酸钠的饱和溶液代替。具体方法为：取2 g粪便放入烧杯中，加入10倍的饱和盐水，充分搅拌后用铜筛过滤，将滤液分装于试管中，并使液面稍突出于管口，经5~15 min后，用玻片蘸取粪液镜检。也可将滤液静置20 min，用0.8~1.0 cm的有柄铁丝圈接触滤液表面，则在铁丝内形成一层薄膜，然后将这层薄膜滴在载玻片上，置显微镜下检查。

（4）虫体检查

将粪便数克盛于盆内，加10倍量的生理盐水，搅拌均匀，静置20 min，弃去上清液。再于沉淀物中重新加入生理盐水，搅匀，静置后弃去上清液；如此反复2~3次，最后取少量沉淀物置于黑色背景下，用放大镜寻找虫体。

2. 细菌

健康动物粪便和呕吐物中菌群较多，检查细菌时应用棉拭子采取。临床上长期使用广谱抗生素、免疫抑制剂以及患慢性消耗性疾病和伪膜性肠炎时，可导致肠道菌群失调。在细菌性肠炎时，通过粪便涂片及细菌培养，可初步确定病原。粪便中细菌极多，占干重的1/3，多属于正常菌群。

3. 血细胞和脓球

各种血细胞数量的多少，以高倍镜10个视野内的平均数报告。

（1）红细胞

发现大量红细胞，可能为后部肠管出血、胃出血（呕吐物）；有少量散在、形态正常的红细胞，同时有多量白细胞者，说明胃炎、胃肠炎或肠炎的存在。

（2）脓球

脓球即死亡的白细胞，细胞核多已崩解，脓球的结构不清晰，常聚集在一起甚至成堆存在。发现多量白细胞及脓球表明胃肠道有炎症或溃疡。

4. 上皮细胞

上皮细胞分为扁平上皮细胞和柱状上皮细胞，扁平上皮细胞来自肛门附近，柱状上皮细胞来自肠黏膜。当有少量柱状上皮细胞同时有白细胞、脓球及黏液者，为肠管的炎症性疾病。

5. 脂肪颗粒及其他食物残渣

饲喂植物细胞及植物组织，见有厚而光泽的细胞膜及叶绿素；饲喂混合性食物时，可见植物细胞、淀粉颗粒及脂肪滴等。粪便中的脂肪滴多呈圆形，颜色淡黄，可被苏丹Ⅲ染成红色。粪便中出现过多的脂肪滴为消化障碍、脂肪吸收不全的特征。未被消化的淀粉颗粒滴加稀碘溶液后变为蓝色；消化不完全的淀粉颗粒滴加稀碘溶液后则呈紫色或淡红色。这些物质在呕吐物中均存在。

6. 伪膜

镜下见有黏液及丝状物，缺乏细胞成分者实为纤维蛋白渗出后变成的纤维蛋白膜，多见于牛、马和猪的黏液膜性肠炎。检查此项目，可与重剧性肠炎时由肠管脱落的肠黏膜相区别。

二、化学检测

1. 酸碱度

临床上可用pH试纸法或酸度计法测定pH值。

草食动物的正常粪便都呈现弱碱性反应，如果粪便变为酸性反应，表明胃肠内的食物发酵产酸，常见于胃肠卡他；如果粪便变为较强的碱性反应，表明胃肠内产生了炎性渗出物，多见于胃肠炎。正常动物的呕吐物均为酸性。

2. 潜血

粪中不能用肉眼看出来的血液叫作潜血。潜血检测与尿液潜血检验方法相同，可用仪器或尿试纸检测。如采用联苯胺法，正常无潜血的粪便不呈现颜色反应；呈现蓝色反应为阳性，蓝色出现越早，表明粪便内的潜血也越多。

整个消化系统不论哪一部分出血，都可以使粪便含有潜血。这项检验对于消化系统的出血性疾病的诊断、治疗及预后都有意义。食肉动物应禁食3 d，方可进行这项检验。

第三节 动物脑脊髓液检查

脑脊髓液由脑室系统内脉络丛产生，经脑内静脉系统而进入体循环。在正常情况下，脑脊髓液的分泌与吸收相互平衡，容积、压力及化学成分的改变很小。各种与神经机能障碍有关的病理过程，均可影响脑脊髓液的性质，故采集脑脊髓液做理化性质及某些特殊病原检查是诊断动物神经系统疾病的重要方法之一。另外，对一些新陈代谢障碍和消化机能障碍的疾病以及某些中毒性疾病的诊断和预后，也具有一定意义。

一、样本的采集和保存

样本采集时最好使用特制的穿刺针，如无特制的脊髓穿刺针，也可用长的封闭针，将针端磨钝一些，并配以合适的针芯。采集前，术部及一切用具要按外科常规进行严格消毒。常用的部位及穿刺方法有颈椎穿刺和腰椎穿刺。

1. 颈椎穿刺法

颈椎穿刺法是在第 1~2 颈椎间穿刺。动物取站立或横卧保定。先确定颈椎棘突正中线与连接内寰椎翼后角的交叉点，即寰枢孔。在交叉点侧方 2~4 cm 处，与皮肤呈直角刺入针头。针头进入肌肉层时阻力不大，在穿过脊髓硬膜后阻力突然消失，再稍推进 2~3 mm，即达蛛网膜下腔，拔出针心，可见有水样脑脊髓液滴出。穿刺后，术部涂擦碘酊或火棉胶封盖。第 2 次穿刺需隔 2 d 以上。

2. 腰椎穿刺法

腰椎穿刺法的穿刺部位在最后腰椎与荐椎之间腰椎孔，即十字部的"百会孔"，各种动物的部位基本相同。先确定腰椎棘突正中线与两侧髋结节内角连线的交叉点，在此交叉点的侧方 2~2.5 cm 处，靠近第 1 荐椎前缘与皮肤呈直角刺入针头。该处皮肤厚，进针困难，要注意防止针头折弯。穿刺正确的标志，是见到有脑脊髓液从针孔滴出。腰椎穿刺所获得的脊髓液量较少，且理化性质也与颈椎穿刺略有不同。

接取穿刺所得的脑脊髓液的方法：取灭菌试管 3 支，编上 1、2、3 号。最初流出的脑脊髓液可能含有少量红细胞，置第 1 管内，供细菌学检验用；第 2 管的供化学检验用；第 3 管的供细胞计数用。一般每管收集 2~3 mL 脑脊髓液即可。采集后不能放置过久，应立即送检。

二、脑脊髓液的一般性状检查

脑脊髓液的一般检查包括颜色、透明度、密度和凝固性等，有时也包括气味检查，如马化脓性脑脊髓炎有腐败臭味，而尿毒症时有尿臭味等。

1. 颜色

正常脑脊髓液为无色水样，根据疾病的不同可表现为乳白色、红色和黄色等。

①乳白色：见于急性化脓性脑膜炎。

②淡红色或红色：可能是因穿刺时损伤或脑脊髓膜出血而流入蛛网膜下腔所致。如红色仅见第 1 管标本，第 2、第 3 管红色逐渐变淡，可能是由于穿刺时损伤所致。如第

1~3 管标本呈均匀的红色，则可能为脑脊髓膜出血。脑或脊髓高度充血及日射病时，脑脊髓液可呈淡红色。

③黄色：主要由于存在变性血红蛋白等所致，为最常见的一种异常颜色。若混有少量血液，可呈黄棕色，此时进行隐血实验，如为阳性，则可能为蛛网膜下腔出血、脑膜炎、脑肿瘤等；由严重的锥虫病、钩端螺旋体病及静脉注射黄色素所致的，隐血实验呈阳性。

2. 透明度

正常脑脊髓液清澈透明似水样；当含有少量细胞或细菌时，呈毛玻璃样混浊；含多量细胞或细菌时，则混浊似脓样，见于化脓性脑膜炎，有时也见于传染性脑脊髓炎，应及时做涂片进行细菌学检验。

3. 密度

进行称量法检验。取蒸馏水 0.2 mL 置于特制的密度管内，在天平上称其质量，倾去蒸馏水，以乙醇和乙醚处理密度管，使之彻底干燥。再取被检脑脊髓液 0.2 mL 置于其中，同样称取质量，以脑脊髓液的净质量除以水的净质量即得密度。如果脑脊髓液数量较多，也可用小型的尿密度计直接测定。腰椎穿刺所获得的脑脊髓液较颈椎穿刺的密度大。密度增加，见于化脓性脑膜炎以及静脉注射高渗氯化钠或葡萄糖溶液之后。健康动物脑脊髓液的密度见表 11-3 所列。

表 11-3 健康动物脑脊髓液的密度

动物种类	密 度	动物种类	密 度
马	1.004~1.008	牛	1.005~1.008
兔	1.005~1.0065	羊	1.004~1.008
猪	1.004~1.008	猫	1.005~1.007
犬	1.006~1.0099		

4. 凝固性

新采集的正常脑脊髓液，肉眼观察呈透明水样。病理情况下，脑脊髓液内蛋白质增多，在试管内存在一定时间以后凝固。

严重的化脓性脑膜炎的脑脊髓液，可于抽出后 1~2 h 内出现凝块，并有沉淀产生。患结核性脑膜炎时，将脑脊髓液静置若干小时（一般 12~20 h），可见有纤维丝或纤细的薄膜形成，提示脑脊髓液纤维蛋白原含量增高。

三、脑脊髓液的显微镜检查

1. 白细胞计数

如果脑脊髓液稍呈混浊，估计所含白细胞较多，可根据情况用白细胞稀释液将其稀释 5~20 倍，再进行计数，然后乘以稀释倍数即可。

健康犬的脑脊液白细胞为 0~8 个/μL，牛 0~10 个/μL，马 2~7 个/μL，猫 0~3 个/μL。白细胞增多见于日射病、热射病及恶性卡他热等。

2. 红细胞计数

①用毛细吸管吸取摇匀脑脊髓液少量，滴1滴于血细胞计数池内，计数5个大方格内的细胞数（包括红细胞及白细胞），结果乘以2，即为每立方毫米脑脊髓液的红、白细胞数。

②用另一毛细吸管，先吸入冰醋酸，并轻轻吹去，再吸取混匀的脑脊髓液少量（红细胞被破坏），滴入计数池中，计数5个大方格内的白细胞数，结果乘以2，即为每立方毫米脑脊髓液内的白细胞数。

③红、白细胞数 - 白细胞数 = 红细胞数。

正常的脑脊髓液无红细胞，如红细胞增多，除穿刺引起血管损伤外，见于中枢神经系统出血性疾病。

3. 白细胞分类计数

当脑脊髓液白细胞总数正常时，此项检查可以不做。一般先将脑脊髓液离心沉淀，然后取出沉渣涂片，按常规瑞氏液染色，进行分类计数。

脑膜受到刺激或脑膜充血时，内皮细胞增多；化脓性脑膜炎时，白细胞数显著增多，以中性粒细胞为主；中枢神经系统的病毒感染、结构性脑膜炎时，白细胞数可中度增多，以淋巴细胞为主；中枢神经系统寄生虫病，可出现嗜酸性粒细胞；中枢神经系统的肿瘤，可见肿瘤细胞。

四、脑脊髓液的化学检查

1. 酸碱度测定

在常温条件下，用氢离子浓度比色法测定。常见动物脑脊髓液 pH 值见表 11-4 所列。

表 11-4　常见动物脑脊髓液 pH 值

动物种类	脑脊髓液 pH 值	动物种类	脑脊髓液 pH 值
犬	7.35 ~ 7.39	马	7.13 ~ 7.36
猫	7.40 ~ 7.60	羊	7.30 ~ 7.40
牛	7.40 ~ 7.60	猪	7.30 ~ 7.40

2. 蛋白质定量检验

测定方法同尿蛋白。健康动物脑脊髓液蛋白质含量见表 11-5 所列。

表 11-5　健康动物脑脊髓液蛋白质含量　　　　　　　　　　　　　　mg/L

动物种类	蛋白质含量	动物种类	蛋白质含量
犬	11.0 ~ 55.0	马	28.8 ~ 71.8
猫	11.0 ~ 55.0	羊	8.0 ~ 70.0
牛	20.0 ~ 33.0	猪	24.0 ~ 40.0

健康动物脑脊髓液仅含有微量蛋白质，但脑脊髓或脑膜发炎时，毛细血管内液均可渗出而进入脑脊髓液中，如某些病理因素所致的脑炎、脑膜炎和颅内出血等。

3. 葡萄糖测定

健康动物脑脊髓液葡萄糖含量见表 11-6 所列。

表 11-6　健康动物脑脊髓液葡萄糖含量　　　　　　　　　　　mg/L

动物种类	葡萄糖含量	动物种类	葡萄糖含量
犬	45~77	马	47~78
猫	55~115	羊	39~109
牛	35~70	猪	45~87

脑脊髓液的葡萄糖含量，取决于血糖的浓度、脉络膜的渗透性和糖在体内的分解速度。血糖含量持续增多或减少时，可使脑脊髓液内葡萄糖含量也随之增减。

正常情况下，脑脊髓液葡萄糖含量约为血糖含量的一半。病理情况下，脑脊髓液葡萄糖含量增高比较少见，而含量降低可见于化脓性脑膜炎、结核性脑膜炎和产后瘫痪等。

4. 氯化物测定

测定方法同血清中氯化物测定。健康动物脑脊髓液氯化物含量见表 11-7 所列。含量增加，见于尿毒症、麻痹性肌红蛋白症等；含量降低，见于沉郁型脑脊髓炎。

表 11-7　健康动物脑脊髓液氯化物含量　　　　　　　　　　　mg/L

动物种类	氯化物含量	动物种类	氯化物含量
犬	122~138	马	195~224
猫	125~175	牛	183~204

第四节　动物浆膜腔积液检查

动物浆膜腔包括胸腔、腹腔、心包腔、关节腔和阴囊鞘膜腔等。正常情况下，浆膜腔内有极少量的液体，与浆液膜毛细血管的渗透压保持平衡。在病理状态下，其内体液量异常增多时，称浆膜腔积液。漏出液是因血液内胶体渗透压降低，毛细血管内血压增高或毛细血管的内皮细胞受损、淋巴管阻塞等机械作用所引起的，如心脏病、肾脏病等。渗出液为炎性积液，大多数因细菌感染而起。

一、样本的采集和保存

临床怀疑有浆膜腔积液时，可进行穿刺采样，以求确诊液体是否存在，并可用以鉴别其性质。穿刺放液也是一种治疗方法。

采样时，应无菌操作，一般用消毒针头和注射器进行穿刺取样。若用套管针取样也应严格消毒，穿刺时可适当进行局部麻醉。如用 18 G 或更小的针头可不用麻醉。

犬、猫的腹腔穿刺取液，一般用 18 G 或 20 G 针头、10~20 mL 注射器，选择腹部悬垂处，避开重要的脏器，如肾脏、肝脏、脾脏和膀胱。

犬、猫的胸腔穿刺采液在右侧第 6 肋间下部，左侧第 7 肋间下部，动物呈自然站立姿势较好。心包腔穿刺取液部位，取左侧第 3~5 肋间，心浊音区。心包腔穿刺要求细心而谨慎，以免发生感染及损伤。

采取浆膜腔穿刺液样本时，应同时取 2 份，一份需加抗凝剂(3.8% 枸橼酸钠与样本量体积比为 1∶10)；一份不加抗凝剂。样本采取后立即送检，以免细胞变性破坏或出现凝块而影响结果。

二、浆膜腔积液的一般性状检查

浆膜腔积液的一般性状检查包括积液的颜色、透明度、密度和凝固性等。

1. 颜色

漏出液一般无色或呈淡黄色。渗出液因细胞或细菌因素所致，可呈不同颜色。无色或淡黄色多为漏出液；红色或棕褐色为恶性肿瘤、出血性疾病及动脉瘤等；绿色为绿脓杆菌感染；乳酪色表示含大量脓细胞。

2. 透明度

一般漏出液较清，渗出液较浊。
①清晰：透明无色或淡黄色液体。
②微浊：呈云雾状，背面衬以报纸，字迹可辨认。
③混浊：呈絮状或胶状，背面衬以报纸，字迹不可辨认。

3. 密度

漏出液密度常在 1.018 以下(一般为 1.012~1.015)；渗出液常在 1.018 以上。

4. 凝固性

渗出液中蛋白质含量较多，且含有纤维蛋白原，离体后易凝固，但在少数情况下，纤维蛋白被溶解而不凝固。漏出液一般不凝固，如有多量血液时，因含纤维蛋白原也可凝固。

三、浆膜腔积液的显微镜检查

1. 细胞计数

漏出液细胞数一般较少，渗出液细胞数一般较多。

如果穿刺液体为血样红色，应测定红细胞比容。如所测定数值与血液的红细胞比容差不多，则可判断为浆膜腔出血。

2. 细胞分类计数

可取沉淀物制成薄片，置 37 ℃ 恒温箱内迅速干燥(时间过长，细胞容易皱缩变性，难以识别)，用美蓝或瑞氏染色，再用油镜分类。各种细胞的临床意义如下：
①中性粒细胞：急性感染时大量存在，化脓性细菌所致者最为明显。
②淋巴细胞：多见于慢性病，如结核病或肿瘤性渗出液中。
③嗜酸性粒细胞：一般为 2%~5%，在过敏性或寄生虫性疾病，结核性渗出液吸收

期以及积液经多次抽取后，嗜酸性粒细胞可显著增多。

④间皮细胞：在非炎性漏出液中可见；在炎症情况下，此种细胞增多；患癌症时，此种细胞在渗出液中占多数，并有形态上的改变。正常间皮细胞呈圆形或椭圆形，细胞质淡蓝到淡紫红色，无颗粒，但有时偶见细胞质凝集成的假颗粒。偶见空泡，核呈圆形或椭圆形，多数位于中央，核染色质比较细致，分布均匀，有时可见 1~2 个核仁。有时形态不规则，呈一团团的，形似腺体，易误认为是癌细胞。

⑤癌细胞：发现有大量形态不规则而体积大小不等，核大、畸形、染色质粗糙，染色较深，有时不均匀，有空泡，核仁或核分裂等现象的细胞，应怀疑为癌细胞。

⑥组织细胞：比间皮细胞略小，染色较浅，核的大小与间皮细胞相似，但形状常为肾形或长圆形，偏于细胞一侧，这种细胞常见于胸、腹腔发炎的渗出液。

3. 细菌检查

取穿刺液离心沉淀物涂片，干燥，固定后用革兰染色或抗酸染色，镜检。如检查放线菌，则取未离心的标本，直接涂片，加盖玻片镜检。

渗出液常见有细菌，但直接涂片不一定能检出，必要时应做培养检查。漏出液中很少有细菌，一般无需做细菌涂片检查。

四、浆膜腔积液的化学检查

1. 李凡他试验

渗出液中常含有大量浆膜黏蛋白，是一种酸性糖蛋白，等电点 pI 总在 3~5 之间，因此在稀酸溶液中呈白色云雾沉淀，李凡他（Rivalta）试验呈阳性，而漏出液李凡他试验常为阴性。

方法：取蒸馏水 100 mL 加于 100 mL 量筒内，加冰醋酸 2 滴，混匀，再滴加 1~2 滴，如在下沉过程中显白色云雾状或混浊即为阳性，否则为阴性。要放在光线充足、有黑色背景处观察结果。

2. 尿素和肌酐的测定

有大量腹水且未区分出是因膀胱破裂的尿液或因其他原因引起的渗出液或漏出液时，测定尿素和肌酐有重要意义。

腹腔液中有无尿液，可根据尿素和肌酐的含量来判定。如腹腔穿刺液为尿液，尿素和肌酐的含量极高，这时如测定血液中尿素浓度是 10 mmol/L，腹腔穿刺液中尿素浓度是 200 mmol/L，不必做其他检查，便可确定为尿液。但因尿素扩散很强，很快就进入血液，而使血液中和穿刺液的尿素结果一样时，为区别是否为尿液，则需测肌酐。因肌酐的扩散能力很差，如腹腔液为膀胱破裂的尿液时，此腹腔液的肌酐浓度必然超过血液中肌酐浓度。临床上常见于犬、猫撞伤时膀胱破裂所引起的腹腔积液、猪尿结石时引起的膀胱破裂等。测定方法同血液尿素或肌酐。

区分积液性质对某些疾病的诊断和治疗均有重要意义，两者的鉴别要点见表 11-8 所列。以上各点在鉴别漏出液与渗出液时，尤其是细胞计数价值有限，大约有 10% 以上的漏出液也是以中性粒细胞为主。因此，在解释实验室结果时应结合临床进行综合考虑。若为渗出液，要区别是炎症性还是肿瘤性，此时应进行细胞学和细菌学检查。

表 11-8　漏出液和渗出液的鉴别要点

鉴别要点	漏出液	渗出液
原因	非炎症所致	炎症、肿瘤、化学或物理性刺激
外观	淡黄色，清晰、透明	混浊，可为血性、脓性、乳糜性等
密度	<1.018	>1.018
凝固性	不自凝	能自凝
Rivalta 实验	阴性	阳性
总蛋白含量	<25 g/L	>25 g/L
葡萄糖含量	与血糖相近	常低于血糖水平
细胞计数	常小于 $0.1 \times 10^9/L$	常大于 $0.5 \times 10^9/L$
细胞分类	以淋巴细胞、间皮细胞为主	根据不同病因，分别以中性粒细胞或淋巴细胞为主
细菌学检查	阴性	可找到病原菌

（贺建忠　尹金花）

第十二章
内分泌功能检查

内分泌系统(endocrine system)是机体重要的调节系统,它与神经系统相辅相成,共同调控机体的生长发育和各种代谢,维持内环境的稳定,并影响行为和控制生育等。近年来,随着伴侣动物(特别是老龄犬、猫)饲养的兴盛,伴侣动物内分泌系统疾病的发生率逐渐增加,在小动物临床上也越来越占有重要地位。据调查,犬内分泌疾病占犬病的10%~20%,猫内分泌疾病大约为犬的1/10。因此,内分泌功能的检验也逐渐成为实验室常用的检查方法和技术。

第一节 垂体功能的检查

垂体作为内分泌系统枢纽环节,是动物体内最复杂的内分泌腺,其产生的激素不仅直接作用于机体骨骼及软组织生长,更重要地会调节体内其他内分泌腺(肾上腺、甲状腺)的活动。该内分泌腺病变多体现在靶器官上的功能异常(如继发性甲状腺或肾上腺皮质功能失调)。

一、生长激素

1. 生理功能

生长激素(growth hormone,GH)生理功能复杂,既能影响动物生长,又能调节蛋白质、糖、脂肪的代谢。对于成年动物主要调节能量代谢,分泌过多会引发肢端肥大症和皮肤粗糙;在幼龄分泌不足会引发侏儒症,分泌过多又会导致巨大畸形症。其主要的促生长功能则是通过胰岛素样生长因子(insulin-like growth factor,IGF)发挥。

2. 检测方法

多通过放射免疫试验检测其效应分子 IGF。参考范围:健康成年动物为 5~70nmol/L。

二、促甲状腺激素

1. 生理功能

促甲状腺激素(thyrotropic stimulating hormone,TSH)作用的靶器官为甲状腺,分泌不足时症状类似原发性甲状腺机能减退。

2. 检测方法

可通过放射免疫试验检测。参考范围:健康成年动物为 0.1~0.45ng/mL。

三、促肾上腺皮质激素

1. 生理功能

促肾上腺皮质激素（adrenocorticotropic hormone，ACTH）调节肾上腺皮质类固醇生成和增加其释放，调节肾上腺皮质细胞增殖。垂体瘤可导致动物继发性肾上腺皮质增生及分泌量增加，多见于犬的库兴氏综合征。

2. 检测方法

患病动物需留院过夜观察，并于早上8：00～9：00采血，使用放射免疫检测法检测，采血管需预冷并保持检测过程均在冰上进行，须在10min内完成检测。参考范围：犬类为10～110 pg/mL，猫为0～110 pg/mL。

四、促性腺激素

1. 生理功能

促性腺激素（gonadotropic hormone，GTH）主要包含促卵泡激素（follicle stimulating hormone，FSH）及黄体生成激素（luteinizing hormone，LH）。FSH促进雌性动物卵泡成熟及分泌雌激素，促进雄性动物精子生成。LH促进雌性动物排卵及黄体生成，以及促进黄体分泌雌激素、孕激素，促进雄性动物分泌雄激素。

2. 检查方法

采血后采用放射免疫检测法或化学发光免疫检测法测定其浓度。参考范围：犬类为10～70 pg/mL，猫为10～60 pg/mL。

第二节　肾上腺皮质功能的检查

肾上腺皮质所分泌的激素可分为3类：糖皮质激素、盐皮质激素及性激素，其常见的疾病主要有肾上腺皮质机能减退与亢进。其功能的检测多以皮质醇（糖皮质激素）作为指标。

一、皮质醇检测试验

1. 原理

皮质醇（cortisol）由肾上腺皮质束状带所分泌，主要受垂体分泌的ACTH的调节，在血液中以结合态和游离态2种形式存在。其分泌有明显的昼夜节律。皮质醇分泌入血后，大部分（约75%）立即与血浆中皮质类固醇结合球蛋白（CBG）结合，少部分（约15%）与白蛋白可逆结合，极少部分（约10%）呈游离状态，可经肾小球随尿排出。因此，直接测定血浆中总的皮质醇浓度，可推断肾上腺皮质功能状况。

2. 方法

健康动物血浆皮质醇有昼夜规律性变化：早上为高峰期，随后逐渐降低，午夜最低。所以，要搜集清晨和午夜安静时的血液，用放射免疫试验检测。正常犬为28～110 nmol/L，猫为48～110 nmol/L。

3. 临床意义

①皮质醇增高：见于肾上腺皮质功能亢进，如肾上腺皮质功能亢进症（又称库兴氏综合征）、双侧肾上腺皮质增生或肿瘤、异位 ACTH 肿瘤等。也可见于肥胖及处于应激状态时。

②皮质醇降低：见于慢性肾上腺皮质功能减退，如原发性慢性肾上腺皮质功能减退症（又称艾迪生病）、继发性肾上腺皮质功能低下、肾上腺抑制（长期使用类固醇药物）。

二、地塞米松抑制试验

地塞米松（dexamethasone，DMT）为人工合成的生物作用很强的糖皮质激素药，具有皮质醇样负反馈调节作用，仅需很少剂量即能达到与天然皮质醇相似的作用，抑制下丘脑和垂体分泌 ACTH 和促肾上腺皮质激素释放激素（CRH），进而影响肾上腺皮质合成及释放皮质醇。

1. 原理

本试验利用 DMT 这一特性，通过对使用 DMT 前后尿液或血液中皮质醇及其代谢产物的检测，判断下丘脑—垂体—肾上腺皮质调节轴的功能状态是否正常，以及可能的肾上腺皮质病变。

2. 方法

地塞米松抑制试验分为小剂量地塞米松抑制试验和大剂量地塞米松抑制试验。

（1）小剂量地塞米松抑制试验

按 0.02 mg/kg 体重，每 6 小时喂服一次地塞米松，共 2 d。于服药前及服药第 3 天早晨抽血测定促肾上腺皮质激素和皮质醇。

（2）大剂量地塞米松抑制试验

按 0.1 mg/kg 体重，每 6 小时喂服一次地塞米松，共 2 d。查血方法同小剂量地塞米松抑制试验。

三、ACTH 激发试验

促肾上腺皮质激素为垂体前叶分泌的一种重要的多肽激素，作用于肾上腺皮质束状带，维持肾上腺正常形态功能，促使肾上腺皮质分泌各种皮质激素。其合成和分泌受下丘脑分泌的促肾上腺皮质素释放激素的控制。

1. 原理

ACTH 可刺激肾上腺皮质分泌肾上腺皮质激素，包括糖类皮质激素、盐类皮质激素、性激素类皮质激素。上述激素的代谢产物 17 - 羟皮质类固醇（17 - OHS）和 17 - 酮皮质类固醇（17 - KS）经肾脏排泄。本试验通过引入外源性 ACTH，然后测定血或尿中 17 - OHS、17 - KS 或血中嗜酸性粒细胞，通过试验前后的对照来判断肾上腺皮质功能状态，以判断肾上腺皮质束状带的结构及功能状况，鉴别肾上腺皮质功能异常是原发性还是继发性。

2. 方法

试验前 1~2 d 留 24 h 尿测定 17 - OHS、17 - KS，或抽静脉血测皮质醇、测外周血嗜酸性粒细胞计数作为对照，可根据当地实验室条件选择。试验日早 8：00 排空膀胱，然后静脉滴注 ACTH 1 U，溶于 5% 葡萄糖 250~500 mL 中，控制速度，于 8 h 滴完，连续 2 d。收集 24 h 尿测 17-OHS、17-KS，或于滴注完抽血测皮质醇、嗜酸性粒细胞。

四、促肾上腺皮质激素试验

1. 方法

首先进行大剂量地塞米松抑制试验，给予 0.1 mg/kg 地塞米松。2 h 后收集血液样品，采样后立即肌内注射 ACTH 0.25 mg，30 min 和 1 h 后采取血液样品测定皮质醇水平。

2. 参考值

地塞米松抑制试验 2 h，低于 15 μg/L；ACTH 激发试验，低于 180 μg/L。

3. 结果判定

测定值如果高于参考值，则提示肾上腺皮质功能亢进。

第三节　甲状腺功能的检查

1. 原理

甲状腺素（thyroxin，T）为甲状腺分泌的激素之一，有 T_3、T_4 2 种形式，血液中 99% 以上的 T_3、T_4 都与血浆蛋白可逆结合，只有 0.1%~0.3% 的游离型 T_3 和 0.02%~0.05% 的游离型 T_4 可直接进入细胞发挥作用；T_4 可在肝、肾脱碘，生成活性很强的 T_3。T_3 作用快而强，T_4 作用弱而慢。甲状腺素在细胞核内与其受体结合，诱导靶基因转录而发挥效应。其作用有维持正常生长发育、促进代谢和产热、提高机体交感—肾上腺系统的反应性等。

甲状腺激素的合成和分泌受下丘脑—腺垂体—甲状腺轴调节。促甲状腺激素释放激素（thyrotropin-releasing hormone，TRH）由下丘脑释放，促进腺垂体分泌促甲状腺激素。TSH 是由腺垂体前叶分泌的高分子质量糖蛋白激素，主要功能是促进甲状腺激素的合成与分泌。T_3、T_4 的变化可影响下丘脑和垂体分泌 TRH 及 TSH，使甲状腺功能紊乱，所以，测定血液中 T_3、T_4 及 TSH 的含量，是判断甲状腺功能的重要指标之一。

2. 方法

可采用放射免疫试验测定。

3. 参考值

T_3：犬 1.5~3 nmol/L，猫 1.2~3.3 nmol/L；

T_4：犬 19~51 nmol/L，猫 13~39 nmol/L。

4. 临床意义

①甲状腺功能亢进：多数患畜 TSH 低于 0.1 mU/L；T_3、T_4 均增高。T_3 型甲亢时，T_3 增高，T_4 正常；甲亢的早期，T_3 先于 T_4 增高。

②甲状腺功能减退：原发性甲状腺功能减退患畜 TSH 浓度明显增高，继发性甲状

腺功能减退患畜 TSH 多为正常范围；T_3、T_4 均降低。

第四节　甲状旁腺功能的检查

一、甲状旁腺素测定

1. 原理

甲状旁腺的主细胞可分泌甲状旁腺激素（parathyroid hormone，PTH），它是一种单肽多链激素，能通过促进溶骨、增加肾小管对原尿中钙的重吸收等，起到升高血钙、降低血磷的作用。通过测定血中 PTH 的含量，可推断甲状旁腺的功能状况。

2. 方法

临床上一般采用放射免疫试验来测定血清中的 PTH 水平。

3. 参考值

10～65 ng/L。

4. 临床意义

①血钙及 PTH 均升高：提示原发性、异源性（甲状旁腺外肿瘤分泌 PTH）或继发性甲状旁腺功能亢进症。见于高血压、糖尿病等。

②血钙及 PTH 均降低：见于甲状旁腺功能减退。血钙升高而血清 PTH 降低，表明非甲状旁腺功能变化所致。

二、降钙素测定

降钙素（calcitonin，CT）是甲状腺滤泡旁细胞合成、分泌的一种单链多肽激素，CT 与 PTH 相互协同，对血钙浓度进行精细的调节，从而保持血钙的稳定。在正常情况下，降钙素又受血钙水平的制约。血钙增高时，降钙素分泌增高；血钙减少时，降钙素分泌减少。但在病理情况下，降钙素分泌失去控制，血钙水平对它不足以发挥制约作用。同时，因甲状旁腺激素的调节，血钙水平也不致有太大的改变，因此，血液降钙素的测定，可以用来诊断降钙素分泌异常的疾病。

降钙素测定主要用于降钙素分泌过多综合征的诊断，包括单纯甲状腺 C 细胞恶性增殖的甲状腺髓样癌和内分泌腺瘤病等。血清降钙素测定和氯化钙激发试验是较为理想的诊断方法。发生上述疾病时，血清降钙素水平增高 10 倍以上，甚至可达 50 倍。

第五节　胰腺内分泌功能的检查

一、胰岛素测定

胰岛素测定用于胰岛 B 细胞癌的诊断，评价糖尿病动物的 B 细胞功能，提供糖尿病和胰岛素抵抗动物循环胰岛素结合抗体的证据。

1. 方法

多采用放射免疫分析法。

2. 参考值

牛：0~35.88 pmol/L（0~5 μU/mL），犬：（86.1±39.5）pmol/L[（12±5）μU/mL]。

3. 临床意义

①低血糖时：确认胰岛素分泌肿瘤需要证实低血糖期间的胰岛素分泌失调。如血糖低于 600 mg/L，血清胰岛素增加超过 20 mU/L，提示可能存在胰岛素分泌肿瘤；胰岛素高于或在正常范围（10~20 mU/L），提示可能存在胰岛素分泌肿瘤；胰岛素低于或在正常范围（5~10 mU/L），可见于其他原因引起的低血糖及胰岛素分泌肿瘤；胰岛素低于正常范围（5 mU/L），与胰岛素分泌肿瘤不相符。

②高血糖时：在正常动物的高血糖期间，血清胰岛素浓度应增加（>20 mU/L）。糖尿病时胰岛素高于 20 μU/L，提示残留 B 细胞的功能、Ⅱ 型糖尿病（非胰岛素依赖型）和并发的胰岛素颉颃疾病引起的糖尿病。多数 Ⅰ 型糖尿病（胰岛素依赖型）血清胰岛素低于 10 mU/L。用胰岛素治疗的糖尿病患畜，在最后一次注射胰岛素 24 h 后测定的血清胰岛素显著增加（>20 mU/L）提示存在胰岛素结合抗体。存在结合抗体的糖尿病患畜，在前一次胰岛素注射 24 h 后典型的血清胰岛素水平低于 50 mU/L。

二、果糖胺测定

测定血清果糖胺（fructosamine）浓度的目的是监测糖尿病动物的调控情况。有时用于持续性高血糖，以及临床症状与血和尿葡萄糖检验结果不相符的糖尿病患病动物的诊断。

1. 参考值

225~375 μmol/L。

2. 临床意义

果糖胺是由葡萄糖与血清蛋白结合而成，这种结合是不可逆的、非酶的和胰岛素依赖性的。血清蛋白糖基化的程度与血糖浓度直接相关。在使用胰岛素疗法的前 2~3 周，平均血糖浓度越高，血清果糖胺浓度也就越高；反之亦然。在因应激或兴奋引起的高血糖，动物血清果糖胺浓度不受血糖浓度急速增加的影响。在每 3~6 个月进行一次的常规血糖调控评价中，可测定血清果糖胺，以确定应激或兴奋对血糖浓度的影响，弄清病史、临床检查所见与血糖浓度之间的偏差，评价胰岛素疗法的有效性。

所测定的血清果糖胺正常值参考范围是指正常血糖浓度恒定的健康犬和猫，对糖尿病犬或猫血清果糖胺值的解释必须考虑到普遍存在的高血糖现象。血清果糖胺在 350~450 μmol/L，表明糖尿病控制得比较好；高于 500 μmol/L，表示控制不力；高于 600 μmol/L，表示血糖失控。如血清果糖胺低于 300 μmol/L 或低于参考范围，应考虑糖尿病动物的显著低血糖期，或逆转为非胰岛素依赖性糖尿病状态。如糖尿病动物呈现"三多一少"症状，同时血清果糖胺低于 400 μmol/L，提示索莫奇现象（Somogyi phenomenon）。

（曲伟杰　张立梅）

第十三章 临床免疫学及分子生物学检测

第一节 体液免疫检测

体液免疫是以 B 细胞产生抗体来达到保护目的的免疫机制。负责体液免疫的细胞是 B 细胞。免疫球蛋白(immunoglobulin，Ig)是指具有抗体活性或化学结构上与抗体相似的球蛋白，具有特异性识别抗原的功能。根据分子重链不同可将 Ig 分为 5 类，即 IgG、IgA、IgM、IgD、IgE，其中 IgM 和 IgG 以高浓度遍布全身，是机体体液免疫反应的主要效应分子。

免疫球蛋白的测定方法分为 2 类。一类是在体外用已知抗原检测未知的抗体，常用于各种感染性疾病的辅助诊断和流行病学调查；另一类是应用多克隆或单克隆抗体，对各类 Ig 进行类别鉴定与定量测定，借以了解机体的体液免疫功能状态。

一、IgG、IgA、IgM 测定

检测 IgG、IgA、IgM 含量常用单向免疫扩散法及免疫比浊法等。目前，使用试剂盒和免疫化学自动分析仪，可同时测定血清中多种 Ig、补体成分及其他血浆蛋白的含量。其临床意义如下：

①IgG、IgM、IgA 含量增高：见于各种慢性感染、慢性肝病、链球菌感染、淋巴瘤、肺结核以及自身免疫性疾病，如类风湿关节炎等。

②单一免疫球蛋白增高：主要见于免疫增殖性疾病，如分泌型多发性骨髓瘤、原发性巨球蛋白血症等。

③免疫球蛋白降低：见于各种先天性和获得性体液免疫缺陷病、联合免疫缺陷病，也见于肾病综合征、病毒感染和长期应用免疫抑制剂。

二、IgE 测定

正常情况下血清 IgE 仅在 ng/mL 水平，用常规测定 IgG 或 IgM 的凝胶扩散法检测不出 IgE，必须用高度敏感的放射免疫测定法及酶联免疫测定法进行检测。其临床意义如下：

①Ⅰ型变态反应性疾病：如过敏性支气管哮喘、特异性皮炎、过敏性鼻炎、荨麻疹等，均可使血清 IgE 含量升高。

②与 IgE 有关的非过敏性疾病：如寄生虫、真菌或金黄色葡萄球菌感染，可诱导

IgE 大量产生。

第二节 细胞免疫检测

T 淋巴细胞也可简称 T 细胞，来源于骨髓的多能干细胞。T 细胞不产生抗体，而是直接起作用，所以 T 细胞的免疫作用叫作"细胞免疫"。细胞免疫检测技术通常用于 4 个方面：①测定患病个体的细胞免疫状况及水平，以分析其发病机理，为研究疾病发生过程中免疫功能的变化提供参考数据。②测定抗原进入机体后的细胞免疫反应，分析抗原刺激 T 细胞免疫的表位及其细胞免疫机制。③筛选免疫增强剂或免疫抑制剂药物，为研究药物对机体免疫功能的影响提供依据。④在研制淋巴因子如干扰素，白细胞介素制剂过程中，测定其活性及效价水平。

一、T 细胞检测

1. T 细胞的玫瑰花结形成试验

T 细胞表面有绵羊红细胞（SRBC）受体，可与 SRBC 结合形成花结样细胞，称为红细胞玫瑰花结形成试验（erythrocyte rosette formation test，E – RFT）。

试验方法：取外周血液淋巴细胞与绵羊红细胞（SRBC）混合，在一定温度下作用一定时间，使 SRBC 与 T 细胞表面的 E 受体结合，形成以 T 细胞为中心，绕有 SRBC 花结样细胞集团。其临床意义如下：

①降低：见于免疫缺陷性疾病，如恶性肿瘤；免疫性疾病、某些病毒感染、大面积烧伤、多发性神经炎、淋巴增殖性疾病。

②升高：见于甲状腺功能亢进、甲状腺炎症、重症肌无力、慢性肝炎及器官移植后的排斥反应等。

2. T 细胞转化试验

T 淋巴细胞与特异性抗原或非特异性促分裂因子在体外共同培养时，细胞的代谢和形态可发生变化，表现为代谢旺盛，蛋白质和核酸的合成增加，细胞体积增大，转化为能分裂的淋巴母细胞。转化率的高低反映机体的免疫功能状态，这种方法称为淋巴细胞转化试验（lymphocyte transformation test，LTT）。淋巴细胞转化试验主要有形态学检查法、H^3 – 胸腺嘧啶核苷（H^3 – TdR）掺入法和细胞能量代谢测定（MTT）法。

临床意义与 T 淋巴细胞的玫瑰花结形成试验相同。

3. T 细胞分化抗原测定

T 细胞膜表面有 100 多种特异性抗原，将单克隆抗体所识别的同一分化抗原归为一个分化群（cluster of differentiation，CD）。因此，CD 即是位于细胞膜上一类分化抗原的总称，CD 后的序号代表一个或一类分化抗原分子。例如，CD3 代表总 T 细胞，CD4 代表 T 辅助细胞（TH），CD8 代表 T 抑制细胞（Ts）等。应用这些细胞的单克隆抗体与 T 细胞表面抗原结合后，再与荧光标记二抗（兔或羊抗鼠 IgG）反应，在荧光显微镜下或流式细胞仪中计数 CD 的百分率。其临床意义如下。

①CD3 降低：见于自身免疫性疾病，如类风湿关节炎等。

②CD4 降低：见于恶性肿瘤、遗传性免疫缺陷症、应用免疫抑制剂者。

③CD8 降低：见于自身免疫性疾病或变态反应性疾病。

④CD4/CD8 比值增高：见于恶性肿瘤、自身免疫性疾病、病毒性感染、变态反应等。

⑤监测器官移植排斥反应时，CD4/CD8 比值增高，预示可能发生排斥反应。

⑥CD3、CD4、CD8 较高，且有 CD1、CD2、CD5、CD7 增高，则可能为 T 细胞型急性淋巴细胞白血病。

二、B 细胞检测

B 淋巴细胞也可简称 B 细胞，来源于骨髓的多能干细胞。其特征性表面标志是膜免疫球蛋白（即 B 细胞受体），经抗原激活后可分化为浆细胞，产生与其所表达 B 细胞受体具有相同特异性的抗体，B 细胞是通过产生抗体起作用。抗体存在于体液里，所以 B 细胞的免疫作用叫作"体液免疫"。

1. B 细胞膜表面免疫球蛋白测定

B 细胞膜表面有一种特征性的膜表面免疫球蛋白（surface membrane immunoglobulin，SmIg），是 B 细胞的特征性表面标志，其类别随 B 细胞发育阶段不同而有差异。早期的前 B 细胞表达 IgM，成熟的 B 细胞表达 IgD、IgM 或 IgA、IgE 等。用荧光标记羊抗人 IgG、IgM、IgA、IgD 或 IgE 抗体，分别与活性淋巴细胞反应，于荧光显微镜下观察呈显荧光的细胞（绿色为 SmIg 阳性的 B 细胞）。求出各类 SmIg 细胞的百分数，其总和为血液中 B 细胞的百分率。其临床意义为：

①SmIg$^+$ 细胞降低：见于免疫缺陷性疾病，主要与体液免疫缺陷有关。

②SmIg$^+$ 细胞升高：见于慢性淋巴细胞白血病、多毛细胞白血病和原发性巨球蛋白血症等。

2. 红细胞-抗体-补体花结形成试验

B 细胞表面存在着膜表面免疫球蛋白、Fc 受体和补体受体等。鸡（羊）红细胞经相应的抗红细胞抗体（EA）致敏后，当与 B 细胞混合时，EA 的 Fc 段与 B 细胞表面的 Fc 受体结合所形成的花结样细胞称为 EA-花结形成细胞（EA-RFC）。如在 EA 致敏红细胞中再加入补体，与 B 细胞表面的补体受体结合，则形成 EAC 花结形成细胞（EAC-RFC）。B 细胞表面还具有小鼠红细胞受体，能与小鼠红细胞结合，形成鼠红细胞花结（M-RFC）；这类细胞主要为带有 SmIg 的幼稚 B 细胞。这组试验总称为红细胞-抗体-补体花结形成试验（erythrocyte-antibody-complement-rosette formation test）。其临床意义为：

①降低：见于免疫缺陷性疾病，如原发性和继发性免疫缺陷病等，尤以 M-RFC 降低更明显。

②升高：见于淋巴增殖性疾病，如慢性淋巴细胞白血病、多毛细胞白血病等。

3. B 细胞分化抗原测定

应用 CD19、CD20 和 CD22 等单克隆抗体，分别与 B 细胞表面分化抗原（B-lymphocyte cluster differentiation）结合。通过免疫荧光法、免疫酶标法或流式细胞术进行检测，分别求出 CD19、CD20、CD22 等阳性细胞百分率和 B 淋巴细胞数。其临床意义为：

①升高：见于急性淋巴细胞白血病、慢性淋巴细胞白血病等。
②降低：见于无丙种球蛋白血症、使用化疗或免疫抑制剂后。

三、NK 细胞活性试验

通常 NK 细胞活性的检测采用形态学检查、乳酸脱氢酶测定、放射性核素释放法、化学发光法及流式细胞术等。

1. 形态学检查

以外周血单核细胞（peripheral blood mononuclear cell，PBMC）或小鼠脾细胞作为效应细胞，将效靶细胞按一定比例相互作用后，借助台盼蓝或伊红 Y 聚染活细胞的原理，光镜下观察着染的死亡细胞，推算 NK 细胞杀伤活性。

2. 乳酸脱氢酶测定法

原理是与靶细胞反应并离心，比色法测定上清液中靶细胞膜受损后从细胞质内释出的乳酸脱氢酶（LDH）活性。

3. 放射性核素释放法

应用放射性核素（^{51}Cr、$^{125}I-UdR$）标记靶细胞，靶细胞受到 NK 细胞攻击后，细胞膜遭破坏，放射性核素从胞内释出，通过测定上清液和细胞部分的放射性强度（以 cpm 表示）而计算 NK 细胞活性（%）。

NK 细胞活性可作为判断机体抗肿瘤和抗病毒感染的指标之一。在血液系统肿瘤、实体瘤、免疫缺陷病和某些病毒感染，NK 活性减低；宿主抗移植物反应者，NK 活性升高。

四、中性粒细胞吞噬、杀菌功能检测

1. 显微镜检测法

将白细胞悬液与白色念珠菌或葡萄球菌悬液混合，温育一定时间后，取样涂片、固定、染色，在油镜下观察中性粒细胞吞噬细菌的情况，计算其吞噬率与吞噬指数。还可根据吞噬的白色念珠菌是否死亡来测定杀菌率。

吞噬率（%）= 吞噬细菌的细胞数/计数的细胞数（100~200 个）×100%

2. 硝基四氮唑蓝还原试验

由于中性粒细胞在吞噬、杀菌过程中，能量消耗骤增，氧的需要量增加，已糖磷酸旁路糖代谢的活性增强。葡萄糖分解的中间产物 6-磷酸葡萄糖在氧化脱氢转变为戊糖的过程中，所释放的氢被摄入吞噬体的硝基四氮唑蓝（NBT）染料接受，使其被还原成蓝黑色的点状或块状甲䐶（formazan）颗粒，沉积于中性粒细胞的细胞质内。一般以阳性细胞数超过 10% 判定为 NBT 试验阳性。

3. 化学发光法

中性粒细胞在吞噬过程中出现呼吸爆发，产生活性氧代谢产物（ROI）；后者参与胞内杀菌作用，同时能激发胞内某些物质产生化学发光。应用鲁米诺（luminol）作为发光增强剂，用光度计测量发光强度，可对中性粒细胞的吞噬、杀菌功能及血清的调理活性进行直观、快速的检测。其临床意义为：

①NBT 升高：常见于细菌感染，如败血症、细菌性脑膜炎、化脓性关节炎等。

②NBT 降低：主要是白细胞吞噬功能缺陷，机体抗感染能力降低，易遭受细菌感染，常见于先天性丙种球蛋白缺乏症、长期使用免疫抑制剂等。

五、细胞因子检测

细胞因子（eytokine）是一组由多种细胞所分泌的可溶性蛋白与多肽的总称，在 nmol/L 或 pmol/L 水平即显示生物学作用，可广泛调控机体免疫应答和造血功能，并参与炎症损伤等病理过程。检测包括生物学活性检测、免疫学检测及分子生物学方法。由于细胞因子种类繁多，且各种因子间存在复杂的网络调节，故常采用多种检测方法综合分析。

1. 白介素-2 测定

通常检测 PHA 和 ConA 等丝裂原诱导单个核细胞在体外产生白介素-2（IL-2）的能力来反映。

IL-2 产生或表达异常与临床疾病有密切关系。IL-2 产生低下的疾病有系统性红斑狼疮、活动性类风湿关节炎、恶性肿瘤、糖尿病、某些病毒感染等。

2. 肿瘤坏死因子测定

肿瘤坏死因子（TNF）分为 TNFα 型和 TNFβ 型。TNFα 型来源于单核细胞、吞噬细胞；TNFβ 型来源于 T 淋巴细胞。两型的结构虽不同，但生物活性类似。两型都有引起肿瘤组织出血、坏死和杀伤作用，都可引起抗感染的炎症反应效应，以及对免疫细胞的调节、诱导作用。检测方法有 TNF 敏感靶细胞毒性试验、免疫学试验等。

TNF 有炎症介质作用，能阻止内毒素休克、弥漫性血管内凝血（DIC）的发生；有抗感染作用，抑制病毒复制和杀伤病毒感染细胞；有抗肿瘤作用，杀伤和破坏肿瘤细胞。血液中 TNF 水平增高特别对某些感染性疾病（如脑膜炎球菌感染）的病情观察有价值。

3. 干扰素测定

干扰素（interferon，IFN）首先作用于细胞的干扰素受体，经信号转导等过程，激活细胞基因表达多种抗病毒蛋白，实现对病毒的抑制作用，同时具有抗肿瘤、免疫调节、控制细胞增殖的作用。检测方法有双抗体夹心 ELISA、MHC-Ⅱ类抗原诱导法等。

系统性红斑狼疮、活动性类风湿关节炎、恶性肿瘤、糖尿病、某些病毒感染等导致机体干扰素降低。

第三节 感染免疫检测

病原体及其代谢产物刺激机体免疫系统产生相应的免疫产物，可采用凝集试验，补体结合试验、沉淀试验、免疫荧光试验、ELISA 等方法进行检测。

一、细菌学感染免疫试验

1. 链球菌感染

链球菌感染最常用的免疫学实验室检查是抗链球菌溶血素"O"（ASO）检测。

链球菌溶血素"O"是一种 A 群溶血性链球菌毒素，能溶解人类和一些动物的红细胞，且具有一定的抗原性，能刺激机体产生相应的抗体。临床上常采用胶乳凝集试验、免疫散射比浊法检测 ASO。ASO 增高常见于急性咽炎等上呼吸道感染、风湿性心肌炎、心包炎、风湿性关节炎和急性肾小球肾炎。

2. 伤寒沙门菌感染

伤寒沙门菌感染的实验室诊断主要依赖于免疫学检测方法。

(1)肥大反应

伤寒沙门菌有菌体(O)抗原、鞭毛(H)抗原和表面(VI)抗原，三者的抗体均为非保护性抗体。由于 O 与 H 抗原的抗原性较强，故常用于做血清凝集试验(Wright 试验，肥大反应)辅助临床诊断。产生抗凝时抗体效价≥1∶80 为阳性，或双份血清效价呈 4 倍以上增长，结合流行病学资料可以做出诊断。

(2)ELISA

ELISA 可用于检测伤寒沙门菌的抗原和抗体。目前有以伤寒沙门菌脂多糖为抗原，用间接 ELISA 检测伤寒患者血清中特异性 IgM 抗体，该方法有助于伤寒沙门菌病早期诊断。还可以用高纯度的伤寒沙门菌 VI 抗原包被反应板，采用 ELISA 测定动物血清中的 VI 抗体，有助于检出伤寒带菌者及慢性带菌者。

3. 结核分枝杆菌感染

结核分枝杆菌感染的免疫学方法如下：

(1)结核菌素试验

包括针对旧结核菌素(OT)与结核菌素纯蛋白衍生物(PPD)2 种菌体蛋白。

(2)分枝杆菌抗体检测

以分枝杆菌膜抗原为已知抗原，检测待测血清中的分枝杆菌抗体。可采用胶体金方法进行。需注意的是，其他分支杆菌感染、麻风病也呈阳性。

(3)全血干扰素测定法

当全血与 PPD 和对照抗原共同孵育后，致敏的淋巴细胞可分泌 IFN-γ，通过检测 IFN-γ 的含量来鉴定菌种。

4. 布氏杆菌感染

(1)血清凝集试验

试管法较灵敏。患者多在第 2 周出现阳性反应，1∶100 以上有诊断价值。病程中效价递增 4 倍及以上意义更大。

(2)补体结合试验

补体结合抗体主要为 IgG，出现较迟，持续较久，一般 1∶16 以上即为阳性。对慢性患畜有较高特异性。

(3)ELISA

1∶320 为阳性。此法比凝集法敏感 100 倍，特异性也好。目前又发展有 Dot-ELISA、生物素-新合素 ELISA 检测，特异性更好。

(4)皮肤试验

皮肤试验为细胞介导的迟发型变态反应，一般在发病 20 d 以后进行。其方法是以布鲁氏菌抗原做皮内试验，阴性有助于排除布鲁氏菌感染。阳性仅反映过去曾有过感染。

二、弓形虫感染免疫检测

现在主要应用试剂盒检测血清中的弓形虫抗体(IgM/IgG)。反应板孔中 C 端出现红色圆斑，T 端出现红色圆斑，为弓形虫抗体阳性；反应板孔中 C 端出现红色圆斑，T 端不出现红色圆斑，为弓形虫抗体阴性。反应板孔中 C 端不出现红色圆斑，或 C 端、T 端均不出现红色圆斑，为试剂盒失效。

第四节　核酸分子杂交技术

一、固相杂交

固相杂交是把欲检测的核酸样品先结合到某种固相支持物上，再与溶解于溶液中的经标记的杂交探针进行反应，杂交结果可用仪器进行检测。但大多数情况下直接进行放射自显影，然后根据自显影图谱分析杂交结果。

1. 菌落杂交

用于重组细菌克隆筛选的固相杂交，称作菌落杂交。主要步骤包括菌落平板培养，滤膜灭菌后放到细菌平板上，使菌落黏附到滤膜上，将滤膜放到经适当溶液饱和度吸水纸上，菌斑溶解产生单链的 DNA，固定 DNA 用 ^{32}P 标记的单链探针与菌落 DNA 进行杂交。杂交后，洗脱未结合的探针，将滤膜暴露于 X 线胶片进行放射自显影。将自显影胶片、滤膜、培养平板比较就可以确定阳性菌落(图 13-1)。

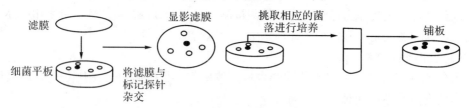

图 13-1　菌落杂交

2. Southern 杂交

Southern 杂交(图 13-2)是从环境样品中提取细菌总 DNA，用适当的限制性核酸内切酶切割，经凝胶电泳分离后，将凝胶中的条带转移到硝酸纤维素滤膜或尼龙膜上，然后对该膜进行探针检测的方法。只有含有靶 DNA 序列的 DNA 分子才能与特定的核酸探针进行杂交。Southern 杂交主要用于研究某些细菌多态性变化规律。

3. Northern 印记杂交

Northern 印记杂交和 Southern 印记杂交的过程基本相同，区别在于靶核酸是 RNA 而非 DNA。RNA 在电泳前已经变性，进一步经历变性凝胶电泳分离后，不再进行变性处理。在 Northern 杂交中所使用的探针常常是克隆的基因。

二、液相杂交

液相杂交是一种研究最早且操作简便的杂交类型。液相杂交的反应原理和反应条件与固相杂交基本相同,仅仅是将待检测的核酸样品和杂交探针同时溶于杂交液中进行反应,然后利用羟磷灰石柱选择性结合单链或双链核酸的性质分离杂化双链和未参加反应的探针,用仪器计数并通过计数分析杂交结果,或者利用核酸分子的减色性(260 nm 处吸光度的降低与双链形成区的多少成正比)分析杂交的结果。

三、原位杂交

原位杂交(insitu hybridization)是应用核酸探针与组织或细胞中的核酸按碱基配对原则进行特异性结合形成杂交体,然后应用组织化学或免疫组织化学方法在显微镜下进行细胞内定位或基因表达的检测技术。其中在此技术上发展的荧光原位杂交(FISH)技术(图 13-3)因其经济、安全、无污染、探针稳定、快速、简便、直观、可靠、灵敏度高、信号强、背景低等,在诊断生物学、发育生物学、细胞生物学、遗传学和病理学研究上均得到广泛的应用。

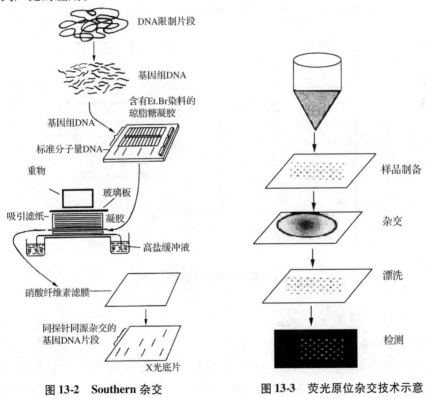

图 13-2　Southern 杂交　　　图 13-3　荧光原位杂交技术示意

第五节　PCR 检测技术

一、PCR 的基本原理

PCR 即聚合酶链式反应(polymerase chain reaction,PCR),其基本原理是以单链 DNA 为模板,4 种 dNTP 为底物,在模板 3′末端有引物存在的情况下,用酶进行互补链的延伸，多次反复的循环能使微量的模板 DNA 得到极大程度的扩增(图 13-4)。

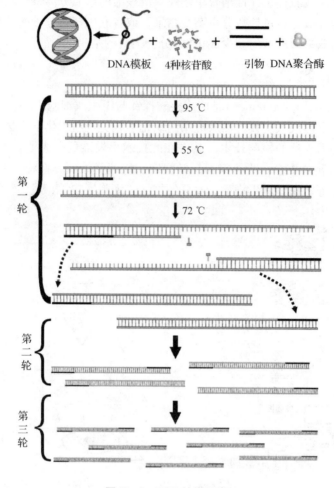

图 13-4　PCR 扩增示意

二、PCR 技术的主要类型

1. 锚定 PCR 技术

用酶法在一通用引物反转录 cDNA 3′末端加上一段已知序列，然后以此序列为引物结合位点对该 cDNA 进行扩增，称为锚定 PCR(anchored PCR，APCR)技术。它可用于扩增未知或全知序列，如未知 cDNA 的制备及低丰度 cDNA 文库的构建。

2. 不对称 PCR 技术

2 种引物浓度比例相差较大的 PCR 技术称不对称 PCR(asymmetric PCR)技术。在扩增循环中引入不同的引物浓度，常用比例(50~100)∶1。在最初的 10~15 个循环中主要产物还是双链 DNA，但当低浓度引物被消耗尽后，高浓度引物介导的 PCR 反应就会产生大量单链 DNA。可制备单链 DNA 片段用于序列分析或核酸杂交的探针。

3. 反转录 PCR 技术

反转录 PCR(reverse transcription，RT – PCR)技术又称逆转录 PCR。当扩增模板为 RNA 时，需先通过反转录酶将其反转录为 cDNA 才能进行扩增。RT-PCR 应用非常广泛，无论是分子生物学还是临床检验等都经常采用。

4. 修饰引物 PCR 技术

为达到某些特殊应用目的，如定向克隆、定点突变、体外转录及序列分析等，可在引物的 5′端加上酶切位点、突变序列、转录启动子及序列分析结合位点等。

5. 巢式 PCR 技术

先用一对靶序列的外引物扩增以提高模板量，然后再用一对内引物扩增以得到特异的 PCR 带，此为巢式 PCR(NEST PCR)技术。若用一条外引物作内引物则称之为半巢式 PCR。为减少巢式 PCR 的操作步骤，可将外引物设计得比内引物长些，且用量较少，同时在第 1 次 PCR 时采用较高的退火温度而第 2 次采用较低的退火温度，这样在第 1 次 PCR 时，由于较高退火温度下内引物不能与模板结合，故只有外引物扩增产物，经过若干次循环，待外引物基本消耗尽，无需取出第 1 次 PCR 产物，只需降低退火即可直接进行 PCR 扩增。这不仅减少操作步骤，同时也降低了交叉污染的机会。这种 PCR 称中途进退式 PCR(drop-in, drop-out PCR)。上述 3 种方法主要用于极少量 DNA 模板的扩增。

6. 等位基因特异性 PCR 技术

等位基因特异性 PCR(allele-specific PCR，ASPCR)技术依赖于引物 3′端的一个碱基错配，不仅减少多聚酶的延伸效率，而且降低引物 – 模板复合物的热稳定性。这样有点突变的模板进行 PCR 扩增后检测不到扩增产物，可用于检测基因点突变。

7. 单链构型多态性 PCR 技术

单链构型多态性 PCR(single-strand conformational polymorphism PCR，SSCP – PCR)技术是根据形成不同构象的等长 DNA 单链在中性聚丙烯酰胺凝胶中的电泳迁移率变化来检测基因变异。在不含变性剂的中性聚丙烯酰胺凝胶中，单链 DNA 迁移率除与 DNA 长度有关外，更主要取决于 DNA 单链所形成的空间构象，相同长度的单链 DNA 因其顺序不同或单个碱基差异所形成的构象就会不同，PCR 产物经变性后进行单链 DNA 凝胶电泳时，每条单链处于一定的位置，靶 DNA 中若发生碱基缺失、插入或单个碱基置换时，就会出现泳动变位，从而提示该片段有基因变异存在。

8. 低严格单链特异性引物 PCR 技术

低严格单链特异性引物 PCR(low stringency single specific primer PCR，LSSP – PCR)技术是建立在 PCR 基础上的又一种新型基因突变检测技术。要求是"二高一低"，高浓度的单链引物(5′端/ 3′端引物均可)，约 4.8 μmol，高浓度的 Taq 酶(16 μmol/100 mL)，低退火温度(30 ℃)，所用的模板必须是纯化的 DNA 片段。在这种低严格条件下，引物与模板间发生不同程度的错配，形成多种大小不同的扩增产物，经电泳分离后形成不同的带型。对同一目的基因而言，所形成的带型是固定的，因而称之为"基因标签"。这是一种检测基因突变或进行遗传鉴定的快速敏感方法。

9. 多重 PCR 技术

在同一反应中用多组引物同时扩增几种基因片段，如果基因的某一区段有缺失，则相应的电泳谱上这一区带就会消失。多重 PCR(multiplex PCR)技术主要用于同一病原体的分型及同时检测多种病原体、多个点突变的分子病的诊断。

10. 随机引物扩增技术

随机引物扩增(arbitrary primed PCR, AP-PCR)技术通过随意设计或选择一个非特异性引物,在 PCR 反应体系中,首先在不严格条件下使引物与模板中许多序列通过错配而复性。如果在 2 条单链上相距一定距离有反向复性引物存在,则可经 Taq 酶的作用使引物延伸而发生 DNA 片段的扩增,经 1 至数轮不严格条件下的 PCR 循环后,再于严格条件下进行扩增。扩增的产物经 DNA 测序凝胶电泳分离后,经放射性自显影或荧光显示即可得到 DNA 指纹图。AP-PCR 用于肿瘤的抑制基因、癌基因的分离;菌种、菌株及不同物种的鉴定;遗传作图;不同分化程度或某些不同状态下的组织的基因表达差异等方面的研究。

11. 定量 PCR 技术

定量 PCR(quantitative PCR, qPCR)技术是用合成的 RNA 作为内标来检测 PCR 扩增目的 mRNA 的量,涉及目的 mRNA 和内标用相同的引物共同扩增,但扩增出不同大小片段的产物,可容易地分离电泳。一种内标可用于定量多种不同目的 mRNA。qPCR 可用于研究基因表达,能提供特定 DNA 基因表达水平的变化,在癌症、代谢紊乱及自身免疫性疾病的诊断和分析中很有价值。

12. 竞争性 PCR 技术

竞争性 PCR(competitive PCR, c-PCR)技术是竞争 cDNA 模板与目的 cDNA 同时扩增,使用同样的引物,但一经扩增后,能从这些目的 cDNA 区别开来。通常使用突变性竞争 cDNA 模板,其序列与目的 cDNA 序列相同,不过模板中仅有一个新内切位点或缺少内切位点,突变性的 cDNA 模板可用适当的内切酶水解,并用分光光度计测定其浓度。cDNA 目的序列和竞争模板相对应的含量,可用溴化乙锭染色,电泳胶直接扫描进行测定,或掺入放射性同位素标记的方法测定。竞争模板开始时的浓度是已知的,则 cDNA 目的序列的最初浓度就能测定。这种方法能精确测定 mRNA 中 cDNA 靶序列,可用于几个到 10 个细胞中 mRNA 的定量。

13. 半定量 PCR 技术

半定量 PCR(semi quantitative PCR, sq-PCR)技术不同于 c-PCR 的是参照物 ERCC-2 的 PCR 产物与目的 DNA 的 PCR 产物相似,并分别在试管中扩增。sq-PCR 的流程为样品和内参照 RNA 分别经反转录为 cDNA,然后样品 cDNA 和一系列不同量参照 cDNA 分别在不同管进行扩增,PCR 产物在琼脂糖凝胶上电泳拍照,光密度计扫描,做出标准曲线,通过回归公式便可定量表达的基因量。虽然管与管之间的扩增效率难以控制,但由 PCR 扩增的所有样本和参照物在不同的实验中差异很小。这种敏感的技术可用于其他低表达的基因定量。

(何高明)

第三部分
特殊检查

第十四章　X线检查
第十五章　超声检查
第十六章　心电图检查
第十七章　兽医内窥镜诊断
第十八章　其他现代影像学诊断技术

第十四章

X 线检查

第一节 X 线成像

一、X 线产生、特性及成像原理

1. X 线产生的条件

X 线是 1895 年德国物理学家伦琴发现的，它是由于在真空条件下，高速飞驰的电子撞击到金属原子内部，使原子核外轨道电子发生跃迁现象而放射出的一种电磁波。

X 线的产生必须具备以下 3 个条件：

①电子源：能根据需要随时提供足够数量的电子。

②高速电子流：在真空条件下高速向同一方向运动的电子流。

③障碍物：必须有适当的障碍物（即靶面）来接受高速电子所带的能量，使高速电子的动能转变为 X 线的能量。

2. X 线的特性

①穿透性：X 线波长很短，具有很强的穿透力，能穿透可见光不能穿透的各种不同密度的物质，并在穿透过程中受到一定程度的吸收。它的穿透性与其波长、物质的密度和厚度有关。X 线波长越短，穿透力越大；物质密度越低，厚度越薄，则越易穿透。X 线穿透性是 X 线成像的基础。

②荧光效应：X 线能激发荧光物质（如硫化锌镉及钨酸钙等），产生肉眼可见的荧光。此特性是进行透视检查的基础。

③摄影效应：X 线与日光一样，能使胶片感光。此效应是 X 线摄影的基础。

④电离效应：X 线通过任何物质都可产生电离效应。X 线进入人体和动物体，也产生电离作用，使人体和动物体产生生物学方面的改变，即生物效应。它是放射防护学和放射治疗学的基础。

3. 成像原理

X 线的产生装置主要包括 3 部分：X 线管、高压电源及低压电源，如图 14-1 所示。使用 X 线对动物体进行照射，并对透过动物体的 X 线信息进行采集、转换，并使之成为可见的影像，即为 X 线动物体成像。

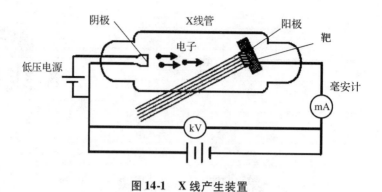

图 14-1　X 线产生装置

二、X 线图像的特点

X 线影像是由黑影、白影和不同灰度的灰影所组成，白影、灰影和黑影分别表示高密度、中等密度和低密度，它们构成机体组织和器官的影像。密度和厚度的差别是产生影像对比的基础，是 X 线成像的基本条件（图 14-2，图 14-3）。

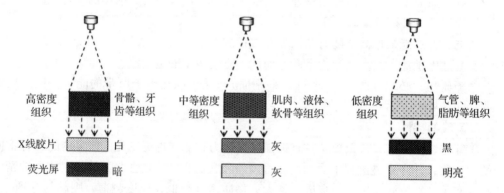

图 14-2　动物体不同密度组织（厚度相同）与 X 线成像的关系

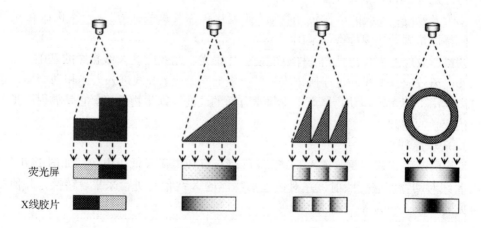

图 14-3　不同厚度组织（密度相同）与 X 线成像的关系

动物机体存在天然对比，也可应用人工对比，使 X 线图像很好地反映机体的组织器官状态，并在良好的解剖背景下显示出病变，这是应用 X 线进行诊断的基础。但由于组织器官的位置可能出现部分或完全重叠，其图像也可能重叠。X 线图像是 X 线穿透某一部位，在这一部位存在不同密度、不同厚度的各种组织结构，这些结构形成的 X 线影像是相互重叠的二维图像，其中一些影像被掩盖。另外，X 线影像在成像过程中由于几何学的关系，产生放大效果，影像比实际物体要大；由于投照方向的关系，可使器官发生形态失真（图 14-4）。

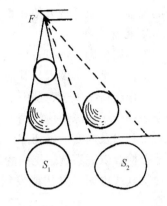

图 14-4　斜射投照的 X 线影像

三、X 线防护

X 线的生物学作用，对人体可产生一定程度的损害，其中一部分是累积性的影响。故必须了解防护的意义和办法，消除不必要的顾虑，以发挥 X 线在动物诊断与治疗上的最大作用，且能避免工作人员受不必要的损害。

X 线检查中的防护措施：

①工作中除操作人员和辅助人员外，闲杂人员不得在工作现场停留，特别是孕妇和儿童。检查室门外应设警示标识。

②在符合检查要求的情况下，可对动物进行镇静或麻醉，利用各种保定辅助器材进行摆位保定，尽量减少人工保定。

③参加保定和操作人员尽量远离机头和原射线以减弱射线的影响。

④参加 X 线检查的工作人员应穿戴防护用具，如铅围裙、铅手套，透视时还应带铅眼镜。利用检查室内的活动屏风遮挡散射线。

⑤为减少 X 线的用量，应尽量使用高速增感屏、高速感光胶片和高千伏摄影技术。正确应用投照技术条件表，提高投照成功率，减少重复拍摄。

⑥在满足投照要求的前提下，尽量缩小照射范围，并合理利用遮线器。

四、X 线检查技术

1. 普通检查

①荧光透视（fluoroscopy）：透视的主要优点是可转动体位，改变方向进行观察；了解器官的动态变化，如心搏动、大血管搏动、膈运动及胃肠蠕动等；透视的设备简单，操作方便，费用较低，可立即得出结论等。主要缺点是荧屏亮度较低，影像对比度及清晰度较差，难于观察密度与厚度差别较少的器官以及密度与厚度较大的部位；缺乏客观记录也是一个重要缺点。

②X 线摄影（radiography）：所得照片称为平片（plain film）。此法优点是成像对比度及清晰度均较好；使密度、厚度较大或密度、厚度差异较小部位的病变更容易显影；可作为客观记录，便于复查时对照和会诊。缺点是每一张照片仅是一个方位和一瞬间的 X 线影像，为建立立体概念，常需做互相垂直的 2 个方位摄影，如正位及侧位；对功能方

面的观察，不及透视方便和直接；费用比透视稍高。

2. 特殊检查

①体层摄影（tomography）：普通X线片是X线投照路径上所有影像重叠在一起的总和投影，一部分影像因与其前、后影像重叠，而不能显示。体层摄影则可通过特殊的装置和操作获得某一选定层面上组织结构的影像。体层摄影常用以明确平片难于显示、重叠较多和处于较深部位的病变。多用于了解病变内部结构有无破坏、空洞或钙化，边缘是否锐利以及病变的确切部位和范围；显示气管、支气管腔有无狭窄、堵塞或扩张；配合造影检查以观察选定层面的结构与病变。

②软线摄影：采用能发射软X线的钼靶管球，用以检查软组织，特别是乳腺的检查。

3. 造影检查

动物体组织结构中，大部分如果只依靠自身的密度与厚度差异不能在普通检查中显示。造影检查是将高于或低于该组织结构的物质引入器官内或周围间隙，使之产生对比显影。引入的物质称为造影剂（contrast media）。造影剂按密度高低分为高密度造影剂和低密度造影剂2类。高密度造影剂为原子序数高、密度大的物质，常用的有钡剂（硫酸钡）和碘剂（泛影葡胺、碘海醇、碘比乐、碘曲伦等）；低密度造影剂为原子序数低、密度小的物质，目前应用于临床的有二氧化碳、氧气、空气等。

五、X线的分析与诊断

X线诊断原则是：应该在了解各种X线检查方法的适应症、禁忌症和优缺点的基础上，根据临床初步诊断，提出一个X线检查方案。因此，原则上应首先考虑透视或拍平片，必要时才考虑造影检查。

X线的分析与诊断需要综合X线各种病理表现，联系临床资料，包括病史、症状（包括体征）及其他临床检查资料进行分析推理，才可能提出比较正确的X线诊断。观察分析X线片时，首先应注意投照技术条件。为了不遗漏重要X线征象，应按一定顺序，全面而系统地进行观察。在观察分析过程中，应注意区分正常与异常。观察异常X线表现，应注意观察它的部位和分布、数目、形状、大小、边缘、密度及其均匀性与器官本身的功能变化和病变的邻近器官组织的改变。初步考虑的X线诊断是否正确，还必须用其他临床资料和影像诊断检查结果加以验证。

X线诊断结果基本上有3种情况：①肯定性诊断；②否定性诊断；③可能性诊断。

第二节 呼吸系统X线检查

呼吸系统X线诊断应用较广，具有重要的实用价值。因为呼吸器官富含空气，与周围的组织器官有良好的天然对比，有利于进行X线检查。X线诊断也适宜畜群的大批普查防疫，对贯彻预防为主的方针有重大意义。呼吸器官除本章所述的部分常见疾病外，其他如上呼吸道的喉和气管的某些疾病、霉菌性肺炎、其他的肺寄生虫病、肺和纵隔的肿瘤及肋结核等，也可应用X线来诊断。

一、检查方法

胸部呼吸器官 X 线检查主要包括透视与摄影 2 种方法，通常先做透视检查，如发现病变需要进一步研究，才做摄影检查；或透视所见可疑，需要摄影判断者才做摄影。经过透视检查之后，可以提示投影的部位、位置、方法与条件，以获得所需要的照片，避免盲目拍摄。

1. 胸部透视

胸部透视可以在移动体位的情况下进行观察，并可观察呼吸时肺的运动及心脏和大血管的功能状态。缺点是不能发现微细病变，被检动物和工作人员接受的放射线剂量较大。

(1) 透视前的准备

在动物带进暗室之前，应将动物身体清扫干净，以免污物干扰影像造成误诊。

(2) 透视方法

对小动物可进行自然站立的侧位透视，也可将动物两前肢向上提举，两后肢下垂直立姿势做背腹位、侧位和斜位透视；还可进行倒卧下的侧位、背腹位透视。大动物只做站立状态下的侧位透视。由于侧位的影像重叠，当要判断病变存在于哪一侧时，须进行两侧位的透视比较。若在两侧位透视比较时，左—右侧检查病变阴影清晰度高于右—左侧检查，则病变在左侧肺内。

2. 胸部摄影

胸部摄影能更清晰地观察微细病变，动物接受的放射剂量低。但摄影为静态图像，影像重叠。

(1) 技术要求

给动物拍摄胸片多在呼吸的瞬间进行。因此，为避免呼吸的影响而降低胸片的清晰度，胸部摄影的曝光时间应在 0.04 s 以下。滤线器可减少散射线在胶片上产生的雾影，动物胸厚超过 15 cm 时就应使用滤线器；如怀疑有较大面积的肺实变或胸水时，应将胸厚标准降低为 11 cm。

(2) 常规摄影体位

在小动物胸部摄影时，标准位置是左侧位或右侧位和背腹位。侧位投照时应将怀疑病变的一侧靠近胶片。拍摄侧位片时，动物取侧卧姿势，用透射线软垫将胸骨垫高使之与胸椎平行。颈部自然伸展，前肢向前牵拉以充分暴露心前区域，X 线中心对准第 4 肋间。拍摄背腹位 X 线片时，动物取俯卧姿势，前肢稍向前拉，肘头向外侧转位，背腹位能较准确地表现出心脏的解剖位置。腹背位投照时两前肢前伸，肘部向内转，肋骨与胸壁两侧保持等距离，肋骨与胸椎应在同一垂直平面。除标准位置外，还可以根据临床诊断要求拍摄站立或直立姿势的水平侧位、直立背腹位或腹背位以及背腹斜位片。

(3) 大动物胸部摄影

一般进行站立姿势下的水平侧位投照，摄影时注意将胶片中心、被照部位中心和 X 线中心束对准在一条直线上。由于大动物的胸廓大，一次投照不可能把整个胸部拍全，因此可分区拍摄。如分别拍摄前胸区、后胸区或前胸区、中胸区和后胸区。对大动物拍胸片要使用滤线器，尽量在吸气终末曝光，投照条件力求准确。

3. 造影检查

注入造影剂（碘制剂等），非选择性或选择性地使两肺成某一肺叶显影的方法。可直接显示支气管的病变，如支气管扩张、狭窄及梗阻等。

二、正常 X 线表现

1. 气管和支气管

气管（trachea）在侧位片上看得最清楚，其影像特征为一条均匀的低密度带，直径相对恒定（图 14-5）。小动物的气管变化受呼吸的影响不大，所以管径也无变化。气管在前纵隔内有较大的活动度，所以一些纵隔占位性病变会使气管的位置偏移，这在正位片上观察更清楚。在正位片上气管处于正中偏右，偏移的程度在一些体型较短品种的犬中更明显。有时在一些老年动物还可见气管环钙化现象。支气管（bronchus）在正常 X 线片上不显影，可通过支气管造影技术对支气管进行观察。

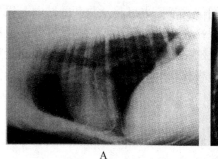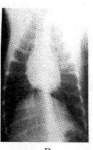

A　　　　B

图 14-5　犬正常胸部 X 线片

A. 侧位　B. 正位

2. 肺

在胸片上，除纵隔及其中的心影和大血管阴影外，其余部位均为含有气体的肺脏（lung）阴影，即肺野。除气管阴影外，肺的阴影心胸片中密度最低。透视时肺野透明，随呼吸而变化，吸气时亮度增加，呼气时稍微变暗。侧位胸片上，常把肺野分为3个三角：椎膈三角区、心膈三角区、心胸三角区。在正位胸片上，由于动物的胸部是左右压扁，故肺野很小，不利于观察。一般将纵隔两侧的肺野平均分成3部分，出肺门向外分别为内带、中带和外带。

三、常见疾病 X 线诊断

1. 支气管炎

急性支气管炎因炎症限于黏膜层，缺乏 X 线表现。X 线检查时，主要在于排除有类似症状的其他疾病。但慢性支气管炎，由于长期发炎的结果，黏膜水肿肥厚，管壁增粗以及渗出物的存留，X 线可表现肺纹理增多、增粗、阴影变浓（图 14-6）。如炎症扩展至周围组织而引起支气管周围炎症时，肺纹理延长、增重和模糊更为明显，由于继发多发性小叶肺不张与局限性肺气肿时，因肺表面充气不均匀，可使膈肌呈不规则的波浪状。

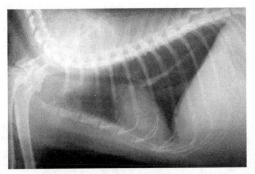
图 14-6 犬支气管炎侧位 X 线片

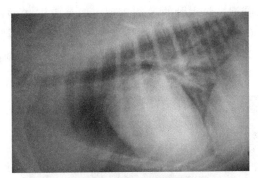
图 14-7 犬小叶性肺炎侧位 X 线片

2. 小叶性肺炎（支气管肺炎）

小叶性肺炎的 X 线表现为斑片状或斑点状渗出性阴影，大小和形状不规则，密度不均匀，边缘模糊，可沿肺纹理分布。通常病灶多见于肺的下垂部即肺野下部。当病灶发生融合时，也可以形成较大片的云絮状阴影，使其密度各不均匀，故可以和大叶性肺炎相区别（图 14-7）。此外，也可以产生肺不张与局限性肺气肿。

3. 大叶性肺炎（格鲁布性肺炎）

大叶性肺炎的基本 X 线表现为不同形态及范围的渗出和实变。肝变期（包括红色肝变期和灰色肝变期）X 线表现为密度均匀的致密影。病变累及一个肺叶，部分边缘模糊，其中可见透明的支气管影，即支气管气像。病变累及肺段表现为片状或三角形致密影，如累及肺叶的大部分或全部肺叶，则呈大片均匀致密影，以叶间裂为界，边缘清晰，形状与肺叶的轮廓一致（图 14-8）。

4. 肺气肿

肺气肿（pulmonary emphysema）的 X 线表现为肺野透明度显著增高，显示为非常透亮的区域，膈肌后移，活动性减弱。气肿区肺纹理清晰，但较疏散。犬、猫发生广泛性肺气肿时，背腹位上可见胸廓呈筒状，肋间隙变宽，膈肌位置降低，呼吸动作明显减弱（图 14-9）。

5. 肺水肿

病理学上可将肺水肿（pulmonary edema）分为间质性肺水肿和肺泡性肺水肿 2 类。

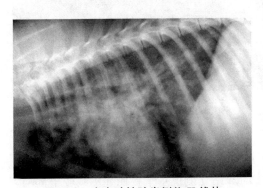
图 14-8 犬大叶性肺炎侧位 X 线片

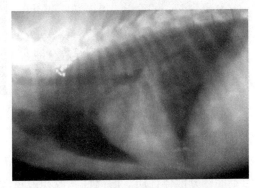
图 14-9 犬肺气肿伴随轻度细支气管扩张

肺泡性肺水肿的 X 线表现主要是腺泡状增密阴影，可相互融合为片状不规则模糊阴影（图 14-10）。间质性肺水肿 X 线表现较为特殊，肺血管周围的渗出液可使血管纹理失去其锐利的轮廓而变得模糊，肺门阴影不清晰，小叶间隔中的积液可使间隔增宽，形成小叶间隔线。

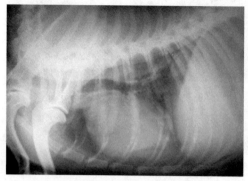

图 14-10　心源性肺水肿侧位 X 线片

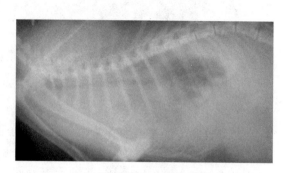

图 14-11　猫肺脓肿侧位 X 线片

6. 肺脓肿

肺脓肿（pulmonary abscess）的早期发生化脓性炎症，然后出现坏死、液化，在液化坏死的同时常伴有肉芽组织和结缔组织增生而形成脓肿。在急性化脓性肺炎阶段，肺内出现大小不等的致密阴影，边缘模糊不清，密度比较均匀。病变中心组织发生坏死液化后，在致密的实变区出现含有液平面的空洞，呈现为圆形或椭圆形透明区，大小不等，壁内缘光滑或不规则（图 14-11）。

7. 气胸

气胸（pneumothorax）可经 X 线检查确诊。犬猫肺野显示萎陷肺的轮廓、边缘清晰、密度增加，吸气时稍膨大，呼气时缩小。在萎陷肺的轮廓之外，显示比肺密度更低的、无肺纹理的透明气胸区（图 14-12）。

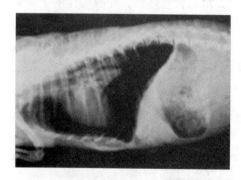

图 14-12　气胸侧位 X 线片

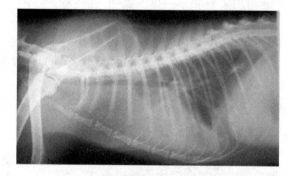

图 14-13　猫胸腔积液 X 线侧位片

8. 胸腔积液

胸腔积液（pleural effusion）是液体潴留于胸膜腔内。X 线检查仅可证实胸腔积液，但不能区分液体性质。游离性胸腔积液量较多时，站立侧位水平投照显示胸腔下部均匀致密的阴影，其上缘呈凹面弧线。大量游离性胸腔积液时，心脏、大血管和中下部的膈影均不可显示。侧卧位投照时，心脏阴影模糊、肺野密度广泛增加，在胸骨和心脏前下缘之间常见三角形高密度区(图14-13)。

9. 肺肿瘤

肺肿瘤(pulmonary neoplasia)可分为原发性肿瘤和转移性肿瘤2类。原发性肺肿瘤多起源于支气管上皮、腺体、细支气管肺泡上皮，X线显示多为位于肺门区的边缘轮廓清楚的圆形或结节状致密阴影(图14-14)。恶性肺肿瘤则呈现边缘分叶状或粗糙毛刷状。转移性肺肿瘤是由恶性肿瘤经血液、淋巴或邻近器官蔓延至肺部造成的，X线检查可见肺野内单个或多个、大小不一、轮廓清楚、密度均匀的圆形或类圆形阴影(图14-15)。肺肿瘤可产生支气管阻塞，导致肺气肿和肺不张。

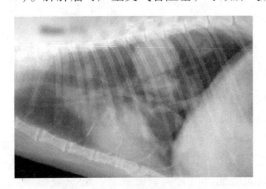

图14-14　原发性肺肿瘤侧位X线片

注：侧位胸片见肺门区边缘轮廓清楚的圆形或结节状致密阴影。

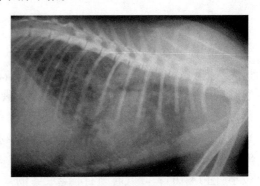

图14-15　转移性肺肿瘤侧位X线片

注：侧位胸片见整个肺野分布大小不等、圆球形肿瘤阴影。

第三节　循环系统X线检查

循环系统X线检查主要指用于心脏及大血管疾病诊断的透视、摄片和造影检查。在心脏疾病的X线诊断中，依据的是心房、心室大小和血管的改变，而透视和摄片所见到的仅为心房、心室的边缘，必须从这些阴影边缘的改变来辨认出心房、心室和大血管大小的变化。不同的心脏病可以产生相似的X线表现，有些X线征象又缺乏特征性，因此X线对心脏疾病的诊断有一定的局限性。心血管造影能见到造影剂在心腔及大血管中流动的情况，进一步提供心腔内各房、室的形态和血液动力学改变的表现，提高诊断的准确性。但它仍受造影方法、机械设备及拍摄技术等的限制。因此，循环系统的X线检查要结合临床症状和其他检查资料才能做出诊断。

一、检查方法

(1) 胸部透视

心脏和大血管的X线检查中，透视占有非常重要的地位。其最大优点是可以做动态的观察，包括心脏、大血管的搏动情况和呼吸运动、体位对其形态的影响等。其次可以随意转动病畜，从各个方向观察心脏和大血管的形态和轮廓，特别在判断个别房、室的大小方面帮助更大。心脏和大血管的钙化(如瓣膜、心包、冠状动脉、心壁等处的钙化)在透视下常能清楚显示。食管钡餐检查可观察左心房有无增大。

(2)胸部摄影(同"呼吸系统")

(3)造影检查

心血管造影是将造影剂快速注入心脏或大血管,借以显示其内部的解剖结构、运动及血流情况的影像学检查方法。心血管造影检查可分为常规造影如右心造影、左心造影和选择性造影如冠状动脉造影。数字减影心血管造影术所获得的影像,无心血管以外的组织结构影像干扰,可进行心脏大血管壁的形态、功能及腔内结构的运动和血流动力学研究。

二、正常 X 线表现

心脏的形态大小和轮廓因动物品种、年龄的不同而变化很大。例如,胸深的犬(雪达犬、柯利犬和阿富汗犬)心脏影像在侧位片上长而直,约为 2.5 肋间隙宽,正位片上心脏显得较圆而小;呈圆筒状宽胸的犬(腊肠犬、斗牛犬)心脏影像在侧位片上右心显得更圆,与胸骨接触面更大,气管向背侧移位更明显,心脏宽度为 3~3.5 肋间隙宽,正位片上右心显得扩大而且更圆。幼年动物的心脏与胸的比例比成年动物大,心脏收缩时的形态比舒张时小,但一般在 X 线片上不易显示。拍片时动物处于吸气状态时心脏较小(图 14-16);呼气时则右心与肋骨的接触面增加,气管向背侧提升,心脏显影增大(图 14-17)。

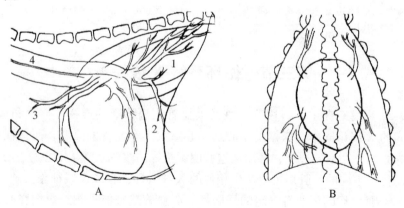

图 14-16　吸气时心脏的形态
A. 侧位　B. 正位
1. 椎膈三角区　2. 心膈三角区　3. 心胸三角区　4. 气管

犬侧位拍摄的心脏影像,其头侧缘为右心房和右心室,上为心房,下为心室,在近背侧处加入前腔静脉和主动脉弓的影像。头侧缘向下(即右心室)以弧形与胸骨接近平行,若在胸骨下有较多的脂肪蓄积时,心脏下缘影像将变得模糊,在左侧位片上尤为明显。心脏的后缘由左心房和左心室影像构成,与膈影的顶部靠近,其间的距离因呼吸动作的变化而不同。心脏后缘靠近背侧(左心室)的地方加入了肺静脉的影像,从后缘房室沟的腹侧走出后腔静脉。心脏的背侧由于右肺动脉、肺静脉、淋巴结和纵隔影像的重

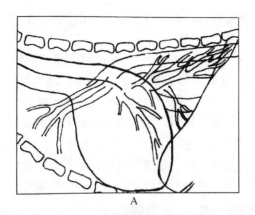
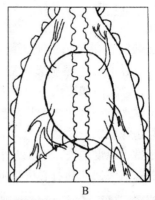

图 14-17　呼气时心脏的形态
A. 侧位　B. 正位

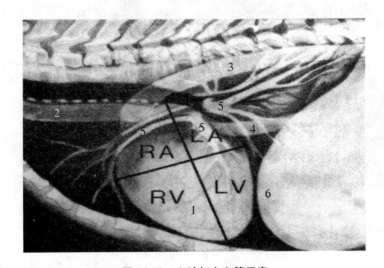

图 14-18　心脏与大血管示意
1. 心脏　2. 前腔静脉　3. 主动脉　4. 后腔静脉　5. 肺血管　6. 横膈
RA：右心房；LA：左心房；RV：右心室；LV：左心室

叠而模糊不清。主动脉与气管交叉清晰可见，其边缘整齐，沿胸椎下方向后行（图 14-18）。

背腹位 X 线片上心脏形如歪蛋，右缘的头侧为圆形，上 1/4 为右心房，向尾侧则为右心室和右肺动脉。心尖偏左，左缘略直，全为左心室所在，左缘近头侧的地方为左肺动脉。后腔静脉自心脏右缘尾侧近背中线处走出。

三、常见疾病 X 线诊断

1. 心包积液

心包积液（pericardia effusion）时心包腔内压力升高，当达到一定程度时（犬超过 200~300 mL，猫超过 20~100 mL），便可压迫心脏，使心房和腔静脉压力升高，以致静脉回流受阻。同时，心室舒张及充盈也受阻，心脏收缩期心输出量减少，因而出现心包填塞症状。

X 线征象：在正常情况下，由于在心包腔内存在少量液体（犬为 2~5 mL，猫为 0.5~2 mL），使心脏边缘显影不清楚，这些液体只显示了心包与心脏边缘的轮廓（图 14-19）。当心包腔内积聚大量液体后，导致心脏轮廓增大、变圆，X 线影像表现为球形。在正位片上，心包的边缘几乎与两侧肋骨接触。由于心包液在心脏跳动时移动性很小，所以其边缘轮廓较清楚。直立背腹位检查时，由于重力关系液体积聚于心包腔下部，心影正常，弧度消失，下宽上小，呈烧瓶状。心搏动减弱或消失而主动脉搏动表现正常。体静脉血液回流到右心房受阻，右心房排出量减少，因而肺纹理减少或不明显。

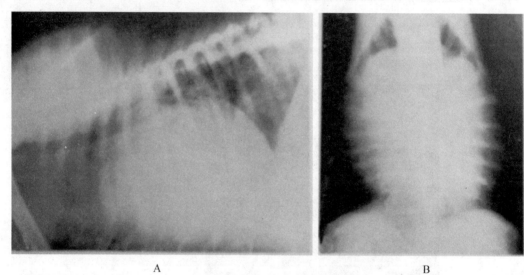

图 14-19 心包积液
A. 侧位　B. 正位

2. 创伤性心包炎

正常情况下，牛心脏的前界位于第 3 肋骨，后界达第 6 肋骨，心基至肩关节水平线，心尖朝向后下方，整个心影为内前上向后下的倾斜状。对于牛创伤性心包炎（traumatic occlusion pericarditis），进行 X 线检查具有重要诊断意义，但需要大功率 X 线机才能完成透视或摄影检查。牛患病时，其心脏影像发生以下几方面改变（图 14-20）：

①疾病早期 X 线检查时，心脏的位置和形态尚无明显变化，如为金属异物致伤则可见异物的致密阴影。

②疾病中、后期，心脏失去其圆锥形外观，呈密度均匀一致的圆形阴影，这是由于心包发炎导致心包积液所致。

③正常心包膜在 X 线下不显影，而心包发炎所产生的渗出液将心包与心肌分开，在心脏周围肺组织正常时，在心膈三角区上方肺野内心包膜呈现为弧形致密阴影。心包内的积液为水平状，其上为含有气体的透明阴影。胸腔积液时心膈角变钝，心膈间隙消失。

④心包积液由浆液性转为化脓性时，即疾病的晚期，心膈三角区和后腔静脉的影像消失。

⑤当伴发胸腔积脓时，心脏的影像和搏动显示不清。

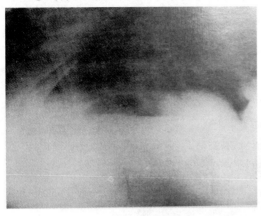
图 14-20　牛创伤性心包炎

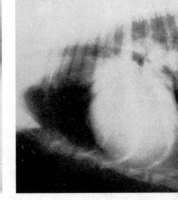
图 14-21　犬心丝虫病

3. 心丝虫病

心丝虫病（dirofilariasis）是由于丝虫科的犬恶丝虫寄生于犬心脏的右心室及肺动脉，引起循环障碍，出现呼吸困难及贫血等临床症状。轻微感染时，患犬可能不出现临床症状，严重感染的动物则会出现咳嗽、呼吸困难、运动能力下降、体质虚弱、心悸、贫血等临床症状。犬心丝虫病的典型 X 线征象（图 14-21）包括以下内容：

①不论在正位片还是在侧位片上均可见明显的右心室增大。

②肺动脉干扩张，在正位片上表现为心脏的左前侧膨大突出。

③肺动脉弯曲、扩张，然后突然变细。

④肺实质发生浸润，肺野血管阴影模糊不清。

⑤如果出现右心衰竭，则 X 线征象还可见到腹水、脾肿大和肝肿大。

第四节　骨和关节 X 线检查

骨骼中含有大量的钙盐，是动物体中密度最高的组织，与其周围的软组织有鲜明的天然对比。在骨的自身结构中，骨皮质和骨松质及骨髓腔也有明显的密度差异。所以，一般 X 线摄影就能对骨与关节疾病进行诊断。

一、检查方法

1. 普通检查

普通检查包括透视和拍摄 X 线平片，但透视一般很少应用。透视仅在检查疑为明显的骨折或脱位、进行异物定位及监视手术摘除异物、监视矫形手术方面才有意义。普通摄影是骨与关节的 X 线检查法中最常用的技术。两侧对称的骨关节，病变在一侧而症状不明显或经 X 线检查有疑虑时需摄取对侧相同部位的 X 线片进行比较。

2. 特殊检查

当普通摄影检查不能满足诊断需要时，选择性地应用一些特殊检查技术则更具有诊断意义。常用的方法有关节造影，空气、二氧化碳、氧气可作为关节造影剂。关节造影可对关节面、滑膜囊及关节内结构进行详细显示。

二、正常 X 线表现

1. 正常骨 X 线表现

熟悉和掌握骨的正常 X 线解剖结构是诊断骨病的基础，在骨骼 X 线解剖结构中管状长骨的结构最为典型，可分为骨膜、骨密质、骨松质、骨髓腔和骨端 5 个部分。

①骨膜：骨膜属于软组织结构，在 X 线片上不容易与骨周围的软组织相区别，故 X 线影像不能显现，当骨膜发生病变后则可以显现。

②骨密质：X 线影像称为骨皮质，位于骨的外围，呈带状均匀致密阴影。阴影在骨中央最厚，两端变形。外缘光滑整齐，在肌、腱或韧带附着处粗糙。

③骨松质：位于长骨两端骨密质的内侧，呈网格状有一定纹理的阴影，影像密度低于骨密质。阴影在骨端最厚，到骨干中段变薄。

④骨髓腔：骨髓腔位于骨干骨松质的内侧，呈带状边缘不整的低密度阴影，阴影两端消失在骨松质当中。骨髓腔常因骨密质和骨松质阴影的遮盖而显现不清。

⑤骨端：骨端位于骨干的两端，体积膨隆，表层为致密阴影，其余为骨松质阴影。

2. 正常关节 X 线表现

正常能动关节的解剖结构如图 14-22 所示。一般能动关节可表现如下的 X 线影像。

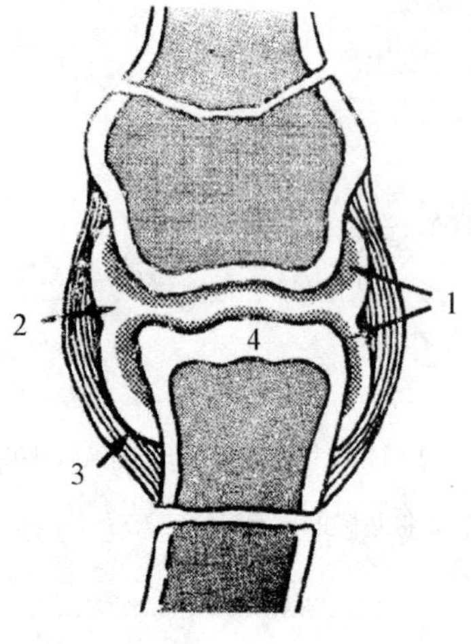

①关节面：X 线片上表现的关节面为骨端的骨性关节，内由骨密质构成，呈一层表面光滑整齐的致密阴影。

②关节软骨：大体解剖上见到的关节软骨在 X 线片上不显影，但在关节的造影影像上可以在关节面和造影剂之间显示出一条低密度线状阴影，即为关节软骨。

③关节间隙：由于关节软骨不显影，在 X 线片上显示的关节间隙包括大体解剖上见到的微小间隙和少量滑液以及关节软骨。正常的关节间隙宽度均匀，影像清晰，呈低密度阴影。关节间隙的宽度在幼年时较大，老年后变窄。

④关节囊：关节囊包围在关节间隙的外围，属于软组织密度，正常关节囊在普通的 X 线影像上不显影，经关节造影可显示关节囊内层滑膜的轮廓。

图 14-22 关节的解剖结构示意
1. 关节软骨 2. 关节腔 3. 关节囊
4. 软骨下骨

三、常见骨和关节疾病 X 线诊断

1. 骨折

骨的完整性或连续性中断称为骨折(fractures)。动物长骨骨折最常见,其次为骨盆骨折、下颌骨骨折和脊椎骨骨折。动物发生骨折后局部会出现肿胀、疼痛、功能障碍,有些还出现肢体局部畸形。临床检查时可见肢体反常活动,也可听到骨摩擦音。骨折后在断端之间及其周围形成血肿,是以后形成骨赘修复骨折的基础。骨折的检查、诊断与治疗主要依靠 X 线技术,X 线可以确定骨折的类型、程度,可辅助骨折的复位固定,可观察骨折的愈合过程。

(1) X 线检查技术

骨折在进行 X 线检查时一定要注意不能再加重骨折的程度,一定要将患病部位保定稳妥后方能检查(图 14-23),对疼痛严重的病例可实施安定术或进行浅麻醉后再进行检查。检查要点包括以下几方面:

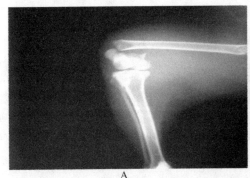 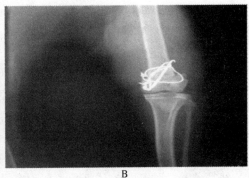

图 14-23 骨 折
A. 固定前 B. 固定后

①X 线摄影范围应至少包括一个邻近的关节,以便确定骨折部位。

②必须拍摄正、侧位,有时还要加拍斜位等特定体位,或加拍健侧相同部位的对比 X 线片。

③设法使 X 线束中心线对准骨折线且与骨折线平行。X 线与骨折线垂直时可能显示不出骨折线。

④怀疑关节骨折时,需拍摄关节伸、屈位 X 线片以便观察骨折线。

⑤有些正常解剖结构或解剖变异易被误认为是骨折,这些结构有滋养孔板、籽骨分裂、韧带联合(桡尺骨、胫腓骨、掌骨间韧带联合)等。

(2) 骨折的基本 X 线表现

①骨折线:骨骼断裂以后,断面多不整齐,X 线片上呈不规则的透明线,称为骨折线。骨皮质显示明显,在骨松质则表现为骨小梁中断、扭曲、错位。当 X 线中心通过骨折断面时则骨折线显示清楚,否则可显示不清,甚至难以发现。嵌入性骨折或压缩性骨折骨小梁紊乱,甚至骨密度增高,看不到骨折线。

②骨变形:骨折后由于断端移位可使骨骼变形。X 线可见的移位种类有分离移位、

水平移位、重叠移位、成角移位和旋转移位等。

③软组织肿胀：外伤性骨折常伴有骨折部软组织损伤肿胀，X线影像密度增高，层次不清。

2. 外伤性骨膜骨化

外伤性骨膜骨化是骨膜直接受外伤或骨膜长期受机械性外力反复刺激所引起的慢性骨膜炎，以骨膜增生和在骨表面形成新骨为主要病变，新生的骨称为骨赘。

本病的多发部位为掌（跖）骨和指（趾）骨，5岁以上的马多发。此时患病动物也没有跛行，只有在骨赘增大后可见患部局限性隆起，触之较硬，无热无痛。当骨赘发生在肌腱或韧带的经路上可引起跛行症状。

关节周围骨赘X线征象为关节无异常，但关节骨的边缘出现新生骨阴影。骨阴影在早期呈刺状或毛刷状从骨基部突出，之后融合为致密、均质、边缘平滑的骨赘。关节、韧带及肌腱附着点处骨赘X线征象为在关节囊外的关节韧带或肌腱附着点处骨皮质粗糙隆起，密度增高、或有明显突起的骨阴影，骨阴影致密均质，边缘清晰；骨间韧带附着点处骨赘X线检查需加斜位投照，X线征象为骨间隙两侧骨皮质粗糙隆起或骨间隙融合消失（图14-24）。

3. 化脓性骨髓炎

炎症早期仅见软组织肿胀，7~10 d 可见骨骼变化，骨松质出现局限性骨质疏松，继续发展则出现多数分散不规则的骨质破坏区，骨小梁模糊、消失，破坏区边缘模糊，区内可见有密度较高的死骨阴影（图14-25）。由于骨膜下脓肿的刺激，骨皮质周围出现骨膜增生，表现为一层密度不高的新生骨与骨干平行。慢性化脓性骨髓炎时，骨破坏区界限清楚，破坏区周围骨质增生反应明显，死骨阴影仍可见到。在犬和猫，急性骨髓炎的X线征象与骨肿瘤的X线征象类似，容易混淆，故需进行鉴别诊断。

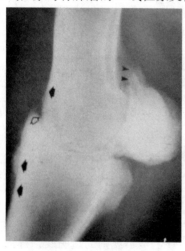

图 14-24　骨膜骨化

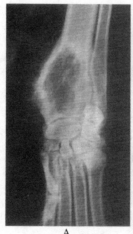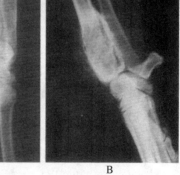

图 14-25　骨髓炎
A. 桡骨远端前后位　B. 桡骨远端侧位

4. 骨肿瘤

在临床上犬、猫等小动物的骨肿瘤发病率较高。小动物的骨肿瘤多为恶性，造成严重的骨骼损伤。恶性骨肿瘤的病理特征是骨溶解和骨增生反应。

(1) 恶性骨肿瘤的 X 线表现

恶性骨肿瘤生长快，破坏性强，较早出现肿瘤转移。

①肿瘤灶周围软组织阴影增厚、浓密，有时可见肿瘤性软组织块阴影。

②肿瘤浸润性生长：在肿瘤灶和正常骨之间有一块界限不清的过渡区；骨皮质破坏；不同程度的骨质增生，新生骨可伴随肿瘤生长侵入周围软组织。

③骨膜浸润性骨化：肿瘤灶处及邻

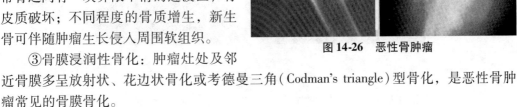

图 14-26　恶性骨肿瘤

近骨膜多呈放射状、花边状骨化或考德曼三角 (Codman's triangle) 型骨化，是恶性骨肿瘤常见的骨膜骨化。

④通常不累及关节或越过关节累及其他各骨，但可见病理性骨折。

⑤肿瘤的晚期多发生肺转移，胸部 X 线片上可见多量、大小不等、分布范围较广的球形高密度阴影 (图 14-26)。

(2) 良性肿瘤的 X 线表现

良性肿瘤生长缓慢，可引起病理性骨折。肿瘤灶不侵袭周围软组织，故无炎性肿胀，仅因肿瘤推移而突出。肿瘤灶骨质密度降低或增高，范围小，界限清晰。邻近骨皮质膨胀或受压变薄，但骨皮质不中断。单发或多发，但不转移。

(3) 骨肉瘤的 X 线征象

X 线平片除具备前述的 X 线征象外，骨肉瘤尚有其发病特点。肿瘤灶起源于骨髓腔，表现为骨髓腔内不规则的骨破坏和骨增生；骨皮质破坏；不同形式的骨膜增生和骨膜新生骨的再破坏；软组织肿胀并在其中形成肿瘤骨，确认肿瘤骨的存在是诊断骨肉瘤的关键，肿瘤骨表现为云絮状、针状和斑块状致密影。骨肉瘤有成骨型、溶骨型和混合型，以混合型多见。

5. 骨软骨病

骨软骨病 (osteochondrodysplasis) 是一种关节软骨发育缺陷性疾病，表现为软骨内骨化障碍或软骨发育不良。广泛发生于现代集约化饲养的猪、牛、禽及生长迅速的马、大型犬，在生长发育的高峰期 (4~10 月龄) 更易发病。

骨软骨病的类型不同，其 X 线征象也各有特点。

①骺炎：干骺端横径增宽，边缘呈唇样突出，干骺端骨内可能有低密度骨缺损区 (图 14-27 A)。缺损区外周可能有骨增生带，骺板增厚，骺板与骨骺及干骺端的界面不整，骨骺正常或呈楔形变形。长骨可能弯曲，弯折点位于骺板处，临近骨皮质因应力改变而改塑增宽或变薄。

②分离性骨软骨炎：病初 X 线检查一般无明显变化，有时需经关节造影才能见到病变。当软骨下骨受侵蚀后可见关节面局灶性变平、凹陷或有缺损，关节腔内有小骨片

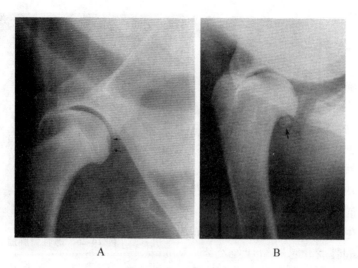

图 14-27　骨软骨病
A. 肱骨头 1/3 处的低密度缺损（箭头）　B. 游离在关节囊后囊内的软骨碎片

或钙化的软骨片游离于关节腔内或附着在骨缺损旁（图 14-27 B）。为了更清楚地观察病变，检查时可做多个方位投照，如肱骨头应做侧位投照、肘部应做前后位和斜位投照、股骨远端及跗关节做斜位投照。

③关节软骨下囊样病变：关节面内出现囊腔样低密度骨缺损区，区内一般无结构，边缘清楚整齐，区外可能围以骨增生带，囊腔与关节腔相通或不相通。

6. 关节扭伤

为了显示有无关节韧带、骨和关节软骨损伤，可拍摄扭伤关节在强迫负重下的 X 线片，还应拍摄扭伤关节在伸、屈、收、展、旋及拉开等状态下的 X 线片，必要时可施行关节造影进行检查。

在扭伤后立即拍片的急性病例，可见扭伤关节周围软组织阴影密度增高、增大。可能发现关节周围撕脱性骨折、碎片骨折、关节内骨折，严重者可见关节脱位或半脱位。侧韧带断裂者还可见关节间隙宽窄不均。在慢性病例，关节周围可能呈现骨赘或广泛性骨化的致密阴影，关节面可能呈现变性性关节疾病的 X 线征象。

7. 关节脱位

关节脱位又称脱臼，多发生于马、牛的髋关节和膝关节，在犬、猫常发关节有前肢的肘关节、后肢的髋关节、膝关节的髌骨。

当怀疑患部不完全脱位时，应在患肢负重情况下进行 X 线摄影检查，必要时摄取对侧关节进行对照。读片时要注意判断关节脱位的类型与程度，对于外伤性关节脱位更要仔细观察有无撕脱性骨折、碎片骨折和关节内骨折同时发生。关节脱位的主要 X 线征象有：

①关节不完全脱位时，表现为关节间隙宽窄不一或保持有部分接触。或关节骨移位在关节面之间。

②关节完全脱位时，相对应的关节面完全分离移位，无接触（图 14-28）。

③先天性关节脱位可能有关节或骨发育不良的 X 线征象；外伤性关节脱位常有关

节周围软组织肿胀、撕脱性骨折、碎片骨折或关节内骨折的 X 线征象；病理性关节脱位可见原发性关节疾病的 X 线征象，如化脓性关节炎、变形性关节疾病和发育不良性关节疾病等。

④关节脱位经久未整复或整复不良者，可继发关节骨端废用性骨质疏松或变形性关节疾病的征象。

8. 感染性关节炎

感染病原微生物后所发生的关节炎症称为感染性关节炎。其 X 线征象如下：

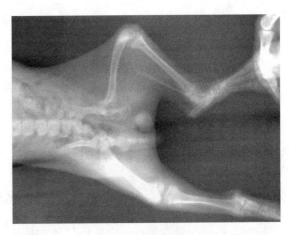

图 14-28　腓骨脱位

①X 线片在急性期仅可见关节周围软组织阴影扩大或关节囊膨胀，阴影密度增高，关节间隙增宽，此时化脓病变极易破坏关节囊、韧带而引起关节脱位或半脱位。构成关节的骨骼可有一时性废用性骨质疏松。

②后期关节软骨被破坏则引起关节间隙的狭窄或消失，骨面毛糙。当感染侵犯软骨下骨时，可见骨质破坏和增生（图 14-29 A）。附近骨质发生骨髓炎时，则出现骨髓炎的一系列 X 线所见。

③愈合期骨质破坏停止，而出现修复。病变区骨质增生硬化，关

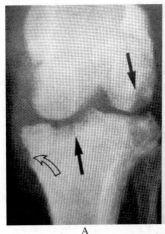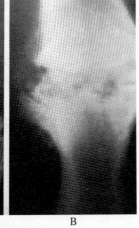

图 14-29　感染性关节炎

A. 骨质破坏和增生　B. 骨性愈合

节有纤维性或骨性融合，关节间隙模糊甚至消失。如软骨与骨质破坏不太严重，关节间隙可部分保留，并有一部分功能，严重时关节发生骨性愈合（图 14-29 B）。

第五节　消化系统 X 线检查

一、检查方法

消化系统的器官主要位于腹部，对腹部进行 X 线检查，需要有过硬的技术，只有从高质量的 X 线片中才能获取详细的诊断信息。正常的腹腔内器官多为实质性或含有液、气的软组织脏器，这些器官多为中等密度，其内部或器官之间缺乏明显的天然对比，因而形成的 X 线影像也缺乏良好的对比度。所以腹部 X 线检查除拍摄普通平片外，通常要进行造影检查。目前，腹部的 X 线检查主要应用于犬、猫等小动物。

二、正常X线表现

1. 胃

胃(stomach)位于前腹部，前面是肝脏，胃的解剖结构包括胃底、胃体和幽门窦3个区域(图14-30，图14-31)。大多数情况下胃内都存在一定量的液体和气体，所以在X线平片上可以据此辨别胃的部分轮廓，但不可能显示出胃的全部轮廓。胃肠造影可见到胃轮廓或黏膜层，胃的初始排空时间为采食后15 min，完全排空时间为1～4 h。

2. 小肠

小肠(small bowel)包括十二指肠(duodenum)、空肠(jejunum)和回肠(ileum)。在腹腔中小肠主要分布于那些活动性比较小的脏器之间。小肠位置的变化往往提示腹腔已发生病变。小肠内通常含有一定量的气体和液体，通过气体的衬托在X线平片上小肠轮廓隐约可见。显示为平滑、连续、弯曲盘旋的管状阴影，均匀分布于腹腔内。营养良好的成年犬、猫的小肠浆膜面也清晰可见。经造影技术可显示出小肠黏膜的影像，正常小肠的黏膜平滑一致，而降十二指肠的肠系膜侧黏膜则呈规则的假溃疡征象。造影剂通过小肠的时间，犬为2～3 h，猫为1～2 h。

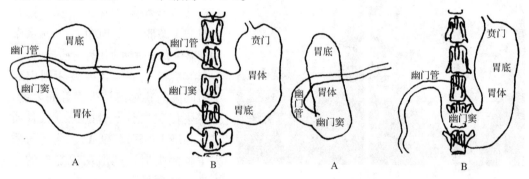

图14-30 犬胃X线解剖示意
A. 侧位 B. 腹背位

图14-31 猫胃X线解剖示意
A. 侧位 B. 腹背位

3. 大肠

犬和猫的大肠(large bowel)包括盲肠(cecum)、结肠(colon)、直肠(rectum)和肛管(analcanal)。犬和猫盲肠的X线影像不同，犬盲肠的形状呈半圆形或"C"形，肠腔内常含有少量气体，所以在X线平片上可以辨别出盲肠位于腹中部右侧。猫的盲肠为短的锥形憩室，内无气体，故在X线平片上难以辨认。

结肠是大肠最长的一段，为一薄壁管道，由升结肠、横结肠和降结肠几部分构成。结肠的形状犹如一个"?"(图14-32)。

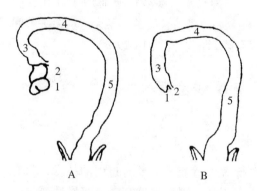

图14-32 犬、猫结肠X线解剖示意
A. 犬 B. 猫
1. 盲肠 2. 回盲瓣 3. 升结肠 4. 横结肠 5. 降结肠

总之，动物腹部器官的正常 X 线表现与拍摄体位有关。如图 14-33 至图 14-36 所示。

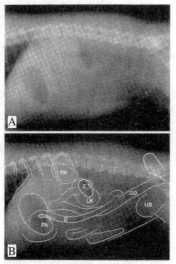

图 14-33　犬左侧卧位腹部 X 线片
（A）及主要解剖结构线条图（B）

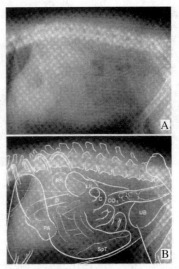

图 14-34　犬右侧卧位腹部 X 线片
（A）及主要解剖结构线条图（B）

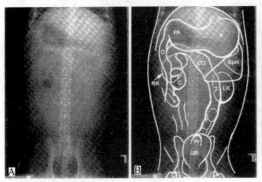

图 14-35　犬腹背位腹部 X 线片
（A）及主要解剖结构线条图（B）

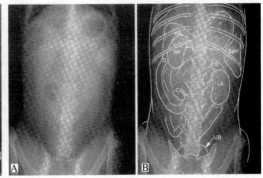

图 14-36　犬背腹位腹部 X 线片
（A）及主要解剖结构线条图（B）

三、消化系统常见疾病 X 线诊断

1. 胃内异物

胃内异物（gastric foreign boby）的诊断用 X 线即可完成，异物的种类有不透射线和能透 X 线 2 类（图 14-37）。

①高密度不透射线异物：在腹部平片易于显示，并可显示出异物的形状、大小及所在的位置。

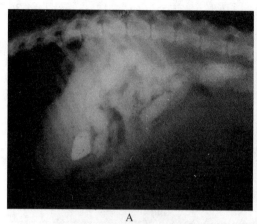 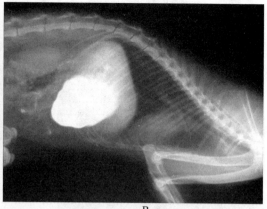

图 14-37　胃内异物
A. X 线平片　　B. 造影检查

②低密度异物：如线团、碎布、袜子或橡皮球等在平片上不能显现，在检查时可通过变换动物体位，使胃内气体恰好停留在异物周围，形成对比，在气体的低密度背景上衬托出相对高密度的异物影像。也可以利用钡餐造影方法（图 14-37 B）。造影时钡剂用量不能过多，以免反蔽异物，犬的用量在 10 mL 左右，猫的用量在 5 mL 左右。在胃的造影上，碎布块等异物可以吸附钡剂，故在胃排空后仍能显示异物阴影。橡皮球之类的无吸附性异物则呈充盈缺损的 X 线征象。

2. 肿瘤

已知的小动物肿瘤（neoplasia）有平滑肌瘤、腺癌、淋巴肉瘤和腺瘤。犬的最常见肿瘤是腺癌，最常发生的部位是胃的幽门窦和幽门。淋巴肉瘤是猫的最常见肿瘤。X 线征象如下：

①在 X 线平片上，肿瘤灶不易显现，偶尔在胃内气体的衬托下显示胃腔内有软组织块影像突入胃腔内。

②在胃造影或胃钡—气双重造影像上，可清楚显示胃变形，胃腔内内伤性充盈缺损或有溃疡。胃壁增厚或不规则，幽门狭窄或闭锁（图 14-38）。

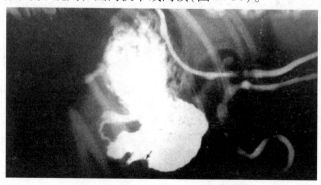

图 14-38　胃肿瘤（造影）

3. 胃扩张-扭转综合征

胃扩张-扭转(gastric dilation-volvulus)综合征是一种条件性疾病，是由于胃的异常扩张和扭转引起的胃膨胀(bloat)，以急性腹部膨胀和剧烈腹痛为其共同表现，最终因酸碱平衡失调和电解质紊乱而休克死亡，具有发病急、病情恶化快、死亡率高的特征。常发于胸腔较深的大型品种犬，尤其是中老年犬。

(1) X 线检查技术

拍摄 X 线片是确诊的决定性手段，也是鉴别普通胃扩张和胃扩张-扭转综合征的可靠方法。分别拍摄右侧位、左侧位和正位 X 线片，但右侧位 X 线片具有诊断意义(图14-39)。

(2) X 线征象

①左侧位投照时，胃扩张和扭转均呈显著的积气性/积液性胃膨大阴影，腹腔内其他脏器后移，而且因受挤压而影像不清。

②右侧位投照时，可见 X 线片上出现胃腔被分割成 2 个或多个小室，这是由于胃扭转后幽门移向左侧且其中充满气体，和充满气体的胃底共同构成的影像。在小室之间可见线状软组织阴影，是由胃的扭转索或胃的折转处所形成。

③从平片上不易对胃扩张和胃扭转做出鉴别诊断时可行胃造影。通过观察幽门的位置进行鉴别诊断。但一般胃扭转后由于贲门常受到压迫而阻塞，故造影不易成功。

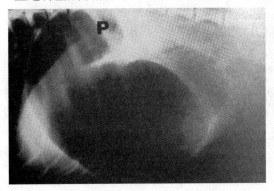

图 14-39　胃扩张-扭转综合征

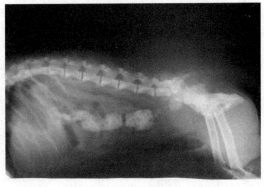

图 14-40　肠梗阻

4. 肠梗阻

①异物造成的肠梗阻(intestinal obstruction)，如为高密度异物，X 线平片即能显示出异物的形状和大小以及其阻塞的部位(图 14-40)。

②对于低密度异物或与腹腔软组织密度相近的异物，需进行肠道造影。肠道造影可显示钡剂前进迟缓或受阻；可显示阻塞的部位、程度及类型。

③嵌闭性阻塞，普通 X 线检查或造影检查一般可确定肠嵌闭的部位(如膈疝、腹壁疝等)。肿瘤性阻塞，X 线平片可显示肠内肿块的软组织阴影，造影检查可显示肠黏膜不规则、充盈缺损、肠壁增厚、肠腔狭窄或造影剂进入肿瘤组织中。

④X 线平片检查还可以见到在阻塞部位之前的肠管有不同程度的充气、充液及肠腔直径增大。水平投照检查可见肠管内对比良好的液-气界面阴影。

第六节 泌尿生殖系统 X 线检查

一、检查方法

1. 普通检查

在检查前 12~24 h 禁食、1~2 h 前灌肠,如果动物已有废食或呕吐病史则不必禁食。禁食期间可以供应饮水,但不宜过多饮水。对于患有诸如糖尿病等对生命有严重威胁疾病的动物,不要禁食,可喂给低残渣食物。但某些急性病立即检查。

拍摄 X 线曝光的最好时机是在动物呼气之末,此时横膈的位置相对靠前,腔壁松弛,从而避免了内部器官的拥挤,也避免了因呼吸运动所造成的影像模糊。呼气之末曝光的另一个好处是在侧位片上还能见到 2 个分离程度较大的肾脏阴影。

2. 造影检查

选择适当的造影剂对泌尿生殖器官进行造影检查是腹部 X 线检查必不可少的。可选择碘制剂造影。

二、正常 X 线表现

1. 肾脏

肾脏(kidney)位于腹膜后腔胸、腰椎两侧,左右各一,为软组织密度。在平片上其影像清晰程度与腹膜后腔及腹膜腔内蓄积的脂肪量有关,脂肪多则影像清晰。若平片显示不良,可通过静脉尿路造影显示肾脏和输尿管(ureter)。

通常在质量较好的 X 线平片上可以识别出肾脏的外部轮廓,据此估测肾脏大小、形状和密度。正常犬、猫的肾脏有 2 个,左、右肾的大小及形状相同,但位置不同。犬的右肾位于第 13 胸椎至第 1 腰椎水平处,猫的右肾位于第 1~4 腰椎水平处。左肾的位置变异较大,而且比右肾的位置更靠后。犬的位于第 2~4 腰椎水平处,猫的位于第 2~5 腰椎水平处(图 14-34,图 14-35)。测定犬、猫肾脏形态大小的方法是将肾脏的长度与腰椎椎体的长度进行比较。正常犬肾脏的长度约为第 2 腰椎长度的 3 倍,在 2.5~3.5 倍之内均属正常。猫肾脏的长度为第 2 腰椎的 2.5~3 倍,大公猫的肾脏相对较大。肾脏的宽度和形状随体位的变化而变化。

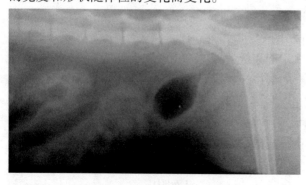

图 14-41 膀胱(空气造影)

2. 膀胱

膀胱可分为膀胱顶、膀胱体和膀胱颈 3 部分。正常膀胱排尿后缩小,故在 X 线平片上不显影;充满尿液时膀胱增大,X 线平片上位于耻骨前方、腹底壁上方、小肠后方、大肠下方的卵圆形或长椭圆形(猫)均质软组织阴影(图 14-41)。膀胱造影可以清楚地显示膀胱黏膜的形态结构。

3. 尿道

雄性和雌性的尿道在长度和宽度上有较大区别。雌性尿道短而宽。雄性尿道长而细,可分成 3 段(前列腺尿道、膜性尿道和阴茎部尿道)(图 14-42)。

4. 前列腺

前列腺(prostate gland)为具有内分泌和外分泌功能的卵圆形副性腺,其位置在膀胱后、直肠下、耻骨上方。正常前列腺的直径在腹背位 X 线片上很少超过盆腔入口宽度的 1/2。正常前列腺有 2 个叶,两侧对称,在 X 线片上很难分出叶间界线。前列腺的密度为液体密度,故其影像显示是否良好主要依赖于其周围脂肪组织的量,如果动物较瘦或有腹腔积液,则前列腺影像模糊不清;当腺体周围有较多脂肪时,则前列腺的影像显示为外表平滑、边缘清晰,而且在侧位片和正位片上都能显示,在侧位片上其前界和腹侧清晰可见(图 14-43)。在腹背位 X 线片上,前列腺位于盆腔入口处的中央,其中间部分可能被荐椎和最后腰椎遮挡,但其边缘轮廓常能显示。当直肠内有粪便蓄积时,前列腺的影像也会被遮挡。

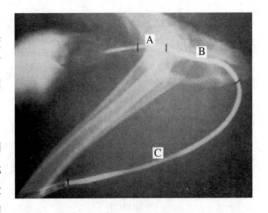

图 14-42　犬尿道(造影)
A. 前列腺尿道　B. 膜性尿道　C. 阴茎部尿道

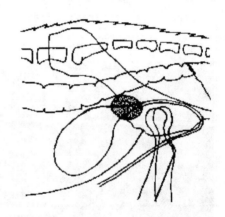

图 14-43　犬前列腺 X 线解剖示意(侧位)

5. 子宫

X 线检查可对子宫(uterus)状况进行评估,平片检查主要用于与子宫相关的腹腔肿块或子宫本身增大,此外也可用于检查胎儿发育情况、妊娠子宫及患病子宫的进展变化。检查子宫需拍摄 2 个方位的 X 线片。准备工作包括禁食 24 h、灌肠。在投照技术上面,要求所拍 X 线片必须有良好的对比度,才能与膀胱和结肠相区别。也可在腹部加压使结肠、子宫和膀胱形成良好对比。

未妊娠子宫为管状,直径约 1 cm,为软组织密度,在普通 X 线片上很难与小肠相区别。犬的妊娠子宫的形状、大小和密度因犬的品种、胎儿数量及所处的妊娠时期不同而变化。一般来说,大约在排卵后 30 d 可查出增大的子宫,子宫角呈粗的平滑管状。胎儿骨骼出现钙化的时间约 45 d。在妊娠中期和后期,子宫的位置达中后腹部下侧,其上为小肠和结肠,下为膀胱。

6. 卵巢

在母犬和母猫正常卵巢(ovaries)不易显影,所以普通 X 线检查正常卵巢有局限性。卵巢位于肾的后面,属于腹腔内器官。X 线检查卵巢的适应症是检查临床不能触及的卵巢肿块，或检查涉及卵巢的腹腔肿块。根据卵巢的位置、邻近器官的变位、影像密度可以确定肿块来源。X 线平片对于鉴别诊断卵巢、脾脏和肾脏肿块很有价值。其局限性在于不易确定卵巢肿块的内部结构。

三、泌尿生殖系统常见疾病 X 线诊断

1. 肾肿大

肾脏的许多疾病都可以引起肾体积增大。双侧性肾肿大（kidney enlargement）可见于急性肾炎、肾盂积水、多囊肾、肾淋巴肉瘤或肾转移性肿瘤、猫传染性腹膜炎、肾周囊肿等肾脏疾病时。单侧性肾肿大可见于代偿性肾肥大、肾被膜下血肿、原发性或转移性肾肿瘤、肾盂积水等肾病。肾肿大可通过腹部触诊发现，临床上多表现出肾功能障碍。X 线检查可判断肾脏体积大小，并可通过显示肾的形态轮廓及实质结构估测肾肿大的原因。在 X 线平片上，肾的体积超出正常范围，肾的邻近器官发生移位。左肾肿大时，降结肠向右、下方移位，小肠向右移位（图 14-44 A）；右肾肿大时，十二指肠降段向内、下方移位；肿大肾的形态和表面形状能大致反映肾肿大的性质。肾造影可见肾肿大后肾实质显影的密度不均质或不显影，肾盂变形或不显影。

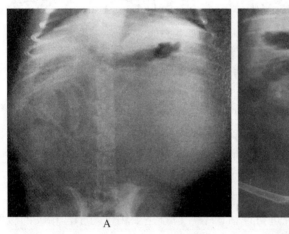
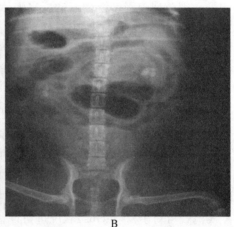

图 14-44　肾肿大及肾结石
A. 左肾很大，右肾几乎不显影　B. 肾结石

2. 肾结石

肾结石（renal calculi）是在肾内形成盐类结晶的凝结物，使患畜呈现肾性刺痛和血尿，严重时，形成肾积水。X 线征象，存在于一侧或双侧肾的肾盂或肾盏内，形状、大小、数量不定。高密度结石在普通 X 线片上即可显示（图 14-44 B）；低密度结石需经造影检查，在造影上显示为充盈缺损的阴影，同时常显示肾盂扩张变形的并发征象。

3. 膀胱结石

膀胱结石（cystic calculi）在动物中时有发生，其中以马和犬的报道较多。犬、猫发病多在中、老龄阶段，犬发病有明显的家族倾向。发病率犬和猫的性别无明显差别。X 线征象：

①大多数膀胱阳性结石经X线平片即可显示，显示为大小、形状、数目不定的高密度阴影。一般雌性动物膀胱内结石个体较大，数目较少；雄性动物结石数量相对较多，体积较小；当结石阻塞尿道后膀胱膨大、密度增高（图14-45）。

②对于密度较低或透X线结石，可进行膀胱阳性或阴性造影。透射线结石在进行阳性造影时表现为充盈缺损，多位于膀胱中部，膀胱充气造影可在低密度背景衬托下显示出较低密度或较小的结石。

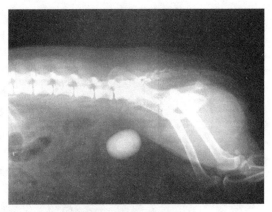

图14-45　膀胱结石

4. 膀胱炎

膀胱炎（cystitis）是指膀胱黏膜和黏膜下层的炎症。常见于雌性动物和老龄动物。普通X线检查法对于诊断膀胱炎意义不大，需做膀胱造影检查。可应用膀胱充气造影或膀胱双重造影，观察膀胱壁的影像变化。造影检查可见膀胱壁增厚；黏膜不规则，呈局灶性或弥散性轮廓不整，其程度从轻度的毛刷状表面到显著的凹凸不平（图14-46 A）。

5. 膀胱肿瘤

膀胱肿瘤（urinary bladder tumor）包括良性和恶性2类，在犬和猫的发病率均较低。肿瘤的种类包括乳头状瘤、平滑肌瘤、平滑肌肉瘤、鳞状细胞癌、淋巴肉瘤及一些转移性恶性肿瘤。

X线征象为：膀胱造影，肿瘤表现为大小不等的充盈缺损，通常单发，也可多发。乳头状瘤一般较小，有蒂，表面光滑。膀胱壁表现广泛性或片状增厚且不规则（图14-46 B）。

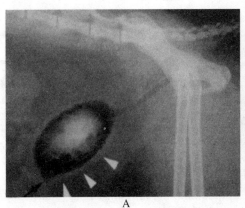 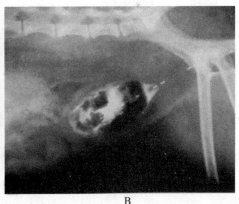

图14-46　膀胱炎及膀胱肿瘤

A. 膀胱炎　B. 膀胱肿瘤

6. 子宫蓄脓

X线征象：在侧位X线片上，子宫角显示为粗大卷曲的管状或呈分块状的均质软组织阴影。其位置在中、后腹部,当子宫蓄脓较多时,小肠被向前、向背侧搬移。当2个子宫角完全被脓汁充满时,X线片显示中、后腹部呈大片均质软组织阴影(图14-47)。

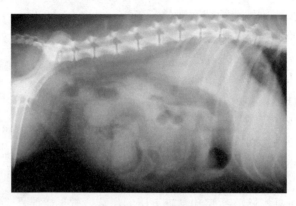

图14-47 子宫蓄脓

(胡延春 石玉祥)

第十五章
超声检查

第一节 超声诊断的基本知识

超声波(ultrasound)是指振动频率在20 000赫兹(Hz)以上，超过人耳听阈的声波。人耳能听见的声波称为可听声或声波，其振动频率在20~20 000 Hz，低于20 Hz的声波称为次声波或次声(infrasonic wave)。

超声检查(ultrasonic examination)为一种物理诊断方法。它是利用超声波的某些物理特性，使用不同类型的超声诊断仪，将探头发出的超声波，通过机体内部组织或器官的不同声学界面又反射回来的超声信号，显示在示波屏上或扬声器产生音响，根据反射波形、图像或声音的变化，来判断组织或器官的物理状态、机能变化及病理性质等。因超声诊断仪的功率甚小($3~8$ mW/cm^2)，所以它是一种无损伤、无疼痛、无禁忌的诊断方法。

一、超声波的物理学特性

1. 超声的概念

超声是超声波的简称，超声波与声波都是一种机械振动，通常以纵波的方式在弹性介质(即在外力作用下可发生形状和体积改变的物质)内进行传播，而不能在真空中传播。凡振动频率在20 000 Hz以上的称为超声波(ultrasonic wave)。

有关超声波的几个物理量如下：

(1) 频率

频率是指单位时间(1 s)内介质质点完成的振动次数，单位为Hz。超声波的频率很高，国内诊断常用的探头频率有1.25 MHz(兆赫)、2.5 MHz和5 MHz，根据不同的探查部位而选择使用。

(2) 声速

超声在空气、水和机体软组织中传播的速度是不同的，密度越高，传播速度越快，在固体中大于液体，而液体又大于气体(表15-1)。

由此可见，超声在机体内传播的速度与水相接近，在实践中规定超声在机体内传播的速度约为1 500 m/s。

(3) 波长

在波传播的一个周期时间内波所传播的距离为波长。波长与频率、声速的关系

表 15-1　超声波在不同介质中的传播速度　　　　　　　　　　　　　　m/s

介质	声速	介质	声速
空气	332	肌肉组织	1 568
水(37 ℃)	1 525	脂肪组织	1 436
机体软组织	1 500	骨骼	3 380

如下：

$$波长 = \frac{声速}{频率}\left(即\ \lambda = \frac{C}{F}\right)$$

当速度一定时，波长与频率成反比，频率越高，波长越短，其传播距离越近，而对病灶最小直径的分辨力越好(表 15-2)。

表 15-2　不同频率的波长与病灶分辨力

频率(MHz)	0.8	1.0	1.25	2.5	5.0	10	15	20
波长(mm)	1.9	1.5	1.2	0.6	0.3	0.15	0.1	0.08
病灶最小直径(mm)	9.5	7.5	6.0	3.0	1.5	0.75	0.5	0.3

在临床应用中则根据探查部位而选用不同频率的探头。通常头颅探查用 1.25 MHz 的探头，而对眼球、乳房及腹壁包块的探查则用 5 MHz 的探头。

2. 超声的物理学特性

同其他物理波一样，超声波在介质中传播也发生透射、反射、折射、散射及衰减等波的传播和衰减现象。

(1)透射

超声穿过某一介质或通过 2 种介质的界面而进入第 2 种介质内称为超声的透射(transmission)。决定超声透射能力的主要因素是超声的频率和波长。超声频率越大，其透射能力(穿透力)越弱，探测的深度越浅；超声频率越小，波长越长，其穿透力越强，探测的深度越深。因此，临床超声探查时，应根据探测组织器官的深度及所需的图像分辨力选择不同频率的探头。

(2)反射与折射

超声在传播过程中，如遇到 2 种具有不同声阻抗的物体所构成的声学界面时，一部分超声会返回到前一种介质中，这种现象称为反射(reflection)；另一部分超声在进入第 2 种介质时发生传播方向的改变，这种现象称为折射(refraction)。

超声反射的强弱主要取决于形成声学界面的 2 种介质的声阻抗差值，声阻抗差值越大反射强度越大，反之则小。2 种介质的声阻抗差值只需达到 0.1%，即 2 种物质的密度差值只要达到 0.1%，超声就可在其界面上形成反射，反射回来的超声称为回声(echo)。反射强度通常以反射系数表示。

$$反射系数 = 反射的超声能量/入射的超声能量$$

空气的声阻抗值为 0.000 428，软组织的声阻抗值为 1.5，二者声阻抗值相差约 3 500 倍，故其界面反射能力特别强。临床超声探测时，探头与动物体表之间一定不要留有空隙，以防声能在动物体表大量反射而没有足够的声能达到被探测的部位。这就是超声探测时必须使用耦合剂的原因。超声诊断的基本依据就是被探测部位的回声状况。

(3) 绕射

超声遇到小于其波长一半的物体时，会绕过障碍物的边缘继续向前传播，称作绕射或衍射(diffraction)。实际上，当障碍物大小与超声的波长相等时，超声即可发生绕射，只是不很明显。根据超声绕射规律，在临床检查时，应根据被探查目标的大小选择适当频率的探头，使超声的波长比探查目标小得多，使超声在探查目标上不发生绕射，把比较小的病灶也检查出来，提高分辨力和显现力。

(4) 超声的散射与衰减

超声在介质内传播时，会随着传播距离的增加而减弱，这种现象称作超声衰减。引起超声衰减的原因是：

①超声束的扩散以及在不同声阻抗界面上发生的反射、折射、散射等，使主声束方向上的声能减弱。

②超声在传播介质中，由于介质的黏滞性(内摩擦力)、热导率和温度等的影响，使部分声能被吸收(声能吸收)，从而使声能降低。

声能的衰减与超声频率和传播距离有关。超声频率越高或传播距离越远，声能的衰减越大；反之声能衰减越小。动物体内血液对声能的吸收最小，其次是肌肉组织、纤维组织、软骨和骨骼。

(5) 多普勒效应

Hristian Doppler(1803—1853)发现，声源与反射物体之间出现相对运动时，反射物体所接收到的频率与声源所发出的频率不一致，当声源向着反射物体运动时，声音频率升高，反之降低，此种频率发生改变(频移)的现象称为多普勒效应(Doppler effect)。

频移的大小取决于声源与反射物体间的相对运动速度。速度越大频移越大，反射物体所接收的声音频率增高得越多，声响越强；声源与反射物体反向运动时，反射物体所接收的声音频率比声源发射的频率要小，故反射物体所接受的声音比实际声响要小。

D 型(Doppler mode)超声诊断仪就是利用超声的多普勒效应把超声频移转变为不同的声响以检查动物体内活动的组织器官，如妊娠检查。

(6) 超声的方向性

超声与一般声波不同，由于其频率极高波长又短，其波束远远小于换能器的直径，在传播时集中于一个方向，类似平面波，声场分布呈狭窄的圆柱状，声场宽度与换能器的压电晶片大小相接近，因而有明显的方向性(orientation)，故而又称为超声的束射性。

(7) 超声的分辨性能

①超声的显现力(discoverable ability)：是指超声能检测出物体大小的能力。被检出物体的直径大小常作为超声显现力的大小的判定标准。被检出的最小物体的直径越大，显现力越小；被检出的物体直径越小，显现力越大。理论上讲，超声最大显现力时检测物体的大小是波长的一半，如 5.0 MHz 的超声波波长为 3.0 mm，其显现力为 1.5 mm。

实际上，病灶要比超声波长大数倍时才能发生明显的反射，故超声频率越高，波长越短，其显现力也越高，但穿透能力会降低，见表15-3所列。

表15-3 不同频率超声波与显现力的关系

超声波频率(MHz)	2.25	2.5	5.0	7.0	10
显现力(mm)	3.35	3.0	1.5	1.05	0.75

②超声的分辨力(resolution of ultrasound)：是指在超声能够区分2个物体间的最小距离的能力。根据方向不同，将分辨力分为横向分辨力(或侧向分辨力)和纵向分辨力(或轴向分辨力)。

横向分辨力 是指超声能分辨与声束相垂直的界面上两物体(或病灶)间的最小距离(以mm计)。决定超声横向分辨力的因素是声束直径。声束直径小于两点间的距离时，就能区分这2个点；声束直径大于两点间的距离时，2个点在屏幕上就会变为1个点。

决定声束直径的主要因素是探头中的压电晶片界面的大小和超声发射的距离。压电晶片发射出的超声以近圆柱体的形式向前传递，这被称为超声的束射性；随着传播距离的加大，声束直径会因为声束的发散而加大，但近探头处声束直径略同于压电晶片的直径。如用聚焦探头，超声发出后，声束直径会逐渐变小，在焦点处变得最小，随后又增大。高频超声可以增加近场，因此，为提高横向分辨力，可使用高频聚焦探头。

纵向分辨力 是指声束能够分辨位于超声轴线上两物体(或病灶)间的最小距离。决定纵向分辨力的因素是超声的脉冲宽度。脉冲宽度越小，分辨力越高；脉冲宽度越大，分辨力越低。超声的纵向分辨力约为脉冲宽度的一半。

脉冲宽度是超声在一个脉冲时间内所传播的距离，即脉冲宽度=脉冲时间×超声速度。超声在动物体组织内传播速度约为 1.5×10^6 mm/s = 1.5 mm/μs。假设3种频率探头的脉冲持续时间分别为 1 μs、3.5 μs、5 μs，其脉冲宽度则分别为1.5 mm、5.25 mm、7.5 mm，故其纵向分辨率分别为0.75 mm、2.625 mm、3.75 mm。决定脉冲时间的因素之一是超声频率，频率越高，脉冲时间越短，脉冲宽度越小，超声的纵向分辨力越大，反之则越小。

③超声的透入深度：超声频率越高，其显现力和分辨力越强，显示的组织结构或病理结构越清晰；但频率越高，其衰减也越显著，透入的深度就会大为下降。因而，探测浅表部位的组织或病灶时，应尽可能选用高频探头，探测较深部位的组织或病灶时应在保证探测深度的情况下尽可能选用高频探头。

脉冲宽度不仅决定纵向分辨力，也决定了超声能检测的最小深度。脉冲从某一组织或病灶反射后被换能器所接收，超声这一往返时间等于2倍的深度除以超声速度，即脉冲往返时间=2倍深度/声速。探测的组织或病灶与探头的距离应大于1/2脉冲宽度，才能被检出，小于1/2脉冲宽度的近场称为盲区。实际上，盲区深度比脉冲宽度的1/2要大数倍，盲区内的组织或病灶不能被检出。可以通过加大探头的频率或在体表与探头之间增加垫块来解决这一问题。

二、超声的发生与接收及换能器

用于兽医超声诊断的超声是连续波（如 D 超）或脉冲波（如 A 型、B 型和 M 型），其频率多在 1.8~10 MHz。

1. 波的发生和接收

能振动并产生声音的物体称为声源，能传播声音的物体称为介质。在外力作用下能发生形态和体积变化的物体称为弹性介质，振动在弹性介质内的传播称为波动或波（wave）。超声和声波都是振动在弹性介质中的传播，是一种机械压力波。

超声的发生和接收是根据压电效应的原理，由超声诊断仪的换能器（transducer）——探头（probe）来完成的。压电效应（在兽医超声诊断方面）可简单解释为机械压力和电能通过超声的介导而相互发生能量转换。压电效应的发生必须借助具有良好压电性质的晶体物质，即压电晶片，如石英等，最常见的是锆钛酸铅。

(1) 超声的发生

超声是通过超声诊断仪中的换能器产生的。压电晶片置于换能器中，由主机发生变频交变电场，并使电场方向与压电晶体电轴方向一致，压电晶体就会在交变电场中沿一定方向发生强烈的拉伸和压缩——机械振动（电振荡所产生的效果），于是就产生了超声。在这一过程中，电能通过电振荡转变为机械能，继而转变为声能，因此，把这一过程称为负压电效应。如果交变电场频率大于 20 000 Hz，所产生的声波即为超声。

(2) 超声波的接收

超声在介质中传播，遇到声阻抗相差较大的界面时即发生反射，反射波被超声探头接收后，就会作用于探头内的压电晶片。

超声是一种机械波，超声作用于换能器中的压电晶片，使压电晶片发生压缩和拉伸，于是改变了压电晶片两端表面的电荷（即异名电荷），即声能转变为电能，超声转变为电信号，这就是正压电效应。主机将这种高频变化的微弱电信号进行处理、放大，以波形、光点、声音等形式表示出来，产生影像、声响。

2. 换能器（探头）

探头（probe）是用来发射和接收超声、进行电声信号转换的部件，故又称作换能器。它与超声诊断仪的灵敏度、分辨力等密切相关，是超声诊断仪的最重要部件。探头的主要功能是通过压电晶体产生压电效应，发射和接收超声。

(1) 探头的作用

①换能：产生和发送超声、接收回声并转变为电信号。

②定向、集束和聚焦：根据探头发射面的形状不同，超声发出的方向也不同。平面单探头超声发射的方向即为探头的法线指向，凸面探头超声向扇形方向发出，凹面探头超声波向焦点发出，成为聚焦探头。改变探头发射面形状可以改变（减少或扩大）超声扩散角，从而获得满意的集束和聚焦。

③定额探头的工作效率高低与超声发射脉冲的激励电压频率及压电晶片的固有谐振频率有很大关系。激励频率与压电晶片固有谐振频率一致时，引起压电晶片发生共振，

产生最大声能。压电晶片越厚，其固有谐振频率越低，发出超声的频率也越低，因而超声探头频率是由压电晶片的厚度决定的。

（2）探头的类型

现在广泛使用的探头多为脉冲式多晶探头，通过电子脉冲激发多个压电晶片发射超声。探头类型较多（图15-1），电子线阵探头和电子相控阵探头是最常用的探头类型。

电子线阵探头是一种线阵（linear）探头，由64～256片压电晶片组成，发射的声束为矩形；电子相控阵探头是一种扇扫（sector）探头，多由32个压电晶片组成，发射的声束为扇形。

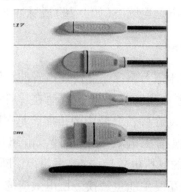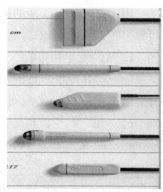

图 15-1　各种类型的 B 超探头

多普勒探头比较特别，它是由2个压电晶片组成的。2个压电晶片相互靠近，隔离放置，分别发送超声和接收回声。这类探头的主要特点是收、发晶片的谐振频率相同，面积相等；收、发功能分开；收、发间有严格的声隔离措施，以减少收、发之间产生声耦合。

第二节　动物超声诊断仪

一、超声诊断仪的基本组成及常用类型

1. 动物超声诊断仪的组成

动物超声诊断仪的种类很多，但不论什么样的超声诊断仪都是由探头、主机、信号显示系统、编辑及记录系统组成（图15-2至图15-4）。探头及换能器前面已经介绍，下面对主机、记录系统、仪器的性能要求及基本操作程序加以介绍。

（1）主机

超声诊断仪的主体结构主要由电路系统组成。电路系统主要包括主控电路（触发电路或称为同步信号发生电路）、高频发射电路、高频信号放大电路、视频信号放大器和扫描发生器等。超声回声信号需经处理后，以声音、波形或图像等形式显示出来。回声经换能器转化为高频电信号，再通过高频信号放大电路放大。放大的电信号再经视频信号放大器放大处理，然后加到显示器的 Y 轴偏转板以产生轨迹的垂直偏移（A 型）或加至显示器的阴极进行亮度调制（B 型和 M 型）。最后，扫描发生器使电子束按一定规律扫描，在显示器上显示曲线的轨迹或切面图像。通常把视频放大器和扫描发生器合称为显示电路。

图15-2　便携式(50S) B超仪

图15-3　100 Falco Vet 兽用 B超仪

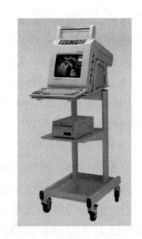
图15-4　兽用240 Parus Vet B超仪

(2) 显示及记录系统

显示系统主要由显示器、显示电路(或可听声)和有关电源组成。B型、M型回声信号以图像形式表示出来，A型主要以波形表现出来，而D型则以可听到的声音表现出来。

超声信号可以通过记录器记录并存储下来。D型可以录音或存储图像(彩超多普勒)；A型可以拍照；B型和M型可以通过图像存储、打印、录像、拍照等保存，并可进行测量、编辑等。

随着电子技术的发展，许多现代超声诊断仪都采用了数字化技术，具有自控、预置、测量、图像编辑和自动识别等功能。具有电脑声束成像、连续的动态频率扫描、智能B模式增益控制、图像处理选择和数字化图像管理辅助系统等功能。

2. 超声诊断法类型

根据超声回声显示方式的不同，人们把动物超声诊断法分为A型、B型、D型和M型4类，这也是超声诊断最主要的分类方法。

(1) A型超声诊断法

A型(amplitude mode)超声诊断法又称超声示波诊断法、幅度调制型超声诊断法，简称A型(A-mode)超声或A超。A型超声诊断法是将超声回声信号以波的形式显示出来，纵坐标表示波幅的高度，即回声(echo)的强度，横坐标表示回声的往返时间，即超声波所探测的距离或深度；有些A型超声诊断仪将声所探测的深度以液晶数字显示出来(如A型超声测膘仪)。A型超声诊断法现主要用于动物背膘的测定。

(2) B型超声诊断法

B型(brightness mode)超声诊断法又称超声断层显像法(ultrasonotomography)、辉度调制型超声诊断法，简称B型(B-mode)超声或B超。B型超声诊断法是将回声信号以光点明暗，即灰阶(gray scale)的形式显示出来。光点的强弱反应回声界面反射和衰减超声的强弱。这些光点、光线、光面构成了被探测部位的二维断层图像或切面图像，这种图像称为声像图(sonography)。

(3) M 型超声诊断法

M 型(motion type)超声诊断法又称超声光点扫描法，也属辉度调制式，只是加入了慢扫描锯齿波，使回声信号从左向右自行移动扫描，纵坐标为扫描时间(即超声传播时间)，横坐标为光点慢扫描时间。当探头固定一点扫描时，从光点移动可观察被扫描物体的深度及其活动状况，显示时间位置曲线图，如 M 型超声心动图。

(4) D 型超声诊断法

D 型超声诊断法又称多普勒(Doppler)法，简称 D 超(D-mode)，是应用多普勒效应原理设计的。当探头与反射界面之间有相对运动时，反射信号的频率发生改变，即多普勒平移，用检波器将此平移检出并加工处理，即可获得多普勒信号音。D 型超声诊断法主要用于检测体内运动器官的活动，如心血管活动、胎动及胃肠蠕动等，多适用于妊娠诊断等。

3. 超声诊断仪的性能要求

功能状态良好的超声诊断仪性能必须稳定且符合以下要求：

①电源性能稳定：在外接电源电压上下波动 10% 时对仪器灵敏度无影响，持续工作 3~4 h 仪器性能无改变。

②辉度和聚焦良好：在室内日常光照条件下，A 型超声诊断仪波形清晰，B 型超声诊断仪光点明亮。

③A 型超声诊断仪始波饱和且较窄，B 型超声诊断仪盲区较小、扫描线性较好，M 型超声扫描光点分布均匀且连续性好。

④A 型超声诊断仪对信号的放大能力均匀，波级清楚；B 型超声诊断仪对强弱信号的放大能力一致，灰阶明显。

⑤时标距离和扫描深度应准确且符合其机械和电子性能。

⑥仪器的配套设施和各个配备探头与主机应保持一致性。

⑦M 型超声诊断仪的超声心动图(UCG)、心电图(ECG)和心音图(PCG)等显示的同步性强。

⑧D 型超声诊断仪电器性能稳定，灵敏度正常，信号失真度小，结构简单且牢固。

4. 超声诊断仪的基本操作程序

①电压必须稳定在 190~240 V。

②选用合适的探头。

③打开电源，选择超声类型。

④调节辉度及聚焦。

⑤保定动物，剪毛，涂耦合剂(包括探头发射面)。

⑥扫查：对小动物腹部探查时，探头需用一定压力。扇形探查法是将探头固定于一点，做各种方向的扇形倾斜探查，以了解较小组织或病变的全貌。

⑦调节辉度、对比度、灵敏度和视窗深度。

⑧冻结、存储、编辑、打印。

⑨关机、断电源。

5. 超声诊断仪的维护

①仪器应放置于平稳、防潮、防尘、防震的环境。

②仪器持续使用 2 h 后应休息 15 min，一般不应持续使用 4 h 以上，夏天应有适当的降温措施。

③开机前和关机前，仪器各操纵键应复位。

④导线不应折曲、损伤。

⑤探头应轻拿轻放，切不可撞击；探头使用后应揩拭干净，切不可与腐蚀剂或热源接触。

⑥经常开机，防止仪器因长时间不使用而出现内部短路、击穿以至烧毁。

⑦不可反复开关电源（间隔时间应在 5 s 以上）。

⑧配件连接或断开前必须关闭电源。

⑨仪器出现故障时应请专业技术人员排查和修理。

二、声像图

超声反射信号经超声诊断仪处理后以人可以感知的图像、波形、声音乃至色彩显示出来。正确认识这些信息是辨认超声检查的重要基础。

B 型、M 型和 D 型超声的回声可在监视屏上以光点的形式表现出来，从而组成声像图（图 15-5，图 15-6）。声像图上的光点状态是超声诊断的重要或唯一依据。

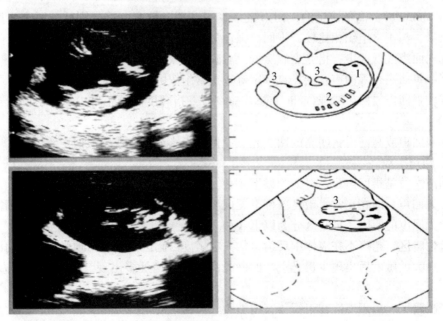

图 15-5　奶牛妊娠 60 dB 超声影像

1. 头　2. 躯干　3. 四肢

1. 回声强度

回声强度（echo intensity）是指声像图中光点的亮度或辉度。回声强度是由回声振幅

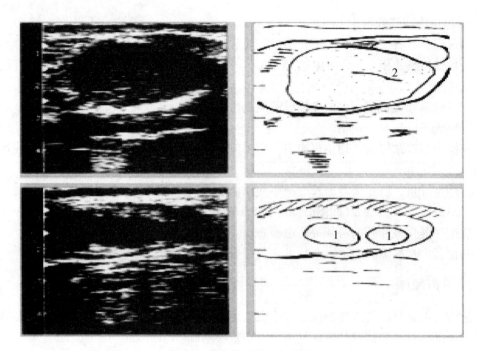

图 15-6 奶牛卵巢 B 超影像
1. 卵泡 2. 黄体

(echo amplitude)的高低决定的,回声振幅越高,辉度越高,反之则低。回声强度可用灰阶衡量,与正常组织相比较,把回声强度分为以下 4 种:

①弱回声或低回声:指光点辉度低,有衰竭现象。

②中等回声或等回声:指光点辉度等于正常组织的回声强度(辉度)。

③较强回声或回声增强(echo enhancement):指辉度高于正常组织器官的回声强度(辉度)。

④强回声或高回声:明亮的回声光点,伴有声影或二次或多次回声。

2. 回声次数

回声次数是指回声量,可分为以下 4 种。

①无回声:即在正常灵敏度条件下无回声光点的现象,无回声区域又称作暗区。根据产生无回声的原因,把暗区分为以下 3 种。

液性暗区 超声不在液体中反射,加大灵敏度后暗区内仍不出现光点;如为混浊的液体,加大灵敏度后出现少量光点。四壁光滑的液性病灶多出现二次回声且周边光滑、完整。

衰减暗区 由于声能在组织器官内被吸收而出现的暗区称为衰减暗区,加大灵敏度后可出现少数较暗的光点;严重衰减时,即使加大灵敏度也不会出现光点。

实质性暗区 均一的组织器官内因没有足够大的声学界面而无回声,出现实质性暗区;如加大灵敏度,则出现不等量的回声且分布均匀。

②稀疏回声:光点稀少且小,间距在 1.00 mm 以上。

③较密回声:光点较多,间距 0.5~1.0 mm。

④密集回声：光点密集且明亮，间距在 0.5 mm 以下。

3. 回声形态

回声形态指声像图上光点形状，有以下几种。

①光点：细而圆的点状回声。

②光斑：稍大的点状回声。

③光团：回声光点以团块状出现。

④光片：回声呈片状。

⑤光条：回声呈细而长的条带状。

⑥光带：回声为较宽的条带状。

⑦光环：回声呈环状，光环中间较暗或为暗区，如胎儿头部回声。有些器官或病灶内部出现的回声称为内部回声。光环是周边回声的表现。

⑧光晕：光团周围形成暗区，如癌症结节周边回声。

⑨网状：多个环状回声聚集在一起构成筛状网，如脑包虫回声。

⑩云雾状：多见于声学造影。

⑪声影(acoustic shadow)：由于声能在声学界面衰竭、反射、折射等而丧失，声能不能达到的区域(暗区)即特强回声下方的无回声区。有些脏器或肿块底边无回声，称为底边缺如；如侧边无回声则称为侧边失落。

⑫声尾：或称蝌蚪尾征，指液性暗区下方的强回声，如囊肿远场。在特强声学界面上，超声波在肺泡壁上反复反射，声能很快衰减，称为多次重复回声(3 次以上)。

⑬靶环征(target sign)：以强回声为中心形成的圆环状低回声带，如肝脏病灶组织的回声。

第三节　超声诊断的临床应用

一、妊娠诊断

超声可形象地显示早期胎儿发育、卵巢及子宫的变化、胎儿性别及胚胎死亡等现象。因此，超声检查广泛应用于观察卵泡和黄体的变化、早期妊娠诊断、胎儿发育及性别鉴定、生殖系统疾病的诊断等。

1. 检查部位

选择最靠近生殖器官的部位，腔内探查可选用直肠内和阴道上穹窿部，多用于大动物。体壁探查位点依动物不同而异。羊在乳房两侧及其前方；猪在倒数第 1~2 对乳头外侧，妊娠后期可选择下腹部；犬、猫等小动物在耻骨前缘和乳腺两侧。

2. 探查方法

利用滑行扫查或扇形扫查。滑行扫查是指探头贴着体壁做直线移动；扇形扫查是指探头固定于一点，做各种方向的扇形摆动。体外检查时应将体壁尽量向内挤压，以便挤开肠管，探查子宫。

3. 超声诊断仪的应用

应用于动物妊娠检查的超声诊断仪主要以 B 型最为常见。B 型超声诊断仪在动物繁殖上可以用于卵巢机能检查，妊娠诊断，以及卵巢和子宫疾病的辅助诊断。

(1) 卵巢机能状态

①卵泡：常用 2.5 MHz、3.5 MHz、5.0 MHz 直肠探头或体壁探头，如用腹壁探头，则要用力挤压腹部。牛成熟卵泡直径 10 mm 以上，马成熟卵泡直径可达 41.8 mm，驴为 39.4 mm，猪约为 10.0 mm；超数排卵的卵泡直径较小。

卵泡壁为强回声，周壁光滑完整，中间为暗区，圆形（牛、羊、猪）和似圆形（马）。猪可同时观察到多个卵泡。

利用直肠穿刺探头可以通过阴道内探查进行 B 超介导的活体取卵术。这一技术在胚胎工程技术中具有广阔的应用前景。此技术可以避免以前使用的"盲取"技术的不足。

②黄体：5.0 MHz 直肠探头或体壁探头。牛排卵后形成的红体回声弱，成熟卵泡破裂排卵后形成具有凹陷结构，易辨认。黄体中央回声较强，有的为有腔黄体（其中间有一腔状暗区）。牛的囊肿型黄体（有腔黄体）占整个黄体数 37% 以上，其中 60% 以上的有腔黄体的腔直径在 7.0~10.0 mm。有腔黄体多在 10 d 后萎缩或消失，但未发现其与不孕的关系。

牛卵泡囊肿、黄体囊肿和囊肿性黄体的鉴别如下：

卵泡囊肿暗区直径明显大于成熟卵泡，卵泡壁薄且光滑，反射性强；黄体囊肿中间也为大暗区，但边缘有不光滑的黄体组织，厚薄依黄体组织的多少而定，回声不强，卵泡囊肿与黄体囊肿鉴别可测量囊肿壁的厚度，大于 3 mm 为黄体囊肿；囊肿性黄体中间暗区较前 2 种小，有排卵凹陷，黄体组织多，低回声区域较大。

(2) 妊娠检查

妊娠检查多用 3.5 MHz 或 5.0 MHz 的直肠探头或体壁探头。妊娠早期诊断的主要依据在子宫内检测到早期的胚囊（子宫内似球状暗区），胚斑－胎体反射（胚囊暗区内的弱反光点）和胎心搏动（胎体反射内的光点闪烁）。由于扫查方向的不同。其切面图像多为不规则的圆形。

①牛：使用 5.0 MHz 的直肠探头可在配种后 11.7 d ± 0.4 d 检测到胚囊，胚囊直径 2.8 mm ± 0.2 mm，均位于黄体同侧子宫角内；20.3 d ± 0.3 d 可探测到胚斑及胎心搏动，胎心率为 188 次/min ± 4.8 次/min。7.5 MHz 直肠探头可在第 9 天探测到胚囊。5.0 MHz 直肠探头可在 19 d ± 1.69 d 探测到水牛胚囊，29.6 d ± 1.57 d 探测到胎心搏动，胎心频率为 203.8 次/min ± 9.0 次/min。

②马：5.0 MHz 直肠探头可在 11 d 探测到胚囊，胚囊直径 3~5 mm；20 d 探测到胚斑，准确率 98%。

③羊：5.0 MHz 直肠探头在 16~17 d（湖羊）或 18~19 d（蒙古羊）可探测到胚囊（单个或多个），直径 10.0 mm 左右，位于胚囊暗区下方或一侧；胚囊出现后大约 1 d 可见胎动。配种后 23 d 妊娠诊断准确率达 97%。

④猪：5.0 MHz 体壁探头 15~20 d 可探测到胚囊（1~3 个），胚囊直径 10.0 mm，不规则的圆形，21 d 后在胚囊暗区内出现胎体和胎心搏动。

⑤犬：5.0 MHz 线阵探头，配种后 20 d 可探测到直径 2.0 mm 的绒毛膜腔（暗区）即孕囊，孕囊周壁回声比子宫角强，23~25 d 可探测到胚体，其大小约为 3.0 mm×2.0 mm，为较弱回声，30 d 内孕囊、胚胎结构和胎心搏动为诊断主要依据。

二、肝、胆、脾、肾、胰超声诊断

1. 肝、胆超声诊断

超声诊断法可探查肝脏的大小、厚度及内部的某些病变。胆囊为含液体器官，在声像图中呈液性暗区，易辨认。B 超对胆囊的部位、形状、大小及其内容物状态等的判定有较高的准确性。常用 B 型超声诊断仪探查。

（1）仪器条件及探查方法

一般大动物因需探测较深而用较低频率探头，如 3.5 MHz；小动物则用分辨率好的高频率探头，如 5.0 MHz。

动物仰卧保定在"V"字形的保定台上，呈仰卧位。腹前部剪毛，涂耦合剂。探头紧紧放在胸骨剑突之下，并轻轻加压。若仍难看清肝脏图像，被检动物可取站立、俯卧（腹位）或侧卧位姿势，以改变胃内气体位置。

肝脏的探查可进行纵切和横切扫查。横切扫描时探头的位置是相对固定放在胸骨剑突下方的皮肤上。在纵切扫描图像上，动物的前部图像对着观察者的左侧；而横切扫描时的图像是动物的右侧对着观察者的左侧。在 2 个平面进行扫查时通常要注意保证肝脏所有部分都能显示，这就要求对整个肝脏进行多次扫描。若有必要，肋间观察可用于对肝脏周边做补充影像。在右外侧第 11 或 12 肋间横切扫描时，对肝门附近主要腹腔血管或总胆管的观察特别重要。

（2）肝胆系统的扫描部位及声像图特点

正常肝脏回声：肝脏是一个实质器官，外覆有结缔组织包膜，肝脏由肝小叶、血管、胆管和间质组成，肝组织密度较均匀，其声阻抗差较小。见表 15-4，表 15-5 所列。

表 15-4　几种主要动物肝脏扫描的部位及回声特点

项目	牛	马	山羊	犬
体位	立位	立位	立位	立位、横卧位、仰卧位、犬坐
扫描部位	右侧第 8~12 肋间肩端线位下	右侧第 10~14 肋间肩端线位下	右侧第 8~10 肋间肩端线位下	左、右侧第 9~12 肋间肋骨弓下
回声特点	实质为低强度微细回声			
	门静脉、肝静脉		门静脉、肝静脉	后腔静脉
备注	胰脏、胰廓	肺及消化管运动的间隙横膈膜	胰脏	横膈膜

表 15-5　几种主要动物胆囊的扫描部位和回声特点

项目	牛	羊	犬
体位	立位	立位	同肝脏
扫描部位	右侧第 10、11 肋骨弓部	右侧第 9、10 肋骨弓下缘	同肝脏
回声特点		不规则回声	

（3）临床应用

①肝脓肿（hepatic abscess）：由于肝组织、脓腔壁和脓液的声阻抗不同，可出现不同的声像图。

除可见肝脏肿大外，肝脓肿声像图上可见液性暗区：肝脓肿形成后，由于脓液属于液体范畴，因此无回声，故在荧光屏上呈现液性暗区；加大增益后，由于脓汁中存在细小的脓性凝块或脓球，声像图上可见细小的回声光点，大的凝块可产生絮状光斑。一旦发现肝脏内有液性暗区，应从不同方向向同一部位探查，并注意液性暗区的数目、形状、大小等情况。由于肝脓肿在各个阶段病理变化不一样，脓肿组织结构和脓肿中内容物也不同，液性暗区情况也会不一样，在液性暗区内可出现散在的光点或小光团。

②肝肿瘤（hepatic tumor）：肿瘤的声像图随肿瘤性质不同而异。原发性肝癌在马呈现肝脏肿大和在肝实质内有癌症结节样图像，其癌症结节回声比周围实质回声强，甚至出现声尾。

淋巴肉瘤是最常见的肝脏肿瘤。这种肿瘤的浸润过程可导致弥漫性肝肿大，也可出现淋巴结节。通过直肠探查或腹部用超声显像法检查，均可发现淋巴肉瘤。

③肝纤维化（hepatic fibrosis）：肝脏由于纤维化的结果，肝区回声增强，即肝区光点增多、变粗或有小光团，而且光点分布不均匀。在马由于胆石症所致胆汁性纤维化时，除可见肝脏内胆管扩张外，还可见到胆结石图像。肝纤维化的不同时期，可出现肝脏肿大或缩小等变化。

④胆石症（cholelithiasis）：胆囊内有胆结石形成时，其典型的声像图表现如下：a. 强回声光团。由于结石的形态、大小不同，强回声可以呈斑点状或散块状；散在球形结石多呈新月形或半圆形；胆囊强回声明亮稳定、边界清楚。b. 伴有声影。在结石强回声后方，往往出现一条无回声暗带，即声影。声影边缘锐利、明晰，其内无多重反射回声。有时强回声不明显而声影显著。声影的出现对于结石特别是小结石诊断有重要意义。

⑤胆囊炎（choleystitis）：胆囊炎的声像图表现为胆囊壁增厚（gallbladder wall thickness）或边缘不整齐，胆囊内有时有雾状低回声。

2. 脾超声诊断

脾脏的均质程度较高，可用 B 型超声诊断仪对脾脏病变、体表投影面积及体积进行探测。脾脏的扫描部位及回声特点见表 15-6 所列。

牛于左侧第 11、12 肋间背侧部，探头梢对向头部扫描，可得到脾脏的声像图。其左侧为胸椎及肋骨，内侧由瘤胃包围，呈均质的低强度回声。其边缘可扫描出肝脏及其尖锐的楔状。

表15-6　几种主要动物脾脏的扫描部位及回声特点

项目	牛	山羊	马	犬
体位	立位	立位	立位	立位、横卧位、仰卧位及犬坐位
扫描部位	左侧第11~12肋间上缘	左侧第8~12肋间上缘	左侧第8~17肋间肩端线及臁部下缘	左侧最后肋间及肷部
回声特点		均质低强度回声		
备注		主动脉	左肾声学窗（acoustic window）	可动性

山羊于左侧第8~12肋间背侧部与牛大致相同处，可获得脾脏的声像图，并在脾脏的背侧内方，可扫描出大动脉。

马于左侧腹部下方第8~17肋骨，肩端水平线位置及沿肋骨弓边缘的大部区域探查，可得到脾脏的声像图。正常脾脏内部呈均质的特征性的低强度回声，仔细观察可确认脾门部的血管像。脾脏周围可看到前部肋间的肺脏、横膈及胃等，后部肋间是结肠等消化管和左肾等影像。

犬脾脏的探查可采取立位、右侧横卧、仰卧及坐等体位。在左侧最后肋间及肷部，可探查到脾脏，并可观察到与其相邻器官的动态。脾脏的内侧是消化管。于其后缘扫描时，可观察到左肾。犬脾脏超声探查部位可在左侧第11~12肋间，由于胃内积气而在腹部纵切面和横切面难于显示脾头时可用此位置探查。也可在前下腹壁探查脾脏的纵切面，该位置可显示脾头、脾体和脾尾，将探头旋转90°即为横切面。在纵、横2个切面上可系统探查到整个脾脏。用透声垫块探查有利于脾脏近腹壁部分的显示。犬脾脏的超声回声与上述几种动物相同。

3. 肾超声诊断

（1）探查部位

几种主要动物肾脏探查部位见表15-7所列。

表15-7　几种主要动物肾脏的扫描部位及回声特点

动物种类	牛	羊	马	犬
体位	立位	立位	立位	立位、横卧位、仰卧位及犬坐
扫描部位	右肾：右侧第12肋间上部及臁部上前方 左肾：右侧臁部上后方或中央部	同牛	右侧：第16~17肋间上部 左侧：第16~17肋间上部及左侧最后肋骨后缘	左、右第12肋间上部及最后肋骨后缘
回声特点	皮质低强度回声	髓质不规则状回声	肾盂高强度回声	
备注	后腔静脉、肾静脉	后腔静脉		脾脏

(2) 健康动物肾脏的声像图

健康动物正常的声像图特点是：包膜周边回声强而平滑；肾皮质为低强度均质微细回声；肾髓质呈多个无回声暗区或稍显低回声；肾盂及其周围脂肪囊呈放射状排列的强回声结构。根据扫查面不同可显示肾静脉、后腔静脉、肝或脾。

(3) 临床应用

①肾结石（renal calculi）：超声检查有助于肾结石的诊断，特别是对 X 线不能显示的结石更有意义。肾结石在肾盂或肾窦内有强回声，完全的声影投射到整个深层组织，这两点是肾结石存在的特征。声影提示光亮强回声表面几乎把声能全部反射回去，声束完全不能到达深层组织。肾盂或肾窦的结缔组织也可能产生弱的声影。若肾结石导致输尿管阻塞，就会发生肾盂、肾窦积水，则声像图兼有积水的液性无回声特征。

②肾脏肿瘤（renal tumor）：动物肾脏肿瘤的生前诊断往往比较困难，通过 X 线摄影和超声探查互相补充，可大大提高诊断准确率。由于肿瘤的种类、大小和数量不一，其声像图表现也不完全一样。一般来说，肾脏肿瘤为一种占位性病变，其声像图中出现异常回声，如肾脏肿大甚至占据整个像面，实质均质暗区、实质不均质暗区或密集强回声光团散在分布等。

③肾盂积水（hydronephrosis）：肾脏体积不同程度增大。少量积水可见肾盂光点分散，中间出现回声暗区，随着积液量增多，透声暗区也随之增大。当有大量肾盂积水时，肾脏体积太大以致肾脏深侧面超出扫查范围（20 cm 以上），形成巨大液性暗区或整个肾组织全部为均质的液体所代替，仅远侧壁有回声光带。有的病例还可见输尿管近端扩张。

4. 胰腺超声诊断

胰腺是腹腔中难于探查的器官。犬通常仰卧，用 5.0 MHz 或 7.5 MHz 线阵或凸阵探头于左腹壁探查。有时也可令犬右侧卧或俯卧，利用下方开口的有机玻璃台于左侧第 11、12 肋间探查。胰腺声像图较难判断，往往被周围脂肪或积气肠管所掩盖。可根据周围器官和脉管定位，并做横切面与纵切面比较，必要时可向腹腔注入适量生理盐水以增强透声效果。

（刘贤侠）

第十六章
心电图检查

第一节 心电图基础

一、心电原理

心脏机械收缩之前，先产生电激动。心房和心室的电激动可经动物机体组织传到体表。心电图(electrocardiogram，ECG)是利用心电图机从体表记录心脏每一次心动周期所产生电位变化的曲线图形。

心肌细胞在静息状态时，膜外排列带正电荷的阳离子，膜内排列同等比例的带负电荷的阴离子，保持平衡的极化状态，不产生电位变化。当细胞一端的细胞膜受到刺激(阈刺激)，其通透性发生改变，使细胞内外正、负离子的分布发生逆转，受到刺激部位的细胞膜出现除极化，使该处细胞膜外的正电荷消失而其前面尚未除极的细胞膜外仍带正电荷，从而形成一对电偶(dipole)。电源(正电荷)在前，电穴(负电荷)在后，电流自电源流入电穴，并沿一定的方向迅速扩展，直到整个心肌细胞除极完毕。此时心肌细胞膜内带正电荷，膜外带负电荷，称为除极化状态(depolarization)。此后，由于细胞的代谢作用，使细胞膜又逐渐复原到原来的极化状态，这种恢复过程称为复极化，复极化与除极化先后程序一致，但复极化的电偶是电穴在前，电源在后，并较缓慢向前推进，直至整个细胞全部复极为止。

在除极化时，检测电极对向电源(即面对除极方向)产生向上的波形，在细胞中部则记录出双向波形。复极化过程与除极化过程方向相反，但因复极化过程的电偶是电穴在前，电源在后，因此记录的复极化波方向与除极化波相反。而在正常的心电图中，记录到的复极化波方向常与除极化波方向一致，与单个心肌细胞不同。

动物体表心电采集强度的影响因素包括：与心肌细胞数量呈正比关系；与探查电极位置和心肌细胞之间的距离呈反比关系；与探查电极的方位和心肌除极的方向所构成的角度有关，夹角越大，心电位在导联上的投影越小，电位越弱。

二、心电图的导联

在动物体的不同部位放置电极，并通过导联线与心电图机电流计的正负极相连，这种记录心电图的电路连接方法称为心电图导联。电极位置和连接方法不同，可组成不同的导联。动物中常用的导联有双极肢导联、加压单极肢导联、A－B 导联、双极胸导联和单极胸导联。

1. 双极肢导联

双极肢导联(bipolar limb leads)又称标准肢导联(standard limb leads)，由 3 个导联组成，它们分别以罗马数字"Ⅰ""Ⅱ"和"Ⅲ"表示。双极肢导联的电极放置部位和连接方法如下：

①Ⅰ导联：心电图描记仪的正极置于左前肢内侧与胸廓交界处；负极置于右前肢内侧与胸廓交界处。

②Ⅱ导联：心电图描记仪的正极置于左后肢膝内侧上方(相当于股内侧下方)；负极置于右前肢内侧与胸廓交界处。

③Ⅲ导联：心电图描记仪的正极置于左后肢膝内侧上方；负极置于左前肢内侧与胸廓交界处。

以上 3 个导联的接地线电极均置于右后肢膝内侧上方。

2. 加压单极肢导联

双极肢导联只是反映出动物体表两个部位之间电位差的变化，不能探测某一点的电位变化。加压导联探测心脏某一局部区域电位变化时，用一个电极安放在靠近心脏的胸壁上(称为探查电极)，另一个电极放置在远离心脏的肢体上(称为参考电极)，探查电极所在部位电位的变化即为心脏局部电位的变化。使参考电极在测量中始终保持为零电位，称这种导联为单极性导联。然而，以单极肢导联描记出的心电图波形小，电压低，难以测量与分析。为了解决这一问题，将肢体与中心电端的联系切断，即无关电极只与另外两肢体组成的中心电端相连接，创建了加压单极肢导联。加压单极肢导联描记出的心电图波形与单极肢导联的相同，但波的电压可增加 50 V，便于观察、测量与分析。因此，在临床实践中，加压单极肢导联已经完全代替了单极肢导联。加压单极肢导联的 3 个导联分别以符号"aVR""aVL"和"aVF"表示。

3. A－B 导联

A－B 导联(A－B lead)是一种沿动物心脏解剖学长轴方向设计的导联。该导联描记的心电图具有电压高、波形和波向一致，不受体位影响等优点，而且可应用于牛、羊、马、猪、骆驼、禽、兔等动物。由于各种动物心脏的解剖学纵轴方向有所不同，故导线连接方法也有差异(图 16-1，表 16-1)。

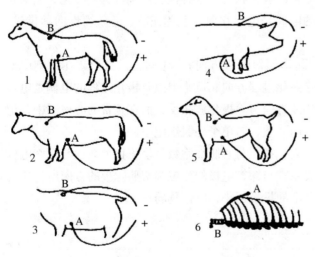

图 16-1 动物 A－B 导联的电极放置部位
(引自王俊东，刘宗平.《兽医临床诊断学》)

表 16-1　动物 A – B 导联的电极放置部位

畜别	A 点（正极）	B 点（负极）
猪	剑状软骨端皮肤的腹中线上	第 1 胸椎与背部皮肤的交点
牛	左侧第 6 肋间软骨与胸骨连线处	左侧肩胛骨前缘中央
羊	左侧第 6 肋间软骨与胸骨连线处	鬐甲部顶点与右侧肩端连线的上 1/4 处
马	左侧肘头后方约 10 cm 处	鬐甲部顶点与右侧肩端连线的上 1/4 处
骆驼	左侧肘头后方 10 cm 处	左侧肩端与鬐甲部顶点连线的中点
犬	左侧心尖部	左侧肩胛冈上 1/3 处
兔	剑状软骨部	颈部中央
鸡（长轴）	锁骨结合点	胸骨脊末端
鸡（短轴）	右锁骨中点	左锁骨中点

4. 双极胸导联

根据心脏解剖学纵轴以及心肌除极化方向应与爱氏三角平面平行的原则，将原来放置在肢体上的肢导联电极 R、L 和 F 移到胸（背）部的相应部位，使它们构成一个与心脏纵轴和心肌除极化方向平行的近似等边三角形，组成双极胸导联。实际上，A – B 导联也是一种双极胸导联。除了 A – B 导联以外，有人还设计了双极胸导联 I 和双极胸导联 II（图 16-2）。

（1）双极胸导联 I

R、L 和 F 3 个电极沿横面放置，组成一个近似的等边三角形，即 R 电极放置右侧肘头后方的胸部；L 电极放置在左侧肘头后方的胸部；F 电极放置

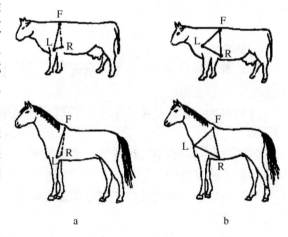

图 16-2　双极胸导联
a. 双极胸导联 I　b. 双极胸导联 II
（引自王俊东，刘宗平.《兽医临床诊断学》）

在鬐甲部顶点；接地电极放置在右后肢膝关节内侧上方或肛门附近。3 个导联分别以符号 C_1、C_2、C_3 表示。

（2）双极胸导联 II

R、L 和 F 3 个电极组成的三角形平面与矢状面（侧面）大致平行，即 R 电极位于左侧心尖部；L 电极位于胸骨柄正中直上方（马在左肩端）；F 电极位于鬐甲部顶点。3 个导联分别以符号 C_I、C_{II}、C_{III} 表示。

5. 单极胸导联

将探查电极放置在心前的胸壁上记录心电图称单极胸导联。在动物临床心电图学中，研究者根据各种动物心脏的解剖学位置和心肌除极化的特点设计了多种单极胸导联系统。各种动物的单极胸导联如下：

(1) 牛

根据牛心脏解剖学特征，牛单极胸导联常采用 $V_1 \sim V_4$ 导联系统。它具有图像清晰，电压较高，波形和波向一致等优点。4 个导联探查电极的放置部位如下：

①V_1 导联：右侧第 4 肋间，肩端水平线下方 12 cm 处，电极主要对向右心室侧壁。

②V_2 导联：胸骨柄左侧与左腋窝连线的中点，电极主要对向室中隔。

③V_3 导联：左侧肩胛骨上端前缘，电极主要对向左心室前侧壁。

④V_4 导联：左侧肩胛骨前缘中点，电极主要对向左心室侧壁的基部。

(2) 绵羊和山羊

对照牛单极胸导联电极位置，绵羊和山羊对应的位置放置导联电极，发现该导联系统，尤其是 V_3 和 V_4，导联上具有心电图波形清晰，波形和波向一致，容易测量和分析等优点，表明牛的单极胸导联也适用于绵羊和山羊。

(3) 马

①V_1 导联：探查电极位于右侧第 4 肋间，肩端水平线下方约 12 cm 处，电极与胸壁垂直，主要对向右心室前壁。

②V_2 导联：探查电极位于左侧肘头引垂线与胸骨交点之后 3 cm 的胸骨体中线上，电极与胸骨垂直，主要对向室中隔。

③V_3 导联：探查电极位于左侧腋部左、右肩端水平线下方 4 cm 处，电极对向尾侧，主要对向左心室侧壁。

④V_4 导联：探查电极位于左、右肩端连线的中点，电极对向尾侧，主要对向左心室前壁。

⑤V_5 导联：探查电极位于左、右肩端水平连线中点上方 6 cm 处，电极对向尾侧、主要对向左心室前壁。

⑥V_6 导联：探查电极位于鬐甲部顶点偏左侧 6 cm 处，电极与背部垂直，主要对向左心室尖部。

⑦V_7 导联：探查电极位于鬐甲部顶点后方 6 cm 偏右侧 6 cm 处，电极与背部垂直，主要对向心尖部。

(4) 犬和猫

①CV5RL：右侧第 5 肋间胸骨缘。

②CV6LL：左侧第 6 肋间胸骨缘。

③CV6LU：左侧第 6 肋间，肋骨与肋软骨连接处。

④V_{10} 导联：背中线第 7 胸椎棘突处。

三、心电图检查的注意事项

要充分发挥心电图检查在临床上的诊断应用，单纯的死记硬背某些心电图诊断标准或指标数值是不行的。只有当熟练掌握心电图分析的方法和技巧，并善于把心电图各种变化与具体临床病例密切结合起来，才能对心电图做出正确的诊断和解释。

1. 结合临床资料的重要性

心电图记录到的只是心脏不同位置的电位情况，心电图检测技术本身还存在局限性，并且还受到个体差异等方面的影响。许多心脏疾病，特别是早期阶段，心电可能表现正常，多种疾病可以引起相同的心电改变。因此，在检查心电图之前应仔细阅读病例记录，必要时应亲自询问病史和做必要的体格检查。只有对心电图的各种变化结合临床资料分析，才能做出正确的解释。

2. 对心电图描述技术的要求

心电仪必须保证经放大后的电信号不失真。采样率、频率响应、阻尼、时间常数、走纸速度、灵敏度等各项性能指标应符合规定的标准和要求。描计时应尽量避免干扰和基线漂移。心电图检查应常规描计 12 导联的心电图，以避免遗漏某些重要信息。描计者应了解临床资料及掌握分析心电图的基本方法。应根据临床需要及心电图变化，决定描计时间的长短是否加做导联。对于心律失常要取 P 波清晰的导联，描计长度最好能达到重复显示具有异常改变的周期。

3. 熟悉心电图的正常变异

心电图正常与异常之间并不存在一个绝对的界限，少数正常动物的心电图可能会超出该范围，这部分心电图称为正常变异心电图。分析心电图时必须熟悉心电图的正常变异。

4. 心电图的定性和定量分析

定性分析是基础，先将各导联大致看一遍，注意 P、QRS-T 各波的有无及其相互之间的关系，平均心电轴的大概方位，波形的大小和有无增宽变形，以及 ST-T 的形态等。对可疑和界限不明确的地方，可进一步测量，以获得较准确的参数帮助判断。定量分析常用的参数有 PP 间期、PR 间期、P 波时间、QRS 时间、QT 间期以及 P 波和 QRS 波群的振幅等。为了不致遗漏，分析心电图至少要从 4 个方面考虑：心律问题、传导问题、房室肥大问题和心肌方面的问题。分析心律问题应首先抓住基础心律是什么，有无规律 P 波，从窦房结开始，逐层下推。对较复杂的心律失常首先在 P 波比较清楚的导联上找出 PP 之间的规律；然后观察 QRS 波群形态以及 PP 之间的规律；最后分析 P 波与 QRS 之间的关系和规律。另外，对最后结果，还要反过来看与临床是否有明显不符合的地方，并提出适当的解释。原则上能用一种道理解释的不要设想过多的可能性。

第二节 正常心电图

一、心电图的组成及命名

动物典型心电图模式及各波段的组成和命名见图 16-3 所示。

1. P 波

P 波（P wave）代表左、右心房激动时的电位变化。P 波的持续时间（P 波时限）表示兴奋在 2 个心房内传导的时间。P 波是一个圆顶状的小波，有正向（直立）、负向（倒置）、双向（＋／－和－／＋）和低平 4 种波形。

2. P-R 段

P-R 段（P-R segment）是从 P 波结束到 QRS 综合波起点的一段等电位线，其距离代

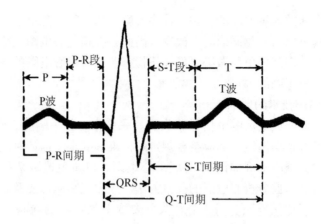

图 16-3　动物典型心电图模式
（引自王俊东，刘宗平.《兽医临床诊断学》）

表心房肌除极化结束到心室肌开始除极化的时间，即激动从心房传到心室的时间。

3. P-Q 间期

P-Q 间期（P-Q interval）又称 P-R 间期，是指从 P 波起点到 QRS 综合波起点的距离，其时限代表激动从窦房结传到房室结、房室束、蒲肯野氏纤维，引起心室肌除极化的时间，相当于 P 波时限与 P-R 段时限之和。为了与 P-R 段相区别，并与以后的 Q-T 间期之间衔接，这一段距离以 P-Q 间期命名比以 P-R 间期命名更加合适。

4. QRS 综合波

QRS 综合波（QRS complex）由向下的 Q 波、陡峭向上的 R 波与向下的 S 波组成，代表心室肌除极化过程中产生的电位变化。QRS 综合波的宽度表示激动在左、右心室肌内传导所需的时间。

QRS 综合波的波形极其多样化，而且在动物的正常心电图上常常不一定全部具有 Q 波、R 波和 S 波 3 种波，可能具有其中的 1 种、2 种或几种波。习惯上将先出现的向下的负向波称为 Q 波，向上的正向波称为 R 波，在 R 波以后出现的负向波称为 S 波。如在 S 波以后再出现一个正向波，则称为 R′波，它的后面再出现的负向波称为 S′波。如此类推，可能还有 R″波和 S″波。此外，还根据各波振幅的大小，用大写或小写的字母表示。QRS 综合波中振幅最大的波称为主棘波。主棘波为正向的 QRS 综合波波型有 R 型、QR 型、QRS 型、RS 型等；主棘波为负向的波型有 QS 型、QR 型、RS 型、RSR′型等；主棘波为双向的波型有 RS 型、QR 型等（图 16-4）。

5. S-T 段

S-T 段（S-T segment）是指 QRS 综合波终点到 T 波起点的一段等电位线，相当于心肌细胞动作电位的 2 位相期。此时全部心室肌都处于除极化状态，所以各部分之间没有电位差而呈一段等电位基线。

6. T 波

T 波（T wave）系心室肌复极化波，代表左、右心室肌复极化过程的电位变化，相当于心肌细胞动作电位的 3 位相期。T 波一般呈尖顶状或钝圆形，其上升支与下降支通

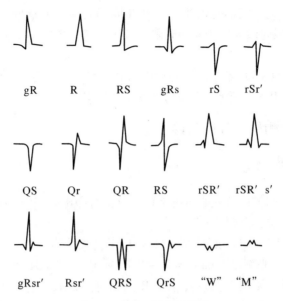

图 16-4　QRS 综合波命名
（引自王俊东，刘宗平.《兽医临床诊断学》）

常不对称，上升支坡度较小而下降支较陡峭。在动物中，T 波的波向变化较大，通常有正向、负向、双向、低平、双峰或切迹等多种波形。

7. Q-T 间期

Q-T 间期（Q-T interval）是指从 QRS 综合波起点到 T 波终点之间的距离，其时限代表心室肌除极化和复极化过程的全部时间。Q-T 间期时限的长短与心率有密切关系。心率越快，Q-T 间期时限越短；反之，心率越慢，Q-T 间期时限越长。为了避免心率影响的干扰，确定 Q-T 间期时限的正常范围，将实测的 Q-T 间期时限都折合成心率为 60 次/min 时的数值。经心率校正过的 Q-T 间期称为 Q-T 间期（corrected Q－T interval），简称 Q-Tc。

Q-Tc 可用 Bazett 公式计算：

$$Q\text{-}Tc = 实测\ Q\text{-}T\ 间期 / \sqrt{R\text{-}R\ 间期}$$

人的 Q-Tc 正常范围为 0.36～0.44 s。动物的 Q-Tc 正常值为：黑白花奶牛 0.35～0.36 s，新疆褐牛 0.39 s，牦牛 0.32 s，牦牛犊 0.34～0.35 s，绵羊 0.32～0.34 s，西德长毛兔 0.26 s，火鸡 0.29～0.30 s。在临床实践中，可将上述 Q-Tc 当作一个常数 K，按以下公式计算 Q-T 比值（Q-Tra-dio，简称 Q-Tr）。

$$Q\text{-}Tr = 实测\ Q\text{-}T\ 间期 / (K \cdot \sqrt{R\text{-}R\ 间期})$$

8. U 波

U 波（U wave）是心电图中较小的波，是在 T 波后 0.02～0.04 s 出现宽而低的波。一般认为可能由心舒张时各部产生的负后电位形成，也有人认为是浦肯野氏纤维再极化的结果。

9. T-P 段

T-P 段（T-P segment）是指从 T 波终点到下一心动周期 P 波的起点之间的一段等电位

线，代表心脏的舒张期。它的时限相当于 R-R 间期时限与 P-Q 间期和 Q-T 间期时限之和的差值，即：T-P 段时限 = R-R 间期时限 – (P-Q 间期时限 + Q-T 间期时限)。

10. R-R 间期

R-R 间期 (R-R interval) 是指前一心动周期 R 波的顶点 (或 P 波的起点) 到下一心动周期 R 波的顶点 (或 P 波的起点) 之间的距离，其时限相当于一个心动周期所需的时间。

二、心电图的测量、分析及诊断意义

1. 心电图的测量

（1）心率测定

目前常用的心电图描记仪在心电图上可以直接打印出心率的数值，不需再计算。传统测定心率有 2 种方法：

①测量 R-R 间期或 P-P 间期时限 (s)，按以下公式计算心率：

$$心率(次/min) = 60 \div R\text{-}R(或 P\text{-}P)间期时限$$

如果有心律失常，则应多测量几个 R-R 间期时限，取它们的平均数，再按上面的公式计算。如果有房室脱节，则用 P-P 间期时限计算房率，按 R-R 间期计算室率。

②在一条连续描记的心电图纸上数出 3 s 或 6 s 内的 R 波 (或 P 波) 个数，起始点的 R 波不计入内，乘以 20 或 10，便得出每分钟的心跳次数。

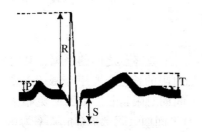

图 16-5 心电图波形振幅的测量方法

（2）心电图振幅的测量

测量正向波的振幅时，应自等电位线的上缘，测量到波顶点的垂直距离；测量负向波的振幅时，应自等电位线的下缘，测量到波底端的垂直距离（图 16-5）。

（3）心电图波时限的测量

选择波形清晰的导联，从波形起点内缘量至波形终点内缘的距离，在走纸速度为 25 mm/s 时，将所测小格值乘以 0.04，即为该波的时限数值。如走纸速度为 50 mm/s 时，则将所测小格值乘以 0.02，即为该波的时限数值。

（4）P-Q 间期时限的测量

应选择 P 波宽大显著，且具有明显 Q 波的导联测量，一般以测量 A-B 导联或单极胸导联比较适宜。

（5）Q-T 间期时限的测量

应选择具有明显 Q 波和 T 波比较清楚的导联来进行。当心率过快时，尤其是家禽和实验动物，T-P 段常常消失，T 波终末部与 P 波相连，不易分开，或者 T 波低平，其起点

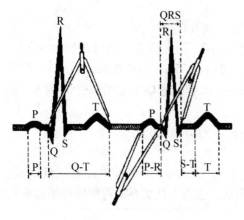

图 16-6 心电图各波和间期时限的测量方法
（引自王俊东，刘宗平．《兽医临床诊断学》）

与终点难以确定，或者存在明显的 U 波或 T 波与 U 波重叠而易误认为 T 波存在切迹，这些情况都会给测量造成困难。这时应选择 T 波电压较高的导联测量(图 16-6)。

2. 心电图的分析

①将各导联心电图按双极肢导联、加压单极肢导联、双极胸导联、单极胸导联、A-B 导联的顺序剪下，并贴在同一张纸上。

②从 1 导联开始观察整个心电图的标准电压打得够不够，阻尼是否适当，导联线有无接错，有无各种干扰因素的影响。

③找出 P 波，尤其注意它与 QRS-T 波群之间的关系，以确定心律。

④测量 R-R(P-P)间期时限，以计算心率。

⑤测量各波、P-Q 和 Q-T 间期时限，测量各波的电压。观察各波波向、QRS 综合波波型和 S-T 段移位情况。

⑥用目测法和查表法测量心电轴。

⑦经阅读和分析的心电图，一般有以下 3 种方式表达：正常心电图；可疑心电图；异常心电图。报告中必须写明心率、心律、心电轴，有无期前收缩和传导阻滞等内容。

3. 心电图的诊断意义

(1) P 波变化的诊断意义

①P 波增宽而有切迹：在心电图描记仪灵敏度较高或描记的曲线较细的情况下，某些健康动物的 P 波有轻度切迹，或呈双峰，但峰间距较短。假如 P 波切迹特别明显，或峰间距较大，且伴有 P 波增宽(时限延长)，则应视为病理现象。这种 P 波称为二尖瓣型 P 波(mitral valve type P wave)，提示二尖瓣疾患(主要是二尖瓣狭窄)引起的左心房肥大，常见于犬和猫的肥大性，心肌病和扩张性心肌病，此时犬的 P 波时限大于 0.05 s，猫的 P 波时限大于 0.04 s。

②肺型 P 波：P 波时限在正常范围内，P 波高耸，波峰尖锐，称为肺型 P 波(pulmonary type P wave)，最常见于右心房肥大，也见于肺部感染，缺氧以及交感神经兴奋性增高。

③P 波呈锯齿状：P 波消失，代之以频速而不规则的细小"F"波，见于心房纤颤；代之以形态相同，间隔匀齐锯齿样的"F"波，见于心房扑动。

④P 波减小：P 波减小是指 P 波的电压降低，时限缩短。常见于牛创伤性心包炎，犬和猫的心包积液，甲状腺机能减退。

⑤P 波消失：P 波消失，表示心脏节律异常，见于窦性静止、室室传导、逸搏和逸搏心律等。

⑥逆行 P 波(retrograde P wave)：是指在本应是正向 P 波的 Ⅱ、Ⅲ、aVF、A–B 导联上呈负向，在本应是负向 P 波的 aVR、V 和 V 导联上呈正向(牛和羊)。主要见于房室交界性心律不齐、房室交界性心动过速、阵发性房室交界性心动过速等。逆行 P 波可能出现在 QRS 综合波之前、之后或重合在其中。

⑦易变 P 波：P 波波向、电压和形态在同一导联心电图上不断变化，如 P 波忽大忽小、忽高忽低、有时正向、有时负向或双向，称为易变 P 波(variable P wave)。这是由激动在窦房结的体部、头部和尾部游走所引起的。主要见于窦房结内游走性起搏点(窦

房结内游走心律），常与迷走神经兴奋性增高有关。

⑧P波与QRS综合波数不一致：P波多于QRS综合波数，常见于二度房室阻滞、完全性房室阻滞、房性心动过速、末向心室传导的房性期前收缩；P波少于QRS综合波数常见于室性逸搏和逸搏心律。

(2) QRS综合波变化的诊断意义

①QRS综合波高电压：主要见于左心室肥大，右心室肥大，应激综合征，房室束支阻滞，犬和猫的肥大性心肌病等。

②QRS综合波低电压：据人类医学的判定标准，在标准肢导联和加压单极肢导联上，R波和S波（或Q波和R波）电压小于或等于0.5 mV，心前导联上小于或等于1.0 mV时，称为QRS综合波低电压。正常人中低电压的出现概率为1。在动物，属于QRS轴第二类动物中，由于QRS轴与爱氏三角平面几乎垂直，因此，在肢导联上QRS综合波电压都较低，荷斯坦牛中约有10%，藏羊中有2%~3%出现低电压。在病理情况下，低电压主要见于牛创伤性心包炎、心包积液、甲状腺机能减退等。

③QRS综合波时限延长：由心室壁增厚或心脏传导系统功能障碍引起。主要见于心室肥大、房室束支阻滞、预激综合征、心肌变性、洋地黄中毒、室性期前收缩、室性逸搏。但应指出，在QRS轴第二类动物（如牛、羊、马等）中，由于浦肯野氏纤维穿透整个心室肌壁，心室肌壁增厚对传导时间影响甚微，QRS综合波时限延长不明显。

④QRS综合波畸形：常见于预激综合征、室性期前收缩、室性阵发性心动过速、室性逸搏、房室束支阻滞等；QRS综合波呈"M"型或"W"型多提示心肌有严重病变，尤其是犬、猴的Ⅰ和Ⅱ导联出现这种波型时。

(3) T波变化的诊断意义

有些动物如马、犬的T波可发生生理易变性，因此在判定这些动物T波变化的诊断意义时，必须注意。

①冠状T波(coronary T wave)：是指波谷较尖锐，降支与升支相对称的负向T波以及波峰高尖、升支与降支相对称，如帐篷样的正向T波，有时T波电压可超过R波或S波。出现冠状T波常表明冠状动脉供血不足，常见于急性心肌炎的中后期，应用静松灵、新保灵、隆朋等安定麻醉药以后，高钾血症，甲状腺机能亢进，房室束支阻滞等。

②T波电压降低：T波电压降低，常是心肌疾患的主要心电图变化，也见于严重感染、贫血、维生素缺乏、中毒病等多种疾病。

③T波倒置(T wave inversion)：常见于心肌缺血、心肌炎、心室肥大、电解质紊乱、严重感染、中毒等。

(4) S-T段时限变化的诊断意义

①S-T段时限变化：S-T段时限缩短常见于高钙血症，延长主要见于奶牛低钙血症。

②S-T段移位：S-T段上移，见于急性心肌梗塞、牛创伤性心包炎、高钾血症、肺栓塞、胸腔肿瘤等。S-T段下移，多见于冠状动脉机能不全而引起的急性心肌缺血。只有移位幅度超过0.1 mV时才具有病理意义。

(5) P-Q间期时限变化的诊断意义

P-Q间期时限缩短见于预激综合征、交感神经兴奋性增高等，延长见于房室阻滞，心肌缺血，心肌炎，使用洋地黄、奎尼丁、静松灵、新保灵及其制剂等。

(6) Q-T 间期时限变化的诊断意义

Q-T 间期时限受到心率、年龄的影响，因此在判断 Q-T 间期时限的变化时，使用 Q-Tc 和 Q-Tr 2 个指标比较合适。

①Q-Tc 时限变化：Q-Tc 时限缩短主要见于高钙血症，高钾血症，应用洋地黄，迷走神经兴奋等；延长见于心肌炎，心包炎，心肌缺血，低钙血症，低钾血症，使用奎尼丁、普鲁卡因酰胺、奎宁和砷制剂等。

②Q-Tr 时限变化：Q-Tr 增大见于心肌缺血、心肌损伤、心脏扩大及心力衰竭等；减小见于高钙血症，使用洋地黄及其制剂。

(7) R-R 间期变化的诊断意义

R-R 间期时限缩短主要见于窦性心动过速、房性心动过速以及一切能使心率加快的疾病；延长主要见于窦性心动徐缓、窦性静止等。

第三节 心电图的应用

一、心律失常

对心律失常进行心电图诊断时，首先应明确主要心律，确定是否存在 P 波。有房室分离时应确定 QRS 综合波的起源，起源于房室交界部的 QRS 综合波，通常有轻度畸形，但是存在心室内差异性传导者有明显的 QRS 综合波畸形。起源于心室的 QRS 综合波多呈增宽和畸形。如果存在早搏，应确定其性质。通常根据 P 波的变化，QRS 综合波畸形与否以及 P 波与 QRS 综合波之间的关系来判定。

1. 窦性心律

窦性 P 波(sinus P wave)连续出现 3 次以上；P 波有规律地出现，其频率在每种动物的正常范围之内；每个 P 波后面都出现 QRS 综合波；在异常情况下，P 波后面可能出现 QRS 综合波缺失，但只要连续出现窦性 P 波，即可确定为窦性心律(sinus rhythm)。这是窦性心律失常时判定窦性心律的标准之一。

2. 窦性心律失常

(1) 窦性心动过速

马在 60 次/min 以上，牛在 120 次/min 以上，大、中型犬在 160 次/min 以上，小型犬在 180 次/min 以上，猫在 220 次/min 以上可判定为窦性心动过速(sinus tachycardia)。其心电图特征为窦性心律，心电图的波型和波向与健康动物一样；T-P 段缩短，甚至消失；心率特别快时，P 波与前一个心动周期的 T 波融合，使 T 波降支出现切迹或呈双峰 T 波。

(2) 窦性心动徐缓

马在 25 次/min 以下，牛在 30 次/min 以下，大、中型犬在 80 次/min 以下，小型犬和猫在 110 次/min 以下，即可判定为窦性心动徐缓(sinus bradycardia)。其心电图特征为窦性心律，心电图的波型和波向与健康动物一样；P-Q 间期、Q-T 间期延长，但延长最明显的是 T-P 段；常伴有窦性心律不齐；严重的窦性心动徐缓，可以伴有房室交界性或室性逸搏或逸搏心律。

(3) 窦性心律不齐

心率时快时慢，表现为 P 波形状相同，P-Q 间期时限相等，而 R-R 间期时限长短不一。在人类医学中，R-R 间期时限之差大于 0.12 s，即可判定为窦性心律不齐（sinus arrhythmia）。动物由于畜种不同心率差异甚大，目前尚无适用于各种动物的通用判定标准。与人类心率相似的动物，如牛、羊、马等可以将 R-R 间期时限差是否大于 0.12 s 作为窦性心律不齐的判断标准。

(4) 窦性心律静止

窦性心律静止（sinus arrestor sinus stand still）是指窦房结在较长时间内暂时停止发出激动，使心房和心室波都消失的现象。其心电图特征为在一段长 R-R 间期内无 P 波、QRS 综合波和 T 波；窦性静止时间过长时，常常伴发房室交界性逸搏或室性逸搏。

3. 期前收缩

期前收缩（extra systole）又称早搏（prematurebeat），是由某一异位起搏点兴奋性增高，过早地发出一次激动所致，是动物中十分常见的异位心律。根据异位起搏点的部位不同，期前收缩可分为房性、房室交界性和室性 3 种，其中以室性期前收缩最常见。根据异位起搏点的数量，可分为单源性期前收缩和多源性期前收缩 2 种。它们心电图的共同特征是期前收缩 P 波（房性），或 QRS-T 波群（室性）异位或形态异常。

(1) 室性期前收缩

QRS 综合波提前出现，其形状宽大、粗钝或有切迹，时限延长；提前出现的 QRS 综合波之前没有相关的 P 波，有时逆行 P 波融合在 T 波中；T 波波向改变；有完全的代偿性间歇；室性期前收缩（ventricular extrasystole）按时重复出现，可能形成二联心律、三联心律或四联心律（图 16-7）。

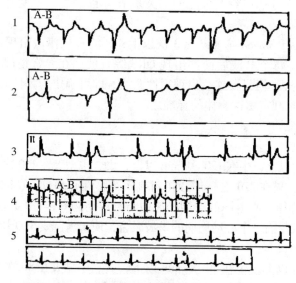

图 16-7　期前收缩

1. 牛单源性室性期前收缩　2. 牛多源性室性期前收缩　3. 犬室性期前收缩 – 三联率
4. 火鸡室性期前收缩　5. 犬窦性或房性期前收缩

（引自王俊东，刘宗平.《兽医临床诊断学》）

(2)多源性室性期前收缩

由 2 个或 2 个以上心室异位起搏点引起的室性期前收缩，称为多源性室性期前收缩（multifocal ventricular extrasystole），其心电图特征是在同一导联中有 2 种或 2 种以上 QRS 综合波形态不同的室性期前收缩波；2 种或 2 种以上室性期前收缩的联结间期不同。

4. 阵发性心动过速

当连续出现 3 次或 3 次以上的期前收缩时，即可称为阵发性心动过速（paroxysmal tachycardia）。其心电图特征为突然发生，突然停止；发作时心率频速，马、牛等大动物可超过 100~120 次/min，犬可超过 200 次/min；发作持续时间较短，一般为数秒、数分或数小时；心律规则。

5. 逸搏和逸搏心律

由频率较低的低位起搏点发出的激动称为逸搏（escape beat），连续 3 次或 3 次以上的逸搏称为逸搏心律（escape rhythms）。逸搏和逸搏心律都是防止长时间心室停搏的一种生理性保护机制。根据低位起搏点的部位，逸搏和逸搏心律可分为房性、交界性和室性 3 种。室性逸搏的心电图特征为一个较长的心室波缺失的间期之后，出现一个宽大、畸形的 QRS 综合波；畸形 QRS 综合波之前没有相关的 P 波；室性逸搏与窦性激动相遇时，可形成室性融合波。室性逸搏心律的心电图特征是心室律缓慢、规则，常在 30~40 次/min 以下；QRS 综合波宽大、畸形，时限延长；连续出现 3 次或 3 次以上室性逸搏。

6. 心房扑动和心房纤颤

(1)心房扑动

心房扑动（atrial flutter）是一种心房的快速而规则的主动性异位心律。其心电图特征为 P 波消失，代之以形状相同、间歇均匀的"F"波，其形状像锯齿的波形，其频率表现在大动物为 200~350 次/min，在犬为 300~400 次/min；QRS 综合波的形状和时限与窦性激动时的相同；房率与室率之间有一定的比值，大多数为 2∶1，也可呈 3∶1 或 4∶1。

(2)心房纤颤

心房纤颤（atrial fibrillation）是心房各部分肌纤维各自发生极快而微弱的纤维性颤动，心房失去整体收缩能力的一种心房的自动性异位心律。其心电图特征为 P 波消失，代之以一系列大小不等、形状不一、间歇不规则的连续纤颤波，即"F"波；心房频率极度加快，马、牛等大动物为 300~600 次/min，犬为 400~600 次/min，甚至可达到 850 次/min 以上；QRS 综合波波形与室性激动时的相同；室率极不规则，R-R 间期时限变化甚大；P-R 段消失。

7. 心室扑动和心室纤颤

心室扑动（ventricular flutter）和心室纤颤（ventricular fibrillation）是最严重的心律失常。由于心室肌不协调地扑动或颤动，无法保障心室喷血，可引起病畜迅速死亡，也是动物猝死的常见原因。心室扑动和纤颤的心电图特征为 QRS 综合波和 T 波完全消失，代之以形状不同、大小各异、间隔不均匀的扑动波和颤动波；频率在 250~500 次/min；颤动波之间有长短不一的等电位线；颤动波越来越细小，越来越缓慢，最终发生心室停搏而呈现一条等电位线。

8. 预激综合征

预激综合征(preexcitation syndrome)是指心房激动同时沿正常和异常的房室传导径路传至心室,通过旁路(附加束)传导的激动预先到达,使一部分心室肌预先激动而引起的一系列心电图异常表现。其心电图特征为 P-Q 间期时限明显缩短;QRS 综合波宽大、畸形、时限延长、起始部粗钝,即出现所谓的"delta"波;P-J 间期时限(P 波起始部到 QRS 综合波结束的时间)没有明显变化;常常伴有心动过速;预激期可以与正常期交替出现。

9. 心脏传导阻滞

按照阻滞发生的部位,可将心脏传导阻滞(heart block)分为窦房阻滞、房内阻滞、房室阻滞和室内阻滞 4 类,其中以房室阻滞最常见。按照阻滞的程度,可分为一度、二度和三度传导阻滞。一度、二度传导阻滞为不完全传导阻滞,三度传导阻滞为完全性传导阻滞。

(1) 一度房室阻滞

P-Q 间期时限延长,超过正常范围的上限,如犬的 P-Q 间期时限超过 0.14 s,小型犬和猫的 P-Q 间期时限超过 0.13 s,即可认为是一度房室阻滞(first-degree atrioventricular block);每个窦性 P 波之后均有相对应的 QRS 综合波。

(2) 二度房室阻滞

二度房室阻滞(second-degree atrioventricular block)可分为心电图特征和临床意义各不相同的 2 种类型,即莫氏Ⅰ型和莫氏Ⅱ型房室阻滞。

①莫氏Ⅰ型房室阻滞:P-Q 间期时限逐渐延长,直到 P 波之后的 QRS-ts;T 波群缺失(心室漏搏);P-Q 间期时限延长的同时,R-R 间期时限逐渐缩短,直到心室漏搏为止;QRS-T 波群缺失之后的第一个心动周期的 P-Q 间期时限最短,且与正常窦性激动传导速度时的 P-Q 间期时限相同;上述现象会重复出现;心电图上 P 波与 QRS 综合波的数目没有固定的比例,即心室漏搏的发生没有一定的规律。

②莫氏Ⅱ型房室阻滞:P-Q 间期时限通常没有变化;QRS-T 波群不定时或有规律的缺失,房室传导比例常呈 3:2(3 个窦性激动中有 2 个传心室),也可呈 3:1,甚至 4:1 或 5:1,后者易发生逸搏;心室漏搏前和漏搏后的 R-R 间期时限是 P-P 间期时限的 2 倍;因阻滞率比较固定,故心室率多数是匀齐的。

(3) 三度房室传导阻滞(third-degree atrioventricular block)

P-P 间期与 R-R 间期各有其自己固有的规律,且两者之间没有相应的关系,形成完全性房室脱节(图 16-8);P 波的频率常常较 QRS 综合波频率高 2~4 倍,且两者之间没有固定的关系。

(4) 房室束支传导阻滞

对于犬和猫等浦肯野氏纤维网在心肌内的分布与人相似的动物来说,房室束支传导阻滞(atrioventricular bundlebranch block)的心电图特征与人的大同小异,而牛、绵羊、马等浦肯野氏纤维网分布与人不同的动物,尚无确切的房室束支传导阻滞的心电图诊断标准,一般认为,其心电图特征为 P 波和 P-Q 间期时限正常,QRS 综合波宽大、畸形,

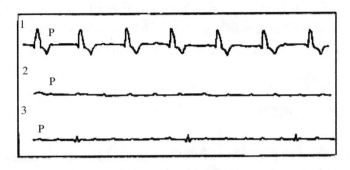

图 16-8 犬完全性房室阻滞
1. 房室分离：房率 136 次/min，房率 77 次/min 2. 心室停搏：房率 143 次/min 3. 房率 183 次/min，室率 13 次/min
（引自王俊东，刘宗平.《兽医临床诊断学》）

或呈"W"型或"M"型，或有明显切迹。

①犬和猫右房室束支传导阻滞：QRS 综合波时限延长，犬的大于 0.07 s，猫的大于 0.06 s；心电轴右偏（104°~270°）；在 aVR、aVL、CV5RL 导联上，QRS 综合波主棘波呈正向，CV5RL 导联上常为 RSR′型或 rSR′型；在Ⅰ、Ⅱ、Ⅲ、aVF、CV6LL、CV6LU 导联上，QRS 综合波存在一个宽而深的 S(Q)波。在 V_{10} 导联上可见 S 波或"W"型波。

②犬和猫左房室束支传导阻滞：QRS 综合波时限延长；在 aVR、aVL、CV5RL 导联上，QRS 综合波主棘波为阴性波；在Ⅱ、Ⅲ、aVF、CV6LU 导联上，QRS 综合波为阳性波；Ⅱ导联和 CV6LU 导联上的 R 波电压增高，分别可达到 2.5 mV 和 4.8 mV。

③绵羊左房室束支阻滞：QRS 综合波时限延长（由正常的 0.044~0.046 s 延长到 0.08~0.10 s）；Ⅰ导联上，QRS 综合波呈 qRSr′型（正常时为 QS 型），V_1 导联上呈 rS 型（正常为 Rs，R 或 qR 型），aVL 导联呈现粗钝有切迹的 qR 型波；A-B 导联上，R 波电压升高到 0.6 mV，T 波电压升高，QRS 综合波呈 qRS 型；V_3 和 V_4 导联上，R 波电压下降；心电轴显著左偏。

二、心肌缺血

心肌缺血常由冠状动脉硬化引发。当心肌某一部分缺血时，将影响到心室复极的正常进行。心肌缺血的心电图改变类型取决于缺血的严重程度、持续时间和缺血发生部位。正常情况下，心外膜处动作电位时程比心内膜短，心外膜完成复极早于心内膜，因此，心室肌复极过程可看作是从心外膜开始向心内膜方向推进。发生心肌缺血时，复极过程发生改变，心电图出现 T 波变化。

若心内膜下心肌缺血，这部分心肌复极时间较正常时延迟，使原来存在的与心外膜复极轴相抗衡的心内膜复极轴减小或消失，致使 T 波轴增加，出现高大的 T 波。例如，下壁心内膜下缺血，下壁导联Ⅱ、Ⅲ、aVF 可出现高大直立的 T 波；前壁心内膜下缺血，胸导联可出现高耸直立的 T 波。

若心外膜下心肌缺血（包括透壁性心肌缺血），心外膜动作电位时程比正常时明显延长，从而引起心肌复极顺序的逆转，即心内膜开始先复极，膜外电位为正，而缺血的心外膜心肌尚未复极，膜外电位仍呈相对的负性，于是出现与正常方向相反的 T 波轴。此时面向缺血区的导联记录出现倒置的 T 波。下壁心外膜下缺血，下壁导联 II、III、aVF 可出现倒置的 T 波；前壁心外膜下缺血，胸导联可出现 T 波倒置。

三、心房、心室肥大

1. 心房肥大的心电图特征

（1）左心房肥大

P 波的时限延长（人的 P 波时限大于 0.12 s，犬的大于 0.05 s，猫的大于 0.04 s，即可判定为左心房肥大），P 波呈双峰或有切迹，或呈现二尖瓣型 P 波。在 III、aVF 和 V_1 导联上，P 波的后半部常呈负向而出现双向 P 波。

（2）右心房肥大

P 波高耸而尖锐（肺型 P 波），在 II、III 和 aVF 导联上 P 波高耸和尖锐的程度更大。在人、犬和猫，P 波电压超过 0.2 mV 即有右心房肥大的可能。牛右心房肥大时，有时可以出现心房复极化 Ta 波。

（3）双侧心房肥大

兼有左心房肥大和右心房肥大的心电图特征，P 波增宽，电压增高，即出现具有切迹的高耸尖锐 P 波。

2. 心室肥大的心电图特征

（1）左心室肥大

①牛：V_4 导联上 R 波电压大于 0.7 mV，$RV_4 + SV_1$ 的电压大于 1.2 mV；QRS 综合波时限位于其正常值的上限，但应大于 0.10 s；部分病牛发生 S-T 段下移，下移幅度大于 0.05 mV，V_4 导联上 T 波从原来的负向转为正向（图 16-9）。

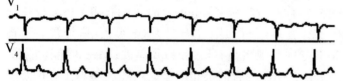

图 16-9 牛左心肥大的心电图
（引自王俊东，刘宗平.《兽医临床诊断学》）

②犬：I 导联上 R 波电压大于 3.0 mV，aAR 导联上 S 波加深，III 导联上 QRS 综合波呈 RS 型，QRS 综合波时限大于 0.06 s；心电轴左偏或不偏；S-T 段下移或模糊不清，T 波电压增高，在 D 导联上大于 R 波的 25%；常伴有室性期前收缩和左前半支阻滞（图 16-10）。

③猫：D 导联上 R 波电压大于或等于 0.9 mV，CV6LU 导联上 R 波电压大于 1.0 mV；QRS 综合波时限大于 0.4 s；心电轴多数左偏，常小于 30°；常伴发左前半支阻滞及其他类型的心律失常。

（2）右心室肥大

①牛：V_1 导联上 R 波大于 0.2 mV，R/S 之比值大

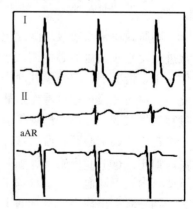

图 16-10 犬左心肥大的心电图
（引自王俊东，刘宗平.《兽医临床诊断学》）

于或等于 1（正常牛应小于 1），QRS 综合波呈 RS 型、Rs 型或 R 型。V_4 导联上，Q 波电压增高，R 波电压降低，呈 Qr 型；QRS 综合波时限一般没有明显变化；心电轴极度右偏，可达到 +182°～+223°；多数病牛（约 2/3）V_1 导联上 S-T 段下移幅度超过 0.05 mV（图 16-11）。

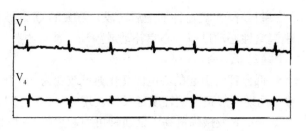

图 16-11 牛右心肥大的心电图
（引自王俊东，刘宗平.《兽医临床诊断学》）

②犬：心电轴向右偏移，常大于 +120°；Ⅰ、Ⅱ、Ⅲ导联上出现 S 波；Ⅱ、Ⅲ和 aVF 导联上 Q 波电压大于 0.05 mV；aVR 导联上 R 波与 S 波的电压相近，即 QRS 综合波呈 RS 型，电压的代数和等于零；CV6LL、CV6LU 和 V_{10} 导联上有一个深的 S 波（或 Q 波）；V_{10} 导联上 T 波呈正向（倒置）。

③猫：Ⅰ、Ⅱ、Ⅲ、aVF、CV6LL 和 CV6LU 导联上出现 S 波，或 S 波电压增高；QRS 综合波时限没有明显变化；心电轴右偏，可能超过 +160°；伴有 S-T 段移位和 T 波改变。

(3) 双侧心室肥大

双侧心室肥大时有 2 种心电图变化。一种是一侧的电位大于另一侧，此时呈现某一侧心室肥大时的心电图改变。例如，左右心室肥大的心内膜炎奶牛心电检查，主要的心电图表现为窦性心动过速（149 次/min），心电轴极度右偏（-142°），Ⅰ和 D 导联上呈 QR 型，其电压为 0.7mV，Q-Tc 时限为 0.349 s，T 波大而不规则。这种心电图表现与右心室肥大相一致，即左心室肥大的心电图改变被掩盖。双侧心室肥大的另一种心电图变化特征是左心室与右心室因肥大产生的电动势改变相互抵消，致使呈现近于正常的心电图。鉴于上述 2 种情况，双侧心室肥大时心电图的诊断正确率通常低于 30%，尤其是牛、羊等 QRS 轴第二类动物。

四、电解质紊乱和药物对心电图的影响

1. 电解质紊乱

电解质紊乱是指血清电解质浓度的增高与降低。无论增高或降低都会影响心肌的除极与复极及激动的传导，并可反映在心电图上。心电图虽有助于电解质紊乱的诊断，但由于受其他因素的影响，心电图改变与血清中电解质水平并不完全一致。如果同时存在各种电解质紊乱有时可互相影响，加重或抵消心电图改变。故应结合病史和临床表现进行判断。

(1) 高血钾

高血钾可引起心电图变化。细胞外血钾浓度超过 5.5mmol/L，致使 Q-T 间期缩短和 T 波高尖，基底部变窄；血清钾高于 6.5 mmol/L 时 QRS 波群增宽，P-R 及 Q-T 间期延长，R 波电压降低及 S 波加深，S-T 段压低。当血清钾高于 7 mmol/L，QRS 波群进一步增宽，P-R 及 Q-T 间期尽一步延长；P 波增宽，振幅减低，甚至消失，有时窦房结仍在发出激动，沿 3 个结间束经房室交界区传入心室，因心房肌受抑制而无 P 波，称之为

"窦室传导"。高血钾的最后阶段，宽大的 QRS 波甚至与 T 波融合为正弦波。高血钾可引起室性心动过速、心室扑动或颤动，甚至心脏停搏。

（2）低血钾

低血钾时引起的心电图变化典型改变为 S-T 段压低，T 波低平或倒置以及 u 波增高，Q-T 间期一般正常或轻度延长，表现为 QT-u 间期延长。明显的低血钾可使 QRS 波群时间延长，P 波振幅增高。低血钾可引起房性心动过速、室性异位搏动。

（3）高血钙

高血钙的主要改变为 S-T 段缩短或消失，Q-T 间期缩短。严重高血钙，可发生窦性静止、窦房阻滞、室性期前收缩、阵发性心动过速等。

（4）低血钙

低血钙的主要改变为 S-T 段明显延长、Q-T 间期延长、直立 T 波变窄、低平或倒置，一般很少发生心律失常。

2. 药物影响

（1）洋地黄对心电图的影响

洋地黄直接作用于心室肌，使动作电位的 2 位相缩短以至消失，并减少 3 位相坡度，因而动作电位时程缩短，引起心电图特征性表现：①S-T 段下垂型压低；②T 波低平、双向或倒置，双向 T 波往往是初始部分倒置，终末部分直立变窄，ST-T 呈"鱼钩型"；③Q-T 间期缩短。

洋地黄中毒动物可以有胃肠道症状和神经系统症状，但出现各种心律失常是洋地黄中毒的主要表现。常见的心律失常有：频发性及多元性室性期前收缩，严重时可出现室性心动过速，甚至室颤。交界性心动过速伴房室脱节，房性心动过速伴不同比例的房室传导阻滞也是常见的洋地黄中毒表现。洋地黄中毒还可出现房室传导阻滞，当出现二度或三度房室传导阻滞时，则是洋地黄严重中毒表现。另外也可发生窦性静止或窦房阻滞、心房扑动、心房颤动等。

（2）奎尼丁对心电图的影响

奎尼丁属 I_A 类抗心律失常药物，并且对心电图有较明显作用。

①奎尼丁治疗剂量时的心电图表现：Q-T 间期延长；T 波低平或倒置；U 波增高；P 波稍宽可有切迹，P-R 间期稍延长。

②奎尼丁中毒时的心电图表现：Q-T 间期明显延长；QRS 时间明显延长；各种程度的房室传导阻滞，窦性心动过缓、窦性静止或窦房阻滞；各种室性心律失常，严重时发生扭转型室性心动过速，甚至室颤引起晕厥和突然死亡。

（3）其他药物对心电图的影响

胺碘酮及索他洛尔可使心电图 Q-T 间期延长。

（武　瑞　王建发）

第十七章

兽医内窥镜诊断

兽医内窥镜诊断(检查)是将特制的内窥镜插入动物天然孔道或体腔内观察某些组织、器官病变的一种特殊检查诊断方法。早年内窥镜技术主要应用于大动物疾病的检查和治疗方面,从 1978 年开始,国外就有一系列关于上消化道内窥镜在犬、猫上应用的报道。近年来,随着动物医疗水平的提高,内窥镜在小动物诊疗方面逐渐增多。

第一节 内窥镜的基本知识

一、内窥镜的种类

根据材质,内窥镜分硬质和软质。按其发展及成像构造分为硬质内窥镜(图 17-1)、软质内窥镜(图 17-2)、电子内窥镜(图 17-3)和胶囊式内窥镜 4 类。按功能分为消化道内窥镜、呼吸系统内窥镜、腹腔内窥镜、胆道内窥镜、泌尿系统内窥镜、生殖系统

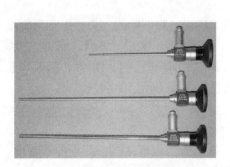

图 17-1 硬质内窥镜

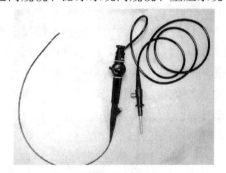

图 17-2 软质内窥镜

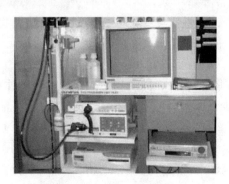

图 17-3 电子内窥镜

内窥镜、血管内窥镜和关节内窥镜。按内窥镜进入的方式分为无创伤内窥镜和创伤内窥镜。

二、内窥镜的用途

内窥镜可将天然孔道和体腔内的组织和器官图像清晰直观地呈现给兽医，还可录像。借助内窥镜，可观察腔体内组织局部病变的性质及严重程度，活组织取样检查，进行有效的早期肿瘤监视，深入研究肿瘤和相关疾病，并对肿瘤施行闭合性或半闭合性腔内手术；对疾病进行治疗。

第二节 内窥镜的临床应用

一、消化道内窥镜检查

1. 消化道内窥镜适应症

（1）前消化道内窥镜适应症

一般来说，用其他方法难以诊断的一切食管、胃、十二指肠疾病，均可用内窥镜检查，主要适应症为：①有吞咽困难、呕吐、腹胀、食欲下降等消化道症状。②前消化道出血。③X线钡餐不能确诊或不能解释的前消化道疾病。④需要跟踪观察的病变。⑤需做内窥镜治疗的病例，如取异物、出血、息肉摘除、食管狭窄的扩张治疗等。

（2）后消化道内窥镜适应症

主要适应症：①腹泻、便血、便秘、腹痛、息肉、腹部隆起、粪便形态反复改变等症状，但病因不明病例。②结肠异常的病例，如狭窄、溃疡、息肉、癌肿、憩室等。③肠道炎性疾病的诊断与跟踪观察。④结肠癌肿的术前诊断、术后跟踪，癌前病变的监视，息肉摘除术后的跟踪观察。⑤出血及结肠息肉摘除等治疗的病例。

2. 消化道内窥镜禁忌症

（1）前消化道内窥镜禁忌症

严重心肺疾病，休克或昏迷，神志不清，急性前消化道穿孔，严重的咽喉部疾病，急性传染性肝炎或胃肠道传染病等。

（2）后消化道内窥镜禁忌症

肛门和直肠严重狭窄，急性重度结肠炎，急性弥漫性腹膜炎，腹腔脏器穿孔，妊娠，严重心肺功能不全，神经样发作及昏迷病例。

3. 术前准备

了解病情，阅读钡灌肠X线片，向动物主人说明检查的注意事项。

检查前2~3 d进食少量半流汁食物，检查当日禁食，清洁动物肠道。术前灌服食用油10~30 mL，检查前2~3 h用温水或生理盐水灌肠2~3次，至排出清澈的液体为止。

术前15~30 min肌肉注射硫酸阿托品，动物需镇静或麻醉。

4. 消化道和腹腔的内窥镜检查

(1) 食管镜检查

食管镜主要用于诊断和治疗食管机能障碍，在可视的状态下去除食道异物和扩张狭窄的食管。选用屈式光纤维内窥镜进行检查，犬左侧卧保定，全身麻醉。经口插入内窥镜，进入咽腔后，沿咽峡后壁正中达食管入口，随食管腔走向，调节插入方向，边插入边送气，同时进行观察。颈部食管正常是塌陷的，黏膜光滑、湿润，呈粉红色，皱襞纵行（图17-4）。胸段食管腔随呼吸运动而扩张或塌陷，食管与胃结合部通常是关闭的，其判定标准是食管黏膜皱襞纵行，粉红色，胃黏膜皱襞粗大，不规则，深红色（图17-5）。急性食管炎时，黏膜弥漫性潮红、水肿，附有淡白色渗出物，可见有糜烂、溃疡或肉芽肿的病灶。

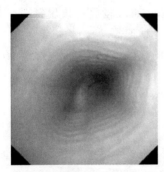

图17-4 猫正常的食管内窥镜图像

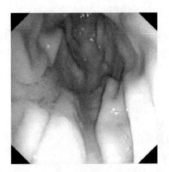

图17-5 犬正常的胃内窥镜图像

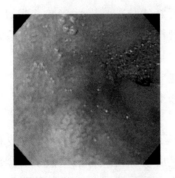

图17-6 犬十二指肠内窥镜图像

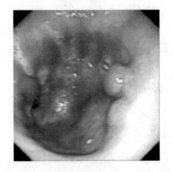

图17-7 犬胃部的息肉内窥镜图像

(2) 胃镜检查

胃镜主要用来检查胃及十二指肠的疾病，也可检查气管或食道异物，通过胃镜食物检查术评估动物对食物的敏感性。在许多胃和十二指肠（图17-6）疾病的诊断中，尤其是肿瘤、溃疡和炎症的鉴别诊断中，胃镜要比X线可靠。犬左侧卧，全身麻醉后实施检查。常见的病理改变有胃炎、溃疡、出血、肿瘤和息肉（图17-7）等。检查胃癌，主要观察病变的基本形态，有隆起、糜烂、凹陷或溃疡，表面色泽加深或变浅，黏膜粗糙不光滑，有蒂或亚蒂，病变边界是否清楚及周围黏膜皱襞状态。临床上可与正常黏膜对比的方法来区分和辨别病灶，还可通过取样体外镜检。

(3) 结肠镜检查

结肠镜检查主要应用于当犬、猫患有结肠和直肠慢性疾病时，而回肠内窥镜检查则应用于动物患有典型的大肠或小肠疾病时。犬左侧卧，全身麻醉。经肛门插入结肠镜，边插边吹入空气。在未发现直肠或结肠开口时，切勿将镜头抵至盲端，以免引起穿孔。当镜头通过直肠时，顺着肠管自然走向，插入内窥镜。将镜头略向上方弯曲，便可进入降结肠。常见的病理学改变有结肠炎、慢性溃疡性结肠炎、肿瘤及寄生虫等。

(4) 腹腔镜检查

腹腔镜技术在兽医中用于非损伤性的器官检查，包括肝脏、肝外胆管系统、胰腺、肾脏、肠道和生殖泌尿道。为这些器官进行活检损伤极其微小，在小动物外科上已被广泛应用。一般术部选择依检查目的而定，先在术部旁刺入封闭针，造成适度气腹，再在术部做一个与套管针直径大致相等的切口，将套管针插入腹腔，拔出针芯，插入腹腔镜，观察腹腔脏器的位置、大小、颜色、性状及有无粘连等。

可借助内窥镜诊断的消化道常见疾病有胃癌、消化道出血、大肠癌和直肠癌、食管癌等。

二、纤维支气管镜检查

1. 适应症与禁忌症

(1) 适应症

①诊断适应症：不明原因的痰血或咯血、肺不张、干咳或局限性喘鸣音、声音嘶哑、喉神经麻痹或膈神经麻痹；反复发作的肺炎；胸部影像学表现为孤立性结节或块状阴影；痰中查到癌细胞，但胸部影像学为阴性；可疑的肺部弥漫性病变；疑似患有气管食道瘘者；选择性支气管造影；肺癌的分期；气管切开或气管插管留置导管后疑似气管狭窄；气道内肉芽组织增生、气管和支气管软骨软化；气管塌陷等。

②治疗适应症：去除气管和支气管内异物；建立人工气道；治疗支气管内肿瘤、良性狭窄；气管塌陷时放置气道内支架；去除气管和支气管内黏稠分泌物等。

(2) 禁忌症

常见的禁忌症有麻醉药物过敏；通气功能障碍引起二氧化碳潴留，而无支持性通气措施时；气体交换功能障碍，吸氧或经呼吸机给氧后动脉血氧分压仍低于安全范围；心功能不全，严重高血压和心率失常；颅内压升高；主动脉瘤；凝血机制障碍；近期哮喘发作或不稳定哮喘未控制者；大咯血过程中或大咯血停止时间短于 2 周；全身状态极差；受检病例无麻醉药控制的病例。

2. 术前准备

术前准备主要做好以下几方面的工作：

(1) 病情调查

详细询问患病动物过敏史、支气管哮喘史及基础疾病史，备好近期 X 线胸片、肺部 CT 片、心电图、肺功能报告等。对肺功能差的患病动物应先行动脉血气分析。高血压病、冠心病、大咯血急性期、危重患病动物或体质极度衰弱的患病动物，应谨慎操作。如有镜检的必要，必须在心电监护和吸氧的条件下进行。有凝血机制障碍或有出血倾向（尿毒症）、严重缺氧、心肌梗死、严重心律失常患病动物应严禁检查。

(2) 药品、器械的准备

备好急救药品、氧气、开口器和舌钳，检查有无松动、断裂，纤支镜镜面及电视图像是否清晰，确保心电监护仪、吸痰器性能良好，必要时备好人工复苏器。

(3) 患病动物的术前准备

术前禁食、禁饮水 4 h，术前 30 min 肌肉注射阿托品以减少支气管分泌物，全身麻醉。用 2% 利多卡因 1 mL 喷雾鼻内或咽喉部。犬采取俯卧姿势，头部尽量向前方伸展，经鼻或经口插入内窥镜，经口插入时，应装置开口器。

3. 临床应用

(1) 在诊断上

可用于鼻腔检查，喉部检查，评价气管、支气管机能和采取活组织标本。正常气管、支气管黏膜呈白粉红色，带有光泽。随着年龄的增长，黏膜下层逐渐萎缩，黏膜颜色可由白粉红色逐渐变苍白，软骨和隆突也因此变得更加轮廓鲜明。主要用于黏膜颜色改变，鼻腔异物或炎症，鼻腔肿瘤等；喉麻痹，软腭肿胀，有异物或肿瘤、肿块或囊肿；气管和支气管塌陷或异物堵塞，有分泌物和肿瘤等。

(2) 在治疗上

可用于除去气管、支气管内异物和分泌物，治疗气道狭窄。

① 除去异物：支气管镜的最早用途之一是除去气管、支气管内异物和分泌物，并根据临床治疗的要求发展了抓取钳、回收网和磁力器等工具。取出异物后应密切注意观察动物有无咯血和声门水肿等症状。出血较多时用肾上腺素止血。

② 治疗气道狭窄：气管和主干气管塌陷、狭窄和阻塞可影响通气和气体的交换功能，引起严重的低氧血症，诱发肺部感染甚至呼吸衰竭。对于气管、支气管软骨软化或软组织类的外源性压迫造成的气管塌陷，可放置气管和支气管支架进行治疗。

4. 并发症

直接不良反应有喉、气管、支气管痉挛，呼吸暂停，严重并发症可导致心跳骤停等。其他并发症如发热和感染、气道阻塞、出血。

（胡俊杰　马小军）

第十八章

其他现代影像学诊断技术

第一节 CT诊断技术

CT是X线计算机断层摄影(computer tomography, CT)的简称,是将X线束透过机体进行断层扫描,由探测器接收透过该层面的X线衰减系数,通过光电转换和数模转换等计算机处理技术重建图像的一种现代医学成像技术。它是X线检查技术与计算机技术相结合的产物,在检查过程中可即时观察,如电视透视一样,并立即获得初步印象,把图像拍成照片或存储于光盘、磁盘,可供会诊和随访。

一、CT成像的基本原理和设备

X线经准直器形成狭窄线束,做动物体层面扫描。X线束被机体吸收而衰减,位于对侧的灵敏高效探测器收集衰减后的X线信号,并借模/数转换器转换成数字信号送入计算机。计算机将输入的原始数据进行处理,得出扫描断层面各点处的X线吸收值,并将各点的数值排列成数字矩阵。数字矩阵经数/模转换器转换成不同灰暗度的光点,形成由荧光屏显示的断层图像CT基本设备如图18-1所示、表18-1所列。

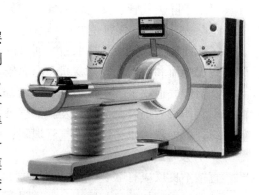

图18-1 CT基本设备

表18-1 CT设备的基本构成

名称	作用
X线球管	提供热容量
准直器	其缝隙宽度决定扫描层厚度
探测器	探测透过动物体的X线信号,并将其转换成电信号
模/数转换器	探测器收集的电信号转换成数字信号供计算机重建图像
高压发生器	提供高压,保证X线球管发射能量稳定的X线
扫描机架	装备以上仪器和设备
检查床	可上下、前后移动,将动物体送入扫描孔
电子计算机系统	控制仪器设备运行、X线产生、数据收集和交换及图像重建

二、CT 图像的分类

CT 图像扫描主要包括：平扫，增强扫描，造影扫描，薄层扫描，重叠扫描，靶区 CT 扫描，高分辨率 CT 扫描，延迟扫描，动态扫描，三维图像重建，多平面重组，血管造影，仿真内镜技术以及灌注成像。

三、CT 图像的主要优点

CT 图像的主要优点包括以下几点：

①普通 X 线照片是动物机体结构的重叠影像，而 CT 则是与动物体长轴垂直的一组横断面连续图像。即将所检查的部位，分别重建成一层一层的横断面像，每层的厚度一般为 10 cm，甚至更薄至 2~5 cm。因而检查精密，很少受组织或器官重叠的干扰。按顺序观察各层面图像，便可了解器官或病变的总体影像。

②CT 密度分辨率高：CT 扫描的肝脏、脾脏、肾脏和胃肠道横断面图像十分清晰，甚至包括脑室、脑池、脑沟和基底节等结构均能采集。

③灵敏度高：能以数字形式做定量分析，充分有效地利用 X 线信息。

CT 对于特定组织，其解剖关系明确，病变检出率和诊断率较高。但 CT 仪器价格昂贵、检查室要求条件高，费用高。我国目前宠物医院或教学动物医院，很少配备该设备。

四、CT 在兽医临床中的应用

CT 有助于临床兽医进行外科手术、活组织检查以及放疗的定位，用于肿瘤或心脏疾病的治疗监测，以及外科手术后的状况检查。

1. 脑肿瘤

犬头部肿瘤 CT 扫描，可显示脑膜瘤、星状细胞瘤、垂体瘤、脉络丛瘤、间胶质瘤、原始神经外胚层瘤、室管膜瘤、神经胶质瘤等 CT 影像。脑膜瘤为外周肿瘤，有宽基，造影时均匀增强；星状细胞瘤与间胶质瘤边界不清，造影时环状不均匀增强；脉络丛瘤边界清晰，周围水肿小，造影时均匀增强。

2. 椎间盘脱出

椎间盘脱出症是身长腿短患犬常见的一种疾病。临床检查时，在血液常规和生化检查之后，常采用 X 线摄影和 CT 横断面扫描来确定椎间盘发病部位。临床中常显示脱出的椎间盘 CT 值有不同程度增加。脊髓轻微受压时，脱出的椎间盘 CT 值略高于正常犬脊髓的 CT 值(31.3 Hu ± 8.6 Hu)；脊髓严重受压时，脱出的椎间盘 CT 值升高；复发性椎间盘脱出时，脱出的椎间盘 CT 值可高达 745 Hu ± 288 Hu。CT 影像上显示，脱出的椎间盘在椎体背侧缘中央一小类圆形的对比阴影增强。

3. 脂肪瘤

脂肪瘤多见于老龄犬，其大小不一，单发或多发。脂肪瘤可因侵入肌肉间而边界不清，可复发。恶性脂肪癌较罕见，虽为局部浸润，但几乎不迁移。由于普通脂肪瘤和浸润性脂肪瘤的细胞学与组织学特征相同，因而活检不能准确诊断浸润性脂肪瘤。CT 可对浸润性脂肪瘤的范围做充分评价，显示有细微的软组织条纹。

第二节　磁共振成像检测

磁共振成像（magnetic resonance imaging，MRI）技术是利用原子核在磁场内共振而产生影像的一种诊断方法。

一、MRI 成像的基本原理和设备

MRI 成像技术使用磁场强度为 0.15~2.0 T 的强磁场与射频脉冲，强磁场使动物体内的原子核磁化，射频脉冲给予磁化的原子核一定的电磁能并释放形成磁共振信号。计算机将这种信号收集起来，按强度转化成黑白灰度并按位置组成二维或三维的图形。灰阶和图形共同组成了 MRI 图像。兽医临床上通过对这一图像的分析，做出临床诊断（图18-2）。

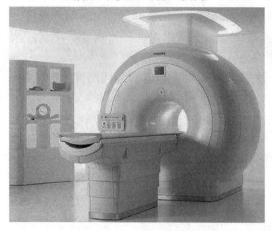

图 18-2　磁共振成像的基本设备

二、MRI 图像特点及检测技术

1. 核磁成像的特点

核磁共振成像的主要结构由三大部分组成，即磁体、核磁共振波谱仪、图像重建和显示系统。磁体系统包括主磁体、梯度线圈磁场和射频磁场，负责激发原子核产生共振信号并为共振核进行空间定位提供三维空间信息。核磁共振波谱仪是射频发射和信号采集装置。它采集信号，通过适当接口传送给电子计算机进行分析处理。图像重建和显示系统负责信号数据采取、处理和显示，从波谱仪传来的信号经计算机处理后成为数字信号，再经数模转换后由显示装置产生各种断层图像。由于各种组织的 MRI 信号强度不同，信号图像便形成鲜明对比。MRI 检查可获得动物体横断面、矢状面和冠状面 3 种图像。它提供的图像信息大于其他许多影像技术，并且没有辐射危害。

2. 动物检测技术

被检动物及检查执行人员必须按照要求进入磁共振室。

①详细询问病史，结合临床检查出的症状、实验室检查的结果及拟诊，确定扫描部位并进行层面选择，缩小扫查部位，有的放矢地检查出病变的部位、性质和范围。

②询问畜主动物体内是否有植入性金属物品或电磁物品，如心脏起搏器、犬鸣抑制器、金牙、犬链等。进入磁共振室的人员不可以携带任何金属物品和电磁物品，包括手表、项链、手机、戒指、钥匙、硬币、信用卡及其他磁卡等。这些物品易被损坏，也给 MRI 造成伪影，影响图像的质量。

③动物须经麻醉方可移入检查室，防止动物移动造成运动性伪影或影像缺失，也防止人、动物和机械损伤。

④心电监护仪、心电图机、心脏起博器等仪器设备不能进入检查室。

动物被送入一个具有强磁场的长管型装置，强磁场使得体内所有的氢原子有序排列，而仪器发出的射频脉冲则打乱这种有序排列。这些放出的能量被一个称为接收线圈的装置所测量并转成点信号送至MRI扫描仪计算机，电信号在那里数字化后成像。与CT一样，MRI图像也可以合成三维图像并以各种方式表现和储存。

三、MRI在兽医临床中的应用

目前MRI在神经系统应用较为成熟和成功，主要用于诊断脑部和脊髓疾病，尤其对于脑干、枕骨大孔区、脊髓和椎间盘的显示明显优于CT。核磁共振对软组织检查也相当敏感，在显示关节及软组织病变方面显示了优越性，并开始应用于全身各系统组织水肿、出血、变性、坏死、囊变和肿瘤等异常病变的诊断和鉴别。

1. 中枢神经系统病变

神经系统由于没有运动性伪影和骨质伪影，所以，MRI对脑和脊髓病变诊断的效果更佳。MRI对中枢神经系统病变的适应症常见如下：

①脑血管病变：缺血、出血、动脉瘤、动静脉畸形、静脉窦血栓等。

②感染与炎症：各种脑炎、脑膜炎、肉芽肿等。

③脑部退行性病变：如脑萎缩等。

④脑白质病变：多发性脑硬化、视神经脊髓炎等。

⑤颅脑肿瘤（图18-3）。

⑥颅脑外伤：脑挫伤后的软化坏死、血肿、出血等。

⑦脑室与蛛网膜下腔病变：梗阻性或交通性脑积水、蛛网膜囊肿、室管膜囊肿、脑室内肿瘤、脑室内囊虫、蛛网膜下腔内囊虫等。

⑧脑先天性发育畸形：大脑或小脑发育不良、脑灰质异位症、结节性硬化、神经纤维瘤等。

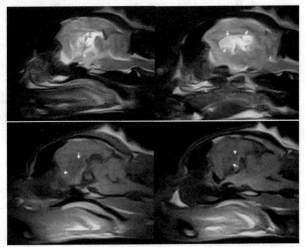

图18-3　MRI检查加菲猫头部发现第三脑室内可疑性肿瘤存在

⑨脊柱与脊髓病变：脊椎骨折、椎间盘损伤、椎管狭窄、脊髓结核、脊髓肿瘤、脊髓空洞、脊髓静脉畸形、髓内出血、硬膜内外血肿、蛛网膜囊肿等。

2. 其他部位适应症

①五官与颈部病变。

②肺与纵隔病变：肺炎、结核、脓肿、空洞、胸腔积液、支气管扩张等。

③心脏与血管病变：主动脉瘤、心肌肥厚、心包积液、心肌梗塞、房室隔缺损等。

④肝胆系统病变：肝囊肿、肝癌、肝硬化、肝炎、胆囊炎、胆囊癌、胆结石、梗阻性黄疸、胆囊扩张、胆汁淤滞等。

⑤胰腺病变：胰腺癌、胰岛细胞癌、急慢性胰腺炎等。
⑥肾脏与泌尿系统病变：肿瘤、囊肿、肾盂积水、结石、输尿管与膀胱病变等。
⑦盆腔病变：淋巴结肿大、前列腺炎等。
⑧关节肌肉病变：关节软骨及韧带和肌肉损伤、关节炎、关节病、骨折及各种骨病等。

第三节 放射性核素检查

放射性核素指的是能够放出一定射线的不稳定的同位素，常分为天然放射性同位素和人工放射性同位素。目前医学和生物学上应用的主要是人工放射性同位素。

放射性核素检查又称核素成像技术（technique of radionuclide imaging），是利用放射性核素或其标记物在体内各器官分布的特殊规律，用闪烁扫描仪或照相机，从体外显示出内脏器官或病变组织的形态、位置、大小和结构变化以及放射性分布，从而进行疾病诊断的一种成像技术。目前，机体的大部分器官如甲状腺、肝、胆、脑、肺、骨骼及某些肿瘤等，均可做核素成像检查。该技术安全、可靠、迅速、灵敏度高、特异性强，可做动态及定量观察。它不但能显示体内病变组织的形态，而且能反映其功能动态变化。目前在兽医临床上逐渐开展相关研究和应用。

一、放射性核素成像的基本原理

合适的放射性核素标记物经静脉、口服、吸入等方法引入体内后，可以聚集在特定的组织、脏器或病变部位，并且发出具有一定穿透能力的 γ 光子。用探测器在体表探测正常或病变组织中的放射核素分布、清除或浓聚程度及分布变化，经过光电转换，可以在显示器上显示出正常或病变组织与脏器的影像。

放射性核素成像的主要设备有同位素扫描仪、γ 相机、单光子发射性 CT、正电子发射性 CT（图 18-4）。

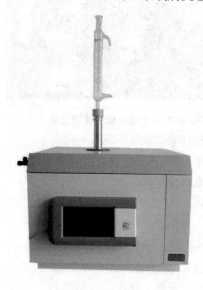

图 18-4　医用放射性核素活度计

二、放射性核素显像药物

放射性药物是进入体内并用于诊断或治疗的放射性核素及其标记物，又称核药物，它是核医学的主要组成成分。根据药物使用目的的不同，放射性药物可分为放射性核素显像药物和放射性核素治疗药物。放射性显像药物不但能用于一般脏器显像，也可用于功能测定，这是核医学在诊断学上的特色之一。

放射性显像药物一般由 2 个部分组成：一是具有某种特殊功能的化合物，例如，甲氧基异丁基异腈（MIBI）可被心肌细胞摄取并浓集于心肌；六环甲基丙烯胺肟（HMPAO）能通过血脑屏障而被大脑摄取；二是和上述化合物结合在一起的放射性核素，如 ^{131}I、^{99m}Tc、^{111}In 等。

放射性显像药物对核素有特别的要求：①应能发射能量适当的 γ 射线，不发射 α 或 β 射线，因为只有 γ 射线可以穿出体外被探测器记录，而 α 或 β 射线不但对诊断无任何帮助，而且会使机体受到不必要的损伤；②应有合适的半衰期，即在满足诊断检查所需要时间的前提下，半衰期尽可能小，以降低机体所受到的辐射剂量；③毒性较小，^{99m}Tc 的半衰期为 6.02 h，发射能量约为 140 keV 的 γ 射线，其优良的核性质非常适宜动物体显像，目前 ^{99m}Tc 制备的放射性药物占临床诊断药物的 80% 以上。

三、动物的保定及废弃物的处理

常用短期麻醉药安定动物。必要时给动物蹄部穿上橡皮靴，并防止放射性粪尿污染。成像检查后，动物隔离 48~54 h，其放射性衰减至本底水平后，按非放射性动物处理。放射性废物可在 2~3 d 后按照常规处理。

四、放射性核素在临床中的应用

（1）脑显像

脑疾病导致血脑屏障破坏，放射性核素显像剂为血脑屏障破坏处脑组织所摄取，病变显影。显像剂包括 ^{99m}Tc - 淋洗液和 ^{99m}Tc - 葡庚酸盐等。^{99m}Tc - 淋洗液价廉易得，但血中放射性停留时间长；脉络丛和唾液腺摄取影响图像质量，可通过口服过氯酸盐封闭。^{99m}Tc - 葡庚酸盐血中清除快，无脉络丛和唾液腺摄取，为首选显像剂，因其结构与葡萄糖类似，可作为肿瘤代谢底物，肿瘤摄取较多而用于肿瘤显像；小动物取仰卧位、侧位显像。脑创伤，因多种因素影响，动脉血流灌注相表现为创伤区周边放射性减少，而延迟显像表现为周边较创伤区放射性高（"新月征"），通常放射性随时间延长而增加，延迟显像对诊断有帮助。脑脓肿在延迟显像中表现为反射性增加，可出现"炸面圈"征象。该征象无特异性，可见于肿瘤。

（2）骨与关节显像

骨与关节显像主要用于探查潜在性损伤、骨髓炎、关节炎、退行性关节病等，观察病程进展，评价骨活力，比 X 线更早检出病变。小动物取仰卧位做头骨、脊柱、骨盆显像，四肢取侧位显像。常用 ^{99m}Tc 标记多磷酸盐。全身骨骼放射性浓集的程度与骨骼结构、血供情况和代谢水平有关：正常长骨的两端放射性比骨干高，骨干含矿物质较多，血供不丰富，聚集放射性较少。各种原因的病变使骨组织破坏和新骨形成，骨代谢活跃，骨显像中可出现异常放射性浓集区。发展迅速的恶性肿瘤、股骨头缺血性坏死早期及多发性骨髓瘤病灶区，以局部溶骨为主，骨组织血供减低，可出现异常放射性稀疏区。

此外，^{131}I 研究甲状腺生理功能状态并确定甲状腺结节、肿瘤；放射性 ^{32}P、^{131}I、^{42}K、碘 ^{131} 化血清蛋白、二碘荧光素等诊断脑肿瘤、脊髓肿瘤和眼部、睾丸及消化系统肿瘤；碘 ^{131} 标记血清蛋白测定血浆容量，^{32}P、^{42}K、^{59}Fe、^{51}Cr 可测定红细胞容积等。

第四节 数字减影血管造影

数字减影血管造影（digital subtraction angiography，DSA）也称计算机血管造影，是20世纪80年代兴起的医学图像学新技术，是计算机技术、影像增强技术、电视技术与常规X线血管造影相结合的一种新的检查方法。血管造影是将水溶性碘造影剂注入血管内，使血管显影；减影技术可消除骨骼和软组织的影像，使血管清楚显示，但是减影处理会丢失信息，不能实时，方法复杂。

一、DSA成像的基本原理

DSA是数字X线成像（digital radiography，DR）的一个组成部分。DR先使机体某部分在影像增强器（IITV）荧屏上成像，用高分辨率摄像管对IITV上的图像进行序列扫描，把所得连续视频信号转换为间断的各自独立的信息，好像把IITV上的图像分成一定数量的小方块，即像素。然后，经模拟/数字转换器转换成数字，并按顺序排列成 256×256、512×512 或 1024×1024 数字矩阵，这样图像就被像素化和数字化了。像素越小、越多，图像越清晰。如将数字

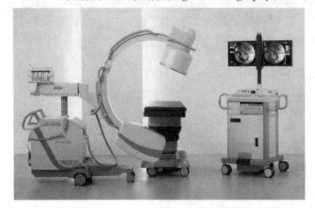

图 18-5　DSA 成像的基本设备

矩阵的每个数字经数字/模拟转化器转换成模拟灰变，并于荧屏上显像，则这个图像就是经数字化处理的图像。

DSA的常用设备包括IITV、高分辨力摄像管、计算机、磁盘、阴极线管和操作台等（图18-5）。

二、DSA检查技术

根据造影剂注入动脉或静脉而分为动脉DSA和静脉DSA。由于动脉DSA血管成像清楚，造影剂用量少，所以目前常用动脉DSA。

在进行动脉数字减影血管造影时先进行动脉插管，经导管注入肝素抗凝。将导管尖插入欲查动脉开口，导管尾端接压力注射器，快速注入造影剂。注入造影剂前将IITV对准检查部位，于造影前及整个造影过程中，以 $1 \sim 3$ 帧/s 或更多的帧频，摄像 $7 \sim 10$ s。经操作台处理即可得减影的血管图像。

三、DSA的临床应用

DSA使用选择性或超选择性插管，对 $200~\mu m$ 以下的血管及小病变能很好显示；而观察大血管，可不用选择性插管。所用造影剂浓度低，剂量小。

静脉 DSA 经周围静脉注入造影剂，即可获得静脉造影，但临床应用不多，当动脉插管困难或不适于做动脉 DSA 时采用此法。

DSA 适用于心脏大血管的检查。对心内解剖结构异常、主动脉夹层、主动脉瘤、主动脉缩窄或主动脉发育异常等显示清楚，对显示冠状动脉是最好的方法。

动脉 DSA 对显示颈段和颅内动脉均清楚，用于诊断颈段动脉狭窄或闭塞、颅内动脉瘤、血管发育异常和动脉闭塞以及颅内肿瘤的供血动脉和肿瘤染色等。

对腹主动脉及其大分支以及肢体大血管的检查，DSA 也很有帮助。

DSA 也应用于腹腔脏器血管的检查。

第五节 介入放射学

介入放射学（interventional radiology）也称手术放射学，是诊断放射学发展的一个新领域，其特点是采用各种特制的穿刺针、导管和栓塞材料，由放射科医师负责操作，将体内组织器官病变先诊断清楚，再进行治疗，使影像诊断和治疗结合起来。这种方法具有安全可靠、简便有效、创伤小等优点。整个过程包括 2 个基本内容：①进行影像诊断，弄清病变的基本情况，同时在影像的监视下进行治疗。②在影像监视引导下进行组织学、细菌学的取材，进行生物学和生理学资料的获取，然后进行诊断和治疗。

一、经皮穿血管腔成形术

经皮穿血管腔成形术（percutaneous transluminal angiography，PTA）是一种经动脉导管扩张或再通动脉硬化或其他原因引起的动脉狭窄闭塞的方法。这种方法随导管不断改进，已广泛应用于扩张四肢血管、内脏的小动脉、大动脉、静脉及冠状动脉。病种包括动脉粥样硬化性病变和非粥样硬化性病变。

在进行扩张术前须先做血管造影，以便确定病变部位、程度和侧支供血情况。然后利用球囊导管来扩张狭窄段，将球囊导管插入到狭窄区，用压力泵或手推注射器将造影剂注入以扩充球囊。此时做血管造影便于了解扩张情况以进行后期方案制订（图 18-6）。

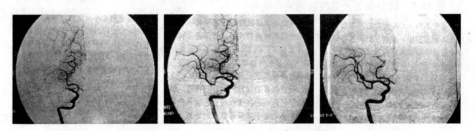

图 18-6 大脑动脉段闭塞，经皮腔内血管成形术后部分溶栓，后充盈良好

关于此项技术的适用范围和治疗效果，以股骨腘动脉成形术为例，狭窄段在 10 以内效果最好。股骨腘动脉的最初成功率为 84%，2 年后随访，其治愈率为 72%，说明近期和远期疗效均较好。PTA 应用于肾动脉狭窄也有良好的效果，治愈率为 44%，病情改善的占 48%，无反应的占 8%。PTA 应用于冠状动脉效果较为满意。

二、血管内灌注药物治疗

血管内灌注药物的目的是止血和抗癌治疗。

1. 灌注止血药物

消化道止血，如胃食管静脉曲张和胃肠道动脉出血、胃炎弥漫性黏膜出血、结肠憩室出血，均可用此法治疗。胃食管静脉曲张和胃肠道动脉出血时，一般先做胃肠道 X 线检查或内窥镜检查，若诊断不明确，可进行选择性血管造影，以确定出血的部位和原因。动脉内灌注血管收缩药止血，一般先进行血管造影然后进行药物灌注。经肠系膜动脉导管灌注血管加压素，控制胃食管静脉曲张出血成功率为 55%~95%；胃左动脉或腹腔动脉导管灌注能控制 80% 胃炎弥漫性出血；经肠系膜上或下动脉控制结肠憩室出血的成功率为 60%~75%。

2. 灌注化疗药物

在治疗肿瘤的过程中，为减少化疗药物的全身毒性反应，减少药物对正常组织细胞的伤害，可将导管选择性的插入供应肿瘤的血管。经导管向肿瘤局部灌注抗癌药物，增加局部的药物浓度，提高杀灭癌细胞的疗效（图 18-7）。

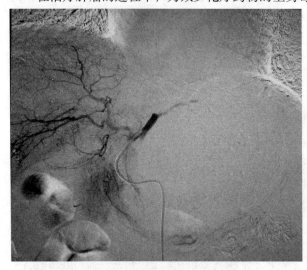

图 18-7　肿瘤血管内灌注药物进行化疗

常用的灌注药物有 5 - 氟尿嘧啶、丝裂霉素、顺铂、阿霉素等。目前化疗药物灌注治疗的应用范围较广，只要动脉导管能到达的实体肿瘤均可实行化疗药物灌注治疗。

灌注化疗药物常用于头颈部恶性肿瘤、原发性肺癌、肝癌、消化道恶性肿瘤、盆腔肿瘤和骨肿瘤的治疗。方法是经股动脉穿刺，将导管选择性地插入靶动脉内灌注化疗药物，灌注时间为 30 min 左右。

本法的不足之处在于可能出现导管阻塞、血栓形成或血管内膜增生。

三、经导管栓塞术

经导管栓塞术（transcatheter embolization）是通过动脉或静脉内导管，将一些栓塞物质有目的地注入供应病变或器官的血管内，使之栓塞，从而中断血液供应，以达到控制出血、终止病变进展及消除器官功能的目的。此项技术已成为一种治疗方法，故又称为栓塞治疗（embolotherapy）。

栓塞治疗目前主要用于以下几个方面：

1. 控制出血

出血包括创伤性出血、胃肠道出血和肿瘤出血。对于创伤性出血有时是用于治疗，有时是作为抢救生命，为手术创造条件的术前准备而用。严重的骨盆骨折可引起闭孔内动脉选择性栓塞，既可起到止血的作用又为手术创造条件，提高了手术的安全性。治疗肝破裂出血，栓塞肝动脉或在其分支止血，迅速有效。

胃和十二指肠溃疡出血，用灌注加压素只能控制35%出血，而用导管栓塞疗法止血成功率可达96%。膀胱和子宫瘤出血，经股动脉做髂内动脉插管栓塞，能有效控制出血。

2. 闭塞动静脉畸形和动静脉瘘

治疗动静脉瘘和动静脉畸形均可用栓塞疗法，选用组织黏着剂(IB-CA)作为栓塞物，将其注入供应和引流的血管内，在腔内形成铸型物质，使血管形成完全闭塞，起到与手术结扎血管相同的效果。

3. 栓塞肿瘤

栓塞肿瘤有2种方式：一种用于做手术前准备(手术前栓塞)，另一种作为肿瘤的姑息治疗。由于肿瘤血管丰富，手术时可能造成大量出血，为避免术中出血太多，可行术前栓塞。栓塞后既能阻断肿瘤的血液供应，又使肿瘤周围发生水肿，有利于肿瘤剥离摘除。

姑息治疗多用于不能手术切除的肿瘤，栓塞后能改善生存质量，延长生存期。有些病例栓塞后肿瘤缩小，可以手术切除。在用栓塞疗法治疗肿瘤时，可用放射性微粒作为栓塞物，起到放射治疗的目的，常用的放射性微粒有碘、钇等；也可用含化疗药的栓塞物，经缓慢释放而起到化疗的作用(图18-8)。

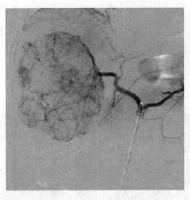 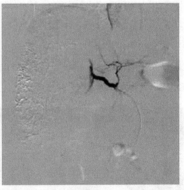

图18-8　肝癌经介入栓塞后

4. 消除病变器官的功能

对于不同原因引起的脾脏肿大、脾脏功能亢进，可通过导管栓塞术来消除脾功能。现常使用部分脾动脉栓塞技术，栓塞脾动脉的脾内分支，这既可以治疗脾功能亢进，又不影响脾的免疫功能，使脾动脉栓塞术更加安全可靠。

对于肾血管性高血压、恶性高血压的晚期肾衰竭患者，可通过栓塞肾动脉，造成肾缺血梗死从而消除分泌肾素的来源，为肾移植手术创造条件。

栓塞技术中常用的血管栓塞物有自体血凝块、明胶海绵、碘化油、螺圈和鱼肝油酸钠等。一般做短期栓塞常用自体血块，可维持数小时至数天，以后即被溶解，其优点在于不引起被栓塞的靶器官发生不可逆性坏死。明胶海绵可持续数周或更长时间，它除机械性阻塞血管外，还可造成继发性血栓，主要用于栓塞肿瘤、血管性疾病和控制出血。碘化油广泛用于肝癌的栓塞治疗，能较完全和长时间地阻塞肿瘤实质血液供应；此外，还可以将碘化油和抗癌剂混合成乳剂，注入后既能闭塞血管，也能缓慢释放化疗药物，发挥治疗作用。螺圈为不锈钢圈，是一种机械性栓子，用于大、中、小血管，可永久性闭塞血管，对机体无毒。

在进行经导管栓塞术时，可进行导管插管的动脉有股动脉、颈动脉、腋动脉、肱动脉和腘动脉等。经皮将穿刺针插入动脉后，再进行诊断性血管造影。根据病变的确切部位、性质和血管解剖特点，采用选择性和超选择性插管技术，尽量使导管接近病变部位，选择合适的栓塞物，在电视透视监视下缓慢注入或送入栓塞物，直到血流被阻断。

四、经皮穿刺活检

经皮穿刺和抽吸活检是在影像的监视和导向下，用活检针穿刺病变器官和组织，以获取细胞学或组织学标本，做出细胞学或病理学诊断。

穿刺针有切割式、环钻式和抽吸式。抽吸式使用细针，对组织损伤小，利用注射抽吸可获取细胞学标本；切割式针的种类较多，针尖具有不同形状，口径较粗，可获取组织芯或组织碎块；环钻式主要用于骨组织的活检。

经皮穿刺活检必须在影像导向下才能准确进行。根据穿刺的部位和器官选择导向方法，常用 X 线、超声、CT 和 MRI。穿刺囊性或实体性肿块可用超声进行实时监视，定向准确、使用方便、导向成功率高。获取肺脏或骨骼的病料时，可选用 X 线透视监视，简单方便。CT 导向准确，但操作程序复杂，多用于腹部、盆部和胸部病变活检。

经皮穿刺活检已广泛用于诊断各系统、器官的病变，如肺内结节、肿块病变的诊断；确定恶性肿瘤的类型；确定腹部肝、肾、胰腺等部位的病变性质以及胰腺癌与胰腺炎的鉴别诊断；骨组织病变的鉴别诊断等（图18-9）。

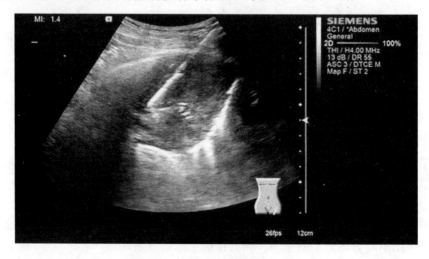

图18-9　经皮穿刺活检肺部组织

五、经皮穿刺引流术

机体导管、体腔或组织器官发生病变后,有时出现病理性积液、脓肿、血肿、胆汁淤积和尿潴留等,当超过一定量后,病变的器官或组织的形态和功能发生异常。通过穿刺引流可减压、排除病理产物、鉴别诊断及局部治疗。

1. 肾囊性病变

肾囊性病变在人类医学中经常发生,如多囊肾、单纯性肾囊肿,多采用保守和对症处理。

对于肾脏囊性病变的介入治疗,一般在超声或 CT 的引导下,确定穿刺部位,按原定的穿刺方向和深度进针,抽吸到囊液以后,注入少量造影剂用 CT 扫描观察证实;如在超声下穿刺则用超声观察穿刺的深度,放置引流管进行引流、抽吸,然后注入造影剂,透视观察有无外漏,再注入适量的 50% 的无水乙醇,15 min 后抽出注入的乙醇,拔管。介入治疗较为有效。

2. 肝脓肿

细菌性肝脓肿多由肝外胆管系疾病逆向感染所致。本病使用大量抗生素以后,在超声和 CT 的引导下,可以穿刺装管引流。此法成功率高、并发症少,简单、安全。

首先获得超声或 CT 的影像资料,以便确定最佳引流途径。在穿刺点处皮肤做一小口,在透视或超声引导下直接向引流区中央穿刺,预计到位以后,退出针芯,可见腔内容物流出,经套管腔直接引入引流管,在影像导向下略做导管侧孔段的位

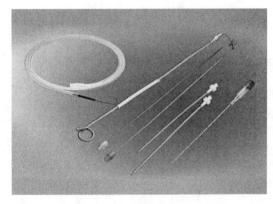

图 18-10 经皮穿刺引流相关耗材

置调整,退出套管,经引流管注射稀释的造影剂做引流区造影留片,固定引流管(图 18-10)。

六、经皮自动椎间盘切除术

经皮自动椎间盘切除术是在对经皮椎间盘切除术进行改进后形成的一种方法。所用的器械和设备有穿刺针、导管、套管、纤维环锯、自动抽吸针、C 型臂 X 线透视机和可穿透 X 线手术台。

操作时,动物取侧卧位,患侧向上,在透视下确定穿刺点进行穿刺。使用特制的约 2 mm 的金属管经皮直接穿刺至纤维环时有明显的涩韧感,进入髓核则有明显的减压感。经透视确定穿刺针位置准确后,放置工作套管至椎间盘,再一次旋入 2 个套管;退出导丝和中间的套管,保留引导套管和外层套管。自这 2 个套管之间置入纤维环锯行纤维环开窗;退出引导套管和纤维环锯,仅保留最外层的工作套管。自工作套管内放入自动抽吸针达椎间盘腔中央,切吸部分髓核并向间盘内注入胶原酶溶解剩余髓核组织。该操作

缩短了手术时间，减少了操作流程，降低了神经根和重要器官发生损伤的机会，减少感染发生的可能性。

本法适用于经影像学方法确诊并伴有明显临床症状的病例。

（姚　华）

第四部分
建立诊断的方法论

第十九章　诊断思维方法论
第二十章　主要兽医医疗文书

第十九章
诊断思维方法论

第一节 诊断疾病的步骤

一、调查病史、收集症状资料

1. 调查病史

调查病史就是通过临床询问、查看等，收集有关病症的资料以进一步诊断的过程。其内容包括既往生活史、现病史、养殖生物安全环境、疫情与免疫情况、气候等因素。调查病史时要求全面、客观，防止经验主义。例如，在收集有关奶牛创伤性网胃腹膜炎病症时，如果只凭畜主诉称，该牛反刍不正常，经常排稀粪，产奶量下降，而未道及病牛的行动和姿势异常，多呈前高后低姿势，不愿卧地或上坡时无异状，下坡时常发呻吟声，就可能把兽医的注意力吸引到一般消化不良性的前胃弛缓上去，而忽略了对创伤性网胃腹膜炎的考虑。

2. 收集症状

收集症状是在调查病史的基础上，对病畜禽进行认真全面检查，收集症状的过程。收集症状要全面，防止遗漏。收集病症要动态与静态相结合，依据疾病进程，随时观察和补充。收集症状时，一般情况下是先做整体及一般检查，对患病畜禽的整体状态、体表羽毛、体表淋巴结、可视黏膜、三大生理指数（体温、呼吸、脉搏）、粪便等异常表现进行收集；然后在此基础上，再对系统进行检查。目前，临床上以猪、禽、犬、猫等动物疾病常见，而且以呼吸系统疾病、消化系统营养代谢病、中毒病多发，所以临床收集症状时要特别注意。

二、分析症状、建立初步诊断

1. 分析症状

分析症状是对所收集到的临床症状进行归纳、分析、评价，以建立初步诊断。在分析症状时要特别注意以下4点：

①注意现象与本质的关系：临床症状是疾病的外在表现，临床症状表现、实验室检查结果等，都有其相应的临床诊断意义，这就是现象与本质的关系，是辩证统一的2个方面，二者互相联系。有些症状能较明显地反映出疾病的本质，对于建立诊断很有意义；有些则可能是假象，疾病的临床表现一般都比较复杂，如何透过复杂的临床表现认

识疾病的本质，这就要求掌握认识疾病的理论知识与检查病畜的方法。

②注意共性与个性关系：一是不同的疾病呈现相同的症状，即"异病同症"。例如水肿，在一些心脏病、肝脏病、肾脏病和贫血等疾病时都可以出现，水肿是这些疾病的共同症状，但水肿在这些疾病的表现却各有特点，即个性，如心脏病性水肿多出现于胸腹下部及四肢下端，而肾性水肿则首先出现于皮下疏松结缔组织多的部位。二是同一疾病在不同病畜个体表现不同。由于引起疾病的原因复杂，疾病的类型又不相同，发展阶段也不尽一样，个体差异又很大，故同一种疾病在不同病畜身上，其表现是有差异的。三是同病异症，即由于疾病发展阶段不同，其症状自然也就有所差别。所以，在临床诊断中，只有善于从特殊性中发现一般规律，又能用一般规律去指导认识特殊性，才能对疾病的认识越来越深化。鉴别诊断法，就是从共性与个性的关系上来建立疾病的诊断。

③注意主要症状与次要症状的关系：主要症状是指反映疾病性质且对疾病诊断有重要意义的症状，其他症状则属于次要症状。把疾病的症状分为主要症状和次要症状，对建立诊断有重要意义。因此，对待症状，不能同等看待，应区分主次，抓住主要症状。在临床上，可根据症状出现的先后和症状的轻重，找出其主要症状。一般说来，先出现的症状大多是原发病的症状，常常是分析症状、认识疾病的向导；明显的和严重的症状往往就是疾病的主要症状，是建立诊断的主要依据。

④注意局部症状与全身症状的关系：全身症状一般是指机体对病原刺激所呈现的全身性反应。如发热性疾病常表现体温升高，脉搏、呼吸增速，食欲下降，行动无力，精神沉郁等。局部症状是指局限于某一组织或器官的局部性反应，如鸡新城疫肠道黏膜出血、腺胃乳头出血，发炎部位的红肿热痛等是局部症状。局部症状只是全身病理过程的局部表现，不能把局部症状孤立起来看，局部病变也会引起全身性反应。例如，便秘是局部肠管的阻塞，但经常引起心跳加快、呼吸增速、尿量减少、行为失常以及水盐代谢紊乱和血液成分的改变等。

2. 建立初步诊断

建立诊断就是对病畜所患疾病的本质做出判断。在建立诊断时，首先要考虑常见多发病，并要注意动物的种类、年龄、生长状态、饲养环境条件等，如30日龄以内的仔猪易患大肠杆菌病，2~4月龄幼猪多发副伤寒，夏季潮湿季节容易发生鸡球虫病，在某些传染病流行地区首先要考虑传染病等。在建立初步诊断时，如果动物所患疾病不只一种，应分清主次。影响健康最大或威胁生命的疾病为主要疾病，应排在最前面，并发病列于主要疾病之后；与主要疾病无关而同时存在的疾病，称为伴发病，排列在最后。

三、实施防治、验证诊断

动物临床工作中，建立初步诊断后，还须拟定和实施防治计划，并观察这些防治措施的效果，去验证初步诊断的正确性。一般来说，防治效果显效的，说明初步诊断是正确的；防治无效，说明初步诊断是不完全正确的，仍须在治疗过程中不断观察，调整防治方案，及时纠正，直至最后确定诊断。

综上所述，从调查病史、收集症状，到分析症状、做出初步诊断，直至实施防治、验证诊断，是认识、诊断疾病的3个过程，这三者相互联系，相辅相成，缺一不可。其中，调查病史、收集症状是认识疾病的基础；分析症状是揭露疾病本质、制订防治措施的关键；实施防治、观察疗效，是验证诊断、纠正错误诊断和得出正确诊断的唯一途径。

第二节 临床思维方法

一、临床思维的基本方法

思维是认识并诊断疾病的核心过程。临床思维的基本方法主要有以下3种：

1. 类比临床思维法

类比就是通过对2个研究样本的比较，从中发现它们之间的相似属性或内在联系，把对其中一个样本已有的认知推移到另一个样本中去，从而得出关于后者认知结论的一种逻辑思维方法。这种方法在诊断疾病中的运用即类比诊断法。类比诊断法直接、简捷，常见病、多发病、症状典型的一类疾病的诊断常用此法。但该法也有其不足之处，即只注意到事物的相似性，忽视了差异性，如临床上的"同病异症""异病同症"。因此，运用该法诊断时要注意：①应选择典型病例作类比对象；②注意寻找事物间的差异性；③2个类比的属性必须是反映必然联系的本质属性，而不是表面现象的类比。

2. 假设临床思维法

假设是根据已知的理论和事实，对未知的现象及其规律性做出的假定性说明。假设诊断又称推测性诊断，当患病动物其临床资料尚不充足时，先形成假设诊断，然后有目的地在观察病情中做有关的资料补充，最后达到确诊，这一过程就是假设诊断法。假设诊断必须以事实为基础，以丰富的临床理论和经验为指导，是一种科学的思维形式。

3. 演绎临床思维法

演绎是根据一般原理推导出个别结论的一种逻辑思维形式。演绎诊断法，就是检查者以某一疾病的诊断标准为大前提，以新病例的临床征象为小前提，进行逻辑推理。如果新病例的征象与大前提(诊断标准)相似，就可推论出该患病动物的诊断结论。

二、临床思维的基本原则

1. 思维的系统性与全面性原则

临床所收集的资料，往往较零乱，缺乏系统性，有些可能与现病无关。欲完全反映疾病的本质，就必须将所收集的临床资料进行归纳整理，由表及里，由此及彼，加以分析，然后予以推理以找出患病畜禽的实际症状，并逐一鉴别，最后得出初步诊断。全面而有重点地进行必要的检查，以保证资料的系统性。临床调查不仅要客观，而且要全面。病史应能反映疾病的发生和发展经过的全部变化，从病畜的整体出发，才能做出全面而正确的诊断。对病史和各种客观检查不宜有失偏颇或忽视。在进行分析、综合、推理和判断病情的过程中，要运用辩证唯物主义的观点，特别要注意以下几个问题。

①临床表现与疾病本质关系：症状是疾病的临床表现，疾病的临床表现往往比较复杂，如何透过复杂的临床表现去认识疾病的本质，这就要求我们必须掌握各种症状和疾

病本质的关系。只有这样，才能做出正确的判断。

②主要症状与次要症状的关系：临床表现一般比较复杂，常常包括有许多症状。这就要求在复杂的现象中，分清主次，找出其主要症状，进而抓住本质。

③原发病与继发病的关系：如鸡新城疫是原发病，容易继发大肠杆菌病。临床上正确分析原发病和继发病，对防治方案的制订非常重要。

2. 反复实践，不断验证诊断原则

初步诊断提出后，还需在治疗实践中反复验证它是否正确。符合疾病本质的才是正确的诊断；据此进行防治，才能收到预期的效果。但由于收集的资料并不一定完整无缺，综合分析也不一定完全合乎实际，或由于疾病本身的特点还没有充分表现出来等原因，初步诊断可能不够完善，甚至是错误的。疾病又常常处于变化中，一些临床表现产生了，另一些可能消失了；也可能一个疾病痊愈了，另一个发生了。因此，必须用发展的观点进行分析。提出初步诊断后，必须在治疗实践中不断地观察思考，验证诊断，及时补充或更正初步诊断，使诊断更符合客观实际。总之，准确掌握病情是正确诊断的前提，缜密思考分析是正确诊断的关键，临床动态观察并进行验证是正确诊断的保证。

3. 辩证思维原则

疾病是病因与机体相互联系、对立和转化的运动过程。这个过程是一个辩证的过程，反映在思维之中，即是辩证思维。辩证思维是反映客观世界普遍联系和发展过程的思维形态，这就要求在临床诊断思维中要客观而全面地看待病情，从疾病的发展变化中，把握其全部基本因素，归纳与演绎相结合，分析与综合相结合，具体病情具体对待。

4. 辩证思维指导逻辑思维原则

逻辑思维紧抓临床表现的梗概，把握其主要特点或关键环节，将看似毫无联系的症状、体征和技术检测结果加以分析、综合、重新组合排列，找出其内在联系。严密的逻辑思维是临床诊断思维的基础，不能被辩证思维所取代，但有局限、封闭、定向、机械、直线平面型思维的缺点，需要辩证思维加以渗透指导。辩证思维深入渗透并指导逻辑思维，即在进行逻辑推理的过程中，自始至终从临床资料出发，正确发挥诊断技术检测与临床推理的作用，坚持实践第一、全面整体、动态发展、一分为二的观点，寻求其内在联系。辩证思维既不能脱离逻辑思维，更不能代替逻辑思维，只能深入渗透在逻辑思维之中而指导逻辑思维。因此，临床兽医在医疗实践中，要时刻自觉而正确地运用逻辑思维，挖掘疾病本质内涵，攀登缜密、精湛和独特的临床诊断艺术巅峰。

三、正确诊断疾病需具备的条件

1. 充分占有材料

建立正确的诊断，首先要充分占有关于病畜的第一手资料。为此，要对发病原因，病畜呈现的症状，以及血、尿、粪的变化，通过病史调查、临床检查、实验室检查、特殊检查，加以全面了解。不能单凭问诊或几个症状，简单地建立诊断。在临床工作中应积极创造条件，以期占有全部临床资料。关于这方面，系统地、有计划地实施系统检查，则是达到系统全面而不致遗漏主要症状的捷径。

2. 保证材料客观真实

在检查病畜、收集症状时，不能先入为主，或"带着疾病"去搜集症状。搜集症状要如实反映病畜的情况，避免牵强附会，因为疾病过程是千变万化的，同种疾病并不一定出现相同的症状。虽然在接触到病畜，尤其在进行了一般检查和某个重点系统检查后，会不断考虑某些怀疑和可能，也允许有某种假设，但这些假设都应建立在辩证唯物主义理论基础之上，并且要有实际根据和比较圆满的解释，尤其不要局限在少数的假定范围之内，而应尽可能广开思路，针对所有可能的疾病进行补充检查，以达到建立正确的诊断。

3. 用发展的观点看待疾病

任何疾病都是不断发展变化的，每一次检查，都只能看到疾病全过程中的某个阶段的表现，因此必须在发展变化中看待疾病，只有综合多个阶段的表现，才能获得较完整的资料和疾病的全貌。用发展的观点看待疾病，就是要正确评价疾病每个阶段所出现的症状的意义，按照各个现象之间的联系，根据主要、次要、共性、个性的关系，阐明疾病的本质，既不应把现实的疾病与成书记载的生搬硬套，也不能只根据某个阶段的症状一成不变地确定诊断。

4. 全面考虑、综合分析

要建立正确的诊断，必须全面考虑、综合分析、合乎逻辑地推理。在提出一组待鉴别的疾病时，应尽可能将全部有可能存在的疾病都考虑在内，以防遗漏而导致错误的诊断。对临床检查结果和实验室检查结果要结合起来分析，既要防止片面依靠实验室检查结果建立诊断，也要避免忽视实验室检查结果的倾向。即使一两次实验室检查为阴性结果，也往往不足以排除某一疾病的存在，例如，肾炎的蛋白尿不是每次实验室检查均出现，而是可以间歇出现的。

总之，建立正确诊断，一是要实事求是地反映疾病和病畜的实际情况，防止主观片面；二是用发展的观点看待事物，避免孤立静止地看待疾病。只有这样，才能充分认识疾病的本质，达到正确诊断疾病的目的。

四、建立诊断的方法

建立诊断，就是对疾病本质做出正确的判断，而判断则是一种逻辑思维过程。建立诊断的方法，通常采用以下 2 种：

1. 论证诊断法

论证，就是用论据来证明一种客观事物的真实性。论证诊断法，就是在检查患病动物所收集的症状中，分出主要症状和次要症状，按照主要症状设想出一个疾病，把主要症状与所设想的疾病，互相对照印证，如果用所设想的疾病能够解释主要症状，且又和多数次要症状不相矛盾，便可建立诊断。

临床经验丰富的兽医，大多愿意使用论证诊断法，因为它比较简便，不需要像鉴别诊断法那样罗列许多病名，逐个进行淘汰，才能得出疾病的诊断。尤其当症状暴露得比较充分，或出现综合症状或示病症状，使疾病变得比较明显时，运用论证诊断法就比较适宜。反之，如果症状不够完备，疾病暴露不充分，缺乏临床经验，则以使用鉴别诊断法为宜。

2. 鉴别诊断法

在疾病的早期，症状不典型或疾病复杂，找不出可以确定诊断的依据来进行论证诊断时，可采用鉴别诊断法。其具体方法是：先根据一个主要症状，或几个重要症状，提出多个可能的疾病，这些疾病在临床上比较近似，但究竟是哪一种，须通过相互鉴别，逐个排除可能性较小的疾病，逐步缩小鉴别的范围，直到剩下一个或几个可能性较大的疾病，就叫作鉴别诊断法，也叫排除诊断法。

在提出待鉴别的疾病时，应尽量将所有可能的疾病都考虑在内，以防止遗漏而导致错误的诊断。但是考虑全面，并不等于漫无边际，而是要从实际所收集的临床材料出发，抓住主要矛盾来提出病名。一般是先想到常见病、多发病和传染病，因为这些疾病的发病率高。除此以外，也要想到少见病和稀有病，特别是与常见病、多发病的一般规律和临床经验有矛盾时，更应注意。

在鉴别诊断时，应根据什么来排除或否定那些可能性较小的疾病呢？主要依据所提出的疾病能否解释病畜所呈现的全部临床症状，是否存在或出现过该病的固定症状与示病症状，如果提出的疾病与患病动物呈现的临床症状有矛盾，则所提出的疾病就可以被否定。经过这样的几次淘汰，可筛选出 1 个或 2 个可能性较大的疾病。如果用一个疾病不能解释所有的症状，就应考虑是否存在并发症或伴发症。

在临床上，一般是先用鉴别诊断法，后用论证诊断法，但这不是死板的公式，要根据疾病的复杂性和临床经验来决定。2 种诊断法不是对立的，而是相互补充的。

不论采用哪种方法建立诊断，都要根据疾病的发展变化，经常加以核查。因为，疾病的病理过程是不断变化的，有的症状消失，有的症状出现，因此，必须用发展的观点对待所提出的诊断。这样用动态的观点观察疾病，有助于明确一时未能排除或未能肯定的疾病的诊断。

五、常见漏诊、误诊的原因分析

错误的诊断，是造成防治失败的主要原因，它不仅造成个别动物的死亡或影响其经济价值，而且可能造成疾病蔓延，使畜群遭受危害。导致错误诊断的原因多种多样，概括起来可以有以下 4 个方面。

1. 由于病史不全面而产生

病史不真实，或者介绍得简单，对建立诊断的参考价值极为有限。例如，病史不是由饲养管理人员提供的，或者是为了推脱责任而做了不真实的回答，或者以其主观看法代替真实情况，对过去治疗经过、用药情况及预防注射等叙述的不具体，以致兽医不能真正掌握第一手资料，从而发生误诊。

2. 由于条件不完备而产生

由于时间紧迫，器械设备不全，检查场地不适宜，动物过于骚动不安，或卧地不起，难以进行周密细致的检查，也往往引起诊断不够完善，甚至造成错误的诊断。

3. 由于疾病复杂而产生

疾病比较复杂，不够典型，症状不明显，而又忙于做出诊治处理，在这种情况下，建立正确诊断比较困难，尤其对于罕见的疾病和本地区从来未发生过的疾病，由于初次接触，容易发生误诊。

4. 由于业务不熟练而产生

由于缺乏临床经验，检查方法不够熟练，检查不充分，认症辨症能力有限，不善于利用实验室检查结果分析病情，诊断思路不开阔，而导致错误的诊断。

综上所述，造成错误诊断的原因虽有多种，但不是完全不可避免的。例如，对病史调查一定要做到详细全面，并用自己的检查结果验证其真实性；对于条件不具备的，应尽量争取和创造必要的条件；对于病情比较复杂的，应周密细致地检查，如病情不太严重，而时间又允许进行观察的，可不忙于下最后诊断。至于业务不熟练，可以通过学习，刻苦钻研业务，反复操作；或通过会诊，以弥补自己的不足。另外，还可利用尸体剖检来验证之前的诊断，提高对疾病的诊断水平。

（韩照清）

第二十章

主要兽医医疗文书

兽医医疗文书是兽医工作者在医疗、护理过程中形成的各种文字、表格、图片等记录的统称。兽医医疗文书是诊疗活动的客观记录，反映了疾病的发生发展和转归的全过程，能反映兽医的诊疗水平，具有教学、科研、法律效应等功能。

在临床工作中，常见的兽医医疗文书主要包括处方、病历记录、病程记录、手术记录、病例分析、病例报告以及各种同意书等。

第一节 兽医医疗文书书写的基本规则和要求

病历书写总的要求是：客观、真实、准确、完整。在书写病历时要整理归纳、前后有序、重点突出、条理清晰、表达准确、文字精练、字迹工整。

一、格式规范、书写正规

病历具有特定的规范格式，兽医必须按照规范格式认真填写。一般来说，根据临床要求，病历分为传统病历和表格病历，但二者所记录的项目和内容是一样的。书写内容要完整，项目要填全，不可遗漏。文辞要通顺简练，标点要正确，字迹要清楚、工整，不得随意涂改。对确实需要修改的，应注明修改时间。对病历中的错字，用双线画在错字上，在其右上角做出校正。化验报告单和特殊检查报告单等应按报告日期顺序贴于病历里。某些医疗活动需要的"知情同意书"或"协议书"应由畜主签字。

二、内容真实、描述准确

病历必须客观准确地反映病例病情和临床施治经过，不能臆想、虚构，更不能弄虚作假、随意涂改。内容的真实性来源于认真仔细的临床检查、全面客观的分析和科学准确的判断。

三、及时归纳、措辞恰当

病历书写前对所收集的资料，要先做一番初步的整理归纳。在病历的措辞上应采用规范的汉语和汉字书写病历，数字以阿拉伯数字表示；通用的外文缩写、无正式的中文译名的内容可以写外文；并使用通用的兽医学名词和术语，语言通顺、词句简练准确，标点正确；避免方言、俚语。

四、项目完整、签名清晰

传统病历系统而完整，有利于人才培养和资料保存；表格病历填写简便、省时，有利于建立电子档案，也容易规范化。填写内容要完整，不可遗漏。无论是门诊病历，还是住院病历，经治职业兽医都应签名，而且要签全名，这是一种负责任的表现。严格地说，不签名的兽医，不是疏忽就是不负责任。

第二节 兽医医疗文书种类和格式

病历的格式因要求的目的不同而不同，一般包括处方、门诊病历、住院病历和手术知情书等几种。

一、处方

处方是兽医为医疗、预防或其他需要而开写的药方。处方是医疗和配药之间的重要书面文件，可分为临床处方和调剂处方。临床处方是兽医在临床中为畜禽等动物开写的处方，调剂处方则是药房或药剂室制备或生产药剂的书面文件。兽医对动物用药的信息通过处方传递给药物配制人员，由药物配制专业技术人员审核、调配、核对，并作为发药凭证。

兽医处方是兽医治疗和药剂配制的一项很重要的基本功。兽医开出的治疗处方正确与否，直接影响治疗效果和患病动物生命安全。兽医技术人员及药剂员要有高度的责任感，不允许出现任何差错。

1. 基本要求

①本规范所称兽医处方，是指执业兽医师在动物诊疗活动中开具的，作为动物用药凭证的文书。

②执业兽医师根据动物诊疗活动的需要，按照兽药使用规范，遵循安全、有效、经济的原则开具兽医处方。

③执业兽医师在注册单位签名留样或者专用签章备案后，方可开具处方。兽医处方经执业兽医师签名或者盖章后有效。

④执业兽医师利用计算机开具、传递兽医处方时，应当同时打印出纸质处方，其格式与手写处方一致；打印的纸质处方经执业兽医师签名或盖章后有效。

⑤兽医处方限于当次诊疗结果用药，开具当日有效。特殊情况下需延长有效期的，由开具兽医处方的执业兽医师注明有效期限，但有效期最长不得超过 3 d。

⑥除兽用麻醉药品、精神药品、毒性药品和放射性药品外，动物诊疗机构和执业兽医师不得限制畜主持处方到兽药经营企业购药。

2. 处方笺格式

兽医处方笺规格和样式（图 20-1）由农业农村部规定，从事动物诊疗活动的单位应当按照规定的规格和样式印制兽医处方笺或者设计电子处方笺。兽医处方笺规格如下：

①兽医处方笺一式三联，可以使用同一种颜色纸张，也可以使用 3 种不同颜色

纸张。

②兽医处方笺分为 2 种规格，小规格为：长 210 mm、宽 148 mm；大规格为：长 296 mm、宽 210 mm。

```
                          ××××××处方笺
动物主人/饲养单位_____     档案号_____
动物种类_____   动物性别_____   体重/数量_____     第
年(日)龄_____        开具日期_____               一
                                                           联
诊断：        Rp：                                          从
                                                           事
                                                           动
                                                           物
                                                           诊
                                                           疗
                                                           活
                                                           动
                                                           的
                                                           单
                                                           位
                                                           留
                                                           存
执业兽医师_____  注册号_____  发药人_____
```

注："××××××处方笺"中，"××××××"为从事动物诊疗活动的单位名称。

图 20-1　农业农村部颁布的处方格式

3. 处方笺内容

兽医处方笺内容包括前记、正文、后记 3 部分，要符合以下标准：

①前记：对个体动物进行诊疗的，至少包括畜主姓名或者动物饲养单位名称、档案号、开具日期和动物的种类、性别、体重、年(日)龄。

对群体动物进行诊疗的，至少包括饲养单位名称、档案号、开具日期和动物的种类、数量、年(日)龄。

②正文：包括初步诊断情况和 Rp(拉丁文 Recipe"请取"的缩写)。Rp 应当分列兽药名称、规格、数量、用法、用量等内容；对于食品动物还应当注明休药期。

③后记：至少包括执业兽医师签名或盖章和注册号、发药人签名或盖章。

4. 处方书写要求

兽医处方书写应当符合下列要求：

①动物基本信息、临床诊断情况应当填写清晰、完整，并与病历记载一致。

②字迹清楚，原则上不得涂改；如需修改，应当在修改处签名或盖章，并注明修改日期。

③兽药名称应当以兽药国家标准载明的名称为准。兽药名称简写或者缩写应当符合国内通用写法，不得自行编制兽药缩写名或者使用代号。

④书写兽药规格、数量、用法、用量及休药期要准确规范。

⑤兽医处方中包含兽用化学药品、生物制品、中成药的，每种兽药应当另起一行。

⑥兽药剂量与数量用阿拉伯数字书写。剂量应当使用法定计量单位：质量以千克（kg）、克（g）、毫克（mg）、微克（μg）、纳克（ng）为单位；容量以升（L）、毫升（mL）为单位；效价以国际单位（IU）、单位（U）为单位。

⑦片剂、丸剂、胶囊剂以及单剂量包装的散剂、颗粒剂分别以片、丸、粒、袋为单位；多剂量包装的散剂、颗粒剂以 g 或 kg 为单位；单剂量包装的溶液剂以支、瓶为单位，多剂量包装的溶液剂以 mL 或 L 为单位；软膏及乳膏剂以支、盒为单位；单剂量包装的注射剂以支、瓶为单位，多剂量包装的注射剂以 mL 或 L、g 或 kg 为单位，应当注明含量；兽用中药自拟方应当以剂为单位。

⑧开具处方后的空白处应当划一斜线，以示处方完毕。

⑨执业兽医师注册号可采用印刷或盖章方式填写。

5. 处方保存

①兽医处方开具后，第一联由从事动物诊疗活动的单位留存，第二联由药房或者兽药经营企业留存，第三联由动物主人或者饲养单位留存。

②兽医处方由处方开具、兽药核发单位妥善保存二年以上。保存期满后，经所在单位主要负责人批准、登记备案，方可销毁。

二、门诊及住院病历

病历是记录病畜登记、病史、各项检查结果、病情演变、诊断过程、治疗效果、预后判断和兽医思考过程的医疗文件。

从医疗的角度来看，病历是兽医根据问诊和临床检查所取得的资料，进行初步归纳整理后书写的记录，可以作为拟定治疗计划的依据，经过初步治疗处置后，记录的治疗措施和临床表现，可以作为判断治疗效果和预后的依据。坚持认真地书写病历，是培养临床兽医思考能力、综合分析能力和理论联系实际能力的根本措施。定期查阅积累的病历，可以总结医疗经验，提高医疗水平。

从教学和科学研究的角度来看，书写病历就是结合患畜具体情况复习基础知识的过程，也是验证诊断学学习效果的过程。病历是疾病的总结记录，既反映该病的一般规律，也反映该病在某一具体病畜身上的特殊表现。分析同一疾病的许多具体病历，可以加深对该种疾病的认识，充实教学内容。临床研究中对发病情况的探讨、药物疗效的观察和诊断方法的比较等，也都要依靠病历的统计和分析。

从医疗行政和法律的角度来看，病历是检查医疗质量和衡量技术水平的一项依据。在发生医疗事故纠纷时，病历是法律裁决的依据之一。所以书写系统而完整的病历，是每个兽医必须掌握的一项基本技能。

1. 病历的格式和内容

病历的格式，随要求目的而不同，有门诊用的一般病历，有住院用的详细病历，有专为科研设计用的科研病历。不论何种格式，其内容和作用基本是相同的，即根据病历可以分析疾病的发生原因，发展变化的经过，以及治疗效果和最后转归等。经治兽医应在病历上签名，以示负责。门诊病历格式见表 20-1 所列，住院病历格式见表 20-2 所列。

表 20-1　门诊病历

所属单位				畜主姓名	
畜别		性别	年龄	毛色	
品种		用途	体重	特征	
初诊日期	年　　月　　日			转归	
初步诊断				最后诊断	
既往生活史					
疾病史					

现症概要及治疗处置
　　　　　体温　　　℃　　脉搏　　次　　呼吸　　次　　营养

　　　　　　　　　　　　　　　　　　　　　　执业兽医师签名：

2. 病历记录的注意事项

病历记录时，总的要求是：材料确实、条理清晰、症状描述得当、专业术语运用准确，而且要文辞简练准确。

①记录前对收集的材料，要先做一番初步的整理。从病史和临床检查中所收集的材料是比较零乱、不很系统的，就要把已收集的材料给予系统化和条理化，使它不致成为一堆杂乱无章的症状的流水账。整理材料时，一般可根据时间次序，再从生理系统把它们分别开来，这样排列了以后，就可以大概看出一个疾病发展和表现的初步轮廓。从症状表现的时间先后，可以发现疾病的发展过程。从症状的生理系统的关系，可以发现病理变化的部位和情况。这样的记录内容便于进行分析。在整理材料的时候，要注意抛弃那些无关紧要的材料；而对一些在分析时有重要意义的检查结果，即使是阴性结果，也要记录在病历上。整理过程中，对感到不确切的地方还可补充检查，即再核实一下。

②记录要实事求是，查到什么就写什么，未检查的就写未查。若发现有错误或遗漏时，应立即改正或补充。

③对检查结果的描述要确切具体，如描述腹痛表现时，应具体记录其表现形式，发作和间歇的时间等；描述粪便性状时，要包括粪量、硬度、颜色和气味等；描述体表肿胀或新生物时，要记录具体的部位；形容其大小、形状时，尽可能不用实物作比喻，应记录实地测得的结果，度量衡一律用公制。

④所用词句除病史中可采用畜主陈述的通俗名词或形容词外，都要用术语。文辞要通顺简练，标点要正确，必要时可用图表表达。

⑤各项记录都要按规定的格式，字迹要清楚，避免涂改。记录要及时，以免遗忘，如病畜危重可先做重点检查及紧急处置，以后再补充全面检查并做全面记录，但也必须随时记录其主要症状和处置。

表 20-2 住院病历

门诊号				入院日期	年　月
初诊日期		年　月　日		出院日期	年　月
所属单位				畜主姓名	
畜别		性别	年龄	毛色	
品种		用途	体重	特征	
初步诊断					
最后诊断					
疾病转归			痊愈　死亡　扑杀　废役		
既往生活史					
疾病史					

临床检查：

日期		体温　℃	脉搏　次	呼吸　次
容态(体格、营养、姿势)				
被毛及皮肤				
可视黏膜				
体表淋巴结				
循环系统变化				
呼吸系统变化				
消化系统变化				
泌尿生殖系统变化				
神经系统变化				
运动系统变化				
外伤				
特殊检查及接种试验				

病程经过及治疗方法

日期	体温		脉搏		呼吸		病畜状态	治疗方法	执业兽医师
	上午	下午	上午	下午	上午	下午			

讨　论　及　小　结

执业兽医师：

⑥讨论及小结是住院病历的最后部分。负责诊疗的兽医应在病畜出院前或死亡后，将病历中可作为建立诊断依据的资料，摘要列出，然后写上初步诊断和最后诊断的病名，作为诊疗小结。病畜如需要会诊的，应提前写出小结，便于其他兽医或参加会诊人员阅读小结后即能基本了解病情。讨论部分主要是由负责诊疗的兽医记录对该病畜诊疗的经验体会和教训。最后，再强调一下关于兽医签名的问题。无论是门诊病历，还是住院病历，经治兽医都应签名。

⑦化验报告单和特殊检查报告单等应按报告日期，顺序贴于病历的封里。

三、手术记录

手术记录是手术者书写的反映手术经过、术中发现及处理等情况的特殊记录，是病历资料中的重要部分，是医教研的第一手资料。因此，及时规范地书写手术记录是手术兽医师的基本职责之一。手术记录应当在术后 24 h 内完成。特殊情况下由第一助手书写时，应有手术者签名。在手术之前必须签署手术知情书和术前检查知情书，其格式如下：

手术知情书

病历号：

畜名		品种		性别		毛色及特征		年龄	
手术原因									
正在使用的药物									
过敏史									

本人为上述动物的主人或其代表人，有权签署本知情书。本人同意×××动物医院对上述动物施行如下手术和治疗：

1)

2)

3)

本人了解在上述手术过程中，一些不可预见的情况可能发生而由此对上述手术和治疗发生偏离或增加的情况，本人期望×××动物医院采用合理的治疗判断进行手术治疗。本人已被告知相关手术的过程、特点和相关风险以及可能发生的合理费用。本人同意承担所有的相关费用。

本人了解手术和治疗效果是不能被保证的，并可能产生以下风险。本人不要求×××动物医院及代表×××动物医院进行医疗活动的个人或单位承担后果。

□麻醉意外，导致心跳呼吸骤停，甚至出现死亡。

□大出血，导致出血性休克，甚至出现死亡。

□术前感染、败血症或脓毒血症，导致感染性休克，甚至出现死亡。

□其他，如肝功能异常导致的休克等的其他危险因素。

本人了解，所有手术动物必须是在免疫有效期内，且没有诸如跳蚤、虱子、螨虫等体外寄生虫。一经发现，×××动物医院有权立即进行治疗，且本人同意承担相关的费用。

动物主人签字：_____　　　日期：_____

注：经×××动物医院许可，同意转载使用。

术前检查知情书

本人已被明确告知手术前的麻醉,或者行动限制的药物具有低概率的不良反应。然而一些常规的麻醉前检查中没有表现出来的动物个体状况还是可能在麻醉中发生。为尽可能避免这些问题,×××动物医院的医务人员已经向本人推荐采取麻醉前实验室检验。本人同意对下述所选的检查项目和相关费用负责。

术前血检 _____接受 _____放弃	5岁以下的动物被建议进行该项检查,但是可选项目。
全血 _____接受 _____放弃	血常规(血检):提供排除贫血的基本指标。建议所有动物术前都进行血常规检验尽可能排除麻醉风险。
半套生化 _____接受 _____放弃	麻醉前的血检:可提供肝肾指标以排除与肝肾相关的麻醉风险。 所有动物都被推荐进行该项检查以排除有些宠物先天性肝肾功能缺损但无明显症状者。
全套生化/血常规 _____接受 _____放弃	麻醉前的血检:随着动物年龄的增长,这项检查被高度推荐。您的动物一旦超过5岁,全套生化和血常规检查可排除贫血、感染、脱水,并能为兽医提供血小板/凝血指标,以及帮助兽医进行肝肾功能的评估。
高龄检查 _____接受 _____放弃	×××老年动物都被推荐进行这项检查。
_____放弃	本人同意放弃所有的术前实验室检查。

　　留置针和输液:所有手术都被高度建议使用留置针和输液。留置针在术前被安置在动物的前腿静脉中,为手术中出现意外情况进行抢救提供药物的静脉输入通道以及维持血容量。
_____接受
_____放弃

动物主人签字:_____　　日期:_____

　　注:经×××动物医院许可,同意转载使用。

1. 手术记录内容

　　①一般项目(畜主姓名、所属单位、患病动物种类、品种、用途、性别、体重、年龄、毛色、病历号、手术日期、手术地点等基础内容)。
　　②术前用药、皮试、术中体位、皮肤情况、引流管情况、术中输血及输液等。
　　③手术名称、手术者、第一助手、第二助手、器械助手、手术开始/结束时间等。
　　④麻醉情况(麻醉方法、用药剂量、动物麻醉情况等)。
　　⑤手术步骤和过程、术中出现情况及处理。
　　⑥术后术中所用各种器械和敷料数量的清点核对,并对本次手术做出小结。

2. 书写手术记录的要求

　　①记录内容真实:准确记录手术的全过程,实事求是地填写相应内容。
　　②妥善保管放置:可以把手术护理记录单夹于文件夹内,防止污染;也可以选择取

用方便的固定地方放置，便于随时填写。

③填写准确及时：为减少手术时的工作量，可先按照手术通知单上的有关内容填写在相应栏内，手术开始后根据相关情况随时填写，便于手术结束时能及时加入病历。手术结束后，有关内容应与其他记录单核对，防止遗漏与不符。

第三节　医疗机构病历的管理规定

《中华人民共和国动物防疫法》第五十五条规定，经注册的执业兽医，方可从事动物诊疗、开具兽药处方等活动。

《中华人民共和国动物诊疗机构管理办法》第三章第十九条规定，动物诊疗机构应当使用规范的病历、处方笺。病历、处方笺应当印有动物诊疗机构名称。病历档案应当保存3年以上备查。执业兽医应当在病历、处方笺上签名。第三十二条第三款规定，使用不规范的病历、处方笺，或者病历、处方笺未印有动物诊疗机构名称的，由动物卫生监督机构给予警告，责令限期改正；拒不改正或者再次出现同类违法行为的，处以1 000元以下罚款。

《中华人民共和国执业兽医管理办法》第四章第二十三条规定，经注册的执业兽医可以从事动物疾病的预防、诊断、治疗、开具处方、填写诊断书、出具有关证明文件等活动；第二十六条要求执业兽医应当使用规范的处方笺、病历记录，并在处方笺、病历记录上签名。执业兽医未经亲自诊断、治疗，不得开具处方、填写诊断书、出具有关证明文件。执业兽医师不得伪造诊断结果，出具虚假证明文件。第三十五条规定，执业兽医在动物诊疗活动中不使用病历，或者应当开具处方而未开具处方的；使用不规范的病历、处方笺，或者未在病历、处方笺上签名的；未经亲自诊断、治疗，开具处方、填写诊断书、出具有关证明文件的；伪造诊断结果，出具虚假证明文件的，由动物卫生监督机构给予警告，责令限期改正；拒不改正或者再次出现违法行为的，处以1 000元以下罚款。

（高志刚）

参考文献

陈羔献，2011. 畜禽病案剖析 200 例［M］. 郑州：河南科学技术出版社.

陈文彬，2008. 诊断学［M］.7 版. 北京：人民卫生出版社.

陈玉库，周新民，2006. 犬猫内科病［M］. 北京：中国农业出版社.

邓干臻，2009. 兽医临床诊断学［M］. 北京：科学出版社.

东北农业大学，2009. 兽医临床诊断学［M］. 北京：中国农业出版社.

福萨姆，2008. 小动物外科学［M］. 北京：中国农业大学出版社.

耿永鑫，1993. 兽医临床诊断学［M］. 北京：中国农业出版社.

韩博，2005. 动物疾病诊断学［M］. 北京：中国农业大学出版社.

何英，叶俊华，2006. 宠物医生手册［M］. 沈阳：辽宁科学技术出版社.

侯加法，2002. 小动物疾病学［M］. 中国农业出版社.

黄克和，2006. 兽医临床工作手册［M］. 北京：金盾出版社.

李毓义，张乃生，2003. 动物群体病症状鉴别诊断学［M］. 北京：中国农业出版社.

林德贵，2004. 动物医院临床技术［M］. 北京：中国农业大学出版社.

刘同库，任江华，赵亚清，2000. 临床诊断学［M］. 郑州：河南医科大学出版社.

牟善初，2002. 新编内科学［M］. 北京：人民军医出版社.

欧阳钦，2001. 临床诊断学［M］. 北京：人民卫生出版社.

全国执业兽医资格考试委员会，2011. 全国执业兽医资格考试指南［M］. 北京：中国农业出版社.

汪恩强，2006. 兽医临床诊断学［M］. 北京：中国农业大学出版社.

王俊东，刘宗平，2010. 兽医临床诊断学［M］.2 版. 北京：中国农业大学出版社.

王书林，2001. 兽医临床诊断学［M］.3 版. 北京：中国农业出版社.

王哲，姜玉富，2010. 兽医诊断学［M］. 北京：高等教育出版社.

谢富强，2011. 兽医影像学［M］. 北京：中国农业大学出版社.

张才骏，2007. 牛症状临床鉴别诊断学［M］. 北京：科学出版社.

郅友成，白淑杰，赵玉芹，2005. 家畜消化系统疾病症候群的诊断要点［J］. 畜牧兽医科技信息，4：37－39.

BABBS C F, 1980. New versus old theories of blood flow during CPR［J］. Crit Care Med, 8：191－196.

BABBS C F, 1981. Effect of thoracic venting on arterial pressure, and flow during external cardiopulmonary resuscitation in animals［J］. Crit Care Med, 9：785－788.

BABBS C F, 1993. Interposed abdominal compression － CPR：A case study in cardiac arrest research［J］. Ann Emerg Med, 22：24－32.

BERG R A, WILCOXSON D, HILWIG R W, et al., 1995. The need for ventilatory support during bystander CPR［J］. Ann Emerg Med, 26：342－350.

BONAGURA J D, 2000. Kirk's current veterinary therapy［M］. Vol XIII. Philadelphia, W. B. Saunders.

COFONE M A, SMITH G K, LENEHAN T M, 1992. Unilateral and bilateral stifle arthrodesis in eight dogs ［J］. Vet Surg, 21：299－303.

DECAMP C E, MARTINEZ S A, JOHNSTON S A, 1993. Pantarsal arthrodesis in dogs and a cat：11 cases

（1983—1991）[J]. J Am Vet Med Assoc, 203: 1705-1707.

DOUGLASS K, MACINTIRE, KENNETH J, et al., 2004. Manual of Small Animal Emergency and Critical Care Medicine[M]. Wiley-Blackwell.

ELISA M, MAZZAFERRO, 2007. Small Animal Emergency and Critical Care[M]. Wiley-Blackwell.

ETTINGER S J, FELDMAN E C, 2000. Textbook of Veterinary Internal Medicine[M]. 5th. Philadelphia, W. B. Saunders.

HAAN J J, BEALE B S, 1993. Compartment syndrome in the dog: Case report and literature review[J]. J Am Anim Hosp Assoc, 29: 134-140.

HAAN J J, ROE S C, LEWIS D D, 1996. Elbow arthrodesis in twelve dogs[J]. Vet Comp Orthop Traumatol, 9: 115-118.

KEALY J K, MCALLISTER H, 2006. 犬猫X线与B超诊断技术[M]. 4版. 谢富强, 译. 沈阳：辽宁科学技术出版社.

LAITINEN O M, FLO G, 2000. Mineralization of the supraspinatus tendon in dogs: a long-term follow up[J]. J Am Anim Hosp Assoc, 36: 262-267.

LEWIS D, 1997. Gracilis or semitendinosus myopathy in 18 dogs[J]. J Am Anim Hosp Assoc, 33: 177-188.

MATHEWS K A, SHOCK, 1996. In Mathews KA, editor: Veterinary emergency and critical care manual[M]. Ontario.

MONTGOMERY R, FITCH R, 2002. Muscles and tendons. In Slatter D, editor: Textbook of small animal surgery[M]. 3rd. Philadelphia, W. B. Saunders.

MOORE P H, 2004. Fluid Therapy for Veterinary Nurses and Technicians[M]. Butterworth-Heinemann.

NEIMANN J T, 1992. Cardiopulmonary resuscitation[J]. N Engl J Med, 327: 1075-1080.

NOC M, WEIL M H, TANG W, et al., 1995. Mechanical ventilation may not be essential for initial cardiopulmonary resuscitation[J]. Chest, 108: 821-827.

PEPE P E, ABRAMSON N S, BROWN C G, 1994. ACLS-Does it really work?[J]. Ann Emer Med, 23: 1037-1041.

PIERMATTEI D L, FLO G L, 1997. Principles of joint surgery. In Piermattei DL, Flo GL, editors: Brinker, Piermattei and Flo's handbook of small animal orthopedics and fracture repair[M]. Philadelphia, W. B. Saunders, 201-220.

RADOSTITS O M, GAY C C, BLOOD D C, 2000. Veterinary Medicine: A Textbook of the Diseases of Cattle, Sheep, Pigs, Goats and Horses[M]. W. B. Saunders Company.

RUDIKOFF M T, MAUGHAN W L, EFFRON M, et al., 1980. Mechanisms of flow during cardiopulmonary resuscitation[J]. Circulation, 61: 345-351.

SAFER P, 1993. Cerebral resuscitation after cardiac arrest: Research initiatives and future directions[J]. Ann Emerg Med, 22: 324-349.

SIGNE J, 2000. Plunkett Emergency Procedures for the Small Animal Veterinarian[M]. 2nd. Saunders.

SILVERSTEIN D C, HOPPER K, 2009. Small Animal Critical Care Medicine[M]. Sunders.